U0218384

普通高等教育土木工程学科精品规划教材（专业任选课适用）

大跨建筑结构

LARGE-SPAN BUILDING STRUCTURE

韩庆华　编著

刘锡良　主审

天津大学出版社

TIANJIN UNIVERSITY PRESS

内 容 提 要

大跨建筑结构是衡量一个国家建筑科学技术水平的重要标志,它主要包括网格结构、钢管桁架结构、膜结构和弦支结构等结构形式,目前已广泛应用于体育场馆、会展中心和交通枢纽等标志性建筑,并得到迅速发展。

本书共分7章。第1章讲述了大跨建筑结构的发展、应用、分类及特点,第2~6章阐述了网架结构、网壳结构、钢管桁架结构、膜结构及弦支结构的设计计算方法和构造要求,第7章介绍了大跨建筑结构施工建造及防护处理技术。

本书可作为高等院校土木工程专业本科生教材,也可作为土建设计和工程技术人员的参考书。

图书在版编目(CIP)数据

大跨建筑结构/韩庆华编著. —天津:天津大学出版社,
2014.1
普通高等教育土木工程学科精品规划教材
ISBN 978-7-5618-4921-7

Ⅰ.①大⋯　Ⅱ.①韩⋯　Ⅲ.①大跨度结构 – 建筑工程
– 高等学校 – 教材　Ⅳ.①TU745.2

中国版本图书馆 CIP 数据核字(2013)第 321235 号

出版发行	天津大学出版社
出 版 人	杨欢
地　　址	天津市卫津路 92 号天津大学内(邮编:300072)
电　　话	发行部:022-27403647
网　　址	publish.tju.edu.cn
印　　刷	天津泰宇印务有限公司
经　　销	全国各地新华书店
开　　本	185mm×260mm
印　　张	20.5
字　　数	512 千
版　　次	2014 年 2 月第 1 版
印　　次	2014 年 2 月第 1 次
印　　数	1 – 3 000
定　　价	48.00 元

普通高等教育土木工程学科精品规划教材

编审委员会

普通高等教育土木工程学科精品规划教材

编写委员会

总　序

随着我国高等教育的发展,全国土木工程教育状况有了很大的发展和变化,教学规模不断扩大,对适应社会的多样化人才的需求越来越紧迫。因此,必须按照新的形势在教育思想、教学观念、教学内容、教学计划、教学方法及教学手段等方面进行一系列的改革,而按照改革的要求编写新的教材就显得十分必要。

高等学校土木工程学科专业指导委员会编制了《高等学校土木工程本科指导性专业规范》(以下简称《规范》),《规范》对规范性和多样性、拓宽专业口径、核心知识等提出了明确的要求。本丛书编写委员会根据当前土木工程教育的形势和《规范》的要求,结合天津大学土木工程学科已有的办学经验和特色,对土木工程本科生教材建设进行了研讨,并组织编写了"普通高等教育土木工程学科精品规划教材"。为保证教材的编写质量,我们组织成立了教材编审委员会,聘请全国一批学术造诣深的专家作教材主审,同时成立了教材编写委员会,组成了系列教材编写团队,由长期给本科生授课的具有丰富教学经验和工程实践经验的老师完成教材的编写工作。在此基础上,统一编写思路,力求做到内容连续、完整、新颖,避免内容重复交叉、避免内容真空缺失。

"普通高等教育土木工程学科精品规划教材"将陆续出版。我们相信,本套系列教材的出版将对我国土木工程学科本科生教育的发展与教学质量的提高以及土木工程人才的培养产生积极的作用,为我国的教育事业和经济建设作出贡献。

丛书编写委员会

土木工程学科本科生教育课程体系

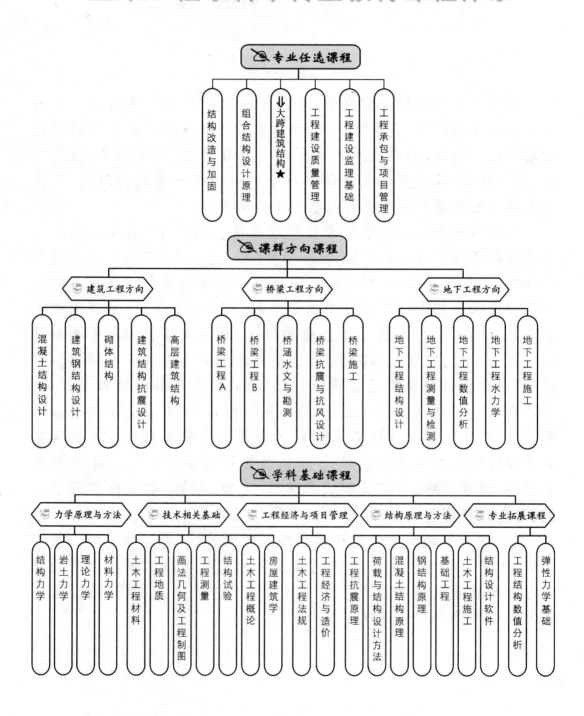

✍ 专业任选课程

- 结构改造与加固
- 组合结构设计原理
- ⇓大跨建筑结构★
- 工程建设质量管理
- 工程建设监理基础
- 工程承包与项目管理

✍ 课群方向课程

✍ 建筑工程方向
- 混凝土结构设计
- 建筑钢结构设计
- 砌体结构
- 建筑结构抗震设计
- 高层建筑结构

✍ 桥梁工程方向
- 桥梁工程A
- 桥梁工程B
- 桥涵水文与勘测
- 桥梁抗震与抗风设计
- 桥梁施工

✍ 地下工程方向
- 地下工程结构设计
- 地下工程测量与检测
- 地下工程数值分析
- 地下工程水力学
- 地下工程施工

✍ 学科基础课程

✍ 力学原理与方法
- 结构力学
- 岩土力学
- 理论力学
- 材料力学

✍ 技术相关基础
- 土木工程材料
- 工程地质
- 画法几何及工程制图
- 工程测量
- 结构试验
- 土木工程概论
- 房屋建筑学

✍ 工程经济与项目管理
- 土木工程法规
- 工程经济与造价

✍ 结构原理与方法
- 工程抗震原理
- 荷载与结构设计方法
- 混凝土结构设计原理
- 钢结构原理
- 基础工程

✍ 专业拓展课程
- 土木工程施工
- 结构设计软件
- 工程结构数值分析
- 弹性力学基础

前　言

随着我国国民经济的高速发展和综合国力的提高,大跨建筑结构的技术水平也得到了长足的进步。我国在经历了古代、近代大跨建筑结构的形态发展变化后,现代大跨建筑结构在结构形式和建筑材料的组合、协同工作、预应力技术、结构概念和形体等方面都有了很大程度的创新。我国现代大跨建筑结构与世界同步,虽然发展历史并不太长,但已在体育场馆、会展中心、影剧院、交通枢纽等公共建筑中得到大量应用。

天津大学钢结构及空间结构团队自1979年编写了我国第一部空间结构专著《平板网架设计》、2000年编写了《平板网架设计与施工图集》之后,在总结教学、科研和设计经验的基础上,参考《网架结构设计与施工规程》(JGJ 7—91)和《网壳结构技术规程》(JGJ 61—2003,J 258—2003),编写了《网格结构设计与施工》(天津大学出版社,2004年)。本书是在《网格结构设计与施工》一书的基础上,参考《空间网格结构技术规程》(JGJ 7—2010)、《钢管结构技术规程》(CECS280:2010)、《膜结构技术规程》(CECS158:2004)、《预应力钢结构技术规程》(CECS212:2006),总结了国内外大跨建筑结构的科研成果,涉及传统和新型大跨建筑结构分析、设计和施工中的基本理论和技术问题,包括结构选型、杆件和节点设计,结构强度、抗震、稳定等分析和工作实例,结构制作、安装、防腐和防火等施工技术问题。本书以注重理论与工程应用相结合为主旨,力求做到系统完整、实用可读。

本书共分7章。第1章讲述了大跨建筑结构的发展、应用、分类及特点;第2章阐述了网架结构的网格形式、计算及杆件设计和节点设计以及抗震分析;第3章详细讲述了网壳结构的形式、分析及设计,网壳结构的稳定性及提高措施;第4章讲述了钢管桁架结构的结构形式,设计基本规定、杆件及节点设计;第5章讲述了膜结构的基本单元和组合,支承体系,张拉索膜结构的裁剪、连接与节点以及找形分析;第6章重点讲述了弦支结构计算方法、静力性能、动力特性、抗震分析以及整体稳定性和提高措施;第7章主要结合大量工程实践介绍了大跨建筑结构施工建造及防护处理等技术。

本书第1、2、3、7章由韩庆华教授编写,第4章由尹越副教授编写,第5章由荣彬讲师编写,第6章由芦燕讲师编写。研究生王一泓、季园园、王晨旭、王力晨、刘紫骐及王秀泉等也参与了部分文字和图表的整理、绘制工作。全书由韩庆华教授统稿。在本书的编写过程中，引用了大量国内外高等院校、科研机构和施工单位的文献和资料，在此谨致谢意。

由于编者水平有限，书中难免存在不足之处，敬请读者批评指正。

编 者

2014 年 1 月

目　　录

第1章 概 述

大跨建筑结构的技术水平是一个国家建筑业水平的重要衡量标准,也是一个国家综合国力的体现。从受力形式来讲,结构可分为平面结构和空间结构。

平面结构是指具有二维受力性质的结构形式,优点是传力明确。而空间结构是指结构的形态是三维状态,在荷载作用下具有三维受力性质并呈现空间工作的结构,是大跨度建筑结构最具有竞争性的结构类型。

空间结构与平面结构相比,具有独特的优点,如空间受力、质量轻、造价低、抗震性能好等,因此在国内外广泛应用。特别是近年来,随着人们生活水平的不断提高,工业生产及文化、体育事业不断推进,更大大增加了社会对空间结构尤其是大跨度高性能空间结构的需求,同时计算理论的日益完善以及计算机技术的飞速发展,使得对任何复杂三维结构的分析与设计成为可能。

1.1 大跨建筑结构的发展及应用

1.1.1 大跨建筑结构的发展

1. 古代空间结构

在人类早期的建筑中已经出现了空间结构的痕迹,北美印第安人从他们始祖继承下来的棚屋,其以枝条搭成的穹顶与现代网壳结构有惊人的类似,如图1-1所示。古代的人类通过仔细观察,发现自然界中存在大量受力特性良好、形式简洁美观的天然空间结构,如蛋壳、蜂窝、鸟类的头颅和山洞等,他们利用仿生原理,不仅改善了生活条件,还更好地理解并发展了空间结构。

其后,空间结构同其他科学技术一样,在人类历史上的发展是缓慢的,直至欧洲文艺复兴时期所出现的教堂建筑,虽然以砖石构成的穹顶又厚又重,但仍具有重要的意义,可认为此时是空间结构发展的重要阶段。古罗

图1-1 印第安人棚屋

马人利用石料或砖建造了大量圆形或圆柱形穹顶,用作宗教活动场所,这些穹顶的跨度都不大,一般为30~40 m,穹顶的厚度是跨度的十分之一左右,因此早期的穹顶自重很大。如图1-2所示的圣彼得大教堂(Basilica di San Pietro in Vaticano)砖石穹顶自重达到6 400 kg/m^2。建于公元120—124年的罗马万神庙(Pantheon)是早期穹顶的典型代表,该穹顶跨度达到44 m,基面为圆形,如图1-3所示。

图1-2　圣彼得大教堂

　(a)　　　　　　　　　　　　　
　　　　　　　　　　　　　　　　　　　　(b)

图1-3　罗马万神庙
(a)外景图;(b)内景图

2. 薄壳结构的出现和发展

现代空间结构的出现,应该从20世纪初期兴建的钢筋混凝土薄壳结构算起,这主要归功于先进建筑材料——钢铁与混凝土的诞生。与此同时,第二次世界大战带来的巨大创伤使得世界大部分地区处于百废待兴的状态,这给空间结构的蓬勃发展提供了良好的契机。

钢筋混凝土薄壳结构为曲面的薄壁结构,按曲面生成的形式分为筒壳、圆顶薄壳、双曲扁壳和双曲抛物面壳等。壳体能充分利用材料强度,同时又能将承重与围护两种功能融合为一,因其容易制作、稳定性好、易适应建筑功能和造型需要而得到广泛的应用。我国1959年建成的北京火车站屋面也采用了薄壳结构,表面几何形状为一双曲抛物面,如图1-4所示。1964年建成的高雄圣保罗教堂采用了反曲薄壳屋顶,如图1-5所示。

随着力学的发展,薄壳结构在技术水平和结构形式上取得了很大进展。美国在20世纪40年代建造的兰伯特圣路易市航空港候机室,由三组厚11.5 cm的现浇钢筋混凝土壳体组成,每组由两个圆柱形曲面壳体正交,并切割成八角形平面状,相接处设置采光带。其中两个圆柱形曲面相交线做成突出于曲面上的交叉拱,既增加了壳体强度,又把荷载传至支座,其支座为铰接点,加厚并带加劲肋的壳体边缘向上卷起,使壳体交叉拱的建筑造型简洁别致。20世纪40年代末,奈尔维(Nervi)设计了连续拱形薄壳结构,1950年建造的意大利都

图 1-4 北京火车站

（a）　　　　　　　　　　　　（b）

图 1-5 高雄圣保罗教堂

（a）外景图；（b）内景图

灵展览馆的波形装配式薄壳屋顶建筑便是其杰作，如图 1-6 所示。另外，1957 年罗马为举办第 17 届夏季奥林匹克运动会而建成的罗马小体育馆在现代建筑史上占有重要地位，其屋顶直径达到 59.13 m，采用钢筋混凝土肋形球壳，如图 1-7 所示。而我国 1957 年建成的北京天文馆，屋顶球壳直径为 25 m，厚度只有 6 cm，如图 1-8 所示。

图 1-6 意大利都灵展览馆

图 1-7 罗马小体育馆

图1-8　北京天文馆

　　薄壳结构不但可以减轻自重,节约钢材、水泥,而且造型新颖流畅。但是曲面壳体的显著缺点是:模板制作复杂,不能重复利用,耗费木材,大跨度结构在高空进行浇筑和吊装也耗工费时。美国根赛特等的分析表明薄壳结构造价的60%耗费在施工成本上,因而影响了薄壳结构的广泛应用。于是,用平面模板代替曲面模板,用折线代替曲线,由薄平板以一定角度相互整体联结而成的折板结构应运而生。

　　折板结构可以认为是薄壳结构的一种,它是由若干狭长的薄板以一定角度相交连成折线形的空间薄壁体系。其跨度不宜超过30 m,适用于长条形平面屋盖,两端应有通长的墙或圈梁作为折板的支点,常用有V形、梯形、H形和Z形等形式。我国常用预应力混凝土V形折板结构,其具有制作简单、安装方便和节省材料等优点,最大跨度可达24 m。折板结构的折线形状横截面,大大增加了空间结构刚度,既能作为梁构件承受弯矩,又能作为拱构件承受压力,且便于预制,因而得到广泛的应用。近年来在园林建筑中出现很多用V形折板拼成多功能且造型活泼的屋顶或小品,如亭、榭、餐厅等。折板结构亦可用作车间、仓库、车站、商店、体育看台、住宅等工业与民用建筑的屋盖,例如福州长乐国际机场候机楼屋盖就采用了折板结构(图1-9)。

图1-9　福州长乐国际机场候机楼屋盖折板结构

3. 空间网格结构的兴起

　　钢筋混凝土薄壳结构尽管有诸多优点,但经过若干年工程实践之后,工程技术人员逐渐发现这种结构的缺点:钢筋混凝土薄壳施工时需要架设大量模板、工程量很大、施工速度较慢以及工程造价较高。因而人们逐渐对之丧失兴趣,开始寻求新的结构体系形式。随着铁、钢材、铝合金等轻质高强材料的出现及应用,富有想象力的工程师开始着力于穹顶结构各种杆件形式的研究。公认的"穹顶结构之父"——德国工程师施威德勒(Schwedler)对穹顶网壳的诞生与发展起了关键性的作用。他在薄壳穹顶的基础上提出了一种新的构造形式,即把穹顶壳面划分为经向的肋和纬向的水平环线,并用杆件连接在一起,而且在每个梯形网格内再用斜杆分成两个或四个三角形。这样穹顶表面的内力分布会更加均匀,结构自身重量也会进一步降低,从而可跨越更大的空间。这样的穹顶结构实际上已经是真正的网壳结构,即沿某种曲面有规律地布置大概相同的网格或尺寸较小的单元,从而组成空间杆系结构。

在20世纪50年代后期,以杆件组成的空间网格结构崭露头角。空间网格结构是按一定规律布置的杆件、构件通过节点连接而构成的空间结构,包括网架、曲面形网壳以及立体桁架等。其中,按一定规律布置的杆件通过节点连接而形成的平板形或微曲面形空间杆系结构,主要承受弯曲内力;按一定规律布置的杆件通过节点连接而形成的曲面状空间杆系或梁系结构,主要承受薄膜内力。例如图1-10和图1-11所示分别为我国采用网架结构的首都机场四机位机库和采用双层球面网壳结构的天津体育中心体育馆,它们是空间网格结构的典型代表。网架结构的出现晚于网壳结构,第一个平板网架是1940年在德国建造的,而此时传统的肋环型穹顶已有100多年的历史。

图1-10 首都机场四机位机库 图1-11 天津体育中心体育馆

在众多形式的空间结构中,网架结构是近半个世纪以来在国内外得到推广和应用最多的一种形式。网架是以多根杆件按照一定规律组合而形成的网格状高次超静定结构,杆可以由多种材料制成,如钢、木、铝、塑料等,尤以钢制管材和型材为主。20世纪60年代,计算机技术的发展和应用解决了网架力学分析的难题,使得网架结构迅速发展起来。

1964年,我国建成了国内第一个平板网架——上海师范学院球类房正放四角锥网架,其跨度为31.5 m×40.5 m。1967年建成的首都体育馆,采用正交斜放网架,其矩形平面尺寸为99 m×112 m,厚6 m,采用型钢构件,高强螺栓连接,用钢指标65 kg/m²,如图1-12所示。1973年建成的上海万人体育馆采用圆形平面的三向网架,净跨达到110 m,厚6 m,采用圆钢管构件和焊接空心球节点,用钢指标47 kg/m²,如图1-13所示。这些网架是早期成功采用平板网架结构的杰出代表。此后陆续建成的南京五台山体育馆、上海体育馆、福州市体育馆等,也都采用了网架结构。20世纪80年代后期,北京为迎接1990年亚运会兴建的一批体育建筑中,多数仍采用平板网架结构。

目前,我国网架结构的发展规模在全世界位居前列。网架结构在我国从20世纪60年代开始出现,20世纪80年代初开始发展,20世纪90年代开始普及。据统计,从20世纪90

图1-12　首都体育馆正交斜放网架　　　　图1-13　上海万人体育馆圆形平面的三向网架

年代至今,我国采用网架结构每年有1 000余项工程,覆盖面积150万 m² 以上,而且目前仍然朝气蓬勃、经久不衰、健康发展。

网壳结构在第二次世界大战结束后开始重新流行并获得飞速发展。美国科学家——"全能设计师"巴克斯特·富勒(Fuller)起了极大的推动作用,另外列·德雷尔(Durrell)、莱特(Wright)及其他几位卓越的设计师对网壳结构的发展也作了很大的贡献。随着科学技术的快速发展和人们不懈地发明与创造,网壳结构无论在结构形式,还是在构造材料和计算方法上都取得了很大的发展。

在最初阶段,网壳结构形式多为半球形,这是因为半球形网壳为同向曲率,易于设计、制造和施工,而且半球形网壳可以封闭且不需要支柱,尤其是从造型上看起来雄伟、高大和美观。随后出现了肋环型和施威德勒型球面网壳。后来又出现了联方型球面网壳,这种网壳的网格是由两向斜交杆系构成的,它的基本单元是菱形。三向格子型球面网壳是在球面上用三个大圆构成网格,形成比较均匀的三角形格子。其优点是结构的受力性能好,且易于标准化加工,可在工厂中大批量生产,具有优越的经济性,产生了许多优美的大跨度穹顶网壳。凯威特型球面网壳,又称平行联方型网壳。这种网壳综合了施威德勒型网壳、联方型网壳和三角形格子网壳分割的优点,其结构受力性能良好,尤其是在强烈风荷载和地震荷载作用下的受力性能更好,因此常用于大跨度结构。这种网壳在美国和日本广为流行,1973年7月建成的美国新奥尔良体育馆就是此种网壳的典型代表,其净跨为213 m,矢高32 m,可容纳观众72 000人左右。富勒利用短程线的概念发明了短程线型网壳。"短程线"这个术语来自地球测量语,即连接球面任意两点的最短距离。他认为这种网壳将是最轻的、强度最高的,同时又是最经济的结构。工程实践证明,短程线型网壳的网格划分规整均匀,杆件和节点的种类在各种球面网壳中是最少的,其杆件受力非常均匀,最适合在工厂中大批量生产,造价也最经济。

除了上述球面形状的网壳外,如果建筑平面是正方形或者矩形,特别是狭长平面时,常常会选用柱面网壳。有时也会把柱面网壳放在中间,在两端用两个半球面网壳进行封闭,构成一个组合网壳。后来又出现了双曲抛物面形网壳,这种网壳结构形态优美。近年来,还有综合了钢筋混凝土折板、网格结构和壳体的一些优点而发展起来的新型折板网壳越来越受到人们的重视。这些网壳结构的形式和特点可详见本书第3章网壳结构部分。

由于网壳结构与网架结构的生产条件相同,因此随着网架结构的迅速发展,网壳结构也具备了现成的基础,因而从20世纪80年代后半期起,当相应的理论储备和设计软件等条件初步完备,网壳结构就开始了在新的条件下的快速发展,建造数量逐年增加,各种形式的网壳,包括球面网壳、柱面网壳、鞍形网壳(或扭网壳)、双曲扁网壳和各种异形网壳相继被用于实际工程中。20 世纪 90 年代中期建造了一些规模相当宏大的网壳结构。1994 年建成的天津体育中心体育馆采用肋环斜杆型双层球面网壳(图 1 - 11),其直径为 108 m,四周悬挑13.5 m,整个球壳的直径为 135 m,矢高为 35 m,网壳厚度为 3 m,采用圆钢管构件和焊接空心球节点,结构耗钢量为 42 kg/m²。

　　20 世纪 90 年代中后期兴建的一批有标志性的体育场馆建筑中,多数采用了网壳结构。例如 1997 年建成的长春五环万人体育馆,平面呈桃核形,由肋环型球面网壳切去中央条形部分再拼合而成,体形巨大,如果将外伸支腿计算在内,轮廓尺寸达 146 m × 191.7 m,网壳厚 2.8 m,其桁架式网片的上、下弦和腹杆一律采用方钢管焊接连接,这是我国第一个方钢管网壳(图 1 - 14)。这一网壳结构的设计方案是由国外提出的,施工图设计和制作安装均由国内完成。

图 1 - 14　长春五环万人体育馆

　　空间网格结构是我国近十余年来发展最快、应用最广的空间结构类型。这类结构体系整体刚度好,技术经济指标优越,可提供丰富的建筑造型,因而受到建设者和设计者的喜爱。近几年我国每年建造的网架和网壳结构建筑面积达 800 万 m²,相应钢材用量约 20 万 t。无论是建筑面积还是用钢量,都是其他国家无法比拟的,无愧于"网架王国"这一称号。

　　4. 悬索结构的发展

　　在网架、网壳结构快速发展的同时,还有一类大跨建筑结构也得到了较快的发展,那就是悬索结构。

　　悬索结构有着悠久的历史。它最早应用于桥梁工程中,我国人民早在一千多年以前就已经用竹索或铁链建造悬索桥,如建于公元 1705—1706 年间的四川泸定桥,为跨越大渡河的铁索桥,单孔净跨 100 m,宽 2.8 m,如图 1 - 15 所示。

　　现代大跨度悬索结构在屋盖中的应用只有半个多世纪的历史。世界上最早的现代悬索屋盖是美国于 1953 年建成的雷里(Raleigh)体育馆,采用以两个斜置的抛物线拱为边缘构件的鞍形正交索网(图 1 - 16)。这一空间结构形式的出现极大地推动了悬索结构的发展,

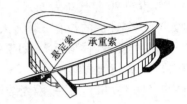

图 1 – 15　四川泸定桥　　　　　　　图 1 – 16　美国雷里体育馆

随后各种形式的悬索屋盖在世界各地争相竞艳。

日本建于 20 世纪 60 年代的代代木体育馆采用柔性悬索结构,它脱离了传统的结构和造型,被认为是技术进步的象征(图 1 – 17)。1983 年建成的加拿大卡尔加里体育馆采用双曲抛物面索网屋盖,其圆形平面直径 135 m,它是为 1988 年冬季奥运会修建的,外形极为美观,迄今仍是世界上最大的索网结构,如图 1 – 18 所示。

（a）　　　　　　　　　　　　（b）

图 1 – 17　日本代代木体育馆

（a）远景图；（b）近景图

目前,在欧美、日本、俄罗斯等国家和地区已建造了不少有代表性的悬索屋盖,主要用于飞机库、体育馆、展览馆、杂技场等大跨公共建筑和大跨工业厂房中。

中国现代悬索结构的发展始于 20 世纪 50 年代后期。北京的工人体育馆和杭州的浙江人民体育馆是当时的两个代表作。北京工人体育馆建成于 1961 年,其屋盖为圆形平面,直径 94 m,采用车辐式双层悬索体系,由截面为 2 m × 2 m 的钢筋混凝土圈梁、中央钢环以及辐射布置的两端分别锚定于圈梁和中央钢环的上索和下索组成,如图 1 – 19 所示。中央钢环直径 16 m,高 11 m,由钢板和型钢焊成,承受由于索力作用而产生的环向拉力,并在上、下索之间起撑杆的作用。建于 1967 年的浙江人民体育馆,其屋盖为椭圆平面,长径 80 m,短径 60 m,采用双曲抛物面正交索网结构,如图 1 – 20 所示。

图1-18 加拿大卡尔加里体育馆

（a） （b）

图1-19 北京工人体育馆

（a）外景图；（b）内景图

图1-20 浙江人民体育馆

我国建造的上述两个悬索结构无论从规模大小还是从技术水平来看，在当时都可以说是达到了国际上较先进的水平。在此后，我国悬索结构的发展停滞了较长一段时间，直到1980年才建成成都城北体育馆（图1-21）。成都城北体育馆屋盖为圆形，直径61 m，仍采用车辐式双层悬索结构。其屋盖的所有索在中央环处不切断，而是沿环的切线穿越过去，铺在圈梁的对侧位置上。这样不仅节省了一半悬索锚具,而且其中央环不再承受环向拉力,而仅起上、下索之间撑杆的作用,从而节省了相当数量的钢材。此后在所建成的吉林滑冰馆、安徽省体育馆、丹东体育馆、亚运会朝阳体育馆等建筑中,均采用了各种形式的悬索屋盖结构。

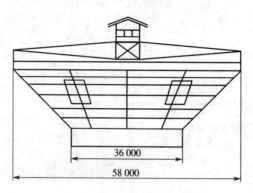

图1-21　成都城北体育馆剖面图

悬索结构一般都需引入预应力,这时除了将悬索直接连于支座外,通常采用刚性构件与悬索结构一起组合而成混合结构的方式,如刚架－索混合结构、拱－悬索混合结构(图1-22和图1-23)、悬索－拱－交叉索网混合结构(图1-24)等。这种做法的优点是充分利用某种结构类型的长处来避免或抵消与之组合的另一种结构类型的短处,从而改进整个结构的受力性能。

图1-22　耶鲁大学冰球馆

图1-23　四川省体育馆

(a)

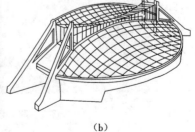

(b)

图1-24　朝阳体育馆
(a)景观图;(b)建筑图

尽管十余年来悬索结构取得了可喜的发展,但与网架和网壳结构比较而言,其发展相对较慢,分析起来可能有两方面的原因:①悬索结构的设计计算理论相对复杂,同时缺乏具有较高商品化程度的实用计算程序,因而难于被设计单位普遍采用;②虽然悬索结构的施工并不复杂,但一般施工单位对其并不熟悉,更没有形成专业的悬索结构施工队伍,这也影响建设单位和设计单位大胆采用这种结构形式。

5. 薄膜结构的发展

薄膜结构是以建筑膜材作为主要受力构件的结构。其雏形是游牧民族世代相传的帐篷,但其飞跃式的发展却是在高强轻质的膜材出现以后。薄膜结构以其材质轻薄透光、表面光洁亮丽、形状飘逸多变而备受人们欢迎。

现代意义上的膜结构起源于 20 世纪初。1917 年英国人罗彻斯特提出了用鼓风机吹胀膜布用作野战医院的设想,并申请了专利,但当时这个发明只是一种构想。直到 1956 年,该专利的第一个产品才正式问世,即沃尔特·伯德为美国军方设计制作的一个直径为 15 m 的球形充气雷达罩,如图 1 - 25 所示。

图 1 - 25　球形充气雷达罩

膜结构大量展现在人们面前并开始风靡于世应从 1970 年大阪万国博览会上的美国馆(图 1 - 26)采用气承式膜结构开始。大阪万国博览会上的美国馆首次使用以聚氯乙烯(PVC)为涂层的玻璃纤维织物,受到了世人的广泛关注。其结构准椭圆平面的尺寸达到140 m×83.5 m,被认为是第一个现代意义的大跨度膜结构。

图 1 - 26　大阪万国博览会上的美国馆

20 世纪 70 年代初杜邦公司开发出以聚四氟乙烯(PTFE,商品名称 Teflon)为涂层的玻璃纤维织物。这种膜材强度高,耐火性、自洁性和耐久性均好,对膜结构的应用起到了积极推动作用。从那时起到 1984 年,美国建造了一批尺度为 138～235 m 的体育馆,均采用气承式索 – 膜结构,取得了极佳的技术经济效果。但这种结构体系也出现了一些问题,主要是由于意外漏气或气压控制系统不稳定而使屋面下瘪,或由于暴风雪天气在屋面形成局部雪兜而热空气融雪系统又效能不足导致屋面坍塌甚至事故。这些问题使人们对气承式膜结构的前途产生怀疑。美国自 1985 年以后在建造大型体育馆时没有再使用这种结构形式,人们把更多的注意力转到张拉式的膜结构或索 – 膜结构。

张拉式膜结构自 20 世纪 80 年代以来在各国家获得极大发展。这种结构体系与索网结构类似,将膜张紧在刚性或柔性边缘构件上,或通过特殊构造支承在若干独立支点上,通过张拉施加预应力,并获得最终形状。1985 年建成的外径为 288 m 的沙特阿拉伯利雅得体育场(图 1 – 27),其看台挑篷由 24 个连在一起的形状相同的单支柱帐篷式膜结构单元组成,每个单元悬挂于中央支柱,外缘通过边缘索张紧在若干独立的锚固装置上,内缘则绷紧在直径为 133 m 的中央环索上。1993 年建成的美国丹佛国际机场候机大厅(图 1 – 28),采用完全封闭的张拉式膜结构,其平面尺寸为 305 m×67 m,由 17 个连成一排的双支柱帐篷式单元组成,每个长条形的单元由相距 45.7 m 的两根支柱撑起。

(a)　　　　　　　　　　　　　　(b)

图 1 – 27　沙特阿拉伯利雅得体育场

(a)外景图;(b)内景图

(a)　　　　　　　　　　　　　　(b)

图 1 – 28　美国丹佛国际机场候机大厅

(a)外景图;(b)内景图

与张拉式膜结构同步发展的还有骨架支承式膜结构。例如中国香港大球场(图 1 – 29),纵向用跨度为 240 m、顶部标高为 55 m 的拱形骨架支承屋顶的前沿;横向的三角形桥架断面高 3.5 m,连接屋顶前沿的拱架和后面的混凝土看台,跨度 40～55 m。其检修通道、放送设备及泛光灯照明都安放在这些桁架里。两个屋顶各外包 5 块(每块 1 600 m²,跨越 3 组桁架)涂敷聚四氟乙烯的玻璃纤维膜材,这些膜材四边都压紧,中间部分并没有机械地固定在桁架顶部,而是在桁架之间用一个直径为 80 mm 的谷索压住,膜本身加有 5.1 kN 的双向预张力。该作品因布局紧凑、与地形完美结合、简洁且富有表现力的优点而受到高度赞扬,并于 1995 年荣获美国建筑师协会奖。20 世纪 90 年代开始,世界各地建造的膜结构多数采用了骨架支承式膜结构。

图 1 - 29   中国香港大球场

与世界先进水平相比,中国在膜结构方面的差距是十分明显的。近年来,中国在理论研究方面做了很多工作,应该说已建立起一定的理论储备,而在膜结构应用方面也开始呈现比较活泼的势头。例如上海为迎接全运会于 1997 年建成的体育场(图 1 - 30),其看台挑篷采用钢骨架支承的膜结构,总覆盖面积 36 100 m²,是我国首次在大型建筑上采用膜结构,但所用膜材是进口的,施工安装也由外国公司进行,价格较昂贵。

图 1 - 30   上海体育场

值得指出的是,中国已出现了专门从事膜结构制作与安装的企业,国产膜材的质量也在不断改进。各种迹象表明,膜结构这一富有潜力的空间结构新成员在我国已有良好的发展趋势。图 1 - 31 所示是中国为 2008 年奥运会修建的国家游泳中心,它是国内首次采用膜结构建设的国际上面积最大、功能要求最复杂的膜结构系统。国家游泳中心采用了乙烯 - 四氟乙烯共聚物(ETFE)的膜材料,具有质量轻、韧性好、抗拉强度高和耐候性强等特点。此外,ETFE 膜透光性好,可保证 90% 的自然光进入场馆,因此国家游泳中心建成后平均每天有近 10 个小时采用自然光照明,可大大节省能源,而且其保温、隔热功能是目前其他透光建筑材料难以比拟的。

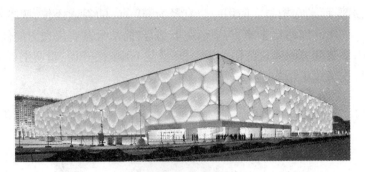

图1-31 国家游泳中心

6. 现代新型大跨建筑结构的出现和发展

由于近几十年来计算机技术、新型材料及空间结构分析理论的发展,各种新型大跨建筑结构体系,如组合网格结构、空腹网格结构、斜拉网格结构、管桁架结构、张弦梁结构、弦支穹顶结构、索穹顶结构、开合空间结构、折叠结构、玻璃结构、特种空间结构以及各种混合结构体系等被提出,并在体育馆、展览馆、飞机库、厂房等建筑中得到广泛的应用。这些结构体系的出现开创了大跨建筑结构的新局面,成为当代建筑工程领域中最新、最前沿的大跨建筑结构体系。这些结构普遍是在近几十年出现的,与以前的结构相比,它们都采用了一些先进的技术或先进的材料,如预应力技术、新材料等,因此将这些采用了预应力、新材料、新形式的现代大跨建筑结构称为新型大跨建筑结构。在这里,虽然膜结构出现的时间较早,但膜结构是在近几十年随着新型膜材料的研制成功才得到推广和应用,同时膜结构的跨度和结构形式也与以前有了很大的变化,因此将其纳入新型空间结构的范围。

组合网架结构是一种由钢材和钢筋混凝土组成的空间结构形式。它将网架上弦杆用钢筋混凝土平板(或带肋板)代替,下弦杆和腹杆仍然用钢材,形成一种下部是钢结构、上部由钢筋混凝土组合而成的新型空间结构。

空腹网格结构是在空腹网架结构的基础上,考虑到空腹网架弦杆位于一个平面的拓扑结构受力性能并不是最佳,而根据空间结构的基本原理,将网架结构的平面变为受力更为合理的曲面而得到的。

斜拉网格结构是将斜拉桥技术及预应力技术综合应用到空间结构而形成的一种形式新颖的预应力大跨度空间结构体系。整个结构体系通常由屋面结构、伸高的桅杆或下置的塔柱、斜拉索等部分组成,各个组成部分共同协调工作而形成一种杂交组合空间结构,广泛应用于体育场馆、飞机库、展览馆、挑篷、仓库等工业与民用建筑。

张弦梁结构是由日本大学的 M. Saito 教授在 20 世纪 80 年代初首先提出的,它是用撑杆连接抗弯受压构件和抗拉构件而形成的自平衡体系。

弦支穹顶结构(Suspen Dome)是由日本法政大学川口卫教授将索穹顶等张拉整体结构的思路应用于单层球面网壳而形成的一种新型杂交空间结构体系,根据索穹顶和单层球面网壳两种结构的不同特点,将两者优点结合在一起而形成的。

索穹顶结构(Cable Dome)是运用张拉整体思想而产生的一种新的结构体系。索穹顶最早是在 20 世纪 80 年代由美国著名结构工程师盖格尔(D. H. Geiger)对富勒(Fuller)的思想进行了适当的改造,发明了支承于周边受压环梁上的一种索杆预应力张拉整体穹顶体系,即索穹顶,从而使得张拉整体的概念首次应用到大跨建筑结构工程中。

开合屋盖结构是一种根据使用需求可使部分屋盖结构开合移动的结构形式,使建筑物在屋顶开启和关闭两个状态下都可以正常使用。据统计,从 20 世纪 60 年代至今,世界上已建成 200 余座开合屋盖结构,主要用于体育比赛场馆,这些开合结构大部分为中小型建筑。

网架、网壳等空间结构除在大跨建筑中得到了应用外,近年来还在人行天桥、高层和高耸建筑中得到了广泛应用。与在大跨建筑中的应用相比,空间结构在这些方面的应用更加灵活,特点更加具体,在结构形式、分析方法等方面也与之存在一定的差别,因此将应用在人行天桥、高层和高耸建筑中的空间结构称为特种空间结构。

除此之外还有管桁架结构、折叠结构、玻璃结构等。新型大跨建筑结构的发展体现了大跨建筑结构的迅速进步,同时也代表了大跨建筑结构的研究方向。

1.1.2　大跨建筑结构的应用

大跨建筑结构在体育馆、会展中心和交通枢纽等公共建筑中有大量应用。近年来,随着世界杯、奥运会、世博会等重大社会经济活动的展开,大跨建筑结构体系在国内外更是得到迅速发展。其主要应用在以下几个方面。

1. 体育场馆

我国具有代表性的体育场馆有国家体育场(330 m×220 m×69.2 m,见图 1－32)、北京老山自行车馆(覆盖直径 155 m,结构跨度 130.638 m,矢跨比 1/10,见图 1－33)、南通体育中心(可开合屋盖,直径 280 m,见图 1－34)、杭州奥体中心主体育场(建筑面积约210 000 m²,罩棚为空间管桁架及弦支单层网壳结构,见图 1－35)。国外具有代表性的体育场馆有新奥尔良的超级穹顶体育馆(联方型双层球面网壳,直径 213 m,见图 1－36)、亚特兰大奥运会主体育馆(240 m×193 m,索穹顶,见图 1－37)。

（a）

（b）

图 1－32　国家体育场
（a）建筑效果图；（b）施工现场图

图 1－33　北京老山自行车馆

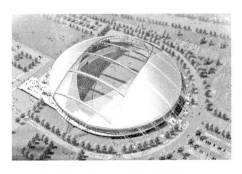

图 1－34　南通体育中心

图1-35　杭州奥体中心主体育场

图1-36　新奥尔良的超级穹顶体育馆

图1-37　亚特兰大奥运会主体育馆

2. 会展中心

我国具有代表性的会展中心有大连国际会议中心(最大跨度102.5 m,主体结构为多支承筒体大悬挑大跨度复杂空间结构体系,屋盖结构为"十字节点"正放四角锥空间网格结构,见图1-38)、成都新世纪会展中心(屋盖为下弦管内预应力桁架结构,由上层立体桁架和下层索通过撑杆组合而成,是一种自平衡结构体系,见图1-39)、广州国际会议展览中心(跨度126.6 m,张弦立体桁架结构,见图1-40)。国外具有代表性建筑有英国的伊甸穹顶(膜结构,见图1-41)。

(a)

(b)

图1-38　大连国际会议中心

(a)建筑效果图;(b)施工现场图

(a) (b)

图 1-39 成都新世纪会展中心

(a) 外景图;(b) 内景图

(a) (b)

图 1-40 广州国际会议展览中心

(a) 建筑效果图;(b) 施工现场图

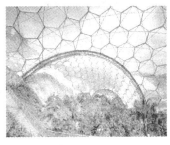

(a) (b)

图 1-41 英国伊甸穹顶

(a) 外部图;(b) 内部图

3. 交通枢纽

交通枢纽包括汽车站、火车站、机场航站楼等建筑。汽车站的代表建筑有山东济南长途汽车站(图 1-42)和山东淄博汽车总站(图 1-43)。我国具有代表性的火车站有天津西站(屋盖结构为单层联方网格形式的网壳,见图 1-44)、北戴河火车站(采用立体桁架拱结构,见图 1-45)、上海南站(预应力钢屋盖,直径 275 m,见图 1-46)、武汉火车站(建筑面积为 352 000 m²,中央站房为拱支网壳结构,雨棚为单元式树状支承网壳结构,见图 1-47)、新杭州东站(主站房 284.7 m×514.8 m,屋盖系统为复杂的变截面椭圆锥管柱和空间桁架结构,见图 1-48)。国外具有代表性的火车站有英国曼彻斯特火车站(屋盖为桁架、张弦梁结构,屋顶为透明 ETFE 双层膜充气枕结构,见图 1-49)、日本京都火车站(网壳结构、空间桁架,见图 1-50)、德国柏林新火车站(张弦两铰拱结构,见图 1-51)等。此外,机场航站楼有北京首都机场三期航站楼(955 m×773 m,最大悬挑 36 m,空间网架和桁架组合结构,见图 1-52)、上海浦东国际机场 T1 航站楼(张弦梁结构,见图 1-53)、天津滨海国际机场航站楼(图 1-54)。

图 1-42　山东济南长途汽车站

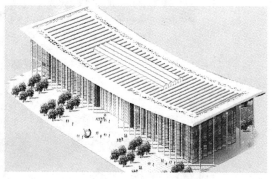

图 1-43　山东淄博汽车总站

图 1-44　天津西站

图 1-45　北戴河火车站

(a)

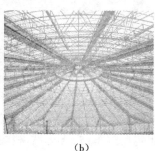

(b)

图 1-46　上海南站

(a)建筑效果图;(b)施工现场图

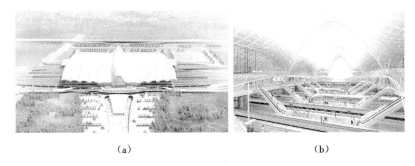

（a） （b）

图 1-47　武汉火车站

（a）外景图；（b）内景图

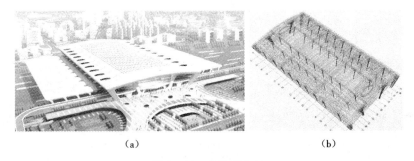

（a） （b）

图 1-48　新杭州东站

（a）建筑效果图；（b）结构图

（a） （b）

图 1-49　英国曼彻斯特火车站

（a）远景图；（b）近景图

图 1-50　日本京都火车站 **图 1-51　德国柏林新火车站**

（a）   （b）

图1-52 北京首都机场三期航站楼

（a）外景图；（b）内景图

图1-53 上海浦东国际机场 T1 航站楼　　　　**图1-54 天津滨海国际机场航站楼**

1.2 大跨建筑结构的基本类型及其特点

大跨建筑结构主要分为刚性结构体系、柔性结构体系、杂交结构体系、折叠结构体系、开合结构体系和玻璃结构体系。

1.2.1 刚性结构体系

刚性结构体系的特点是结构构件具有很好的刚度，其主要包括薄壳结构、折板结构、网架结构及网壳结构等。

（1）薄壳结构主要受压，多为钢筋混凝土结构，可以合理地利用钢筋混凝土材料抗压性能好的特点，已在大跨度的屋盖结构中得到广泛应用。法国巴黎的国家工业与技术展览中心采用钢筋混凝土薄壁拱壳，跨度已达到 206 m。

（2）折板结构是一种连续折平面的薄壁空间结构，其构造简单、施工方便，在我国已得到广泛应用，目前跨度一般达到 18～24 m。

（3）网架结构大多由钢杆件组成，具有多向受力的性能，空间刚度大，整体性强，并有良好的抗震性能，制作安装方便，是我国空间结构中发展最快、应用最广的结构形式。天津科学宫礼堂网架由天津大学土木系设计，建成于 1966 年 6 月，平面尺寸为 14.84 m×23.32 m，网架高度为 1 m，网格形式为斜放四角锥平板网架，周边简支于外墙的刚性过梁上，材料为 Q235 钢，杆件采用壁厚为 1.5 mm 的高频电焊薄壁钢管，节点采用壁厚为 3 mm 的焊接空心球。薄壁杆件、空心球节点及网架形式都是先进合理的，其耗钢量为 6.25 kg/m²，仅为钢筋混凝土屋盖中的钢筋用量或平面钢屋架用钢量的一半，经济效果极其显著。网架结构在我国已有大量的建设实例,材料除采用 Q235 钢和 Q345 钢外,尚有采用不锈钢及铝合金材料做成的网架;另外,网架上弦采用带肋钢筋混凝土平板,下弦及腹杆采用钢管结构,即钢 - 混凝土组合网架结构也有不少建成的工程实例。

(4)网壳结构是曲面形的网格结构,兼有杆系结构和薄壳结构的固有特性,主要优点是覆盖跨度大、整体刚度好、结构受力合理,既有良好的抗震性能、材料耗量低,又有丰富的文化内涵。早在 20 世纪初,德国工程师施威德勒就发明了一种肋环斜杆型网壳,这种以他名字命名的网壳一直在圆形屋顶中流传。而今,日本的名古屋穹顶(图 1 - 55)是当今世界上跨度最大的单层网壳,该体育馆整个圆形建筑的直径为 229.6 m,支承在看台框架柱顶的屋盖直径则有 187.2 m,采用钢管构成的三向网格;每个节点上都有 6 根杆件相交,采用直径为 1.45 m 的加肋圆环,钢管杆件与圆环焊接,成为能承受轴向力和弯矩的刚性节点。为召开 1996 年冬季亚运会,在哈尔滨建造了黑龙江速滑馆(图 1 - 56 和图 1 - 57),其平面尺寸为 190 m×85 m,覆盖面积之大居全国之首,结构用钢量为 50 kg/m²。

图 1 -55 日本名古屋穹顶单层网壳

(a) (b)

图 1 -56 黑龙江速滑馆

(a)外景图;(b)内景图

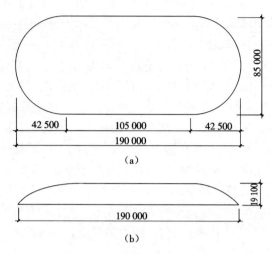

图1-57　黑龙江速滑馆网壳

(a)平面图;(b)立面图

1.2.2　柔性结构体系

柔性结构体系的特点是大多数结构构件为柔性构件,如钢索、薄膜等。结构的形体由体系内部的预应力决定。属于这一类体系的结构有悬索结构、膜结构和张拉整体结构等。

(1)悬索结构以一系列受拉的索作为主要承重构件,这些索按一定规律组成各种不同形式的体系,并悬挂在相应的支承结构上。悬索一般采用由高强度钢丝组成的钢绞线、钢丝绳或钢丝束,也可采用圆钢筋或带状的薄钢板。悬索结构通过索的轴向拉伸来抵抗外荷作用,可以最充分地利用钢材的强度,当采用高强度材料时,更可大大减轻结构自重。悬索结构的形式多种多样,按照受力特点,一般可将悬索结构分成单层悬索体系、双层悬索体系和索网结构三种类型。

①单层悬索体系由许多平行的单根拉索组成,拉索之间设置横向加劲构件,拉索两端悬挂在稳定的支承结构上(图1-58(a)),也可设置专门的锚索(图1-58(b))或端部的水平结构(图1-58(c))来承受悬索的拉力。单层悬索体系也可用于圆形的建筑平面,此时各悬索常沿辐射方向布置,整个屋面形成下凹的旋转曲面(图1-58(d)),悬索支承在周边构件——受压圈梁上,中心可设置受拉的内环;当中心设置支柱时,则形成伞形悬索结构(图1-58(e))。

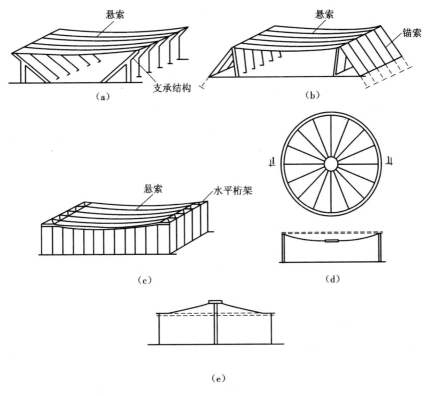

图1-58 单层悬索体系的几种形式

(a)单层索系(带支承结构);(b)单层索系(带锚索);
(c)单层索系(带水平桁架);(d)下凹的旋转曲面;(e)伞形悬索结构

②双层悬索体系由一系列承重索和反曲率的稳定索组成,每对承重索和稳定索一般位于同一竖直平面内,二者之间通过受拉钢索或受压撑杆连系,构成索桁架(图1-59)。承重索和稳定索之间的连系杆可以竖向布置也可以布置成斜腹杆的形式。

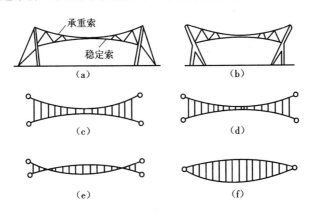

图1-59 双层悬索体系的几种形式

(a)双层索系一(斜腹杆);(b)双层索系二(斜腹杆);(c)双层索系三(竖腹杆);
(d)双层索系四(竖腹杆);(e)双层索系五(竖腹杆);(f)双层索系六(竖腹杆)

③索网结构通常由两组相互正交、曲率相反的钢索直接交叠组成,形成负高斯曲率的曲

面,常称为鞍形索网(图1-60)。天津大学健身房(24 m×36 m)和浙江人民体育馆(60 m×80 m)的屋盖就采用了椭圆形平面的双曲抛物面索网结构。

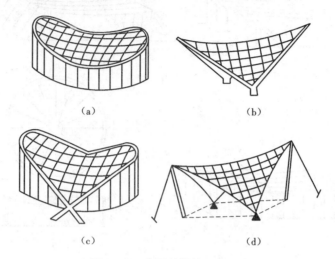

(a)　　　　　　　　　　(b)

(c)　　　　　　　　　　(d)

图1-60　索网结构的几种形式
(a)鞍形索网一;(b)鞍形索网二;(c)鞍形索网三;(d)鞍形索网四

(2)膜结构通常分为充气膜结构和张拉膜结构两种形式。

①充气膜结构是以空气作为受压构件,使膜产生张力而承受外荷载,包括气承式和气胀式两种形式。

②张拉膜结构包括悬挂式膜结构和骨架式膜结构。前者利用索网将膜绷紧或是利用桅杆或立柱将钢索和膜悬吊起来;而后者则是以刚性支承(如网架或网壳)为骨架来支承膜材。建于英国伦敦泰晤士河畔格林尼治半岛上的千年穹顶是目前世界上跨度最大的悬挂式膜结构(图1-61)。该工程的一大创新体现在采用直线形张力索和平面膜结构,而不是膜结构常用的双曲面造型。屋面结构由一个辐射状主索网络构成,并依靠从12根100 m高的桅杆上引出的一组悬索来承载,屋面蒙以双层PTFE覆膜的玻璃纤维布。千年穹顶整个封闭空间占地面积达80 000 m²,中心高度达48 m,外围直径320 m,屋面索结构的张力集成至边索链,再传递至竖向地锚和周长达1 000 m的受压环梁。

图1-61　英国伦敦千年穹顶

(3)张拉整体结构是由一组互相独立的受压杆与一套连续的受拉索构成的自应力、自平衡的空间铰接网格结构体系,它的几何形状和刚度与体系内部的预应力大小直接有关。张拉整体体系可以设计成由尽可能多的受拉索组成,因此能最大限度地利用材料的特性,以最少的材料建立大跨度空间结构。张拉整体结构是目前国际上正在研究并逐步推广的一种新结构体系。如图1-62所示是1996年美国亚特兰大奥运会主体育馆佐治亚穹顶采用的类张拉整体结构或称索穹顶,平面为240 m×192 m的椭圆形。它是目前世界上此类体系中跨度最大的结构,其周边支承在一个宽7.9 m、高1.5 m的预应力混凝土环梁上。美国旧金山体育馆也采用了索穹顶结构,直径为235 m。此外,采用这种结构的还有1988年汉城奥运会的体操馆(直径119.8 m)和击剑馆(直径89.9 m)。

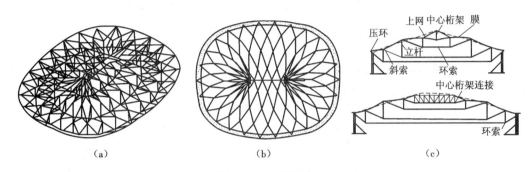

图1-62 佐治亚穹顶

(a)轴线网格图;(b)屋顶平面图;(c)结构剖面图

1.2.3 杂交结构体系

杂交结构是将不同类型的结构形式进行组合而得到的一种新型结构体系,它能发挥不同类型结构的优点,起到扬长避短的作用,因此可以更合理、更经济地跨越更大的跨度。常见的杂交结构体系有拱支结构、斜拉结构及弦支结构等。

(1)拱支结构是以拱等刚性构件(体系)作为网架或网壳的支承结构的杂交结构体系。拱支网壳结构利用拱结构具有整体刚度大、稳定性好的特点,改善了网壳结构的整体性能,使之兼有单层和双层网壳结构的优点。由于拱结构的作用,整体单层网壳就被划分为若干小的单层网壳区段,从而使网壳结构的整体稳定性问题转化为局部区段的稳定性问题,部分杆的破坏或局部区段的失稳塌陷将较小甚至不会波及整个结构,网壳结构对缺陷的敏感程度得以下降。同时,网壳结构对拱结构的稳定也有所帮助。因而增强了结构的整体性能,使得两种结构形式能够充分发挥各自的潜力,从而提高了整个结构的承载能力及材料强度的利用率,达到增大结构跨度同时又获得较高经济效益的目的。北京石景山体育馆(图1-63)采用了三叉拱支双曲抛物面网壳,平面为正三角形,边长99.7 m。

图 1 – 63　北京石景山体育馆

（2）斜拉网架与网壳结构通常由塔柱、拉索、网架与网壳结构组合而成，是大中跨度建筑中一种形式新颖、协同工作的杂交空间结构体系。它具有增加结构支点、减小结构挠度、降低杆件内力、发挥高强拉索优势等特点。1995 年建成的山西太旧高速公路旧关收费站，采用独塔式斜拉左右两块正放四角锥圆柱面网壳，总平面尺寸 14 m × 64.718 m，共设有全方位布索 28 根，如图 1 – 64 所示。浙江黄龙体育中心为目前覆盖面积最大的斜拉网壳，两塔间距离达 250 m，每个月牙形网壳上弦面上还巧妙地放置了 9 道稳定索以抵抗向上的风荷载，如图 1 – 65 所示。

图 1 – 64　山西太旧高速公路旧关收费站

图 1 – 65　浙江黄龙体育中心

（3）弦支穹顶结构是由日本法政大学川口卫教授等学者将索穹顶等张拉整体结构的一些思路应用于单层球面网壳而形成的一种新型杂交空间结构体系。这种体系可充分发挥单层球面网壳张拉结构的优点，避免各自的缺陷。一方面张拉体系改善了单层球面网壳结构的稳定性，使结构能跨越更大的空间；另一方面由于单层球面网壳具备一定的刚度，使弦支穹顶的设计、施工及节点构造与索穹顶等完全柔性结构相比得到极大的简化。同时，由于两种结构体系对下部结构的作用相互抵消，使得弦支穹顶对下部结构的反力大大降低，如图 1 – 66 所示。

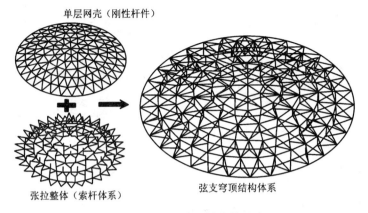

单层网壳（刚性杆件）

张拉整体（索杆体系）

弦支穹顶结构体系

图 1-66 弦支穹顶结构的形式

1.2.4 折叠结构体系

折叠结构（图 1-67 和图 1-68）是一种用时展开、不用时可折叠收起的结构。从这个意义上说，有着悠久历史、广为人们所熟悉的雨伞或遮阳伞就是一种折叠结构，这表明折叠结构的思想古已有之，但折叠结构用于建筑领域并形成相应的设计计算理论却是近几十年的事。1961 年西班牙建筑师皮奈偌（P. Pinero）展出了他的作品——一个可折叠移动的小剧院。人们从中发现了这种结构的诸多优点：一般可重复使用，且折叠后体积小、便于运输及储存，与永久性建筑物相比不仅在施工上省时省力，而且可避免不必要的资金再投入而造成的浪费。随着人们对"折叠"概念的逐渐理解，折叠结构在计算理论及结构形式上都得以很大发展，目前这种结构已走出实验室，得到了广泛的工程应用。在生活领域，可用于施工棚、集市大棚、临时货仓等临时性结构；在军事上，可用于战地指挥、战场救护、装配抢修及野外帐篷等，对提高部队的后勤保障能力、增加部队战斗力有重要意义；在航空航天领域，折叠结构有着不可替代的地位，已用作太阳帆、可展式天线等。

图 1-67 折叠结构

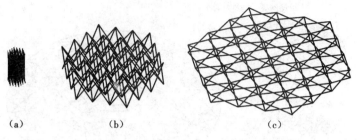

图1-68　逐步展开的折叠结构
(a)收起状态;(b)半展开状态;(c)完全展开状态

依据不同的标准,折叠结构有着不同的类型划分。按照折叠结构组成单元的类型可分为杆系单元和板系单元,而杆系单元又可再分为剪式单元和伸缩式单元;根据结构展开成型后的稳定平衡方式可分为结构几何自锁式、结构构件自锁式和结构外加锁式;根据结构组成是否采用索单元可分为刚性结构和柔性结构;根据结构展开过程的驱动方式又可分为液压(气压)传动方式、电动方式和节点预压弹簧驱动方式等。

结构几何自锁式又称自稳定折叠结构,是工程界普遍重视的一种结构。其自锁原理主要是由结构的几何条件及材料的力学特性决定。在这种结构中,一些剪式单元(简称剪铰)以一定方式相连而组成锁铰。锁铰中每根杆件只有在折叠状态与完全展开时,才与结构的几何状态相适应,杆件应力为零,而在展开过程中杆弯曲变形,储存外荷能量,最后反方向释放这些能量。自稳定折叠结构展开方便、迅速,但其杆件抗弯刚度比较小,因而承受外荷载能力低,只适合小跨度情况。结构构件自锁式的自锁机理主要是靠铰接处的销钉在结构展开时自动滑入杆件端部预留的槽孔处而锁定结构。结构外加锁式亦称附加稳定结构,在结构展开过程中,杆件内无应力,整个结构是一个机构体系,在展开到预定跨度时,在结构的端部附加杆件或其他约束消除机构而形成结构。这种结构的杆件刚度比较大,可满足较大跨度的要求。

没有索单元的折叠结构称为刚性结构,而柔性折叠结构的受拉单元为索单元。柔性结构在收纳状态时,索呈松弛状态,刚性杆件可形成捆状,便于运输储存。在展开时可拉紧驱动索使结构展开,亦可增加压杆长度来张拉索,在完全展开时可形成张拉整体体系。这种结构自重轻,展开成型后刚度较大,可用于跨度较大的结构。

折叠结构根据其在展开过程中的运动特性可分为两大类。一类是各部分运动为刚体运动,称其为多刚体体系,它的运动描述及内力分析比较容易解决;另一类则是部件在空间中经历着大的刚性运动的同时,还存在自身的变形运动,再现出刚性运动与变形运动互相影响、强烈耦合的特征。自稳定杆系结构就属于后一种类型,其中锁铰的设计是整个自稳定折叠结构设计的基础,直接影响结构的合理性及使用方便性。理想的自锁条件是在叠展的过程中,组成锁铰的杆件内产生内力,内力变化呈缓升陡降的趋势,变化率表现出大范围变化的慢变量与小幅度变化的快变量的特征。这种运动特性必须采用非线性理论来描述,这正是这种结构计算的难点所在。

对于任何空间结构,节点设计都占有很重要的位置,折叠结构也不例外,而且还有一些特殊要求:折叠结构的节点必须能够保证杆件在展开过程中运动自如,杆件与节点连接处没有较大摩擦或易于弯曲的变形;在结构收纳状态时能够保证杆件成紧密捆状,以便储存有足够的强度来承受杆件的拉压及局部的弯、剪、摩擦等各种作用。目前应用比较普遍的是毂节点,节点材料可用金属或高分子材料。

1.2.5 开合结构体系

开合结构的出现与人类体育事业的发展密切相关,是当代人类物质文化生活水平发展到相当程度,人们对体育比赛场馆功能要求日益完美的结果。体育场空间本来是个开放的空间,古代的奥运会就是在有天然草皮的大地上,在阳光的照射与微风的吹拂中召开的。然而,热衷于体育运动的现代人开发了室内体育馆,通过装备一些设备,将室外体育设施室内化,把体育赛事作为一种观赏项目开展起来。这样做不仅能在比较恶劣的环境条件下保护观众和运动员,而且实现了能在预定的时间内进行预定的体育比赛,这是体育现代化的必然要求。但是这些带有屋顶的运动场并非剧场,人们还是憧憬着大自然的天空、大自然的阳光、大自然的和风,如果条件允许,敞开式运动场是更受观众和运动员欢迎的,因此开合式屋盖结构应运而生。

据统计,国际上从20世纪60年代至今已建成200余座开合屋盖结构,但绝大多数属于中小型建筑,主要用于游泳馆、网球场等体育建筑。从这些工程应用中人们已充分领略到这种结构的优越性:当遇雷雨风雪天气时将屋盖关闭,观众照样享受体育馆内温馨与热烈的氛围;当秋高气爽时将屋盖打开,室内外融为一体,观众顿时获得自然之美与舒畅之感,尤其在夜晚,夜色与灯光融合,更有一种美妙的感受。目前开合屋盖结构不仅用于体育场馆,而且广泛用于飞机库、商场、厂房及需要晾晒的仓储建筑。

与固定式屋盖相比,开合式屋盖结构在技术上有很多特殊的问题必须慎重对待,如在结构形状不断改变的条件下,设计荷载尤其是风荷载以及结构运动产生的冲击效应的评估与选择、屋盖走行部分及轨道设计、屋盖运行故障检测及排除措施、屋盖的监控与安全保障系统设置等。为了经济安全,移动结构构造应简单并尽量轻型化;屋盖开启或关闭过程一般控制在 20 ~ 25 min,为尽量减少冲击力,应控制开始或停止时间在 1 ~ 2 min;应安装地震传感器和风速仪,当超过特大风速和地震强度时,开关系统应能判别,以调整整个系统不会超载;屋盖应安装电视摄像及超声波传感系统,以便及时发现故障原因;控制装置设计应有富余,当装置的任何部分失灵时不至于整个系统失灵,为此应用一种双控制系统,既能自动也能手动;在开合功能失灵时,应能保障整个屋盖结构的安全。在已建成的开合结构中不乏打开合不上、合上开不了的例子,更有一些开合结构因开合功能故障最终不得不改为固定屋盖。这说明开合结构确实是一种技术性很强的结构形式,对设计和施工都有很高的要求。

开合结构的开合方式有以下几种类型。

(1)水平移动,单纯通过屋盖水平移动形成开合。

(2)重叠方式,可分为:①水平重叠,即通过数段屋盖水平重叠搭接形成开合;②上下重叠,即将屋盖上下分成数段,底段固定,上面几段可上下滑动形成开合;③回转重叠,即通过数块屋盖回转重叠形成开合和水平回转移动重叠,既有水平移动又有回转移动,最后重叠搭接形成开合。

(3)折叠方式,可分为:①水平折叠,即构件水平方向折叠搭接形成开合;②回转折叠,即构件水平回转折叠形成开合;③上下折叠,即一般采用膜屋面,类似于折叠伞,通过吊起或放下屋面形成开合。

(4)混合方式,为上述三种开合方式的组合。

对一个开合结构工程的评价是多方面的,应依据具体结构的功能及规模等进行,如屋盖开启状态下的开启率、天空形状、屋盖形状、屋盖阴影、亮度对比,屋盖关闭后的屋盖形状、屋盖性能、屋盖的耐久性,屋盖的开合方式,屋盖走行部分的运转,工程费用高低,施工难度,建筑面积及工程占地面积等都应是开合结构评价的主要内容。

由于开合结构造价较高、施工难度大、维护管理费用要求也很高,所以在大跨度建筑中这种结构用得很少。但目前仅有的几座大型开合结构都产生了广泛的影响,造成过轰动效应,有的已经成为其所在城市的标志。1989 年建成的加拿大多伦多天空穹顶(图 1 – 69),一度是世界上跨度最大的开合结构。其屋顶直径 205 m,覆盖面积 32 374 m^2,为平行移动和回转重叠式的空间开合钢网壳结构。整个屋盖由 4 块单独钢网壳组成,其中 3 块可以移动,中间部分为两块筒状网壳,可水平移动,两端为两块四分之一球壳,其中 1 块固定,1 块可旋转移动 180°。屋盖开启后 91% 的座位可露在外面,赛场面积开启率可达 100%,开闭时间约20 min。天空穹顶与著名的多伦多电视塔相临,屋盖开启后呈现在观众面前的是安大略湖和以高 553 m 的电视塔为背景的多彩空间。

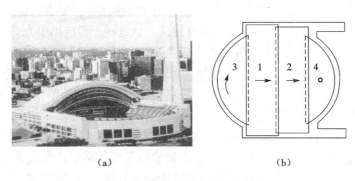

图 1 –69 加拿大多伦多天空穹顶
(a) 俯视图;(b) 开启方式示意图

当今世界规模及跨度最大的开合结构是跨度(直径)222 m 的日本福冈穹顶,如图 1 – 70所示。该馆于 1993 年 3 月建成,建筑面积 72 740 m^2,是 1995 年在福冈举行的世界大学生运动会的主会场。屋盖由 3 片网壳组成,最下一片固定,中间及上面两片可沿着圆的导轨移动,因此开合方式为回转重叠式,全部开启可呈 125° 的扇形开口。各片网壳均为自支承,为避免开合过程中振幅过大在顶部引起装饰材料互相碰撞,在屋顶中心设置液压阻尼器减震。屋盖移动的轨道上装有地震仪,当地震仪接收到超过 50 gal(0.5 m/s^2)的加速度时,能自动停止移动。值得一提的是,这么大的工程建成仅仅用了两年多的时间,由此可看出施工队伍的综合施工水平是非常高的。

我国在开合屋盖结构的研究和应用方面还处于起步阶段,关于开合屋盖结构研究的有参考价值的论文很少。如图 1 – 71 所示的钓鱼台国宾馆网球馆是国内第一座开合式的网球馆,由北京市建筑设计研究院在 20 世纪 80 年代设计。网球馆外围尺寸为 40 m×40 m,内设两个标准双打网球场。整个屋面分为三个落地拱架,采用北京智维公司的专利技术"弓式预应力钢结构",两片固定拱架跨度 40 m,一片活动拱架跨度 41.5 m,拱最高点净高 13m,满足网球场地上空无障碍高度要求。驱动系统采用电控齿轮齿条驱动,5 min 可以完成开合操作。由于该开合结构开合机理很简单,而且跨度不大,很多安全控制措施都很简单,造价仅比无可动屋面高 10%。我国近几年来建成的上海旗忠网球中心体育馆(图 1 –72)

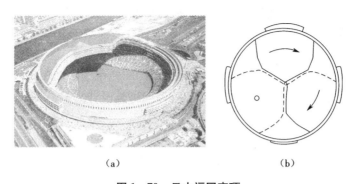

（a） （b）

图1-70 日本福冈穹顶

（a）俯视图；（b）开启方式示意图

和南通市体育会展中心体育场（图1-73）等开合屋盖结构体现了我国工程师近几年在该方面的水平和成就。

（a） （b）

图1-71 钓鱼台国宾馆网球馆

（a）外景图；（b）内景图

图1-72 上海旗忠网球中心体育馆 **图1-73 南通市体育会展中心体育场**

1.2.6 玻璃结构体系

玻璃被作为建筑材料用于建筑物已有很长的历史，但多用于门、窗、采光带等。近年来随着玻璃性能的不断改善以及人们对玻璃特性认识的不断深入，玻璃已被越来越多地作为承重材料用于建筑结构。

1.玻璃维护结构

玻璃因其良好的透光性而被广泛应用于建筑物中，最初体现在玻璃门、窗等采光围护结构上。结构简捷、轻盈美观、通透性好的玻璃幕墙越来越受到建筑师们的青睐。20 世纪初，玻璃幕墙就在欧美国家得到了较广泛的使用，其应用在我国始于 20 世纪 80 年代，主要标志性建筑是 1983 年的北京长城饭店和上海联谊大厦。尽管玻璃幕墙在我国起步较晚，但发展很快，目前我国已成为世界上最大的玻璃幕墙生产国和使用国。玻璃幕墙的种类主要可分为明框、隐框(半隐框)、吊挂式和点支式玻璃幕墙四种类型，如图 1 - 74 所示。

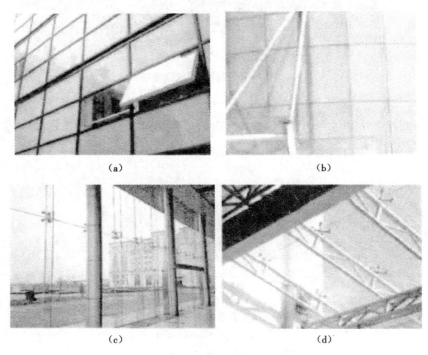

(a)　　　　　　　　　　　　　　(b)

(c)　　　　　　　　　　　　　　(d)

图 1 - 74　不同玻璃幕墙类型实例

(a)明框玻璃幕墙；(b)隐框玻璃幕墙；
(c)吊挂式玻璃幕墙；(d)点支式玻璃幕墙

2. 玻璃承重结构

近年来，玻璃在建筑中的应用已不再局限于玻璃窗、玻璃幕墙等围护结构。伴随着现代建筑设计的发展，玻璃梁、柱、板等玻璃承重结构已经成为一种独立的结构形式在现代建筑中得到越来越多的应用。如美国科罗拉多大峡谷的悬空透明玻璃观景廊桥(图 1 - 75)，这座令人叹为观止的悬空廊桥建造在大峡谷南缘距谷底 1 200 m 的高空，呈 U 字形，其悬空部分最远处距岩壁 21 m，廊桥宽约 3 m，底板为透明玻璃材质，游客可以行走其上，俯瞰大峡谷和科罗拉多河景观。此外，还有海洋水族馆的海底观光隧道玻璃结构顶棚(图 1 - 76)等各种玻璃承重结构。

在一般人眼里玻璃是一种薄而易碎的东西，很难与硕大的承重结构联系起来。事实上，虽然玻璃在力学性能上有一定的局限性，但如果对其设计合理、扬长避短，用于建筑结构就会取得意想不到的效果。透明或半透明是玻璃的主要也是最显著的特征，因此玻璃结构一般明亮华丽，从采光这个角度说，也是一种节能结构。玻璃在力学性能上有点像混凝土，是一种脆性材料，抗压性能好、抗拉性能差，应力 - 应变关系表现为线性，弹性模量为 70 ~ 73 GPa，约为钢材弹性模量的 1/30。一般浮法玻璃的抗弯强度为 50 MPa，经过热处理后玻璃的性能可显著改善，钢化玻璃的抗弯强度高于 70 MPa；淬火玻璃的抗弯强度则可超过 120

（a） （b）

图 1-75 科罗拉多大峡谷玻璃观景廊桥

(a)整体图;(b)局部图

图 1-76 上海海洋水族馆海底观光隧道玻璃结构顶棚

MPa,甚至可达到 200 MPa。而玻璃的自重为 2 500 kg/m³,所以玻璃的强重比要优于钢材,玻璃结构能给人一种轻巧的感觉。玻璃的热膨胀系数为 9×10^{-6},与钢材相近,这使得钢材和玻璃能够用于同一结构,发挥各自特长。玻璃的耐腐蚀性能强,可抵抗强酸的侵蚀,因此玻璃结构的防腐费用较低。因此,越来越多的建筑师和结构工程师在设计中利用玻璃来实现建筑物更亮、更轻、更美的高科技效果,增强城市的现代化气息,例如我国青岛国际会展中心(图 1-77)和日本埼玉工厂(图 1-78)。

结构用玻璃主要类型有退火玻璃、夹丝玻璃、钢化玻璃以及淬火玻璃等。通过对这几种玻璃的再次加工可得到一些特殊用途的玻璃,如夹层玻璃及隔热、隔声玻璃等。

由于力学上的局限性,玻璃在结构中一般与钢、铝等抗拉材料共同工作,因此玻璃结构设计的关键是通过一定的结构及构造形式来发挥不同材料各自的受力特长,以求得合理的设计结果。最简单也是最常用的方案是采用钢或铝合金框架镶嵌玻璃幕,这样做可通过金属框架分割整个玻璃幕,使得每块玻璃面积不致太大,从而保证玻璃的面外刚度。显然整个幕墙因为不透明的金属框分割而变得不连续,影响了建筑效果。玻璃结构发展的最新技术就是去掉这些金属框架,保持玻璃幕的连续性,但是玻璃的力学特性没有变,即耐压不宜折且对平面外的变形非常敏感,因此尽管取消了金属框架,仍要保证结构中的玻璃处于受压状态。这使人想到了张拉整体体系,张拉整体中的杆件就是纯受压的。这样在张拉整体思想的基础上,产生了张拉整体无框架玻璃幕结构。这种结构用玻璃板代替了张拉整体体系中的压杆,为增强整个结构的刚度,减小结构的变形,用有一定刚度的杆件代替拉索。整个玻

图 1 – 77　青岛国际会展中心

图 1 – 78　日本埼玉工厂

璃幕仍然是由若干块玻璃拼成,只是玻璃之间不再通过金属框架连接,而是由位于平面处的专用连接件直接对接,连接件与玻璃幕之间可以栓接也可以黏接。

玻璃板本身的强度、刚度计算是在整体结构分析的基础上进行的,在这方面国际上还没有相应的规范作为依据,但德国等一些国家的学者已经将以概率统计为基础的可靠度理论引入玻璃结构的计算,并用极限状态法给出了相应的强度、位移验算公式。因此玻璃结构的计算目前已不困难,研究的重点则应放在结构形式及细部构造上。

第2章 网架结构

2.1 网架结构的机动分析与分类

2.1.1 网架结构的机动分析

从网架结构的组成规律来看,可分为两类:结构本身就是一个几何不变的"自约结构体系"和依靠支座的约束作用才能保持几何不变的"他约结构体系"。显然,几何可变的结构体系,在任何情况下均不允许。

空间网架结构的每个节点有三个独立的线位移(u,v,ω),根据机动分析原理可知,对于总节点数为J的网架,几何不变体系的必要条件是:

$$m \geqslant 3J - n \tag{2-1}$$

式中　m——结构的杆件总数;

　　　　n——支座约束链杆数($\geqslant 6$)。

但式(2-1)仅是必要条件,而不是充分条件。从一个几何不变单元(图2-1所示的四面体k)开始,连续不断地通过三个不共面的杆件交出一个新的节点所构成的结构体系,总是几何不变的结构体系。

从图2-2可以看出,由两根或两根以上的共面杆件交出的节点有一个自由度,因为它在上述杆件所在平面的垂直方向没有受到约束。

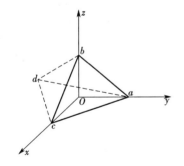

图2-1　几何不变单元

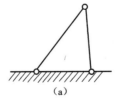

图2-2　几何可变单元
(a)形式1;(b)形式2

因此,得出以下结论:

(1)空间网架结构计算简图中的任何节点不得仅含一根或两根杆件;

(2)空间网架结构计算简图中的任何节点不得为共面杆系节点。

由于网架结构的杆件节点数目很多,一般无须对其进行充分必要条件的验证,而是通过对结构的总体刚度矩阵进行检查来实现,即总体刚度矩阵考虑了边界条件以后,若在对角元素中出现零元素,或其矩阵行列式为零,说明该矩阵为奇异矩阵,则与其相对应的节点是可动的,即体系几何可变。

2.1.2 网架结构的分类

网架结构的形式很多,从网格来分可分为三大类,即交叉桁架体系、四角锥体系及三角锥体系;每种体系又有多种分类,共有13种形式。

1. 交叉桁架体系

交叉桁架体系由互相交叉的桁架组成,整个网架上、下弦杆位于同一垂直平面内,并用同一平面内的腹杆将其连接起来。互相交叉的桁架有两向和三向的,两向交叉可以是正交(90°)和不正交(任意角度),三向交叉的交角为60°,其组成的基本单元如图2-3所示。这类网架共有四种形式。

1)两向正交正放网架——井字形网格

这种网架(图2-4)是由两个方向桁架互相交叉成90°并与相应的周边平行放置。如用钢筋混凝土梁代替钢桁架,就是一般的井字梁。在钢结构中,这种形式用得不多,尤其是周边支承不如两向正交斜放网架坚固和经济,但对于四点支承则较为有利,因此采用什么网格形式与支承情况很有关系。这种形式的网架,从平面上看是几何可变的,故一般可在上、下弦平面周边网格范围内增设附加斜杆,如网格尺寸较大,为了减少压杆自由长度可在上弦平面布置支承。

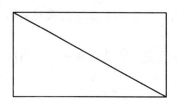

图2-3 交叉桁架体系基本单元

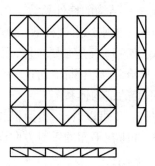

图2-4 两向正交正放网架

2)两向正交斜放网架

两向正交斜放网架(图2-5)是由两个方向的平面桁架垂直交叉而成,在矩形建筑平面中应用时,两向桁架与边界夹角为45°,它可理解为两向正交正放网架在建筑平面上放置时转动45°角。

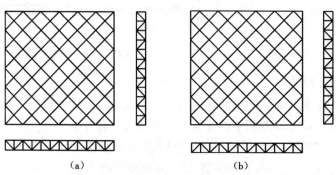

(a)　　　　　　　　　　(b)

图2-5 两向正交斜放网架

(a)有角柱;(b)无角柱

　　两向正交斜放网架的两个方向桁架的跨度长短不一,节间数有多有少,靠近角部的短桁架刚度较大,对与其垂直的长桁架起支承作用,减少长桁架跨中弦杆受力,对网架受力有利。对于矩形平面,周边支承时,可处理成长桁架通过角柱(图2-5(a))和长桁架不通过角柱(图2-5(b)),前者将使四个角柱产生较大的拉力,后者可避免角柱产生过大拉力,但需在长桁架支座处设两个边角柱。

　　3)两向斜交斜放网架

　　两向斜交斜放网架(图2-6)是由两个方向桁架相交成α角而成,这类网架节点构造复杂,受力性能欠佳,因此只是在建筑上有特殊要求时才考虑选用。

　　4)三向网架

　　三向网架(图2-7)是三个方向的桁架交叉而成,较前面所述几种两向网格刚度大,对于非对称荷载应力较均匀,一般跨度比较大的网架多采用这种形式。它适用于三角形、六边形、梯形、八边形等平面,圆形平面也可采用这种形式,但周边杆件布置不规则,计算和构造都比较麻烦。这种网格节间一般较大,可达5~6 m,故腹杆可采用再分式。

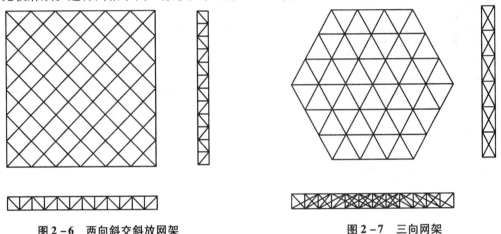

图2-6　两向斜交斜放网架　　　　　　　　图2-7　三向网架

2. 四角锥体系

　　四角锥体系网架是由许多四角锥按一定规律组成,组成的基本单元为倒置四角锥,如图2-8所示。这类网架上、下弦平面均为方形网格,下弦节点位于上弦网格形心的投影线上,与上弦网格的四个节点用斜腹杆相连。若改变上、下弦错开的平移值或相对地旋转上、下弦杆,并适当抽去一些弦杆和腹杆,即可获得各种形式的四角锥网架。这类网架共有六种形式。

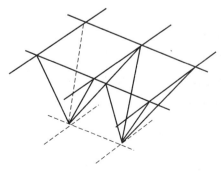

图2-8　四角锥体系基本单元

1）正放四角锥网架

所谓正放，是指四角锥底各边与相应周边平行。正放四角锥网架（图2-9）是以倒置的四角锥体为组成单元，锥底的四边为网架上弦杆，锥棱为腹杆，各锥顶相连即为下弦杆。上、下节点均分别连接8根杆件，节点构造较统一。这种网架因杆件标准化、节点统一化，便于工厂生产，在国内外得到了广泛应用。

2）正放抽空四角锥网架

正放抽空四角锥网架（图2-10）是在正放四角锥网架的基础上，适当抽掉一些四角锥单元中的腹杆和下弦杆，使下弦网格尺寸比上弦网格尺寸大一倍。这种网架的杆件数量少（腹杆总数为正放四角锥网架腹杆总数的3/4左右，下弦杆减少1/2左右）、构造简单、经济效果较好，但刚度稍弱。

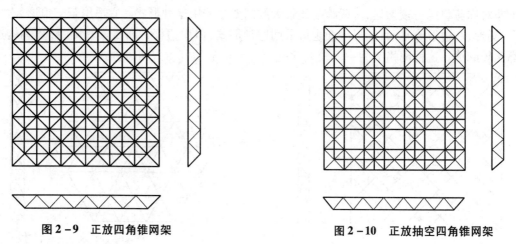

图2-9　正放四角锥网架　　　　　　　　图2-10　正放抽空四角锥网架

3）单向折线形网架

单向折线形网架（图2-11）是将正放四角锥网架取消纵向的上、下弦杆，保留周边一圈纵向上弦杆而组成的网架，适用于周边支承。对于正放四角锥网架，在周边支承的情况下，当长宽比较大时，沿长方向上、下弦杆内力很小，而沿短方向上、下弦杆受力较大，处于明显的单向受力状态，故可取消纵向上、下弦杆，形成单向折线形网架。

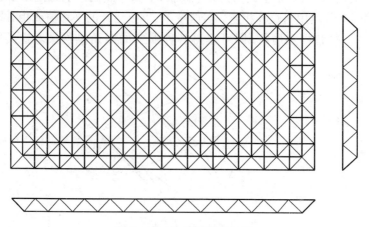

图2-11　单向折线形网架

4）斜放四角锥网架

所谓斜放，是指四角锥底与周边成45°角。斜放四角锥网架（图2-12）也是由倒置四角锥组成，上弦网格呈正交斜放，下弦网格呈正交正放，也就是下弦杆与边界垂直（或平行），上弦杆与边界成45°夹角。

这种网架的上弦杆长度等于下弦杆长度的$\sqrt{2}/2$。在周边支承情况下，上弦杆受压，下弦杆受拉，该网架体现了长杆受拉、短杆受压，因而杆件受力合理。此外，节点处汇交的杆件相对较少（上弦节点6根，下弦节点8根）。当网架高度为下弦杆长度一半时，上弦杆与斜腹杆等长。

这种网架适用于周边支承的情况，节点构造简单，杆件受力合理，用钢量较省，也是国内工程中应用较多的一种形式。

5）棋盘形四角锥网架

棋盘形四角锥网架（图2-13）是因其形状与国际象棋的棋盘相似而得名。在正放四角锥基础上，除周边四角锥不变外，中间四角锥间隔抽空，下弦杆呈正交斜放，上弦杆呈正交正放，下弦杆与边界呈45°夹角，上弦杆与边界垂直（或平行）。也可理解为将斜放四角锥网架绕垂直轴转动45°而成。

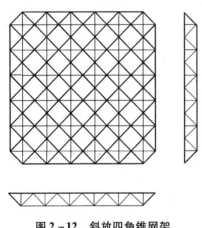

图2-12 斜放四角锥网架

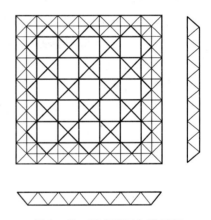

图2-13 棋盘形四角锥网架

这种网架也具有上弦短、下弦长的优点，且节点上汇交杆件少，用钢量省，屋面板规格单一，空间刚度比斜放四角锥好。这种网架适用于周边支承的情况。

6）星形四角锥网架

星形四角锥网架（图2-14）是由两个倒置的三角形小桁架相互交叉而成。两个小桁架的底边构成网架上弦，上弦正交斜放，各单元顶点相连即为下弦，下弦正交正放，在两个小桁架交汇处设有竖杆，斜腹杆与上弦杆在同一平面内。

这种网架也具有上弦短、下弦长的特点，杆件受力合理。当网架高度等于上弦杆长度时，上弦杆与竖杆等长，斜腹杆与下弦杆等长。这种网架适用于周边支承的情况。

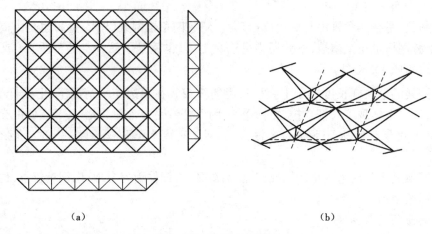

图 2 - 14　星形四角锥网架

(a)平面图;(b)立体图

3.三角锥体系

三角锥体系网架是由倒置的三角锥组成,组成的基本单元为三角锥(图 2 - 15),锥底的三条边即网架的上弦杆,棱边即为网架腹杆,锥顶用杆件相连即为网架的下弦杆,随锥体布置不同,可获得三类三角锥体系网架。

1)三角锥网架

三角锥网架(图 2 - 16)是一种由四面体(三角锥)与八面体相结合而成的网格。上、下弦平面均为正三角形网格,下弦三角形的顶点在上弦三角形网格的形心投影线上。

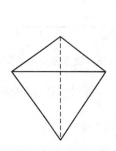

图 2 - 15　三角锥体系基本单元

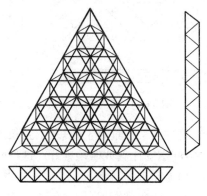

图 2 - 16　三角锥网架

三角锥网架受力比较均匀,整体抗扭、抗弯刚度好,如果取网架高度为网格尺寸的 $\sqrt{6}/3$,则网架的上、下弦杆和腹杆等长。上、下弦节点处汇交杆件数均为 9 根,节点构造类型统一。

三角锥网架一般适用于大中跨度及重屋盖的建筑,当建筑平面为三角形、六边形或圆形时最为适宜。

2)抽空三角锥网架

抽空三角锥网架(图 2 - 17)是在三角锥网架基础上,适当抽去一些三角锥中的腹杆和下弦杆,使上弦网格仍为三角形,下弦网格为三角形及六边形组合。

抽空三角锥网架抽掉杆件较多,整体刚度不如三角锥网架,适用于中小跨度的三角形、六边形和圆形的建筑平面。

3)蜂窝形三角锥网架

蜂窝形三角锥网架(图2-18)是改进了的由四面体和十四面体相结合的一种网格,上弦网格为三角形和六边形,下弦网格为六边形。

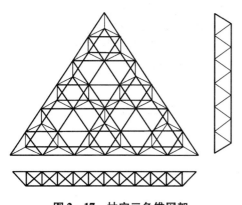 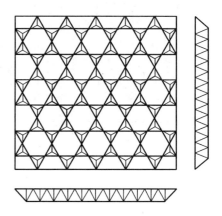

图2-17　抽空三角锥网架　　　　　　　　图2-18　蜂窝形三角锥网架

这种网架的上弦杆较短,下弦杆较长,受力合理。每个节点均只汇交6根杆件,节点构造统一,用钢量省。

蜂窝形三角锥网架从本身来讲是几何可变的,它需借助于支座水平约束来保证其几何不变,在施工安装时应引起注意。分析表明,这种网架的下弦杆和腹杆内力以及支座的竖向反力均可由静力平衡条件求得,根据支座水平约束情况决定上弦杆的内力。这种网架适用于周边支承的中小跨度屋盖。

2.2　网架结构的设计

2.2.1　初步设计

1. 网架结构的形式、尺寸及厚度

如前所述,网架结构共分三大类13种形式,具体选用哪种形式,需根据建筑平面形状、使用要求、网架跨度、支承情况及屋面荷载的大小等条件综合确定。

网架结构的网格尺寸取决于屋面材料的选用,若屋面采用无檩体系,即钢丝网水泥板或带肋钢筋混凝土屋面板,网格尺寸不宜超过4 m;若采用有檩体系,受檩条经济跨度的影响,网格尺寸不宜超过6 m,通常情况下杆件的长度一般在3 m左右。

网架厚度与结构跨度及屋面荷载大小直接相关,一般取短向跨度的1/18~1/10。

2. 支承形式

网架结构搁置在柱、梁及桁架等下部结构上,由于搁置方式不同,可分为周边支承、周边点支承、三边支承、对边支承、点支承及组合等。

1)周边支承或周边点支承

周边支承或周边点支承(图2-19)是指网架四周边界上的全部节点或部分节点为支承

节点,支承节点可支承在柱顶,也可支承在连系梁上,传力直接,受力均匀,是最常用的支承方式。

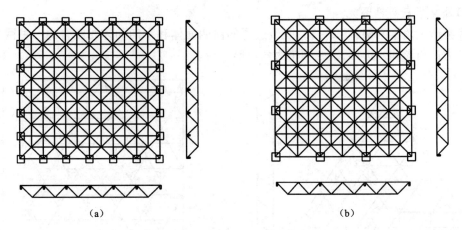

图2-19　周边支承与周边点支承

(a)周边支承;(b)周边点支承

2)三边支承或对边支承

在矩形建筑平面中,由于考虑扩建或因工艺及建筑功能的要求,在网架的一边或两边不允许设置柱子时,则需将网架设计成三边支承、一边自由或两对边支承、另两边自由的形式(图2-20)。这种支承在飞机库、影剧院、工业厂房、干煤棚等建筑中应用较多。

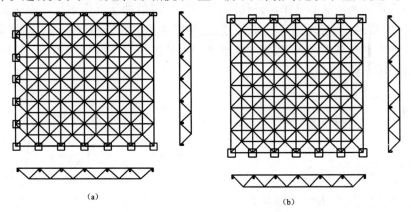

图2-20　三边支承与对边支承

(a)三边支承;(b)对边支承

3)点支承

点支承(图2-21)是指网架支承在多个支柱上,主要适用于大中跨度体育馆、展览厅和小跨度加油站等建筑。

4)周边支承与点支承的组合

周边支承与点支承组合的网架(图2-22)是在周边支承的基础上,在建筑物内部增设中间支承点,主要适用于大柱网工业厂房、仓库、展览馆等建筑。

3. 屋面排水

网架结构的屋面面积都比较大,屋面中间起坡高度也较大,屋面排水问题显得非常重要。网架结构屋面排水常采用如下几种方式。

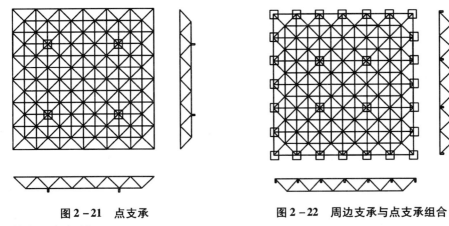

图 2-21　点支承　　　　　　　图 2-22　周边支承与点支承组合

1) 整个网架起拱

整个网架起拱(图 2-23)是使网架的上、下弦杆仍保持平行,只将整个网架在跨中抬高。

图 2-23　整个网架起拱

2) 网架变厚度

网架变厚度(图 2-24)是在网架跨中将高度增加,使上弦杆形成坡度,下弦杆仍平行于地面。由于跨中高度增加,可降低网架上、下弦杆的内力,使网架内力趋于均匀,但却使上弦杆及腹杆的种类增多,给网架制作安装带来一定困难。

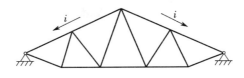

图 2-24　网架变厚度

3) 小立柱找坡

在上弦节点上加小立柱形成排水坡(图 2-25)的做法比较灵活,只要改变小立柱的高度即可形成双坡、四坡或其他复杂的多坡排水条件。小立柱的构造比较简单,是目前较多采用的一种找坡方法。小立柱不宜过高,否则将影响小立柱本身的稳定性。

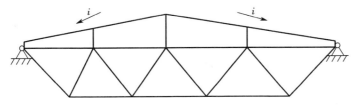

图 2-25　小立柱找坡

4. 容许挠度和起拱

网架结构的容许挠度 $[f]$ 不应超过下列数值：

$$[f] = \frac{L_2}{250}(\text{用作屋盖}) \quad \text{或} \quad [f] = \frac{L_2}{300}(\text{用作楼层})$$

式中　L_2 —— 网架的短向跨度。

当网架结构的最大挠度值不满足容许挠度限值时，需重新调整结构刚度或通过适当起拱的方法来解决。当有起拱要求时，其拱度不得大于短向跨度的1/300。

网架结构总拼完后及屋面施工完后应分别测量其挠度值，所测的挠度值不得超过相应设计值的1.15倍。应该注意，此时的挠度值为相应荷载标准值作用下的挠度计算值，而非结构的容许挠度值。

2.2.2　荷载分类及组合

1. 荷载分类

网架结构所受的荷载主要是永久荷载、可变荷载及作用。

1）永久荷载

永久荷载主要是指结构使用期间，其值不随时间变化，或其变化值与平均值相比可忽略的荷载。永久荷载主要有以下几种形式。

Ⅰ. 网架自重荷载标准值

网架结构的自重荷载标准值可按下列公式估算：

$$g_{ok} = \sqrt{q_w} L_2/150 \tag{2-2}$$

式中　g_{ok} —— 网架自重荷载标准值（kN/m^2）；

　　　q_w —— 除网架自重以外的屋面荷载或楼面荷载的标准值（kN/m^2）；

　　　L_2 —— 网架的跨度（m）。

网架结构的节点自重一般占网架自重的20%～30%。

Ⅱ. 屋面或楼面自重

根据使用材料查《建筑结构荷载规范》（GB 50009—2012）取用，如采用夹芯板材，一般取0.30 kN/m^2（含檩条）；若采用钢筋混凝土屋面板，一般取1.0～2.5 kN/m^2。

Ⅲ. 吊顶材料自重

根据实际情况选用，一般取0.30 kN/m^2。

Ⅳ. 设备管道自重

设备管道自重主要包括通风管道、风机、消防管道及其他可能存在的设备自重，一般可取0.30～0.60 kN/m^2。

2）可变荷载

可变荷载是指在使用期间，其值随时间变化，且其变化值与平均值相比不可忽略的荷载。作用在网架上的可变荷载主要有以下几种形式。

Ⅰ. 屋面或楼面活荷载

网架屋面均布荷载的大小应视不上人和上人分别确定，一般不上人屋面的荷载标准值为0.5 kN/m^2，而上人屋面的均布荷载标准值取2.0 kN/m^2。

楼面活荷载应根据工程性质查现行荷载规范确定，一般均为2.0 kN/m^2以上。

Ⅱ. 雪荷载

雪荷载标准值应按屋面水平投影面计算,其表达式为

$$S_k = \mu_s S_0 \qquad (2-3)$$

式中　S_k——雪荷载标准值(kN/m^2);

　　　μ_s——屋面积雪分布系数,网架的屋面多为平屋面,可取 $\mu_s = 1.0$;

　　　S_0——基本雪压(kN/m^2),根据地区不同查荷载规范。

雪荷载与屋面均布活荷载不同时,考虑两者比较取大值。

Ⅲ. 风荷载

网架结构应根据实际情况考虑风荷载的影响。垂直于建筑物表面上的风荷载标准值(主要受力结构)应按下式计算:

$$w_k = \beta_z \mu_w \mu_z w_0 \qquad (2-4)$$

式中　w_k——风荷载标准值(kN/m^2);

　　　w_0——基本风压(kN/m^2);

　　　β_z——高度 z 处的风振系数;

　　　μ_w——风压高度系数;

　　　μ_z——风荷载体形系数。

$\beta_z, w_0, \mu_z, \mu_w$ 可查现行荷载规范。

Ⅳ. 积灰荷载

工业厂房中采用网架时,应根据厂房性质考虑积灰荷载。积灰荷载大小可由工艺提出,也可参考荷载规范有关规定采用。

积灰荷载应与屋面活荷载或雪荷载中的较大值同时考虑。

Ⅴ. 吊车荷载

网架广泛应用于工业厂房建筑中,工业厂房中如有吊车应考虑吊车荷载,吊车荷载分竖向荷载和水平荷载。吊车形式有两种,一种是悬挂吊车,另一种是桥式吊车。悬挂吊车直接挂在网架下弦节点上,对网架产生吊车竖向荷载和水平荷载;桥式吊车在吊车梁上行走,通过柱子对网架产生吊车水平荷载。吊车荷载参照《建筑结构荷载规范》(GB 50009)取值如下。

(1)吊车竖向荷载标准值应采用吊车的最大轮压或最小轮压。

(2)吊车纵向水平荷载标准值,应按作用在一边轨道上所有刹车轮的最大轮压之和的10%采用;该项荷载的作用点位于刹车轮与轨道的接触点,其方向与轨道方向一致。

(3)吊车横向水平荷载标准值,应取横行小车重量与额定起重量之和的百分数,并应乘以重力加速度,吊车横向水平荷载标准值的百分数应按表 2-1 选用。吊车横向水平荷载应等分于桥架的两端,分别由轨道上的车轮平均传至轨道,其方向与轨道垂直,并应考虑正反两个方向的刹车情况。

表 2-1　吊车横向水平荷载标准值的百分数

吊车类型	额定起重量/t	百分数/%
软钩吊车	≤10	12
	16~50	10
	≥75	8

吊车类型	额定起重量/t	百分数/%
硬钩吊车	—	20

应注意:①悬挂吊车的水平荷载应由支承系统承受,设计该支承系统时,尚应考虑风荷载与悬挂吊车水平荷载的组合;②手动吊车及电动葫芦可不考虑水平荷载。

3)作用

作用有两种,一种是温度作用,另一种是地震作用。

温度作用是指由于温度变化,使网架杆件产生附加温度应力,必须在计算和构造措施中加以考虑。(详见本章2.3.3)

我国是地震多发地区,地震作用不能忽视。根据我国《空间网格结构技术规程》(JGJ 7—2010)规定,在抗震设防烈度为8度的地区,对于周边支承的中小跨度网架结构应进行竖向抗震验算,对于其他网架结构均应进行竖向和横向抗震验算;在抗震设防烈度为9度的地区,对各种网架进行竖向和横向抗震验算。(详见本章2.4.3)

2. 荷载组合

网架结构应根据使用过程和施工过程中可能同时出现的荷载,按承载能力极限状态和正常使用极限状态分别进行荷载(效应)组合,并取各自的最不利效应组合进行设计。

1)承载能力极限状态

对于承载能力极限状态,应按荷载效应的基本组合进行荷载(效应)组合,并按下述表达式进行设计:

$$\gamma_0 S \leqslant R \qquad (2-5)$$

式中　γ_0——结构重要性系数;

　　　S——荷载效应组合设计值;

　　　R——结构构件抗力的设计值。

荷载效应组合设计值可按如下方法确定。

Ⅰ.由可变荷载效应控制的组合

$$S = \gamma_G S_{G_k} + \gamma_{Q_1} S_{Q_{1k}} + \sum_{i=1}^{n} \gamma_{Q_i} \psi_{Q_i} S_{Q_{ik}} \qquad (2-6)$$

式中　γ_G——永久荷载分项系数,当效应对结构不利时取1.2,当效应对结构有利时取1.0;

　　　γ_{Q_i}——第i个可变荷载的分项系数,其中γ_{Q_1}为可变荷载Q_1的分项系数,一般情况下取1.4,当标准值大于4.0 kN/m²时取1.3;

　　　S_{G_k}——按永久荷载标准值G_k计算的荷载效应值;

　　　$S_{Q_{ik}}$——按可变荷载标准值Q_{ik}计算的荷载效应值,其中$S_{Q_{1k}}$为诸可变荷载效应中起控制作用者;

　　　ψ_{Q_i}——可变荷载Q_i的组合值系数;

　　　n——参与组合的可变荷载数。

Ⅱ.由永久荷载效应控制的组合

$$S = \gamma_G S_{G_k} + \sum_{i=1}^{n} \gamma_{Q_i} \psi_{Q_i} S_{Q_{ik}} \qquad (2-7)$$

式中,γ_G取1.35,其他各符号同式(2-6)。

2）正常使用极限状态

对于正常使用极限状态,应采用荷载的标准组合,按下式进行设计:

$$S_k \leqslant C \tag{2-8}$$

式中　S_k——荷载效应组合的标准值;

　　　C——结构或构件达到正常使用要求的规定限值。

$$S_k = S_{G_k} + S_{Q_{1k}} + \sum_{i=2}^{n} \psi_{Q_i} S_{Q_{ik}} \tag{2-9}$$

当对 $S_{Q_{1k}}$ 无法明显判断时,依次以各可变荷载效应为 $S_{Q_{1k}}$,选其中最不利的荷载效应组合。

2.2.3　杆件设计

1. 杆件材料和截面形式

网架杆件的材料常采用钢材或铝合金材料。钢材的品种主要有低碳钢(如 Q235)、低合金钢(如 Q345)和不锈钢(如 0Cr18Ni9)等。

网架杆件的截面形式有圆管、方管、角钢及 H 型钢等,如图 2 - 26 所示。圆管截面具有回转半径大和截面特性无方向性等特点,是目前最常用的截面形式。圆钢管截面有高频电焊钢管及无缝钢管两种,其中高频电焊钢管(也称有缝管)较无缝钢管造价低且壁薄,设计时应优先使用。薄壁方管截面具有回转半径大、两个方向回转半径相等的特点,是一种较经济的截面,但节点构造复杂,目前应用还不广泛。角钢组成的 T 形截面适用于板节点连接,因工地焊接工作量大、制作复杂,采用也较少。H 型钢适用于受力较大的弦杆。

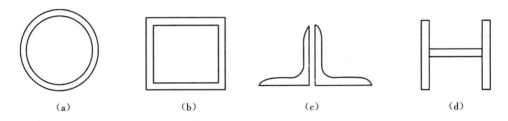

图 2 - 26　杆件截面形式

(a)圆管;(b)方管;(c)角钢;(d)H 型钢

2. 杆件的计算长度和容许长细比

1）计算长度

与平面桁架相比,网架节点处汇集杆件较多,节点约束作用较大。网架杆件的计算长度通过模型试验研究并参考平面桁架而确定。

网架杆件的计算长度 l_0 可按下式确定:

$$l_0 = \mu \cdot l \tag{2-10}$$

式中　l——杆件几何长度(节点中心距);

　　　μ——计算长度系数,如表 2 - 2 所示。

表 2－2　杆件计算长度系数

连接形式	弦杆	腹　杆	
		支座腹杆	其他腹杆
板节点	1.0	1.0	0.8
焊接球节点	0.9	0.9	0.8
螺栓节点	1.0	1.0	1.0

2）容许长细比

网架杆件的容许长细比[λ]如表 2－3 所示。

表 2－3　网架杆件的容许长细比

杆件形式	[λ]
受压杆件、受拉杆件	≤180
一般杆件	≤300
支座附近杆件	≤250
直接承受动力荷载杆件	≤250

对于压杆限制长细比的目的是防止杆件过于细长易产生初弯曲，大大降低杆件承载力；对于拉杆限制长细比的目的是为了保证杆件在制作、运输、安装和使用过程中有一定的刚度。

3.杆件设计

1）截面选择的原则

（1）每个网架所选杆件规格不宜太多，一般较小跨度网架以 2~3 种规格为宜，较大跨度网架以 6~7 种为宜，一般不超过 8 种。

（2）宜选用厚度较薄截面，使杆件在同样截面条件下，可获得较大的回转半径，对杆件受压有利。

（3）应选用市场能供应的规格，常用的杆件钢管规格有 $\phi75.5 \times 3.75$、$\phi89 \times 4$、$\phi14 \times 4$、$\phi108 \times 6$、$\phi133 \times 8$、$\phi159 \times 10$、$\phi168 \times 12$、$\phi180 \times 14$ 等。

（4）钢管出厂一般都有负公差，选择截面时应适当留有余量。

（5）网架杆件的最小截面尺寸不宜小于 $\phi48 \times 3$ 或 $\llcorner 50 \times 3$，对大、中跨度网架结构，钢管不宜小于 $\phi60 \times 3.5$。

2）截面计算

轴心受拉

$$\sigma = \frac{N}{A_n} \leqslant f \qquad (2-11)$$

轴心受压

$$\sigma = \frac{N}{\varphi A} \leqslant f \qquad (2-12)$$

式中　A_n——杆件的净截面面积；

　　　A——杆件的毛截面面积；

　　　N——杆件轴向力；

φ——稳定系数;

f——钢材强度设计值。

一般来讲,网架是高次超静定结构,杆件截面变化将影响杆件内力变化,因此截面选择应根据能提供的截面规格,按满应力原则选择最经济截面。

2.2.4　节点设计

1. 节点要求和节点类型

在网架结构中,节点起着连接汇交杆件、传递屋面荷载和吊车荷载的作用。网架又属于空间杆件体系,汇交于一个节点上的杆件至少有 6 根,多的可达 13 根。这给节点设计增加了一定难度。网架的节点数量多,节点用钢量占整个网架杆件用钢量的 1/5 ~ 1/3。合理设计节点对网架的安全度、制作安装、工程进度、用钢量指标以及工程造价都有直接影响。节点设计是网架设计中重要环节之一。

1)节点应满足的要求

网架的节点构造应满足下列几点要求:

(1)受力合理、传力明确,务必使节点构造与所采用的计算假定尽量相符,使节点安全可靠;

(2)保证汇交杆件交于一点,不产生附加弯矩;

(3)构造简单,制作简便,安装方便;

(4)耗钢量少,造价低廉。

2)节点类型

网架的节点形式很多。

Ⅰ. 按节点连接方式划分

(1)焊接连接,可分为对接焊缝连接和角焊缝连接。

(2)螺栓连接,可分为拉力高强螺栓连接和摩擦型高强螺栓连接。

Ⅱ. 按节点的构造划分

(1)十字交叉钢板节点。它是从平面桁架节点的基础上发展而成,杆件由角钢组成,杆件与节点板连接可采用角焊缝,也可用高强螺栓连接。

(2)焊接空心球节点。它是由两个热压成的半球对焊而成的空心球。杆件焊在球面上,杆件与球面连接焊缝可采用对接焊缝或角焊缝。杆件为钢管。

(3)螺栓球节点。它是通过螺栓、套筒等零件将杆件与实心球连接起来。杆件为钢管。

(4)直接汇交节点。它是将网架中的腹杆(支管)端部经机械加工成相贯面后,直接焊在弦杆(主管)管壁上,也可将一个方向弦杆焊在另一个方向弦杆管壁上。这种节点避免了采用任何连接件,节省节点用钢量,但要求装配精度高。杆件为圆管或方管。

(5)焊接钢管节点。它是由空心圆柱体组成节点,杆件直接焊在圆柱表面上,由于杆件端部与圆柱表层相交处是曲面,杆件加工增加难度。杆件为钢管。

目前国内最常用的节点形式是焊接空心球节点和螺栓球节点。

2. 焊接空心球节点

焊接空心球节点是我国采用最早也是目前应用较广的一种节点。它是由两个半球对焊而成,可根据受力大小分别采用不加肋空心球(图 2 - 27(a))和加肋空心球(图 2 - 27(b))。

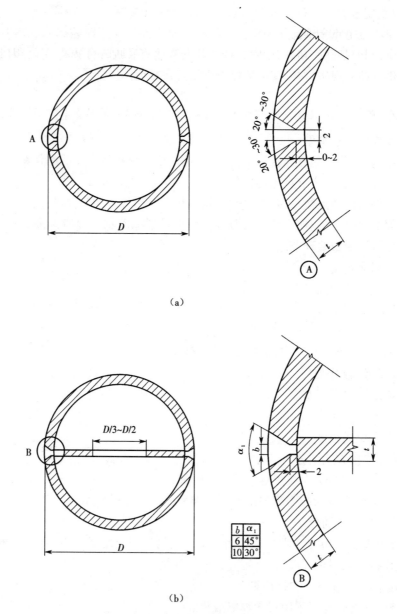

图 2 – 27 焊接空心球节点
（a）不加肋空心球；（b）加肋空心球

这种节点适用于圆钢管连接,构造简单、传力明确、连接方便,杆件在空心球上自然对中而不产生节点偏心;由于球体无方向性,可与任意方向的杆件相连;但节点用钢量较大,且现场焊接工作量大,焊缝质量要求高。

1）焊接空心球承载力设计值

焊接空心球节点在轴向拉力作用下的破坏属于强度破坏。试验表明,受拉空心球颇具冲剪破坏。根据试验结果,可以得出如下结论:

（1）破坏是由于钢管外壁圆周沿球面上的复杂组合应力过大而引起,如图 2 – 28（a）所示;

（2）加肋对受拉空心球的承载力有所提高,但幅度不大。

焊接空心球节点在轴向压力作用下的破坏属于弹塑性压曲破坏。试验表明,焊接球节点在单向受力和双向受力时的极限承载力基本接近。根据试验结果,可以得出如下结论：

（1）受压空心球的破坏,一般沿钢管外壁圆周将球体压屈下陷而破坏,如图 2 – 28（b）所示；

（2）受压空心球的破坏荷载与空心球壁厚 t、空心球外径 D 及连接钢管外径 d 有关；

（3）加肋空心球比不加肋空心球承载力有显著提高。

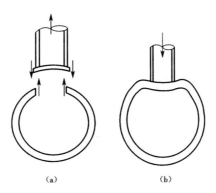

图 2 – 28　焊接空心球破坏形态示意图

（a）受拉破坏；（b）受压破坏

下面介绍不同规范中焊接空心球的受拉和受压承载力设计值。

Ⅰ.《网架结构设计与施工规程》（JGJ 7—91）规定

a. 受拉空心球

当空心球外径 $D = 120 \sim 500$ mm 时,其受拉承载力设计值可按下式计算：

$$N_\mathrm{t} \leqslant 0.55\eta_\mathrm{t}\pi dtf \qquad (2 – 13)$$

式中　N_t——受拉空心球的轴向拉力设计值（N）；

$\quad\quad d$——钢管外径（mm）；

$\quad\quad t$——空心球壁厚（mm）；

$\quad\quad f$——钢材强度设计值（MPa）；

$\quad\quad \eta_\mathrm{t}$——受拉空心球加肋提高系数,不加肋时取 1.0,加肋时取 1.1。

b. 受压空心球

根据大量试验,用回归分析方法。当空心球外径 $D = 120 \sim 500$ mm 时,其受压承载力设计值可按下式计算：

$$N_\mathrm{c} \leqslant \eta_\mathrm{c}\left(400td - 13.3\frac{t^2 d^2}{D}\right) \qquad (2 – 14)$$

式中　N_c——受压空心球的轴向压力设计值（N）；

$\quad\quad d$——钢管外径（mm）；

$\quad\quad t$——空心球壁厚（mm）；

$\quad\quad D$——空心球外径（mm）；

$\quad\quad \eta_\mathrm{c}$——受压空心球加肋提高系数,不加肋时取 1.0,加肋时取 1.4。

式（2 – 13）和式（2 – 14）是以大量空心球的实验为依据,通过数理统计的方法得出的回归公式,此公式适用于直径为 120 ~ 500 mm 的空心球,直径超过 500 mm 的空心球不再适用。

Ⅱ.《天津市空间网格结构技术规程》(DB 29—140—2005)规定

当空心球直径为 120～900 mm 时,其受拉、受压承载力设计值可分别按下列公式计算。

a.受拉空心球

受拉空心球的轴向拉力设计值:

$$N_t \leqslant \frac{\sqrt{3}}{3} \eta_t \pi dtf \qquad (2-15)$$

式中　N_t——受拉空心球的轴向拉力设计值(N);

　　　t——空心球壁厚(mm);

　　　d——钢管外径(mm);

　　　f——钢材强度设计值(MPa);

　　　η_t——受拉空心球加肋承载力提高系数,不加肋时取 1.0,加肋时取 1.1。

b.受压空心球

受压空心球的轴向压力设计值:

$$N_c \leqslant 0.33 \eta_c \left(1 + \frac{d}{D}\right) \pi dtf \qquad (2-16)$$

式中　N_c——受压空心球的轴向压力设计值(N);

　　　D——空心球外径(mm);

　　　t——空心球壁厚(mm);

　　　d——钢管外径(mm);

　　　f——钢材强度设计值(MPa);

　　　η_c——受压空心球加肋承载力提高系数,不加肋时取 1.0,加肋时取 1.4。

Ⅲ.我国现行《空间网格结构技术规程》(JGJ 7—2010)规定

采用拉、压承载力设计值统一公式形式,根据空心球制作实际情况、钢板供货大量出现负公差的情况,对空心球壁厚的允许减薄量进行了放宽,同时放宽了对较大直径空心球直径允许偏差和圆度允许偏差的限制以及对口错边量的限制。

当空心球直径为 120～900 mm 时,其受压和受拉承载力设计值 N_R(N)可按下式计算:

$$N_R = \eta_0 \eta_d \left(0.29 + 0.54 \frac{d}{D}\right) \pi dtf \qquad (2-17)$$

式中　η_0——大直径空心球节点承载力调整系数,当空心球直径≤500 mm 时,$\eta_0 = 1.0$,当空心球直径 >500 mm 时,$\eta_0 = 0.9$;

　　　η_d——加肋空心球承载力提高系数,受拉时 $\eta_d = 1.1$,受压时 $\eta_d = 1.4$;

　　　D——空心球外径(mm);

　　　t——空心球壁厚(mm);

　　　d——与空心球相连的主钢管杆件的外径(mm);

　　　f——钢材的抗拉强度设计值(N/mm²)。

2)空心球的构造要求

Ⅰ.空心球外径 D

根据构造要求,空心球体直径 D 主要根据构造要求确定。为便于施焊,在构造上要求连接于同一空心球节点的各杆件之间空隙 a 不小于 10 mm (图 2-29),按此要求可近似取

$$\frac{D}{2} \cdot \theta \approx \frac{d_1}{2} + \frac{d_2}{2} + a \qquad (2-18)$$

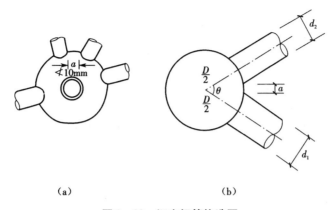

图 2-29　汇交钢管构造图

(a)示意图;(b)构造详图

$$D \geqslant \frac{d_2 + d_2 + 2a}{\theta} \qquad\qquad (2-19)$$

式中　　d_1,d_2——相邻两根杆件的外径(mm);

　　　　θ——相邻两根杆件间的夹角(rad);

　　　　a——相邻两根杆件之间的空隙,取 $a \geqslant 10$ mm。

从空心球受力角度出发,两个相邻杆件相汇交对空心球受力有利。因此,当空心球直径过大,且连接杆件又较多时,为了减小空心球直径,允许部分腹杆与腹杆或腹杆与弦杆相汇交。汇交杆件的轴线必须通过空心球形心,汇交两杆中截面面积大的杆件必须全截面焊在球上(当两杆截面面积相等时,取拉杆称为主杆),另一杆坡口焊在主杆上,但必须保证有3/4截面焊在球上。如果汇交杆件受力较大,可按图 2-30 设置加劲肋。

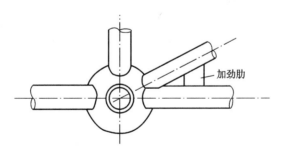

图 2-30　相交钢管构造图

Ⅱ.空心球壁厚 t

壁厚应根据杆件内力由计算确定。空心球外径(D)与其壁厚(t)的比值,一般可取25~45,空心球壁厚与钢管最大壁厚的比值一般取 1.2~2.0,空心球壁厚一般不宜小于4 mm。

Ⅲ.空心球加劲肋

空心球外径等于或大于 300 mm 且杆件内力较大需要提高承载能力时,球内可加设肋板,其厚度不应小于空心球壁厚。内力较大的杆件应位于肋板平面内。

Ⅳ.空心球外径 D 与钢管外径 d 关系

根据构造要求,空心球外径 D 一般取钢管外径 d 的 2 倍以上,即

$$\frac{D}{d} \geqslant 2.0$$

3) 球管连接焊缝

钢管杆件与空心球的连接,钢管应开坡口,在钢管与空心球之间应留有一定缝隙予以焊透,以实现焊缝与钢管等强度。当钢管内壁加套管作为单向焊接坡口的垫板时,坡口角度、间隙及焊缝外形应符合图 2-31 所示的要求,套管壁厚不应小于 3 mm,长度可为 30~50 mm。当钢管不用套管时,宜将管端加工 30°~60° 折线形坡口,预装配后应根据间隙尺寸要求,进行管端二次加工,管端的坡口角度、间隙及焊缝外形应符合图 2-32 所示的要求;要求全焊透时,应进行焊接工艺评定试验和接头的宏观切片检验,以确认坡口尺寸和焊接工艺参数。

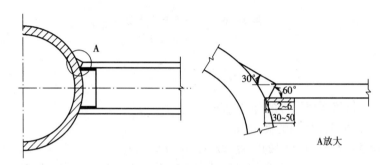

图 2-31　钢管加套管的连接

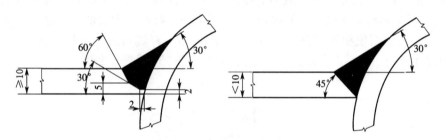

图 2-32　钢管不加套管的连接

若不满足上述要求,则钢管与球面连接焊缝应按斜角角焊缝计算,即

$$\tau = \frac{N}{h_e \pi d \beta_f} \leqslant f_f^w \tag{2-20}$$

式中　τ——钢管与球面连接焊缝(mm);

　　　　N——钢管轴向力(N);

　　　　d——钢管外径(mm);

　　　　h_e——角焊缝有效厚度(mm),$h_e = h_f \cos\dfrac{\alpha}{2}$,其中 h_f 为焊脚尺寸,α 为管壁与球壁夹角,如图 2-33 所示;

　　　　β_f——焊缝强度设计值提高系数,承受静载作用时取 1.22,直接承受动载作用时取 1.0;

　　　　f_f^w——角焊缝强度设计值(N/mm²)。

角焊缝的焊脚尺寸 h_f 应满足下列规定:

(1) 当钢管壁厚 $t_c \leqslant 4$ mm 时,$1.5 t_c \geqslant h_f > t_c$;

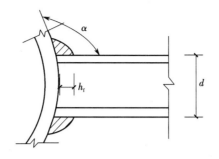

图 2 - 33　角焊缝示意图

（2）当钢管壁厚 $t_c > 4$ mm 时，$1.2 t_c \geqslant h_f > t_c$。

3. 螺栓球节点

螺栓球节点是国内常用节点形式之一。它由钢球、高强度螺栓、套筒、紧固螺钉、锥头或封板等零件组成，可用于连接网架和双层网壳等空间结构的圆钢管杆件，如图 2 - 34 所示。

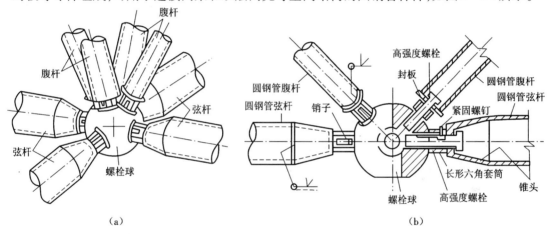

图 2 - 34　螺栓球节点
（a）示意图；（b）零部件图

螺栓球节点除具有焊接空心球节点所具有的对汇交空间杆件适用性强、杆件对中方便和连接不产生偏心等优点外，还可避免大量的现场焊接工作；零配件工厂加工，使产品工厂化，保证工程质量；运输和安装方便，可以根据工地施工情况，采用散装、分条拼装等安装方法。它可用于任何形式的网架，目前常用于四角锥体系的网架。

1）节点的构造原理、受力特点和零件的材料选用

螺栓球节点的连接构造原理是，先将置有螺栓的锥头或封板焊在钢管杆件的两端，在伸出锥头或封板的螺杆上套有长形六角套筒（或称长形六角无纹螺母），并以销子或紧固螺钉将螺栓与套筒连在一起，拼装时直接拧动长形六角套筒，通过销子或紧固螺钉带动螺栓转动，从而使螺栓旋入球体，直至螺栓头与封板或锥头贴紧为止，各汇交杆件均按此连接后即形成节点（图 2 - 34），螺栓拧紧程度靠销子或螺钉来控制。

螺栓球节点根据杆件受力不同（受拉或受压），传力路线和零件作用也不同。当杆件受拉时，其传力路线为拉力—钢管—锥头或封板—螺栓—钢球，这时套筒不受力。当杆件受压时，其传力路线为压力—钢管—锥头或封板—套筒—钢球，这时螺栓不受力，压力通过零件之间接触面来传递。销子或紧固螺钉仅在安装过程中发挥作用，检查螺栓伸入球体长度是

否到位,当安装完毕后,它的作用也终止。

螺栓球节点的零件所用材料列于表 2 - 4。

表 2 - 4　螺栓球节点零件材料

零件名称	推荐材料	材料标准编号	备注
钢球	45 钢	《优质碳素结构钢》(GB/T 699)	毛坯钢球锻造成型
锥头或封板	Q235B 钢	《碳素结构钢》(GB/T 700)	钢号宜与杆件一致
	Q345 钢	《低合金高强度结构钢》(GB/T 1591)	
套筒	Q235B 钢	《碳素结构钢》(GB/T 700)	套筒内孔径为 13 ~ 34 mm
	Q345 钢	《低合金高强度结构钢》(GB/T 1591)	套筒内孔径为 37 ~ 65 mm
	45 号钢	《优质碳素结构钢》(GB/T 699)	
高强度螺栓	20MnTiB,40Cr,35CrMo	《合金结构钢》(GB/T 3077)	螺纹规格 M12 ~ M24
	35VB,40Cr,35CrMo		螺纹规格 M27 ~ M36
	35CrMo,40Cr		螺纹规格 M39 ~ M64
紧固螺钉	20MnTiB	《合金结构钢》(GB/T 3077)	螺钉直径宜尽量小
	40Cr		

2)螺栓球节点的设计

Ⅰ.高强螺栓设计

高强螺栓在整个节点中是最关键的传力部件,螺栓应达到 9.8 级或 10.9 级的要求,螺栓头部为圆柱形,便于在锥头或封板内转动。

每个高强螺栓的受拉承载力设计值 N_t^b 应按下式计算:

$$N_t^b \leqslant A_{eff} f_t^b \qquad (2-21)$$

式中　f_t^b——高强螺栓经热处理后的受拉强度设计值,对 10.9 级,取 430 N/mm²,对 9.8 级,取 385 N/mm²;

A_{eff}——高强螺栓的有效截面面积,可按表 2 - 5 选取。

表 2 - 5　常用螺栓在螺纹处的有效截面面积 A_{eff} 和承载力设计值 N_t^b

性能等级	规格 d	螺距 p/mm	A_{eff}/mm²	N_t^b/kN
10.9 级	M12	1.75	84	36.1
	M14	2	115	49.5
	M16	2	157	67.5
	M20	2.5	245	105.3
	M22	2.5	303	130.5
	M24	3	353	151.5
	M27	3	459	197.5
	M30	3.5	561	241.2
	M33	3.5	694	298.4
	M36	4	817	351.3

续表

性能等级	规格 d	螺距 p/mm	A_{eff}/mm²	N_t^b/kN
9.8 级	M39	4	976	375.6
	M42	4.5	1 120	431.5
	M45	4.5	1 310	502.8
	M48	5	1 470	567.1
	M52	5	1 760	676.7
	M56 × 4	4	2 144	825.4
	M60 × 4	4	2 485	956.6
	M64 × 4	4	2 851	1 097.6

当螺栓上钻有销孔或键槽时,A_{eff} 应取螺纹处或销孔、键槽处两者中的较小值,即

销孔处面积

$$A_{np} = \frac{\pi d^2}{4} - dd_p \tag{2-22}$$

钉孔处面积

$$A_{ns} = \frac{\pi d^2}{4} - d_{se}h_{se} \tag{2-23}$$

螺纹处面积

$$A_e = \frac{\pi}{4}(d - 0.938p)^2 \tag{2-24}$$

式中　d——螺栓直径;

$\quad\quad d_p$——销孔直径;

$\quad\quad d_{se}$——开槽圆柱端的钉孔直径;

$\quad\quad h_{se}$——开槽圆柱端的钉孔深度;

$\quad\quad p$——螺纹螺距。

螺栓外形如图 2-35 所示。

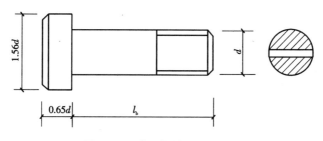

图 2-35　高强螺栓的几何尺寸

采用销孔时　　　　　　　　$A_{eff} = \min(A_{np}, A_e)$

采用钉孔时　　　　　　　　$A_{eff} = \min(A_{ns}, A_e)$

螺栓长度 l_b 由构造决定,其值

$$l_b = \xi d + S + \delta \tag{2-25}$$

式中　ξ——螺栓伸入钢球的长度与螺栓直径之比,$\xi = 1.1$;

$\quad\quad d$——螺栓直径;

S——套筒长度；

δ——锥头板或封板厚度。

对于受压杆件的连接螺栓，由于仅起连接作用，可以不予验算，但由于构造上的原因，连接螺栓也不宜太小。可按该杆件内力绝对值求得螺栓直径后适当减小，建议减小幅度不多于表 2 – 5 中螺栓直径系列的 3 个级差。

Ⅱ. 钢球的设计

钢球按其加工成型方法可分为锻压球和铸钢球两种。铸造钢球质量不易保证，故多用锻制的钢球，其受力状态属多向受力，试验表明不存在钢球破损问题。

钢球的大小取决于螺栓的直径、相邻杆件的夹角和螺栓伸入球体的长度等因素，同时要求伸入球体的相邻两个螺栓不相碰。通常情况下，两相邻螺栓直径不一定相同，如图 2 – 36 所示。如使螺栓不相碰，最小钢球直径 D 应按下式计算：

$$OE^2 = OC^2 + CE^2 \qquad (2-26)$$

其中：

$$OE = \frac{D}{2}$$

$$OC = OA + AB + BC = \frac{d_1}{2}\cot\theta + \frac{d_2}{2}\frac{1}{\sin\theta} + \xi d_1$$

$$CE = \frac{\eta d_1}{2}$$

将 OE、OC、CE 值代入式(2 – 26)得

$$\left(\frac{D}{2}\right)^2 = \left(\frac{d_1}{2}\cot\theta + \frac{d_2}{2\sin\theta} + \xi d_1\right)^2 + \left(\frac{\eta d_1}{2}\right)^2$$

$$D \geqslant \sqrt{\left(\frac{d_2}{\sin\theta} + d_1\cot\theta + 2\xi d_1\right)^2 + \eta^2 d_1^2} \qquad (2-27)$$

另外，还应保证相邻两根杆件的套筒不相碰，如图 2 – 37 所示。即有

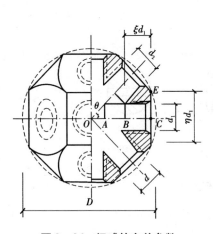

图 2 – 36　钢球的有关参数

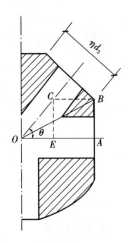

图 2 – 37　钢球的切削面

$$OB^2 = AB^2 + OA^2 \qquad (2-28)$$

其中：

$$OB = \frac{D}{2}$$

$$AB = CE = \frac{\eta d_1}{2}$$

$$OA = OE + EA = \frac{\eta d_1}{2}\cot\theta + \frac{\eta d_2}{2}\frac{1}{\sin\theta}$$

将 OB、AB、OA 值代入式(2-28)得

$$\left(\frac{D}{2}\right)^2 = \left(\frac{\eta d_1}{2}\right)^2 + \left(\frac{\eta d_1}{2}\cot\theta + \frac{\eta d_2}{2\sin\theta}\right)^2$$

$$D \geqslant \sqrt{\left(\frac{\eta d_2}{\sin\theta} + \eta d_1\cot\theta\right)^2 + \eta^2 d_1^2} \qquad (2-29)$$

式中　D——钢球直径(mm);

　　　d_1、d_2——相邻两个螺栓直径(mm),$d_1 > d_2$;

　　　θ——相邻两个螺栓之间夹角(rad);

　　　ξ——螺栓拧入钢球的长度与螺栓直径之比,一般取 $\xi = 1.1$;

　　　η——套筒外接圆直径与螺栓直径之比,一般取 $\eta = 1.8$。

　　钢球外径 D 由式(2-27)和式(2-29)计算并取其中较大值。当相邻两杆夹角 $\theta < 30°$ 时,由式(2-29)求出钢球外径虽然能保证相邻两个套筒不相碰,但不能保证相邻两根杆件(采用圆钢管和封板)不相碰,故当 $\theta < 30°$ 时,还需满足下式要求:

$$D \geqslant \sqrt{\left(\frac{D_2}{\sin\theta} + D_1\cot\theta\right)^2 + D_1^2} - \sqrt{S^2 + \left(\frac{D_1 - \eta d_1}{2}\right)^2} \qquad (2-30)$$

式中　D_1,D_2——相邻两根杆件的圆钢管外径(mm),$D_1 > D_2$;

　　　θ——相邻两根杆件的夹角(rad);

　　　d_1——相应于 D_1 圆钢管所配螺栓直径(mm);

　　　η——套筒外接圆直径与螺栓直径之比,一般取 $\eta = 1.8$;

　　　S——套筒的长度(mm)。

　　Ⅲ.套筒的设计

　　套筒是六角形的无纹螺母,主要用以拧紧螺栓和传递杆件轴向压力。设计时其外形尺寸应符合扳手开口尺寸系列,端部应保持平整。套筒内孔径一般比螺栓直径大 1 mm。

　　套筒形式有两种:一种沿套筒长度方向设滑槽,如图 2-38(a)所示;另一种在套筒侧面设螺钉孔,如图 2-38(b)所示。滑槽宽度一般比销钉直径大 1.5~2 mm。套筒端到开槽端(或钉孔端)距离应不小于 1.5 倍开槽的宽度或 6 mm。

　　当采用滑槽时,套筒长度 S 可按下式计算:

$$S = a + 2b \qquad (2-31)$$

式中　a——套筒上的滑槽长度;

　　　b——套筒端部到滑槽端部距离。

　　其中,套筒上的滑槽长度

$$a = \xi d - c + d_p + 4 \text{(mm)}$$

式中　d——螺栓直径;

　　　ξ——螺栓拧入钢球的长度与螺栓直径之比,一般取 $\xi = 1.1$;

　　　c——螺栓露出套筒的长度,可取 $c = 4~5$ mm,但不应小于 2 个丝扣(螺距);

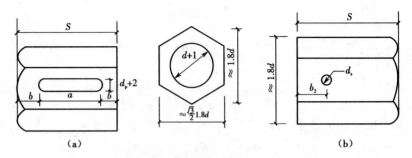

图 2 - 38 套筒的几何尺寸
(a) 设滑槽;(b) 设螺钉孔

d_p——销钉直径。

当采用螺钉孔时,套筒长度 S 可按下式计算:

$$S = a + b_1 + b_2 \qquad (2-32)$$

式中 a——螺栓杆上的滑槽长度;

b_1——套筒右端至螺栓杆上最近端距离,通常取 $b_1 = 4$ mm;

b_2——套筒左端至螺钉孔距离,通常取 $b_2 = 6$ mm。

其中,螺栓杆上的滑槽长度

$$a = \xi d - c + d_s + 4 \,(\text{mm})$$

式中 d——螺栓直径:

ξ——螺栓拧入钢球的长度与螺栓直径之比,一般取 $\xi = 1.1$;

c——螺栓露出套筒的长度,可取 $c = 4 \sim 5$ mm,但不应小于 2 个丝扣(螺距);

d_s——紧固螺钉直径。

采用螺栓上开槽方法使螺栓在开槽处承受附加偏心弯矩,对螺栓受力不利。

套筒作用是将杆件轴向压力传给钢球,套筒应进行抗压验算。其验算公式为

$$\sigma_c = \frac{N_c}{A_n} \leqslant f \qquad (2-33)$$

式中 δ_c——套筒所用钢材抗压强度;

N_c——被连接杆件的轴心压力;

A_n——套筒在开槽处或螺钉孔处的净截面面积;

f——套筒所用钢材的抗压强度设计值。

对于套筒开滑槽时,

$$A_n = \left[\frac{3\sqrt{3}}{8}(1.8d)^2 - \frac{\pi(d+1)^2}{4} \right] - A_1$$

对于套筒开螺钉孔时,

$$A_n = \left[\frac{3\sqrt{3}}{8}(1.8d)^2 - \frac{\pi(d+1)^2}{4} \right] - A_2$$

A_1, A_2 为开孔面积,且

$$A_1 = (d_p + 2)\left(\frac{\sqrt{3}}{4} \times 1.8d - \frac{d+1}{2} \right)$$

$$A_2 = d_s\left(\frac{\sqrt{3}}{4} \times 1.8d - \frac{d+1}{2} \right)$$

式中　d——螺栓直径；

　　　d_p——销钉直径；

　　　d_s——螺钉直径。

Ⅳ. 销子或螺钉

销子或螺钉是套筒和螺栓联系的媒介,在旋转套筒时通过它推动螺栓伸入钢球内。在旋转套筒过程中,销子和螺钉承受剪力,剪力大小与螺栓伸入钢球的摩阻力有关。为减少销孔对螺栓有效截面的削弱,销子或螺钉直径尽可能小些,宜采用高强钢制作,其销子直径一般取螺栓直径的 1/8 ~ 1/7,不宜小于 3 mm,也不宜大于 8 mm;采用螺钉的直径为螺栓直径的 1/5 ~ 1/3,不宜小于 4 mm,也不宜大于 10 mm。

Ⅴ. 封板与锥头

封板与锥头主要起连接钢管和螺栓的作用,承受杆件传来的拉力和压力。当杆件管径大于或等于 76 mm 时,宜采用锥头连接;当杆件管径小于 76 mm 时,可采用封板连接。

锥头任何截面上的强度应与连接钢管等强。封板或锥头与杆件连接焊缝,应满足图 2 - 39 构造要求,其焊缝宽度 b 可根据连接钢管壁厚取 2 ~ 5 mm。

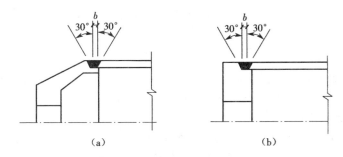

图 2 - 39　杆件端部连接焊缝

(a)锥头与钢管连接;(b)封板与钢管连接

a. 封板的计算和构造

如图 2 - 40 所示,假定封板周边固定,按塑性理论进行设计。

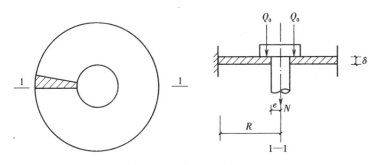

图 2 - 40　封板计算简图

假定封板为一开口圆板,螺栓受力 N 通过螺头均匀地传给封板开口边。其值

$$Q_0 = \frac{N}{2\pi e} \tag{2 - 34}$$

式中　Q_0——单位宽度上板承受的集中力;

　　　e——螺头中心至板的中心距离;

　　　N——钢管的拉力。

封板周边径向弯矩

$$M_r = Q_0(R - e) \qquad (2-35)$$

式中　R——封板的半径。

当周边径向弯矩 M_r 达到塑性铰弯矩 M_T 时,封板才失去承载力,即

$$M_r = M_T \qquad (2-36)$$

$$M_T = \frac{\delta^2}{4}f_y \qquad (2-37)$$

式中　δ——封板厚度;

　　　f_y——屈服强度。

将式(2-35)、式(2-37)和式(2-34)代入式(2-36),有

$$Q_0(R - e) = \frac{\delta^2}{4}f_y \qquad (2-38)$$

$$\frac{N}{2\pi S}(R - e) = \frac{\delta^2}{4}f_y \qquad (2-39)$$

当考虑了材料抗力分项系数后,得封板厚度 δ 与拉力 N 关系为

$$\delta = \sqrt{\frac{2N(R - e)}{\pi R f}} \qquad (2-40)$$

式中　f——钢板强度设计值。

《空间网格结构技术规程》(JGJ 7—2010)规定封板厚度不宜小于钢管外径 1/5。这时考虑用式(2-40)求出板厚,由于小管径杆件偏小,故加以最小厚度限制。

b. 锥头的计算和构造

锥头(图 2-41)主要承受来自螺栓的拉力或来自套筒的压力,是杆件与螺栓(或套筒)之间过渡零配件,也是螺栓球节点的重要组成部分。由于锥头构造不尽合理,使锥顶与锥壁交界处产生严重应力集中现象,从而使锥头过早进入塑性状态。

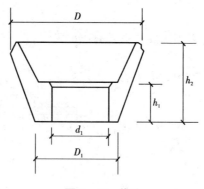

图 2-41　锥头

锥头是一个轴对称旋转壳体,采用非线性有限元法可求出锥头的极限承载力。经理论分析表明:锥头的承载力主要与锥顶厚度、连接杆件外径、锥头斜率等有关,经用回归分析方法,提出当钢管直径为 75~219 mm 时,锥头材料采用 Q235,锥头受拉承载力设计值可按下式验算:

$$N_t \leq 0.33\left(\frac{k}{D}\right)^{0.22}h_1^{0.56}d_1^{1.35}D_1^{0.67}f \qquad (2-41)$$

式中　N_t——锥头受拉承载力设计值(kN);

D——钢管外径(mm)；

D_1——锥顶外径(mm)；

d_1——锥头顶板孔径(mm)，$d_1 = d + 1$，其中 d 为螺栓直径(mm)；

f——钢材强度设计值(kN/mm^2)；

k——锥头斜率，$k = \dfrac{D - D_1}{2h_2}$，其中 h_2 为锥头高度(mm)；

h_1——锥顶厚度(mm)。

式(2-41)必须满足 $D > D_1$，且 $2 \leqslant r \leqslant 5 \left(r = \dfrac{1}{k} \right)$，$\dfrac{h_2}{D_1} \geqslant \dfrac{1}{5}$。

式(2-41)是经过理论计算,选用实际工程中 14 个标准锥头,用回归分析方法获得的。

4. 支座节点

网架结构一般都支承在柱顶或圈梁等下部支承结构上,支座节点即指位于支承结构上的网架节点。它既要连接在网架支承处汇交的杆件,又要支承整个网架,并将作用在网架上的荷载传递到下部支承结构。因此,支座节点是网架结构与下部支承结构联系的纽带,也是整个结构中的一个重要部位。一个合理的支座节点必须受力明确、传力简捷、安全可靠,同时还应做到构造简单合理、制作拼装方便,具有较好的经济性。

网架结构的支座节点应能保证安全可靠地传递支承反力,因此必须具有足够的强度和刚度。在竖向荷载作用下,支承节点一般均为受压,但在一些斜放类的网架中,局部支座节点可承受拉力作用,有时还可能要承受水平力的作用,设计时应使支座节点的构造适应它们的受力特点。同时支座节点的构造还应尽量符合计算假定,充分反映设计意图;由于网架结构是高次超静定的杆件体系,支座节点的约束条件对网架的节点位移和杆件内力影响较大;约束条件在构造和设计间的差异将直接导致杆件内力和支座反力的改变,有时还会造成杆件内力改变方向。

网架结构支座节点的设计与构造要比平面桁架的支座节点复杂,设计与构造缺陷的影响程度也比平面桁架大,尤其对跨度较大、平面形状复杂的网架,应对其支座节点的设计给予足够的重视。

1)支座节点的形式及其适用范围

根据支座节点传递的支承反力的情况,可将支座节点分为压力支座节点和拉力支座节点两大类。

Ⅰ.压力支座节点

由于网架结构在竖向荷载作用下,支座节点一般均为受压,因此这种以传递支承压力为主的压力支座节点是网架结构中最常见的一种支座节点。压力支座节点又可以分为平板压力支座节点、单面弧形压力支座节点、双面弧形压力支座节点、球铰压力支座节点以及板式橡胶支座节点等。

a.平板压力支座节点

图 2-42(a)、(b)所示分别为不带过渡板和带过渡板的平板压力支座。图 2-42(a)所示的节点构造对网架制作、拼装精度及锚栓埋设位置的尺寸控制要求较严,否则网架难以正确就位。在实际工程中为使网架安装方便,常在预埋板与底板间加设一连有埋头螺栓的过渡板,安装定位后将过渡板四周与预埋板焊接,并将埋头螺栓与底板拧紧,如图 2-42(b)所示。这类节点通过十字节点板及底板将支承反力传至下部支承结构上。它具有构造简单、加工方便、用钢量省等优点,是目前中小跨度网架中应用最多的一种支座形式,但它具有支

承底板与结构支承面间的应力分布不均匀及精度不高等缺点。

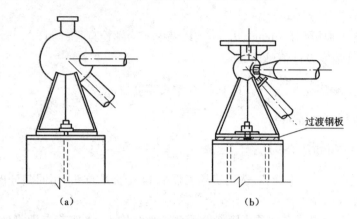

图 2 – 42　平板压力支座
(a)不带过渡板;(b)带过渡板

b. 单面弧形压力支座节点

单面弧形压力支座节点是在平板压力支座节点的基础上,在支座底板与支承面顶板间加设一呈弧形的支座垫块而成(图 2 – 43)。由于弧形支座板的设置,支座节点可沿弧面转动,从而弥补了平板压力支座节点不能转动的缺陷。

弧形支座板一般用铸钢制成,也可用厚钢板加工而成。这种节点构造使支承底板下的反力分布比较均匀,但摩擦力仍较大。为使支座转动灵活,当采用两个锚栓时,可将它们置于弧形支座板的中心线上(图 2 – 43(a));当支座反力较大,支座节点体量较大,而需设四个锚栓时,可将它们置于支座底板的四角,并在锚栓上部加设弹簧,以调节支座在弧面上的转动(图 2 – 43(b)),为防止弹簧锈蚀,应加弹簧盒予以保护。

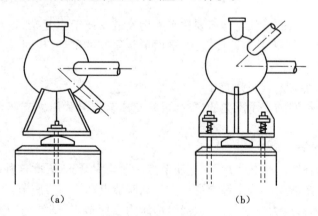

图 2 – 43　单面弧形压力支座
(a)两个锚栓连接;(b)四个锚栓连接

单面弧形压力支座节点因具有转动的可能,比较符合不动圆柱铰支承的约束条件,可应用于中小跨度的网架。

c. 双面弧形压力支座节点

双面弧形压力支座节点又称摇摆支座节点,它是在支座底板与支承面顶板间设置一块上、下均呈弧形的铸钢支承板,并在其两侧设有从支座底板和支承面顶板上分别焊出的带椭圆孔的梯形钢,然后以螺栓将它们连成一体(图 2 – 44)。这样,在正常温度变化下,支座节点可随铸钢块上、下弧面转动,并能沿上弧面做一定的侧移。这种支座节点构造与不动圆柱铰支承的约束条件比较接近,但其构造较复杂、加工麻烦、造价较高,且只能沿一个方向转动,也不利于抗震要求。它适用于跨度大,且下部支承结构刚度较大或温度变化较大、要求支座节点既能转动又有一定侧移的网架。上海体育馆等工程的网架曾采用过这种形式的节点。

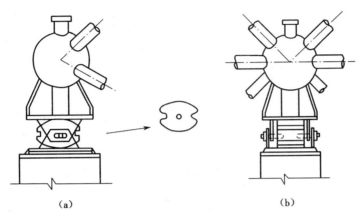

图2－44　双面弧形压力支座
(a)侧视图;(b)正视图

　d. 球铰压力支座节点

　球铰压力支座节点是由一个置于支承面上的凸形实心半球与一个连于节点支承底板的凹形半球相互嵌合,并以锚栓相连而成(图2－45)。锚栓螺母下设有弹簧,以适应节点的转动。这种构造可使支座节点沿两个水平方向自由转动,而不产生线位移。它既能较好地承受水平力,又能自由转动,比较符合不动球铰支承的约束条件,且有利于抗震,但构造较复杂。它适用于四点支承及多点支承网架。

　e. 板式橡胶支座节点

　我国在20世纪60年代就已将橡胶支座用于桥梁结构,多年的工程实践表明,它的效果良好,目前已在网架结构中得到广泛应用。网架结构中采用的板式橡胶支座是在平板压力支座的支承底板与支承面顶板间设置一块由多层橡胶片与薄钢板黏合、压制成的矩形橡胶垫板,并以锚栓相连成为一体(图2－46)。这种橡胶垫板是由具有良好弹性的橡胶片以及具有一定强度的薄钢板组合而成,不仅可使网架支座节点在不出现过大竖向压缩变形的情况下获得足够的承载能力,而且橡胶垫板良好的弹性也可产生较大的剪切变位,因而既可以适应网架支座节点的转动要求,又能适应网架支座节点由于温度变化、地震作用所产生的水平变位。这种支座对于减小或消除温度应力、减轻地震作用的影响以及改善下部支承结构的受力状态都是有利的。与其他类型的支座相比,它具有构造简单、安装方便、节省钢材、造价较低等优点。橡胶虽有老化问题,但防护处理得当也可使用相当长的年限。

　以上各种压力支座节点的主要构造特征及其适用范围如表2－6所示。

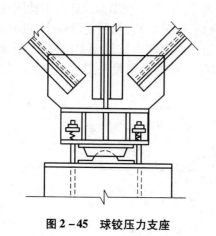

图 2-45　球铰压力支座

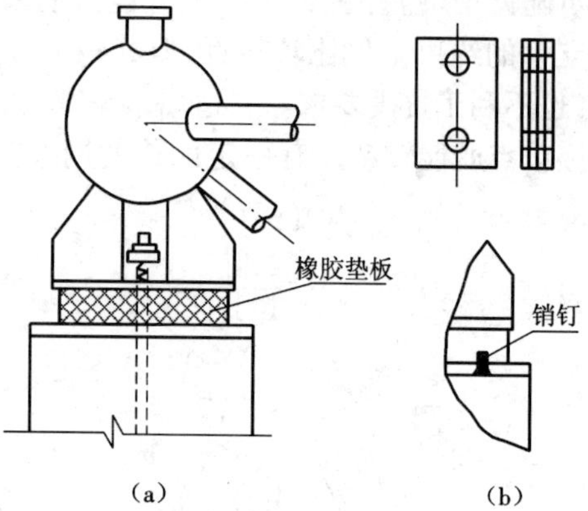

图 2-46　板式橡胶支座
(a)侧视图;(b)橡胶垫做法

橡胶垫板

销钉

(a)

(b)

表 2-6　压力支座节点的构造特征及其适用范围

形式	平板压力支座	单面弧形压力支座	双面弧形压力支座	球铰压力支座	板式橡胶支座
图示	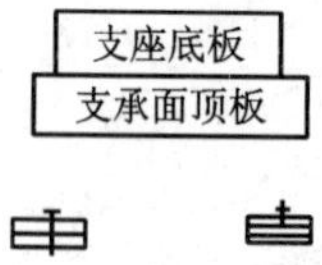 支座底板 支承面顶板	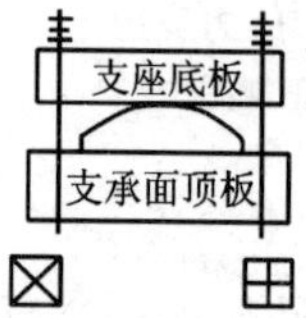 支座底板 支承面顶板	 支座底板 支承面顶板	 支座底板 支承面顶板	 支座底板 支承面顶板
支承垫板		单面弧形垫板	双面弧形垫板	上凹下凸球相嵌	橡胶垫块
计算支承条件	铰支承	不动圆柱铰支承	不动圆柱铰支承	不动球铰支承	可动铰支承
移动与转动情况	微量移动、转动	沿弧面单向转动	上、下转动	两个方向均可转动	转动、移动
主要优缺点	构造简单、用钢省	构造复杂	构造复杂、造价较高	构造较复杂	构造简单、安装方便、专业工厂生产制作
使用范围	小跨度	中、小跨度	大跨度	点支承	大、小跨度

Ⅱ.拉力支座节点

某些矩形平面周边支承的网架,如两向正交斜放网架在竖向荷载作用下,网架角隅支座上常出现拉力,因此应根据传递支承拉力的要求来设计这种支座节点。常用的拉力支座节点主要有平板拉力支座节点和单面弧形拉力支座节点。它们的共同特点是都利用连接支座节点与下部支承结构的锚栓来传递拉力。

a.平板拉力支座节点

当支座拉力较小时,为简便起见,可采用与平板压力支座节点相同的构造(图 2-42),但此时锚栓承受拉力。它主要适用于跨度较小的网架。

b.单面弧形拉力支座节点

当支座拉力较大,且对支座节点有转动要求时,可在单面弧形压力支座节点的基础上构成拉力支座节点。由于此时锚栓拉力较大,为减轻支座底板的负担,应设置锚栓承力架,即在锚栓附近的节点板上加设适当的水平钢板和竖向加劲肋,其构造如图 2-47 所示。它主要适用于大、中跨度的网架。

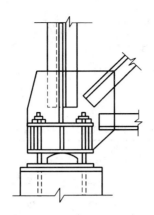

图 2-47　单面弧形拉力支座

在拉力支座节点中,为使锚栓能有效地传递支座拉力,锚栓在支承结构中应有一定的埋置深度,且应配置双螺母。网架安装完毕后,还应将锚栓上的垫板与支座底板或锚栓承力架中的水平钢板焊牢。

2)支座节点设计

Ⅰ.平板支座节点设计

a.底板尺寸及厚度

在平板支座中,支座底板直接置于支承结构的顶板上,为简便起见,可假定接触面上的压应力是均匀分布的。在支座反力设计值 R 作用下,支座底板的净面积应满足支承结构材料的局部受压要求。其长度 a 和宽度 b 可按下式确定:

$$a \times b \geqslant \frac{R}{1.35\beta_c\beta_1 f_c} + A_0 \tag{2-42}$$

式中　R——网架全部荷载在支座引起的反力设计值;

　　　f_c——混凝土轴心抗压强度设计值;

　　　β_c——混凝土强度影响系数,当混凝土强度等级不超过 C50 时取 1.0,当混凝土强度等级为 C80 时取 0.8,其间按线性内插法确定;

　　　β_1——混凝土局部受压时的强度提高系数;

　　　A_0——锚栓孔面积,按实际开孔形状计算。

底板平面面积的计算值一般很小,主要根据锚栓孔径和位置决定底板尺寸。锚栓孔位置与网架形式有关,但它与十字节点板轴线间的距离不宜小于锚孔直径。底板宽度不宜小于 200 mm,底板长度可与宽度相同或稍长。

支座底板的厚度 t 应满足底板在支承反力作用下的抗弯要求,即按下式计算:

$$t \geqslant \sqrt{\frac{6M_b}{f}} \tag{2-43}$$

式中　f——钢材的抗弯强度设计值;

　　　M_b——支座底板弯矩计算值。

在计算式(2-43)中 M_b 时,可将竖向十字节点板的端面视为底板的支承边,即底板是由 4 块两邻边支承的平板所组成。在均匀分布的支承反力作用下,各网格板单位宽度上的最大弯矩按下式计算:

$$M_b = \beta_b q c_1^2 \tag{2-44}$$

式中　q——作用在底板单位面积上的压力，$q = \dfrac{R}{ab - A_0}$；

　　　c_1——两邻边支承板的对角线长度；

　　　β_b——系数，由 c_2/c_1 按表 2-7 查取，其中 c_2 为两邻边支承板四角顶点至对角线的垂直距离。

表 2-7　两邻边支承的平板弯矩系数表

	c_2/c_1	0.3	0.4	0.5	0.6	0.7	0.8
	$\beta_b(\times 10^{-3})$	26	42	58	72	85	92

为使柱顶压力均匀，支座底板不宜太薄，其厚度一般不小于 16 mm。

b. 十字节点板及其连接的计算

在支座节点中，为避免出现由于节点构造偏心而引起的附加弯矩，应使连于支座节点的杆件重心线与竖向支承反力汇交于一点，因此十字节点板的中心线应通过支座节点的中心。十字节点板除用以连接汇交于支座的杆件或支承网架节点外，其主要作用是提高支座节点的侧向刚度、减少底板弯矩、改善底板工作状况。一般十字节点板的尺寸不受强度控制，但十字节点板的自由边可能在底板向上的压力作用下而受压屈曲，如图 2-48 所示。设计时应使其临界应力不超过材料的屈服点，对于 Q235 钢在实用中可如下选取：

(1) 当 $b_1/h_c \leqslant 1.0$ 时，$b_1/t_c \leqslant 42.8$；

(2) 当 $1.0 \leqslant b_1/h_c \leqslant 2.0$ 时，$b_1/t_c \leqslant 42.8\left(\dfrac{b_1}{h_c}\right)$。

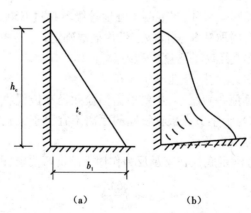

图 2-48　十字节点板的受压屈曲
(a)屈曲前；(b)屈曲后

十字节点板的高度取决于板间竖向焊缝长度。竖向焊缝承受板底支承压力所引起的剪力 V_c 及相应的偏心弯矩 M_c，应满足以下强度条件：

$$\sqrt{\left(\frac{V_c}{2 \times 0.7 h_f l_w}\right)^2 + \left(\frac{6M_c}{2 \times 0.7 h_f l_w^2 \beta_f}\right)^2} \leqslant f_f^w \tag{2-45}$$

式中　V_c——剪力，$V_c = R/4$；

　　　　M_c——偏心弯距，$M_c = \dfrac{R}{4}C$，其中 C 为竖向焊缝与 V_c 作用点之间的距离；

　　　　h_f——竖向焊缝的焊脚尺寸；

　　　　t_c——十字节点板厚度；

　　　　f_f^w——角焊缝的抗拉、抗剪、抗压强度设计值；

　　　　β_f——端焊缝强度提高系数。

确定十字节点板高度时，尚应考虑网架边斜杆与支座节点竖向轴线间的交角，防止斜杆与支承柱边相碰。

　　c. 十字节点板与底板间的连接焊缝计算

十字节点板与底板间的连接焊缝可按一般角焊缝计算，即

$$\sigma_f = \frac{R}{0.7 h_f \sum l_w \cdot \beta_f} \leqslant f_f^w \tag{2-46}$$

式中　σ_f——十字节点板与底板间的连接焊缝；

　　　　R——网架全部荷载在支座引起的反力设计值；

　　　　h_f、β_f、f_f^w——含义同式（2-45）；

　　　　$\sum l_w$——十字节点板与底板间连接焊缝的总计算长度。

　　d. 锚栓及弹簧的计算

在支座节点中，一般均用锚栓将支座底板与下部支承结构连接。对于压力支座节点，锚栓的作用是便于网架定位和防止网架在水平力作用下的移位，一般可按构造设置。对于拉力支座节点，锚栓则用以承受支座拉力，应按计算确定。

拉力锚栓的净面积按下式计算：

$$A_n \geqslant \frac{R}{n f_t^a} \tag{2-47}$$

式中　A_n——一个锚栓的净截面面积；

　　　　n——锚栓个数；

　　　　f_t^a——锚栓的抗拉强度设计值。

锚栓直径一般为 20 ~ 36 mm，锚栓个数一般为 2 ~ 4 个。当采用两个锚栓时，为使节点有转动可能，锚栓应沿一条轴线设置。根据网架形式的不同可分别采用图 2 - 49（a）、（b）所示方式布置。当拉力较大或因构造要求需设置四个锚栓时，则应均匀布置（图 2 - 49（c））。锚栓位置宜尽可能靠近节点板中心轴，但应保证拧动螺母所必需的操作间隙。为便于网架的安装就位，并使支座节点在温度变化等因素作用下能有微小移动的可能，支座底板上的锚栓孔径宜取锚栓直径的 2 ~ 2.5 倍，通常采用 40 ~ 60 mm，也可采用椭圆孔。

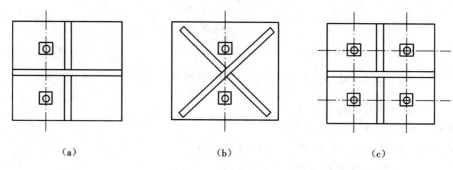

图 2 – 49　锚栓设置方式

（a）两个锚栓(不居中)；(b) 两个锚栓(居中)；(c) 四个锚栓

为防止锚栓抗拔力不足而松动,锚栓应有足够的埋置深度,一般为 450 ~ 600 mm。对于拉力锚栓,其埋置深度宜取 35 倍锚栓直径,且末端应加弯钩,或按钢筋混凝土结构设计规范对预埋件的要求进行验算。

在大、中跨度网架中采用的球铰压力支座节点或设有四个锚栓的单面弧形压力支座节点,常在锚栓螺母的垫板下设置弹簧,其作用主要在于调节支座在球面或弧面上的转动。

支座节点中采用的弹簧一般为圆柱形螺旋压缩弹簧,它应具有适当的刚度和弹性。在网架安装后,应将锚栓上的螺母适当拧紧,使弹簧预压,以便将弹簧可靠而稳定地安装在预定位置上,支座节点转动后,弹簧随之变形,一侧弹簧压缩,另一侧弹簧伸长。支座节点的转角愈大,则弹簧的变形量愈大,因此应将弹簧的变形量控制在一定范围内。

弹簧可根据普通圆柱螺旋弹簧尺寸参数系列中给出的弹簧钢丝直径 d、弹簧平均直径 D、有效工作圈数 n 及自由高度 h_0 按构造要求选用。

常用碳素钢丝的直径为 3.5 ~ 8 mm,弹簧的平均直径与钢丝直径及锚栓孔径有关,一般为 50 ~ 80 mm。弹簧圈数 n 为中间的工作圈数 n_1 与两端不参与工作的支承圈数 n_2 之和,一般当 $n_1 \leqslant 7$ 时,取 $n_2 = 1.5$；当 $n_1 > 7$ 时,取 $n_2 = 2.5$。弹簧的自由高度 h_0 应满足弹簧预压变形量及支座节点最大转角所产生的变形量的需要；同时还要考虑在发生最大压缩变形时,使弹簧仍处于弹性工作的极限高度。一般为使弹簧稳定工作,弹簧高度与弹簧平均直径之比应不大于 2,即 $h_0/D < 2$。

Ⅱ. 弧形支座设计

弧形支座板的设计与计算主要包括确定支座板的平面尺寸 a、b,厚度 t_a 和弧面半径 r 等。

(1)弧形支座板的平面尺寸必须满足局部承压的强度条件。

(2)确定弧形支座板厚度时,考虑到节点的支座底板与弧形支座板间接近于线接触,在支座反力作用下弧形支座板下的应力分布均匀,因此可按双悬臂梁来计算弧形支座板中央截面的弯矩 M_a(图 2 – 50),即

$$M_a = \left(\frac{R}{ab} \right) \cdot \frac{ab}{2} \cdot \frac{a}{4} = \frac{Ra}{8} \tag{2-48}$$

该截面应满足强度条件

$$\sigma_{max} = \frac{M_a}{W} = \frac{\dfrac{Ra}{8}}{\dfrac{bt_a^2}{6}} = \frac{3Ra}{4bt_a^2} \leqslant f \tag{2-49}$$

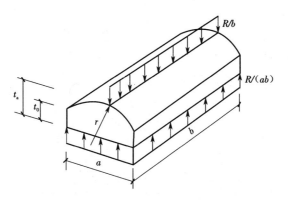

图 2-50　弧形支座板计算简图

式中　W——弧形支座板中央截面的截面抵抗矩；

　　　R——支座反力设计值；

　　　f——铸钢或钢材的抗弯强度设计值。

弧形支座板厚度

$$t_a \geqslant \sqrt{\frac{3Ra}{4bf}} \qquad (2-50)$$

（3）弧形支座板与支座底板间的接触应力可按赫兹公式计算，其强度条件为

$$\sigma = 0.418 \sqrt{\frac{ER}{rb}} \leqslant f_{lb} \qquad (2-51)$$

式中　σ——弧形支座板与支座底板间的接触应力；

　　　E——铸钢或钢材的弹性模量；

　　　r——弧形支座板的弧面半径；

　　　b——弧形表面与平板的接触长度；

　　　f_{lb}——铸钢或钢材自由接触时的局部受压强度设计值。

将式（2-51）改写为

$$R \leqslant \left(\frac{f_{lb}}{0.418}\right)^2 \frac{1}{2E} \cdot 2rb$$

令 $f'_{lb} = \dfrac{1}{2E}\left(\dfrac{f_{lb}}{0.418}\right)^2$，则

$$R \leqslant f'_{lb} \cdot 2rb \qquad (2-52)$$

因此，f'_{lb} 即为假想截面 $2rb$ 上的局部挤压强度设计值，如其值取为铸钢或钢材抗压强度设计值 f 的 4%，即 $f'_{lb} = 0.04f$，得 $R \leqslant 0.04f \cdot 2rb$，或按钢结构规范的计算公式：

$$r \geqslant \frac{25R}{2bf} \qquad (2-53)$$

弧形支座板两侧的竖直面高度通常宜小于 15 mm，双面弧形支承板可参考上述方法进行设计。

Ⅲ. 球铰支座的设计

在球铰支座中，当下支座板的凸球与上支座板的凹球二者曲率半径基本相同时，它们之间呈面接触，随着上半球体的转动而产生滑动摩擦，接触处的承压力可按有滑动的面接触来计算。当二者曲率半径不同时，则呈局部接触，借助于滚动作用而转动，摩擦较少，可按赫兹

公式计算。此时最大接触应力

$$\sigma_{\max} = 0.388 \sqrt[3]{RE^2 \left(\frac{r_1 - r_2}{r_1 r_2} \right)^2} \qquad (2-54)$$

式中　r_1, r_2——上凹球与下凸球的半径($r_1 > r_2$),如图 2-51 所示。

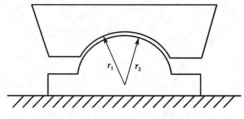

图 2-51　球铰支座板

当对节点转动要求较高时,可采用半径不同的球铰支座。但二者半径相差越大,承载能力越低。如此时支承反力较大,采用一般钢材将给设计带来困难。因此,当支承反力较大时,可采用二者半径基本相同的球铰支座,但其转动的灵活性将有所减弱。

Ⅳ. 橡胶垫支座设计

橡胶垫板的计算除应使之具有足够的承压强度外,尚应考虑到材料具有易变形的特性,必须对其平均压缩变位、抗剪和抗滑性能进行验算。

a. 橡胶垫板的平面尺寸

橡胶垫板的平面尺寸主要取决于它的抗压强度,即

$$\sigma_{\mathrm{m}} = \frac{R_{\max}}{A} = \frac{R_{\max}}{ab} \leqslant [\sigma] \qquad (2-55)$$

或

$$A \geqslant \frac{R_{\max}}{[\sigma]} \qquad (2-56)$$

式中　σ_{m}——平均压应力;

　　A——垫板承压面积,$A = ab$;

　　a, b——橡胶垫板短边与长边的边长;

　　$R_{\max}$——网架全部荷载标准值引起的最大支座反力值;

　　$[\sigma]$——橡胶垫板的容许抗拉强度,一般为 7.8 ~ 7.9 MPa。

在一般情况下,橡胶垫板下混凝土的局部承压强度不是控制条件,可不作验算。

b. 橡胶垫板的厚度

在板式橡胶支座节点中,网架的水平变位是通过橡胶层的剪切变位来实现的。因此,网架支座节点在温度变化等因素下所引起的最大水平位移值 u(图 2-52)应不超过橡胶层的容许剪切变位 $[u]$,即

$$u < [u] \qquad (2-57)$$

$[u]$ 值与橡胶层总厚度 d_0 及其容许剪切角 α 有关,即

$$[u] = d_0 \cdot \tan \alpha \qquad (2-58)$$

对于在规定硬度范围的常用橡胶材料剪切角的极限为 35°,即 $\tan \alpha = 0.7$。而 d_0 为橡胶层总厚度,它等于上、下表层及中间各层橡胶片厚度之和(图 2-53),即

$$d_0 = 2d_{\mathrm{t}} + nd_i \qquad (2-59)$$

式中　d_0——橡胶层总厚度;

　　　d_t、d_i——上(下)表层及中间第 i 层橡胶片厚度;

　　　n——中间橡胶片的层数。

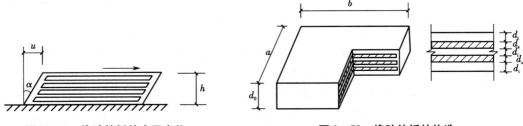

图 2 - 52　橡胶垫板的水平变位　　　　**图 2 - 53　橡胶垫板的构造**

另外,橡胶层厚度太大易造成支座失稳。为使橡胶垫板能稳定工作,从构造上规定橡胶层厚度应不大于支座法向边长的 1/5。

因此,橡胶层总厚度根据其剪切变位条件及控制橡胶层厚度的构造要求按下式计算:

$$1.43u = u/0.7 \leqslant d_0 \leqslant 0.2a \tag{2-60}$$

橡胶层总厚度 d_0 值确定后,加上各橡胶片间薄钢板的厚度(d_s)之和,就可求得橡胶垫板的总厚度。

c. 橡胶垫板的压缩变形

在橡胶支座节点中,支座节点的转动是通过橡胶垫板产生的不均匀压缩变形来实现的,即当支座节点产生转角时,若橡胶垫板的内侧的压缩变形为 w_1、外侧为 w_2(图 2 - 54),如忽略钢板的变形,则橡胶垫板的平均压缩变形

$$w_m = \frac{1}{2}(w_1 + w_2) = \frac{\sigma_m d_0}{E} \tag{2-61}$$

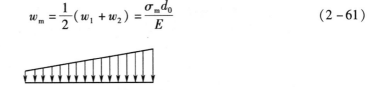

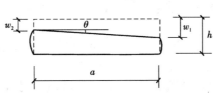

图 2 - 54　橡胶垫板的压缩变形

支座转角 θ 值(rad)由图 2 - 54 可近似表示为

$$\theta = \frac{1}{a}(w_1 - w_2) \tag{2-62}$$

根据式(2 - 61)和式(2 - 62),得

$$w_2 = w_m - \frac{1}{2}\theta a \tag{2-63}$$

当 $w_2 < 0$ 时,表明支座面局部脱空而形成局部承压,这是不允许的。为此必须使 $w_2 \geqslant 0$,即

$$w_m \geqslant \frac{1}{2}\theta a \tag{2-64}$$

同时,为不使橡胶垫板出现过大的竖向压缩变形,按构造规定 w_m 值应不超过橡胶层总厚度的 1/20。

因此,橡胶垫板的平均压缩变形 w_m 值应按下式验算:

$$\frac{1}{2}\theta a \leqslant w_m \leqslant 0.05d_0 \qquad\qquad (2-65)$$

d. 橡胶垫板的抗滑移

在橡胶支座节点中,橡胶面直接与混凝土或钢板接触,当由于温度变化等因素引起水平变位 u 时,支座上出现的水平力将靠接触面上的摩擦力平衡。为此,应保证橡胶垫板与接触面间不产生相对滑动。此时可按下式进行抗滑移的验算:

$$\mu R_g \geqslant GA \cdot \frac{u}{d_0} \qquad\qquad (2-66)$$

式中　μ——橡胶垫板与接触面之间的摩擦系数,与钢接触时取 0.2,与混凝土接触时取
　　　　　0.3;

　　　R_g——乘以荷载分项系数 0.9 的永久荷载标准值引起的支座反力;

　　　G——橡胶垫板的抗剪弹性模量。

橡胶垫在设计施工时还应满足以下构造要求。

(1)对气温不低于 -25 ℃地区,可采用氯丁橡胶垫板;对气温不低于 -30 ℃地区,可采用耐寒氯丁橡胶垫板;对气温不低于 -40 ℃地区,可采用天然橡胶垫板。

(2)橡胶垫板的长边应顺网架支座切线方向平行放置,与支柱或基座的钢板或混凝土间可用 502 胶等胶结剂黏结固定。

(3)橡胶垫板上的螺孔直径应大于螺栓直径 10 mm。

(4)设计时宜考虑长期使用后因橡胶老化而需更换的条件。在橡胶垫板四周可涂以防止老化的酚醛树脂,并黏结泡沫塑料。

(5)橡胶垫板在安装、使用过程中,应避免与油脂等油类物质以及其他对橡胶有害的物质接触。

2.3　网架结构的计算分析方法

网架结构应进行在外荷载作用下的内力、位移计算,并应根据具体情况,对地震、温度变化、支承沉降及施工安装荷载等作用下的内力、位移进行计算。网架结构的外荷载可按静力等效的原则,将节点所辖区域内的荷载集中作用在各相应节点上;其支承条件可根据支承结构的刚度、支承节点的构造情况,分别假定为两向可侧移、一向可侧移、无侧移的铰接支承或弹性支承。

2.3.1　基本假定及分析方法

1. 基本假定

(1)节点为铰接,杆件只承受轴向力,忽略节点刚度的影响。

(2)按小挠度理论计算,不考虑节点大位移的影响。

(3)按弹性方法分析,不允许杆件进入塑性。

2. 分析方法

1)有限元法

有限元法用于网架结构亦称为空间桁架位移法,它是以网架节点的三个线位移为未知

量,所有杆件为承受轴向力的铰接杆系有限元法。它适用于分析各种类型网架,可考虑不同平面形状、不同边界条件和支承方式,承受任意荷载和作用,还可考虑网架与下部结构的共同工作。

2)简化分析方法

网架结构的简化分析方法很多,基本上是采用连续化计算模型,即将网架简化为交叉梁或一块平板。在简化过程中,如果仅考虑网架弦杆作用,不考虑腹杆作用,这种简化计算称为不考虑剪切变形影响的计算方法;如果两者作用都考虑,这种简化计算称为考虑剪切变形影响的计算方法。

(1)交叉梁系差分法,可用于跨度在 40 m 以下的由平面桁架系组成的网架或正放四角锥网架的计算。

(2)拟夹层板法,可用于跨度在 40 m 以下的由平面桁架系或角锥体组成的网架计算,此法可考虑剪切变形和刚度变化的影响。

(3)假想弯矩法,可用于斜放四角锥网架和棋盘形四角锥网架的计算。

2.3.2 有限元法

空间杆系有限元法是目前杆系结构中计算精度最高的一种方法。

1.单元刚度矩阵

图 2 - 55 所示为正放四角锥网架,图中坐标为结构总体坐标系,采用右手法则。取出任一杆件 ij,建立它的单刚矩阵。

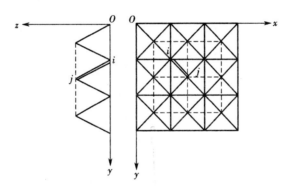

图 2 - 55　正放四角锥网架

1)杆件局部坐标系单刚矩阵

设一局部直角坐标系 $\bar{x}$、$\bar{y}$、$\bar{z}$ 轴,$\bar{x}$ 轴与 ij 杆平行。杆的两端有轴向力 N_{ij}、N_{ji},在轴向力作用下,i、j 点产生轴向位移为 Δ_i、Δ_j,如图 2 - 56 所示。从材料力学可知,轴向力 N_{ij}、N_{ji} 与位移关系为

$$\left.\begin{array}{l} N_{ij} = \dfrac{EA}{l_{ij}}(\Delta_i - \Delta_j) \\[3mm] N_{ji} = \dfrac{EA}{l_{ij}}(\Delta_j - \Delta_i) \end{array}\right\} \tag{2-67}$$

式中　l_{ij}——杆件 ij 的长度;

　　　　E——材料的弹性模量;

　　　　A——杆件 ij 的截面面积。

写成矩阵形式为

$$\begin{bmatrix} N_{ij} \\ N_{ji} \end{bmatrix} = \frac{EA}{l_{ij}} \begin{bmatrix} 1 & -1 \\ -1 & 1 \end{bmatrix} \begin{bmatrix} \Delta_i \\ \Delta_j \end{bmatrix} \qquad (2-68)$$

图 2-56　*ij* 杆的力和位移

或简写为

$$\{\overline{N}\} = [\overline{K}]\{\overline{\Delta}\}$$

式中　$[\overline{K}]$——杆件局部坐标系单刚矩阵，有

$$[\overline{K}] = \frac{EA}{l_{ij}} \begin{bmatrix} 1 & -1 \\ -1 & 1 \end{bmatrix} \qquad (2-69)$$

2）坐标转换

网架中的所有杆件都可建立局部坐标系单刚矩阵方程。由于杆件在网架中的位置不同，各杆 $\bar{x}$ 轴方向也不同，各杆件内力和位移不易叠加，应采用统一坐标系，即结构总体坐标系，如图 2-57 中的 $Oxyz$ 直角坐标系。

设 N_{ij} 在 x、y、z 轴上分力为 F_{xi}、F_{yi}、F_{zi}，如图 2-57 所示。N_{ij} 与 F_{xi}、F_{yi}、F_{zi} 的夹角（即 $\bar{x}$ 轴与 x、y、z 轴的夹角）分别为 α、β、γ，N_{ij} 与 F_{xi}、F_{yi}、F_{zi} 的关系可写成

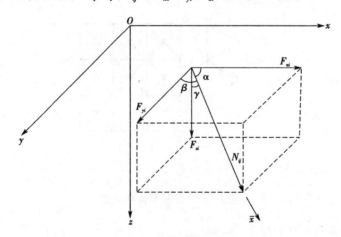

图 2-57　轴向力的分力

$$\begin{cases} F_{xi} = N_{ij}\cos\alpha = N_{ij}l \\ F_{yi} = N_{ij}\cos\beta = N_{ij}m \\ F_{zi} = N_{ij}\cos\gamma = N_{ij}n \end{cases}$$

同理，j 点上 N_{ij} 在 x、y、z 轴上的分力 F_{xi}、F_{yi}、F_{zi} 的表达式为

$$\begin{cases} F_{xj} = N_{ji}\cos\alpha = N_{ji}l \\ F_{yj} = N_{ji}\cos\beta = N_{ji}m \\ F_{zj} = N_{ji}\cos\gamma = N_{ji}n \end{cases}$$

写成矩阵形式为

$$\{F\} = [T]\{\overline{N}\} \qquad (2-70)$$

式中 $\{F\}$——杆端内力列矩阵,有

$$\{F\} = \begin{bmatrix} F_{xi} & F_{yi} & F_{zi} & F_{xj} & F_{yj} & F_{zj} \end{bmatrix}^{\mathrm{T}} \qquad (2-71)$$

$[T]$——坐标转换矩阵,有

$$[T] = \begin{bmatrix} l & m & n & 0 & 0 & 0 \\ 0 & 0 & 0 & l & m & n \end{bmatrix}^{\mathrm{T}} \qquad (2-72)$$

$\{\overline{N}\}$——杆端轴向力列矩阵,有

$$\{\overline{N}\} = \begin{bmatrix} N_{ij} & N_{ji} \end{bmatrix}^{\mathrm{T}} \qquad (2-73)$$

同样,设杆端位移 Δ_i、Δ_j 在 x、y、z 轴上位移分量分别为 u_i、v_i、w_i 和 u_j、v_j、w_j,则 Δ 与 u、v、w 的关系写成矩阵形式为

$$\{\delta\}_{ij} = [T]\{\Delta\} \qquad (2-74)$$

式中 $\{\delta\}_{ij}$——杆端位移列矩阵,有

$$\{\delta\}_{ij} = \begin{bmatrix} u_i & v_i & w_i & u_j & v_j & w_j \end{bmatrix}^{\mathrm{T}} \qquad (2-75)$$

$[T]$——坐标转换矩阵,同式(2-72);

$\{\Delta\}$——杆端轴向位移列矩阵,有

$$\{\Delta\} = \begin{bmatrix} \Delta_i & \Delta_j \end{bmatrix}^{\mathrm{T}} \qquad (2-76)$$

3)杆件长度和夹角

从图2-55中杆 ij 位置,可以求出 i 点的坐标 x_i、y_i、z_i,j 点的坐标 x_j、y_j、z_j。将 i,j 点坐标列于图2-58中,从图中可以看出,ij 杆长度 l_{ij} 表示为

$$l_{ij} = \sqrt{(x_j - x_i)^2 + (y_j - y_i)^2 + (z_j - z_i)^2} \qquad (2-77)$$

ij 杆与坐标轴夹角的方向余弦为

$$\left. \begin{aligned} l = \cos\alpha = \frac{x_j - x_i}{l_{ij}} \\ m = \cos\beta = \frac{y_j - y_i}{l_{ij}} \\ n = \cos\gamma = \frac{z_j - z_i}{l_{ij}} \end{aligned} \right\} \qquad (2-78)$$

式中 α,β,γ——ij 杆的杆轴 $\bar{x}$ 与结构总体坐标正向的夹角。

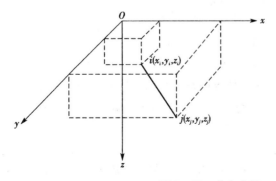
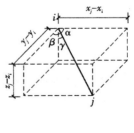

图2-58 节点坐标

4)杆件整体坐标系的单刚矩阵

将式(2-70)和式(2-74)求逆得

$$\left.\begin{array}{l} \{\overline{N}\} = [T]^{-1}\{F\} \\ \{\Delta\} = [T]^{-1}\{\delta\}_{ij} \end{array}\right\} \qquad (2-79)$$

将式(2-79)代入式(2-68),注意到$[T]^{-1} = [T]^{T}$,得

$$\left.\begin{array}{l} [T]^{T}\{F\} = [\overline{K}][T]^{T}\{\delta\}_{ij} \\ \{F\} = [T][\overline{K}][T]^{T}\{\delta\}_{ij} \\ \{F\} = [K]_{ij}\{\delta\}_{ij} \end{array}\right\} \qquad (2-80)$$

式中　$[K]_{ij}$——杆件ij在整体坐标系中的单刚矩阵,有

$$[K]_{ij} = [T][\overline{K}][T]^{T} = \frac{EA}{l_{ij}} \begin{bmatrix} l^2 & lm & ln & -l^2 & -lm & -ln \\ lm & m^2 & mn & -lm & -m^2 & -mn \\ ln & mn & n^2 & -ln & -mn & -n^2 \\ -l^2 & -lm & -ln & l^2 & lm & ln \\ -lm & -m^2 & -mn & lm & m^2 & mn \\ -ln & -mn & -n^2 & ln & mn & n^2 \end{bmatrix} \qquad (2-81)$$

$[K]_{ij}$是一个6×6的矩阵,它可分为4个3×3的子矩阵,即

$$[K]_{ij} = \begin{bmatrix} [K_{ii}] & [K_{ij}] \\ [K_{ji}] & [K_{jj}] \end{bmatrix}$$

式中

$$[K_{ii}] = [K_{jj}] = -[K_{ij}] = -[K_{ji}] = \frac{EA}{l_{ij}} \begin{bmatrix} l^2 & lm & ln \\ lm & m^2 & mn \\ ln & mn & n^2 \end{bmatrix} \qquad (2-82)$$

因此,式(2-70)可改写为

$$\begin{bmatrix} \{F_i\} \\ \{F_j\} \end{bmatrix} = \begin{bmatrix} [K_{ii}] & [K_{ij}] \\ [K_{ji}] & [K_{jj}] \end{bmatrix} \begin{bmatrix} \{\delta_i\} \\ \{\delta_j\} \end{bmatrix} \qquad (2-83)$$

式中　$\{F_i\}$,$\{F_j\}$——杆件ij在i,j点的杆端内力列矩阵,有

$$\{F_i\} = \begin{bmatrix} F_{xi} & F_{yi} & F_{zi} \end{bmatrix}^{T}$$

$$\{F_j\} = \begin{bmatrix} F_{xj} & F_{yj} & F_{zj} \end{bmatrix}^{T}$$

$\{\delta_i\}$,$\{\delta_j\}$——杆件ij在i,j点的位移列矩阵,有

$$\{\delta_i\} = \begin{bmatrix} u_i & v_i & w_i \end{bmatrix}^{T}$$

$$\{\delta_j\} = \begin{bmatrix} u_j & v_j & w_j \end{bmatrix}^{T}$$

从式(2-83)可以看出,$[K_{ij}]$、$[K_{ji}]$的物理意义分别是杆件ij由于j端、i端发生单位位移在i端、j端产生的内力;$[K_{ii}]$、$[K_{jj}]$分别为杆件ij由于i端、j端发生单位位移在i端、j端产生的内力。

2.结构总刚度矩阵

建立了杆件整体坐标系的单刚矩阵之后,要进一步建立结构的总刚矩阵。在建立总刚矩阵时,应满足以下两个条件,即变形协调条件和节点内外力平衡条件。

根据这两个条件,总刚度矩阵的建立可将单刚矩阵的子矩阵以行列编号(即节点号),然后对号入座形成总刚度矩阵。现以i节点为例,说明总刚矩阵与单刚矩阵之间的关系。如图2-59所示,相交于节点i的杆件有$i1,i2,\cdots,ij,ik,im$,作用在i节点上的外荷载为P_{xi}、P_{yi}、P_{zi}。写成矩阵为

$$\{P_i\} = \begin{bmatrix} P_{xi} & P_{yi} & P_{zi} \end{bmatrix}^{\mathrm{T}}$$

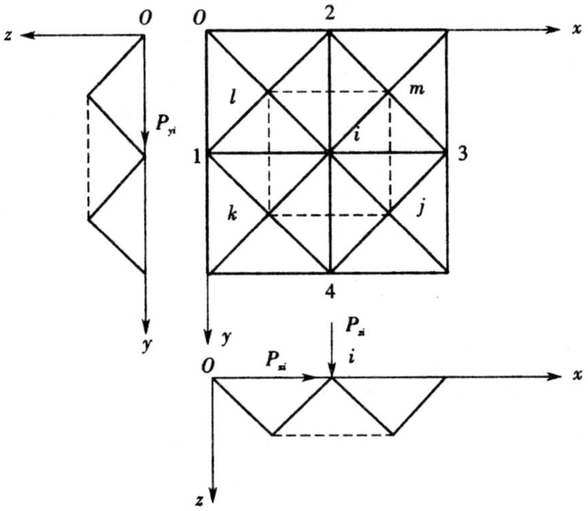

图 2 – 59　i 节点的外力

根据变形协调条件,连接在同一节点 i 上的所有杆件的 i 端位移都相等,即

$$\{\delta_i^1\} = \{\delta_i^2\} = \cdots = \{\delta_i^j\} = \{\delta_i^k\} = \{\delta_i^m\} = \begin{bmatrix} u_i & v_i & w_i \end{bmatrix}^{\mathrm{T}} \tag{2-84}$$

式中　　$\{\delta_i^m\}$——杆件 im 的 i 端位移列矩阵。

根据内外力的平衡条件,汇交于节点 i 上的所有杆件 i 端的内力之和等于作用在节点 i 上的外荷载,即

$$\{F_i^1\} + \{F_i^2\} + \cdots + \{F_i^j\} + \cdots + \{F_i^m\} = \{P_i\} \tag{2-85}$$

由式(2 – 83)可写出各杆件在 i 端的内力与位移关系,即

$i1$ 杆　　　　　　$\{F_i^1\} = [K_{ii}^1]\{\delta_i\} + [K_{i1}]\{\delta_1\}$

$i2$ 杆　　　　　　$\{F_i^2\} = [K_{ii}^2]\{\delta_i\} + [K_{i2}]\{\delta_2\}$

……

ij 杆　　　　　　$\{F_i^j\} = [K_{ii}^j]\{\delta_i\} + [K_{ij}]\{\delta_j\}$

……

im 杆　　　　　　$\{F_i^m\} = [K_{ii}^m]\{\delta_i\} + [K_{im}]\{\delta_m\}$

将上式代入式(2 – 85),整理后得

$$([K_{ii}^1] + [K_{ii}^2] + \cdots + [K_{ii}^j] + \cdots + [K_{ii}^m])\{\delta_i\} + [K_{i1}]\{\delta_1\}$$
$$+ [K_{i2}]\{\delta_2\} + \cdots + [K_{ij}]\{\delta_j\} + \cdots + [K_{im}]\{\delta_m\}$$
$$= \{P_i\}$$

或

$$\sum_{k=1}^{c} [K_{ii}^k]\{\delta_i\} + [K_{i1}]\{\delta_1\} + \cdots + [K_{im}]\{\delta_m\} = \{P_i\} \tag{2-86}$$

式中　　c——汇交于 i 点的杆件数。

将式(2 – 86)中的子矩阵,对号入座写入总刚度矩阵中,即得总刚度矩阵中的 i 行元素,如下所示。

$$
\begin{array}{c}
行\quad列1\quad 2\quad \cdots\quad j\quad \cdots\quad m\quad \cdots\quad i\quad \cdots \\
\left.
\begin{array}{c}
1 \\
2 \\
\vdots \\
j \\
\vdots \\
m \\
\vdots \\
i \\
\vdots
\end{array}
\left[
\begin{array}{ccccccccc}
 & & & & & & & & \\
 & & & & & & & & \\
 & & & & & & & & \\
 & & & & & & & & \\
 & & & & & & & & \\
 & & & & & & & & \\
\begin{bmatrix}K_{i1}\end{bmatrix} & \begin{bmatrix}K_{i2}\end{bmatrix} & \cdots & \begin{bmatrix}K_{ij}\end{bmatrix} & \cdots & \begin{bmatrix}K_{im}\end{bmatrix} & \cdots & \sum\begin{bmatrix}K_{ii}\end{bmatrix} & \cdots \\
 & & & & & & & &
\end{array}
\right]
\end{array}
\tag{2-87}
$$

从式(2-87)可以看出,对角元素为各分块小矩阵之和。

对网架中的所有节点,逐点列出内外力平衡方程,联合起来就形成了结构刚度方程,其表达式为

$$
[K]\{\delta\} = \{P\} \tag{2-88}
$$

式中　$\{\delta\}$——节点位移列矩阵,有

$$
\{\delta\} = \begin{bmatrix} u_1 & v_1 & w_1 \cdots u_i & v_i & w_i \cdots u_n & v_n & w_n \end{bmatrix}^{\mathrm{T}} \tag{2-89}
$$

$\{P\}$——荷载列矩阵,有

$$
\{P\} = \begin{bmatrix} P_{x1} & P_{y1} & P_{z1} \cdots P_{xi} & P_{yi} & P_{zi} \cdots P_{xn} & P_{yn} & P_{zn} \end{bmatrix}^{\mathrm{T}} \tag{2-90}
$$

n——网架节点数;

$[K]$——结构总刚度矩阵,它是 $3n \times 3n$ 方阵。

结构总刚度矩阵具有以下特点。

(1)矩阵具有对称性,建立矩阵各元素后,不必将所有元素列出,一般只列出上三角或下三角即可,可大大缩小计算工作量。

(2)矩阵具有稀疏性,网架的矩阵方程中,除主对角元及其附近元素为非零元素外,其他均为零元素,零元素与求解方程无关。因此,在建立矩阵各元素时,可将零元素取消,将二维数组改为变带宽一维数组存放,这样可大大节约计算机容量。

带宽大小与网架节点编号有关,当某节点号与它相连杆件另一端节点号的差值愈小,带宽也愈小。要使矩阵每一行带宽都是最小,必须采用带宽优化设计。

下三角矩阵中任一行的带宽(图2-60),可由下式求得:

$$
b_{3 \times (i-1) + j} = 3 \times (i-k) + j \quad (j = 1,2,3) \tag{2-91}
$$

式中　$b_{3 \times (i-1) + j}$——第 $3 \times (i-1) + j$ 行的带宽;

i——第 i 节点号;

k——与第 i 节点有联系的最小节点号。

式(2-88)所示的结构总刚度方程是一个高阶的线性方程组,一般需借助计算机才能求解。

3. 边界条件

结构总刚度矩阵 $[K]$ 是奇异的,尚需引入边界条件以消除刚体位移,使总刚度矩阵为正定矩阵。

1)各种支承情况的边界条件

网架的支承有周边支承、点支承等。边界约束有自由、弹性、固定及强迫位移等四种。

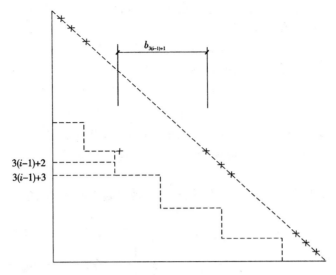

图 2 - 60　总刚度矩阵非零元素分布

如何正确处理边界条件将影响网架结构杆件内力,现分述如下。

Ⅰ.周边支承

周边支承是目前最常用的一种支承形式。它是将网架的周边节点搁置在柱或梁上,如图 2 - 61(a)所示。

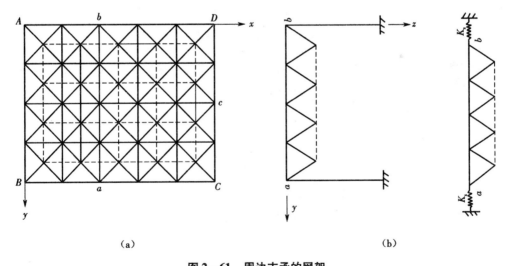

图 2 - 61　周边支承的网架

(a) 网架平面图及立面图;(b) 计算简图

网架搁置在柱或梁上时,可以认为梁和柱的竖向刚度很大,忽略梁的竖向变形和柱子轴向变形,因此网架支座竖向位移为零。网架支座水平变形应考虑下部结构共同工作。在网架支座的径向(图 2 - 61 中 a 点 y 方向,c 点 x 方向)应将下部结构作为网架结构随弹性约束,如图 2 - 61(b)所示。柱子水平位移方向的等效弹簧系数

$$K_z = \frac{3E_z I_z}{H_z^3} \qquad (2 - 92)$$

式中,E_z,I_z,H_z 分别为支承柱的材料弹性模量、截面惯性矩和柱子长度。在网架支座的切向

（见图 2 – 61 中 a 点 x 方向，c 点 y 方向），考虑周边杆件共同工作，认为是自由的。

　　因此，周边支承网架的边界条件为

$$
\begin{cases}
径向 & \delta_{ay}, \delta_{cx} & 弹性约束 \\
切向 & \delta_{ax}, \delta_{cy} & 自由 \\
竖向 & w = 0 & 固定
\end{cases}
$$

　　必须指出，采用整个网架进行内力分析时，4 个角点支座（见图 2 – 61 中 A, B, C, D 点）水平方向边界条件应采用两向弹性约束或固定，否则会发生刚体移动。周边支承网架支座的边界条件与支座节点构造有关，应根据实际构造情况酌情处理。

　　Ⅱ. 点支承

　　点支承是指网架搁置在独立柱子上，柱子与其他结构无联系，如图 2 – 62 所示。

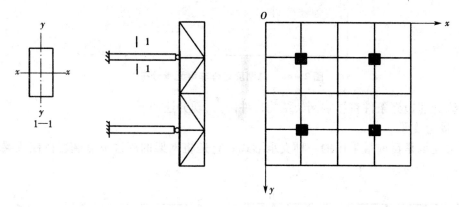

图 2 – 62　点支承的网架

　　点支承网架支座的边界条件应考虑下部结构的约束，即水平 x 方向约束刚度为 K_{zx}，水平 y 方向约束刚度为 K_{zy}，而竖向为固定约束。有

$$
K_{zx} = \frac{3E_z I_{zy}}{H_x^3} \tag{2 – 93}
$$

$$
K_{zy} = \frac{3E_z I_{zx}}{H_y^3} \tag{2 – 94}
$$

式中　E_z——支承柱的材料弹性模量；

　　　I_{zx}, I_{zy}——支承柱绕 x, y 方向的截面惯性矩；

　　　H_x, H_y——支承柱的长度。

　　2）总刚矩阵中边界条件的处理方法

　　边界条件中有固定、弹性约束和强迫位移等，现分述其处理方法。

　　Ⅰ. 支座某方向固定

　　支座某方向固定是指支座沿某方向位移为零，如 i 节点沿 z 方向位移等于零，即 $w_i = 0$。如何实现这一要求，有两种处理方法。一种是采用划行划列方法，即在总刚度矩阵中，将位移等于零的行号和列号划去，使总刚度矩阵阶数减少，但也带来总刚度矩阵元素地址的变动。例如 i 节点沿 z 方向位移为零，该点行号为

$$
c = 3 \times (i - 1) + 3 \tag{2 – 95}
$$

即将 c 行和 c 列划去。

　　另一种是采用充大数方法，即在第 c 行对角元素充大数 $R = 10^8 \sim 10^{12}$，即将 k_{cc} 改为 R：

$$c\ 列$$

$$
c\ 行
\begin{bmatrix}
k_{11} & & & & \vdots & & \\
& k_{22} & & & \vdots & & \\
& & \ddots & & \vdots & & \\
& & & \ddots & \vdots & & \\
\cdots & \cdots & \cdots & \cdots & k_{cc} & \rightarrow & R \\
& & & & & \ddots & \\
& & & & & & \ddots
\end{bmatrix}
\begin{bmatrix}
u_1 \\ \vdots \\ \vdots \\ \vdots \\ w_i \\ \vdots \\ \vdots
\end{bmatrix}
=
\begin{bmatrix}
P_{x1} \\ \vdots \\ \vdots \\ \vdots \\ P_{zi} \\ \vdots \\ \vdots
\end{bmatrix}
$$

这样,第 c 行的方程为

$$k_{c1}u_1 + k_{c2}v_1 + \cdots + Rw_i + \cdots = P_{zi} \tag{2-96}$$

式(2-96)左端各项的系数除 R 外,其他数值都很小,由此可得

$$w_i = \frac{P_{zi}}{R} = 0 \tag{2-97}$$

Ⅱ. 支座某方向弹性约束

支座某方向弹性约束是指沿某方向(该方向平行于结构坐标系)设有弹性支承 K_z。在总刚度矩阵对角元素的相应位置上加 K_z。例如第 j 节点在 x 方向有弹性约束,则相应行号为

$$c = 3 \times (j-1) + 1 \tag{2-98}$$

即将该行对角元素 k_{cc} 加 K_z,如下式所示。

$$c\ 列$$

$$
c\ 行
\begin{bmatrix}
k_{11} & & & & \vdots & & \\
& k_{22} & & & \vdots & & \\
& & \ddots & & \vdots & & \\
& & & \ddots & \vdots & & \\
\cdots & \cdots & \cdots & \cdots & k_{cc}+K_z & & \\
& & & & & \ddots & \\
& & & & & & \ddots
\end{bmatrix}
\begin{bmatrix}
u_1 \\ v_1 \\ \vdots \\ \vdots \\ w_i \\ \vdots \\ \vdots
\end{bmatrix}
=
\begin{bmatrix}
P_{z1} \\ \vdots \\ \vdots \\ \vdots \\ P_{zi} \\ \vdots \\ \vdots
\end{bmatrix}
$$

Ⅲ. 支座沉降的处理

当需计算支座沉降的影响时,也可通过对总刚度方程的适当处理来解决。

设支座 i 节点发生竖向沉降 δ,即 $w_i = \delta$,则在对应行号 $c = 3 \times (i-1) + 3$ 充大数 R,并将行右端项 P_{zi} 改为 $R \times \delta$,即

$$c\ 列$$

$$
c\ 行
\begin{bmatrix}
k_{11} & & & & \vdots & & \\
& k_{22} & & & \vdots & & \\
& & \ddots & & \vdots & & \\
& & & \ddots & \vdots & & \\
\cdots & \cdots & \cdots & \cdots & k_{cc} & \rightarrow & R \\
& & & & & \ddots & \\
& & & & & & \ddots
\end{bmatrix}
\begin{bmatrix}
u_1 \\ \vdots \\ \vdots \\ \vdots \\ w_i \\ \vdots \\ \vdots
\end{bmatrix}
=
\begin{bmatrix}
P_{x1} \\ \vdots \\ \vdots \\ \vdots \\ R \times \delta \\ \vdots \\ \vdots
\end{bmatrix}
$$

则 c 行的方程为

$$k_{c1}u_1 + k_{c2}v_1 + \cdots + Rw_i + \cdots = R\delta \qquad (2-99)$$

因为式(2-99)其他项与 Rw_i 相比都可忽略,即得

$$w_i = \frac{R\delta}{R} = \delta \qquad (2-100)$$

Ⅳ. 斜边界处理

斜边界是指沿着与整体坐标系斜交的方向有约束的边界。在网架结构中结构平面为圆形、三边形或其他任意多边形,都会存在斜边界。在结构的对称性利用中,也存在对称面上是斜边界,如图2-63所示。

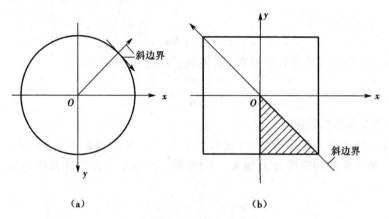

图2-63 斜边界约束的网架

(a)结构平面图;(b)对称性利用

斜边界处理有两种方法,一种方法是在边界点沿着斜边界方向设一个具有一定截面的杆,如图2-64(a)所示。如果该节点垂直边界方向为固定,该附加杆件截面 $A = 10^6 \sim 10^8$;如果该节点垂直边界方向为弹性约束,则附加杆截面面积可调节,以满足弹性约束条件,这种处理有时会使刚度矩阵形成病态。

另一种处理斜边界方法是将斜边界处的节点位移向量作一变换,使在整体坐标下的节点位移向量变换到任意的斜方向,然后按一般边界条件处理。

若三角锥网架搁置在三根柱上,如图2-64(b)所示,7、8柱沿 x'、x'' 方向是固定的,设结构的整体坐标系为 xyz,坐标系 $x'y'z'$ 是7点斜边界坐标系,$x''y''z''$ 是8点斜边界坐标系。7、8两点在结构整体坐标系的位移为 $\{\delta_7\}$、$\{\delta_8\}$,可写成

$$\left.\begin{array}{l} \{\delta_7\} = \begin{bmatrix} u_7 & v_7 & w_7 \end{bmatrix}^T \\ \{\delta_8\} = \begin{bmatrix} u_8 & v_8 & w_8 \end{bmatrix}^T \end{array}\right\} \qquad (2-101)$$

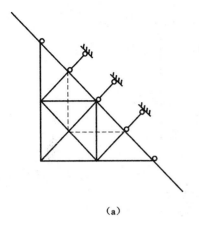
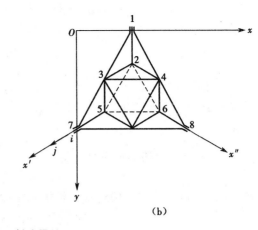

（a）　　　　　　　　　　　　　　（b）

图 2－64　斜边界处理

（a）附加杆件；（b）位移变换

斜边界坐标系的位移为 $\{\delta_7'\}$、$\{\delta_8'\}$，写成矩阵为

$$\{\delta_7'\} = \begin{bmatrix} u_7' & v_7' & w_7' \end{bmatrix}^T$$

$$\{\delta_8'\} = \begin{bmatrix} u_8' & v_8' & w_8' \end{bmatrix}^T$$

$\{\delta_7\}$、$\{\delta_8\}$ 与 $\{\delta_7'\}$、$\{\delta_8'\}$ 关系为

$$\left.\begin{matrix} \{\delta_7'\} = [R_7]\{\delta_7\} \\ \{\delta_8'\} = [R_8]\{\delta_8\} \end{matrix}\right\} \tag{2-102}$$

式中　$[R_7]$——7 点斜边界坐标系转换矩阵，有

$$[R_7] = \begin{bmatrix} \cos(\widehat{x'x}) & \cos(\widehat{x'y}) & \cos(\widehat{x'z}) \\ \cos(\widehat{y'x}) & \cos(\widehat{y'y}) & \cos(\widehat{y'z}) \\ \cos(\widehat{z'x}) & \cos(\widehat{z'y}) & \cos(\widehat{z'z}) \end{bmatrix}$$

$[R_8]$——8 点斜边界坐标系转换矩阵，有

$$[R_8] = \begin{bmatrix} \cos(\widehat{x''x}) & \cos(\widehat{x''y}) & \cos(\widehat{x''z}) \\ \cos(\widehat{y''x}) & \cos(\widehat{y''y}) & \cos(\widehat{y''z}) \\ \cos(\widehat{z''x}) & \cos(\widehat{z''y}) & \cos(\widehat{z''z}) \end{bmatrix}$$

$\cos(\widehat{x'x})$、$\cos(\widehat{x''x})$ 分别为 x' 与 x、x'' 与 x 之间夹角余弦，其余类推。

式（2－102）可改写为

$$\left.\begin{matrix} \{\delta_7\} = [R_7]^T\{\delta_7'\} \\ \{\delta_8\} = [R_8]^T\{\delta_8'\} \end{matrix}\right\} \tag{2-103}$$

如 $\{\delta\}$ 代表结构坐标系的位移列矩阵，$\{\bar{\delta}\}$ 代表考虑斜边界坐标系时位移列矩阵，它们之间关系可写成

$$\{\bar{\delta}\} = [T]^T\{\delta\} \tag{2-104}$$

$$\{\delta\} = [T]^T\{\bar{\delta}\} \tag{2-105}$$

式中

$$\{\bar{\delta}\} = \begin{bmatrix} \delta_1 & \delta_2 & \cdots & \delta_7' & \delta_8' \end{bmatrix}^T$$

$$\{\delta\} = [\delta_1 \quad \delta_2 \quad \cdots \quad \delta_7 \quad \delta_8]^T$$

$$[T] = \begin{bmatrix} 1 & & & & & \\ & 1 & & & & \mathbf{0} \\ & & 1 & & & \\ & & & \ddots & & \\ & \mathbf{0} & & & R_7 & \\ & & & & & R_8 \end{bmatrix}$$

同理,可得结构斜边界荷载列矩阵

$$\{P\} = [T]^T\{\overline{P}\} \tag{2-106}$$

将式(2-106)、式(2-105)代入结构总刚度矩阵方程得

$$[K][T]^T\{\overline{\delta}\} = [T]^T\{\overline{P}\}$$

$$[T][K][T]^T\{\overline{\delta}\} = \{\overline{P}\}$$

$$[\overline{K}]\{\overline{\delta}\} = \{\overline{P}\} \tag{2-107}$$

解式(2-107)得$\{\overline{\delta}\}$,再由式(2-103)求出结构整体坐标系的斜边界处位移值。

4. 对称性利用

当结构及荷载均对称,结构变形很小,结构系统满足静定的必要及充分条件,可以取整个网架的$1/(2n)$(n为对称面数)作为内力分析的计算单元。

根据对称性原理,对称结构在对称荷载作用下其对称面上的各个节点的反对称位移为零。所以当沿着对称面截取计算单元时,这些位于对称面内节点应当作为约束节点,按上述对称面内节点变形原则来处理。

网架的对称面有如下几种情况。

1)对称面与坐标轴(x轴或y轴)平行,且通过节点

如图2-65所示,结构有两个对称面,故可取$1/4$个结构作为计算单元。如节点2、5、7处$u_2 = v_5 = v_7 = 0$,节点3位于两个对称面的交点,故有$u_3 = v_3 = 0$,对称面上其他节点,如2′、3′、5′、7′等也应作相应处理。处理方法是在总刚度矩阵中相应对角元素充大数R。

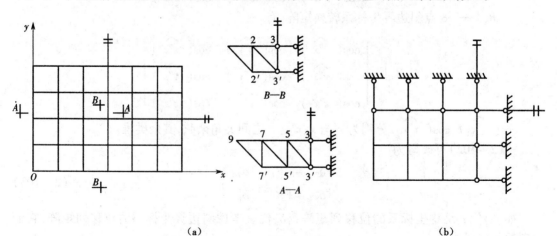

图2-65 对称面上杆件和节点处理

(a)结构平面;(b)计算单元

当杆件位于对称面上时,杆件面积应取原面积的$1/2$;而同时位于两个对称面上的杆件,如33′杆,其截面面积为原截面面积的$1/4$。位于对称面上节点的荷载应取原荷载的

1/2;同样,位于两个对称面上的节点,节点荷载为原节点荷载的1/4。

2)对称面与坐标轴(x轴或y轴)平行,并切断杆件

如图2-66所示,当对称面切断杆件时,可将切断点看作一个新的节点,为防止杆件几何可变,将该点在三个方向予以约束。这种处理应理解为避免总刚矩阵变为奇异矩阵的处理方法,新节点三个方向位移等于零无实际意义,对于交叉腹杆的新节点在y方向予以约束。

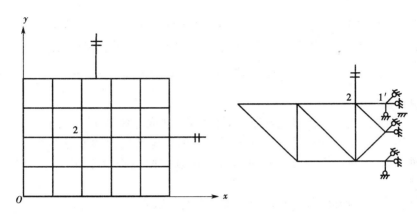

图2-66　杆件被对称面切断的处理

除上述处理方法外,也可采用另一种方法。从图2-66可以看出,杆件21′对于节点2来说起了弹性约束的作用,因此杆件可用一等效弹簧来替换,等效弹簧刚度系数

$$K_z = \frac{EA}{l/2} \tag{2-108}$$

式中　E,A——杆件的材料弹性模量和截面面积;

　　　l——切断杆件原长度。

将 K_z 加在总刚矩阵中对应于节点2在21′方向位移的对角元素上,这样即可不必增加节点。这个处理方法可理解为新节点三个方向约束采用划行划列方法给予消除。

3)对称面与坐标轴(x轴或y轴)相交某一角度

如图2-67所示(正六边形网架,可利用对称性取1/6或1/12作为计算单元,对称面与整体坐标呈一夹角),可采用斜边界处理方法。

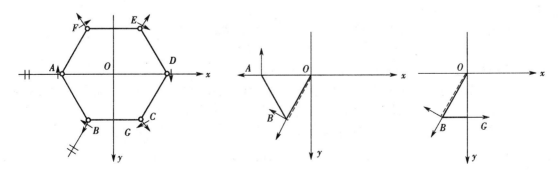

图2-67　正六角形网架的对称面处理

5. 杆件内力

边界条件处理后,通过对式(2-88)的求解,可得各节点的位移值。由式(2-79)可得

$$\begin{bmatrix} N_{ij} \\ N_{ji} \end{bmatrix} = \frac{EA}{l_{ij}} \begin{bmatrix} 1 & -1 \\ -1 & 1 \end{bmatrix} \begin{bmatrix} l & m & n & 0 & 0 & 0 \\ 0 & 0 & 0 & l & m & n \end{bmatrix} \begin{bmatrix} u_i \\ v_i \\ w_i \\ u_j \\ v_j \\ w_j \end{bmatrix}$$

上式 N_{ij}、N_{ji} 均代表杆件内力,且两者绝对值相等。因 N_{ji} 方向与传统拉、压杆概念相一致,即受拉为正、受压为负,故仅计算 N_{ji} 杆件内力。将上式展开,得杆件内力

$$N_{ji} = \frac{EA}{l_{ij}} [(u_j - u_i)\cos\alpha + (v_j - v_i)\cos\beta + (w_j - w_i)\cos\gamma] \qquad (2-109)$$

6. 计算步骤

(1)根据网架结构对称性情况和荷载对称情况,选取计算单元。

(2)对计算单元节点和杆件进行编号。节点编号应满足相邻节点号差最小的原则,以减少计算机容量,加快运算速度。杆件编号次序以方便检查为原则,对计算速度、容量无影响。

(3)计算杆件长度和杆件与整体坐标系夹角的余弦:

$$l_{ij} = \sqrt{(x_j - x_i)^2 + (y_j - y_i)^2 + (z_j - z_i)^2}$$

$$l = \cos\alpha = \frac{x_j - x_i}{l_{ij}}$$

$$m = \cos\beta = \frac{y_j - y_i}{l_{ij}}$$

$$n = \cos\gamma = \frac{z_j - z_i}{l_{ij}}$$

(4)建立整体坐标系的单刚矩阵:

$$[K]_{ij} = \begin{bmatrix} [K_{ii}] & [K_{ij}] \\ [K_{ji}] & [K_{jj}] \end{bmatrix}$$

(5)建立总刚矩阵,将单刚矩阵对号入座放入总刚矩阵有关位置上。由于总刚矩阵是对称矩阵,建立总刚矩阵可采用下三角矩阵,可减少矩阵总容量,还可采用变带宽一维存放方式,不必建立零元素。

(6)输入荷载,建立总刚矩阵方程右端项,即荷载列矩阵,形成结构总刚度矩阵方程

$$[K]\{\delta\} = \{P\}$$

(7)根据边界条件,对总刚度方程进行边界处理。

(8)求解总刚度矩阵方程,可采用矩阵三角分解法,将 $[K]$ 分解为下三角矩阵 $[L]$ 和对角元素为1的上三角矩阵 $[U]$,通过对右端项的约化和回代求得 $\{\delta\}$。

(9)根据各节点位移 $\{\delta\}$ 求杆件内力,即

$$N_{ji} = \frac{EA}{l_{ij}} [(u_j - u_i)\cos\alpha + (v_j - v_i)\cos\beta + (w_j - w_i)\cos\gamma]$$

2.3.3　网架结构的温度应力

网架结构是超静定结构,在均匀温度场变化下,由于杆件不能自由热胀冷缩,杆件会产生应力,这种应力称为网架的温度应力。温度场变化范围是指施工安装完毕(网架支座与

下部结构连接固定牢固)时的气温与当地常年最高或最低气温之差。另外,工厂车间生产过程中引起的温度场变化,也是网架设计中应加以考虑的,这可由工艺提出。目前,温度应力的计算方法有采用空间杆系有限元法的精确计算方法和把网架简化为平面构架的近似分析法。

1. 精确计算法——空间杆系有限元法

空间杆系有限元法计算网架温度应力的方法适用于各种形式的网架、各种支承条件和各种温度场变化。其基本原理是:首先将网架各节点加以约束,求出因温度变化而引起的杆件固端内力和各节点的不平衡力;然后取消约束,将节点不平衡力反向作用在节点上,用空间杆系有限元法求出节点不平衡力引起的杆件内力;最后将杆件固端内力与由节点不平衡力引起的杆件内力叠加,即求得网架的杆件温度应力。

1) 温度变化引起的杆件固端内力

当网架所有节点均被约束时,因温度变化而引起的杆件的固端内力

$$N_{ij}^0 = -E\Delta t\zeta A_{ij} \tag{2-110}$$

式中 E——钢材的弹性模量;

Δt——温差(℃),以升温为正;

ζ——钢材的线膨胀系数,$\zeta = 0.000\ 012/℃$;

A_{ij}——ij 杆的截面面积。

杆件对节点产生固端节点力,其大小与杆件的固端内力相同,方向与之相反。设 ij 杆在 i、j 端产生的固端节点力如图 2-68 所示,则各分力为

$$\left.\begin{aligned}
-P_{ix} &= P_{jx} = E\Delta t\zeta A_{ij}\cos\alpha \\
-P_{iy} &= P_{jy} = E\Delta t\zeta A_{ij}\cos\beta \\
-P_{iz} &= P_{jz} = E\Delta t\zeta A_{ij}\cos\gamma
\end{aligned}\right\} \tag{2-111}$$

式中 α、β、γ——ij 杆与 x、y、z 轴的夹角。

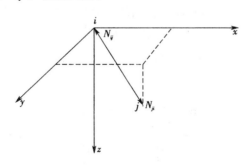

图 2-68 杆端节点力

2) 节点不平衡力引起的杆件内力

设与 i 节点相连的杆件有 m 根,则固定端节点力引起的 i 节点不平衡力为

$$\left.\begin{aligned}
P_{ix} &= \sum_{k=1}^{m}(-E\Delta t\zeta A_{ij}\cos\alpha_k) \\
P_{iy} &= \sum_{k=1}^{m}(-E\Delta t\zeta A_{ij}\cos\beta_k) \\
P_{iz} &= \sum_{k=1}^{m}(-E\Delta t\zeta A_{ij}\cos\gamma_k)
\end{aligned}\right\} \tag{2-112}$$

同理,可求得网架其余节点上的不平衡力,将各节点不平衡力反向作用于对应节点上,

建立由节点不平衡力引起的结构总刚矩阵方程,并考虑边界条件的影响,求出杆件由节点不平衡力引起的杆件内力

$$N_{ij}^1 = \frac{EA}{l_{ij}}[(u_j - u_i)\cos\alpha + (v_j - v_i)\cos\beta + (w_j - w_i)\cos\gamma] \quad (2-113)$$

式中 l_{ij}——ij 杆件长度;

  u、v、w——i、j 节点在 ij 杆 x、y、z 方向的位移。

3) 网架杆件的温度应力

网架杆件的温度内力由杆件固端内力与节点不平衡力引起的杆件内力叠加而得,即

$$N_{ij}^t = N_{ij}^0 + N_{ij}^1 \quad (2-114)$$

将式(2-111)和式(2-113)代入式(2-114)后,得

$$N_{ij}^t = EA_{ij}\left[\frac{[(u_j - u_i)\cos\alpha + (v_j - v_i)\cos\beta + (w_j - w_i)\cos\gamma]}{u_j} - \Delta t \cdot \zeta\right] \quad (2-115)$$

温度应力

$$\sigma_{ij}^t = E\left[\frac{[(u_j - u_i)\cos\alpha + (v_j - v_i)\cos\beta + (w_j - w_i)\cos\gamma]}{u_j} - \Delta t \cdot \zeta\right] \quad (2-116)$$

2. 简化计算法

网架温度应力的简化计算适用于周边简支的各种网架结构。其基本原理与精确分析法基本相同,主要区别在于简化计算是把空间网架简化为平面构架来分析,从而求出比较简单的计算温度应力的公式。

网架温度压力主要由支承结构阻碍网架温度变形而产生。在网架杆件中,将与支承结构相连的弦杆组成的平面称为支承平面弦杆,其他杆件称为非支承平面杆件。支承平面弦杆的温度应力受支座约束的影响最显著,其温度应力也最大,非支承平面杆件受支座约束影响较小。支承平面弦杆与非支承平面杆件间的相互约束作用也较弱,分析时可忽略相互约束的影响。因此计算网架温度应力时,可将网架分离为支承平面弦杆和非支承平面杆件,并分别简化为平面构架来分析(图2-69)。

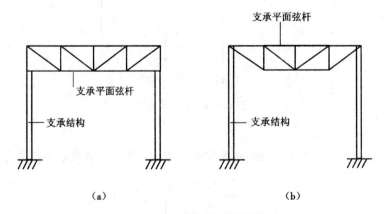

图 2-69 网架的支承平面

(a)下弦支承;(b)上弦支承

1) 支承平面弦杆的温度应力

支承平面弦杆的布置随网架的形式而变化,基本上可以归纳为三类,即正交正放、正交

斜放和三向。计算支承平面弦杆温度应力的基本原理是:首先将节点完全约束,因温度变化而产生的固端应力

$$\sigma_t^0 = -E\Delta t\zeta \qquad\qquad (2-117)$$

式中　E——钢材的弹性模量;

　　　Δt——温度差,以升温为正;

　　　ζ——钢材的线膨胀系数,$\zeta = 0.000\,012/℃$。

　　然后取消约束,求出由节点不平衡力引起的杆件应力 σ_t^1,将 σ_t^0 与 σ_t^1 叠加,即求得支承平面弦杆的温度应力。

　　在计算 σ_t^1 时,取支承平面弦杆和支座约束所组成的平面构架来分析。对于周边简支的网架,网架支座一般都支承在柱、钢筋混凝土圈梁或桁架上,由于钢与混凝土的线膨胀系数极为接近,支座沿周边的约束为零,支座沿法向(垂直于周边方向)受到约束。

　　计算表明,支承平面弦杆温度应力不同区域有不同值,为简化起见,把支承平面弦杆分为中间区域和边缘区域,取各区中最大温度应力作为该区温度应力。

　　Ⅰ.支承平面弦杆为正交斜放

　　把网架简化为平面构架,方形平面如图 2-70(a)所示,图中 abcd 所包围的部分为中间区域,其余部分为边缘区域;矩形平面如图 2-70(b)所示,图中 abcdef 所包围的部分为中间区域,其余部分为边缘区域。

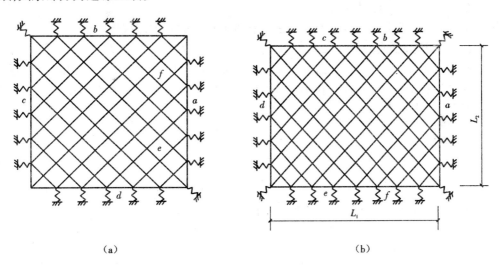

(a)　　　　　　　　　　　　　　　　(b)

图 2-70　正交斜放的支承平面

(a)方形平面;(b)矩形平面

　　在计算中间区域温度应力时,以图 2-70(a)中 abcd 闭合区域产生的 σ_t^1 为最小。利用对称性,将它简化为如图 2-71 所示的计算简图。由结构力学可知,由节点 a 的不平衡力 $P_a = \sqrt{2}\Delta t\alpha EA$ 引起的杆件应力

$$\sigma_{tⅠ}' = \cfrac{1}{1 + \cfrac{K_c L}{2\sqrt{2}EA_{mⅠ}}}\Delta t\zeta E \qquad\qquad (2-118)$$

中间区域杆件的温度应力 $\sigma_{tⅠ}'$ 为式(2-116)和式(2-117)的叠加,即

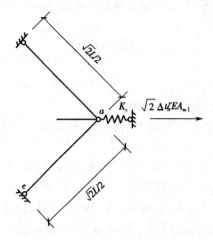

图 2 – 71　正交斜放计算简图

$$\sigma_{t\,I} = -\left(1 - \cfrac{1}{1 + \cfrac{K_c L}{2\sqrt{2}\,EA_{m\,I}}}\right) \qquad (2-119)$$

式中　K_c——支座约束系数;

　　　　$A_{m\,I}$——支承平面弦杆中间区域的各杆截面面积的算术加权平均值;

　　　　L——网架的跨度,对于图 2 –70(b)的矩形平面,当 $L_1/L_2 \leqslant 2$ 时,$L = L_1$,反之取 $L = L_2$。

边缘区域温度应力受支座约束影响较大,故温度应力比中间区域大,但由于边缘区域的杆件大多数按构造设计,有较富裕的安全储备,一般情况下可以不考虑温度应力。如需计算,可按下式计算:

$$\sigma_{t\,II} = -\left(1 - \cfrac{3.4 - \cfrac{K_c L}{EA_{m\,II}}}{3.4 + 1.9\cfrac{K_c S}{EA_1} + 0.7\cfrac{K_c L}{EA_{m\,II}}}\right)\Delta t\zeta E \qquad (2-120)$$

式中　$A_{m\,II}$——边缘区域支承平面弦杆的各杆截面面积的算术加权平均值;

　　　　S——支承平面弦杆的网格尺寸。

Ⅱ. 支承平面弦杆为三向

这类网架中间区域和边缘区域温度应力基本上是一样的,其平面形状一般为圆形或正多边形,如图 2 –72 所示。将它简化为图 2 –73 所示的计算简图,按上述原理得三向网架的杆件应力

$$\sigma_t = -\left(1 - \cfrac{1}{1 + \cfrac{K_c L}{4EA_m}}\right)\Delta t\zeta E \qquad (2-121)$$

式中　A_m——支承平面弦杆截面面积的加权算术平均值;

　　　　L——网架外接圆直径。

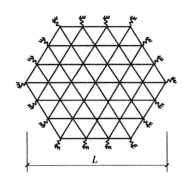

图 2-72　三向的支承平面

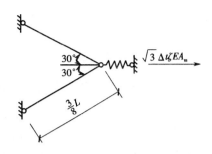

图 2-73　三向计算简图

Ⅲ. 支承平面弦杆为正交正放

这类网架如需考虑非支承平面杆件的影响,计算简图如图 2-74 所示。虚线与边界所包围的部分为边缘区域,其余部分为中间区域。这时可把桁架 Ⅰ 的跨中弦杆的温度应力作为中间区域的温度应力,把桁架 Ⅱ 的边缘弦杆的温度应力作为边缘区域的温度应力。在计算桁架 Ⅰ 杆件的温度应力时,考虑到与桁架 Ⅰ 垂直的桁架对它的约束作用,其约束力如图 2-74 所示,沿 L_2 跨度按二次抛物线分布。同样,在计算桁架 Ⅱ 杆件温度应力时,也考虑与桁架 Ⅱ 垂直的桁架对它的约束作用,其约束力如图 2-74 所示,沿 L_1 跨度按三角形分布。

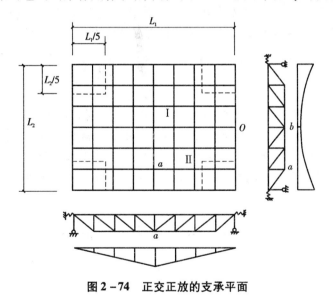

图 2-74　正交正放的支承平面

用结构力学方法可求得各区域杆件温度应力。

中间区域:

$$\sigma_{tⅠ} = -\left(\frac{1 - \xi_2 c_1 \lambda/60}{1 + \dfrac{2EA_m}{K_c L_1}} + \frac{\lambda \xi_2 c_1}{48} \right) \Delta t \zeta E \qquad (2-122)$$

边缘区域:

$$\sigma_{tⅢ} = -\left(\frac{1+\frac{5}{96}\xi_2 c_1}{1+\frac{2EA_m}{K_c L_1}} - \frac{\xi_2 c_1 S}{8L_1}\right)\Delta t\zeta E \qquad (2-123)$$

式中　L_1——网架的长向跨度；

　　　λ——系数，$\lambda = \left(\dfrac{n_1}{n_1-2}\right)^2$，其中 n_1 为长跨方向的网格数；

　　　c_1——修正系数，$c_1 = 1.46\dfrac{n_1-4}{n_1+1}(n_1 \geqslant 10)$ 或 $c_1 = 0.082n_1(n_1 < 10)$；

　　　S——支承平面弦杆的网格尺寸；

　　　A_m——支承平面弦杆截面面积的加权算术平均值；

　　　ξ_2——系数，有

$$\xi_2 = \frac{170}{16.3\left(\dfrac{A_m}{A'_m}+1\right)\left(1+\dfrac{2EA_m}{K_c L}\right)-13} \qquad (2-124)$$

式中　A'_m——非支承平面弦杆截面面积的加权算术平均值。

　　计算表明，当支座约束较强时，边缘区域温度应力比中间区域温度应力大；反之，边缘区域温度应力则较小。

　　支承平面弦杆温度应力，如不考虑非支承平面杆件的影响，可将图 2-74 简化为图 2-75 所示计算简图。由结构力学方法可求杆件温度应力

$$\sigma_t = -\left(1-\frac{1}{1+\dfrac{K_c L_1}{2EA_{mⅠ}}}\right)\Delta t\zeta E \qquad (2-125)$$

　　与式（2-122）比较，式（2-125）误差约为 10%。从图 2-74 可以看出，边缘区域的计算简图同图 2-75 一样，故边缘区域温度应力与中间区域温度应力一样。计算表明，两个区域温度应力是不同的，它随支座约束系数大小而变化，故按图 2-75 计算简图计算边缘区域温度应力时，其误差也随支座约束系数大小而变化。一般来说，支座约束较小时，误差较小；反之，误差则较大。

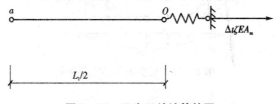

图 2-75　正交正放计算简图

　　2）非支承平面杆件的温度应力

　　对于周边简支的网架，非支承平面弦杆和腹杆由于受到与相交各桁架的竖向约束，在温度变化时也产生温度应力。一般在周边两个网格范围内温度应力较大，其余部分则都小于钢材强度设计值的 5%。因此，一般可近似取支承平面弦杆中间区域温度应力的 60%~80% 作为非支承平面杆件的温度应力，这是偏于安全的。

　　3. 网架不考虑温度应力的条件

　　网架的温度应力计算分为中间区域和边缘区域。考虑到网架边缘区域弦杆在外荷载作

用下的内力都较小,其截面大多数按构造确定。因此,可以把网架中间区域支承平面弦杆的温度应力大小,作为是否考虑温度应力的依据。各种形式网架支承平面弦杆中间区域的温度应力从式(2 - 119)、式(2 - 121)、式(2 - 125)看出,它们都具有相同的形式,可用下列统一公式来表达:

$$\sigma_{t I} = - \left(1 - \frac{1}{1 + \frac{K_z L}{2\xi E A_m}}\right) \Delta t \zeta E \qquad (2 - 126)$$

式中　ξ——系数,支承平面弦杆为正交正放时 $\xi = 1.0$,正交斜放时 $\xi = \sqrt{2}$,三向时 $\xi = 2.0$。

可以认为,当按式(2 - 126)计算的温度应力小于钢材强度设计值的 5% 时,可不必考虑温度应力。引入荷载分项系数 λ_Q,得

$$\lambda_Q \cdot |\sigma_{t I}| \leqslant 0.05f \qquad (2 - 127)$$

将式(2 - 126)代入式(2 - 127),并取 $\lambda_Q = 1.312$,得

$$\left(1 - \frac{1}{1 + \frac{K_z L}{2\xi E A_m}}\right) \Delta t \zeta E \leqslant 0.038f$$

$$K_z \leqslant \frac{2\xi E A_m}{L}\left(\frac{0.038f}{\Delta t \zeta E - 0.038f}\right) \qquad (2 - 128)$$

设 u 表示柱子在单位力作用下的柱顶位移,则

$$u = \frac{1}{K_z} = \frac{H_z^3}{3E_z I_z} \qquad (2 - 129)$$

式中　E_z、I_z、H_z——支承结构的弹性模量、惯性矩和长度。

将式(2 - 128)代入式(2 - 129)可得

$$u \geqslant \frac{L}{2\xi E A_m}\left(\frac{\Delta t \zeta E}{0.038f} - 1\right) \qquad (2 - 130)$$

式中　L——网架在验算方向的跨度;

A_m——支承平面弦杆截面面积的算术平均值;

f——钢材的强度设计值;

E——钢材的弹性模量;

Δt——温度差;

ζ——钢材的线膨胀系数。

《空间网格结构技术规程》(JGJ 7—2010)是式(2 - 130)中可不考虑由于温度作用而引起内力的理论基础。

《空间网格结构技术规程》(JGJ 7—2010)中规定,当网架结构符合下列条件之一者,可不考虑由于温度变化而引起的内力。

(1)支座节点的构造允许网架侧移时,其侧移值应等于或大于式(2 - 130)的计算值。

(2)当网架为周边支承,且网架验算方向跨度小于 40 m 时,支承结构为独立柱或砖壁柱。

(3)在单位力作用下,柱顶位移大于或等于式(2 - 130)的计算值。

第二条规定是根据国内已建成的 18 座网架,当考虑温差 $\Delta t = \pm 30$ ℃时,网架跨度小于 40 m,又是独立柱支承,其柱顶位移均能满足式(2 - 130)的要求。目前,国内不少工程中采用板式橡胶支座,在适当地选取橡胶厚度时,能满足第一条规定。

在温度变化时,支承结构阻碍网架变形;反之,网架也给支承结构的顶部作用一水平力。由温度变化而引起顶部水平力(T),由下式求得:

$$T = K_z \cdot u \qquad (2-131)$$

u 值由图 2-71、图 2-73、图 2-75 用结构力学方法求出,其值为

$$u = \frac{\Delta t \zeta L}{K_z \left(\dfrac{L}{\xi EA_m} + \dfrac{2}{K_z} \right)}$$

将上式代入式(2-131)得

$$T = \frac{\Delta t \zeta L}{\dfrac{L}{\xi EA_m} + \dfrac{2}{K_z}} \qquad (2-132)$$

式中　L——网架验算方向的跨度;

　　　ξ——系数,同式(2-126);

　　　K_z——支座约束系数,由式(2-128)求得;

　　　A_m——支承平面弦杆截面面积的算术平均值。

2.4　网架结构的抗震分析

2.4.1　概述

地震发生时,由于强烈的地面运动而迫使网架结构产生振动,受迫振动的网架,其惯性作用使网架结构产生很大的地震内力和位移,从而可能造成结构破坏或倒塌,或者失去结构工作能力。

地面运动引起的网架结构的地震作用不仅取决于地面运动规律,而且与结构本身固有的动力特性密切相关。事实上,不仅一个预想的地面运动规律无法描述,而且进行多自由度体系的网架结构的时程分析也极为困难。切实可行的方法是基于地面运动的地震理论所建立的工程地震作用计算出作用于网架上的地震作用,并将其作为静荷载来进行分析;或者直接计算网架的地震位移并由此计算出网架各杆件的地震内力,根据需要再借鉴已经获得的典型的地震记录或人工地震波分析网架结构的动力响应。一般前者采用振型分解反应谱法,而后者采用时程分析法。其基本假定如下:

(1)结构是可以离散为多个集中质量的弹性体系;

(2)结构振动属于微幅振动,振动变形很小,属小变形范畴;

(3)振动时地基的各部分做同一运动,忽略地面运动相位差的影响;

(4)结构的阻尼很小,可以忽略各振型之间的耦联影响。

1. 运动方程

网架在地震作用下的运动方程为

$$[M]\{\ddot{u}\} + [C]\{\dot{u}\} + [K]\{u\} = -[M]\{\ddot{u}_g\} \qquad (2-133)$$

式中　$[M]$、$[C]$、$[K]$——网结构的质量矩阵、阻尼矩阵及刚度矩阵;

　　　$\{\ddot{u}\}$、$\{\dot{u}\}$、$\{u\}$——网架节点在整体坐标系中的加速度、速度及位移列矩阵;

　　　$\{\ddot{u}_g\}$——地面运动加速度列矩阵。

2. 惯性特性

网架结构单元的惯性性质可以由等价的质量矩阵来表示。

网架杆件在整体坐标系中等价的一致质量矩阵为

$$[m_c] = \frac{\rho A l}{6} \begin{bmatrix} 2 & 0 & 0 & 1 & 0 & 0 \\ 0 & 2 & 0 & 0 & 1 & 0 \\ 0 & 0 & 2 & 0 & 0 & 1 \\ 1 & 0 & 0 & 2 & 0 & 0 \\ 0 & 1 & 0 & 0 & 2 & 0 \\ 0 & 0 & 1 & 0 & 0 & 2 \end{bmatrix} \qquad (2-134)$$

式中 ρ、A、l——网架杆件的质量密度、截面面积及长度。

网架杆件的集中质量矩阵为

$$[m_e] = \frac{\rho A l}{6} \begin{bmatrix} 1 & 0 & 0 & 0 & 0 & 0 \\ 0 & 1 & 0 & 0 & 0 & 0 \\ 0 & 0 & 1 & 0 & 0 & 0 \\ 0 & 0 & 0 & 1 & 0 & 0 \\ 0 & 0 & 0 & 0 & 1 & 0 \\ 0 & 0 & 0 & 0 & 0 & 1 \end{bmatrix} \qquad (2-135)$$

除了网架结构自身的等价质量矩阵外,尚有各类外荷载按静力等效原则作用于网架节点,这些等效集中力可以作为节点的集中质量,且在空间三个自由度方向具有相同的惯性作用,以对角矩阵 $[M_p]$ 来表示,即

$$[M_p] = \mathrm{diag}(m_{ii}) \qquad (2-136)$$

3. 特征方程

网架结构是一个多自由度体系,反映网架结构自由振动规律的广义特征方程为

$$([K] - \omega^2 [M])\{\phi\} = \{0\} \qquad (2-137)$$

式中 ω^2——特征值,即结构圆频率的平方;

$\{\phi\}$——特征向量,即结构的振型向量。

广义特征值的求解可采用行列式搜索法、子空间迭代法或兰克索(Lanczos)法等。

4. 反应谱

式(2-133)所示的运动方程描述了结构在地震作用时的运动规律。如果式中的左端荷载项代表地面运动,由于用地面加速度 $\ddot{u}_g(t)$ 表示的地面运动肯定是不规则的时间函数,所以结构反映的求解一般是比较复杂的,可采用振型叠加法或直接积分法求解。然而,在抗震计算中最关心的只是最大响应,对于每一个地震加速度结果都可以算出一组以确定的阻尼比作为参数的最大响应与结构自振周期 T 之间的关系曲线,即反应谱。如果有了反应谱,则可直接求出相应于结构第 i 个模态的最大地震反应,进而通过振型组合的方法来估算结构的反应。

我国现行《建筑抗震设计规范》(GB 50011—2012)给出的标准设计反应谱如图 2-76 所示。

图中曲线下降段的衰减指数应按下式确定:

$$\gamma = 0.9 + \frac{0.05 - \xi}{0.3 + 6\xi} \qquad (2-138)$$

式中 γ——曲线下降段的衰减指数;

ξ——阻尼比。

直线下降段的下降斜率调整系数应按下式确定:

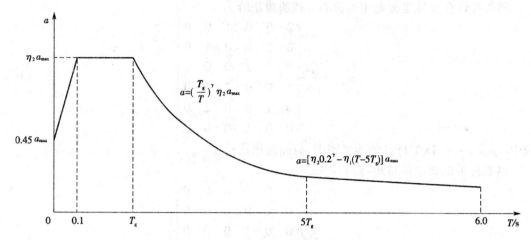

图 2-76　地震影响系数曲线

$$\eta_1 = 0.02 + \frac{0.05 - \xi}{4 + 32\xi} \qquad (2-139)$$

式中　η_1——直线下降段的下降斜率调整系数,小于 0 时取 0。

阻尼比调整系数应按下式确定:

$$\eta_2 = 1 + \frac{0.05 - \xi}{0.08 + 1.6\xi} \qquad (2-140)$$

式中　η_2——阻尼比调整系数,小于 0.55 时,应取 0.55。

图中 a 为地震影响系数,综合代表了地震的影响,反映了结构的最大绝对加速度反应与重力加速度之间的关系,即

$$a = \frac{|\ddot{u} + \ddot{u}_g|_{max}}{g} \qquad (2-141)$$

水平地震影响系数的最大值应根据设防烈度及设计地震分组确定,如表 2-8 所示。

表 2-8　水平地震影响系数(a)最大值

地震影响	6 度	7 度	8 度	9 度
多遇地震	0.04	0.08(0.12)	0.16(0.24)	0.32
罕遇地震	0.28	0.50(0.72)	0.90(1.20)	1.40

注:括号内数值用于设计基本地震加速度为 0.15g 和 0.30g 的地区。

目前在抗震计算中一般取竖向反应谱为水平反应谱的 1/2～2/3,在网架结构的竖向地震反应计算中可取 2/3。

5. 地震反应的组合

利用反应谱,结构相应于各阶振型的最大反应可以很方便地确定,但是各最大反应并不是在同一瞬间发生的。因此,需对各反应的最大值进行合理组合,以确定合成后反应的最大值。振型组合有多种不同的方案,其中被认为相对比较合理的方法是"平方和开方",即第 i 杆的地震反应为

$$R_i = \sqrt{\sum_{j=1}^{n} R_{ij}^2} \qquad (2-142)$$

式中　n——计算中考虑的振型数;

R_{ij}——第 j 振型第 i 杆水平或竖向地震作用效应;

R_i——第 i 杆水平或竖向地震作用效应。

2.4.2　网架结构的自振特性

网架结构的自振特性可以由结构在无阻尼自由振动时的频率及相应的振型来表示。

表 2 - 9 给出了 26 种不同类型的网架结构的前 10 阶周期;表 2 - 10 则给出了 36 m × 36 m 的正交正放网架当承受的上弦荷载为 1.5 kN/m²、2.0 kN/m² 及 2.5 kN/m² 时的前 10 阶周期;表 2 - 11 给出了 36 m × 36 m 正交正放网架当上弦荷载为 2.0 kN/m² 时,分别按边界水平约束放松和固定两种不同条件下的前 5 阶周期。通过比较,可以得出网架结构的自振特性如下。

表 2 - 9　不同类型网架的自振周期　　　　　　　　　　　　　　　　s

网架类型	尺寸/m	高度/m	T_1	T_2	T_3	T_4	T_5	T_6	T_7	T_8	T_9	T_{10}
正交正放	24 × 24	2.3	0.329	0.117	0.113	0.090	0.084	0.083	0.075	0.074	0.072	0.067
	24 × 36	2.3	0.370	0.162	0.135	0.111	0.106	0.100	0.097	0.095	0.091	0.086
	24 × 48	2.6	0.355	0.256	0.186	0.179	0.177	0.138	0.126	0.109	0.098	0.091
	36 × 36	3.1	0.470	0.174	0.163	0.131	0.112	0.111	0.104	0.102	0.097	0.093
	36 × 54	3.6	0.475	0.219	0.195	0.173	0.147	0.144	0.140	0.137	0.128	0.124
	36 × 72	3.6	0.480	0.360	0.262	0.258	0.249	0.244	0.239	0.168	0.184	0.140
	48 × 48	4.0	0.566	0.255	0.199	0.176	0.156	0.155	0.155	0.144	0.125	0.111
	48 × 72	4.2	0.589	0.294	0.269	0.258	0.223	0.193	0.177	0.176	0.173	0.171
	60 × 60	5.1	0.646	0.238	0.235	0.229	0.213	0.176	0.171	0.169	0.147	0.144
	72 × 72	6.0	0.718	0.295	0.291	0.262	0.236	0.204	0.200	0.191	0.185	0.185
正放四角锥	36 × 36	3.0	0.412	0.201	0.189	0.172	0.166	0.142	0.117	0.111	0.103	0.100
	48 × 48	4.0	0.505	0.255	0.231	0.219	0.196	0.177	0.163	0.148	0.138	0.127
	60 × 60	5.1	0.60	0.308	0.280	0.279	0.237	0.233	0.216	0.171	0.160	0.152
	24 × 24	2.3	0.327	0.092	0.086	0.068	0.068	0.067	0.060	0.060	0.056	0.056
	24 × 36	2.3	0.350	0.147	0.099	0.086	0.080	0.078	0.076	0.067	0.065	0.063
	36 × 36	3.1	0.444	0.123	0.120	0.095	0.090	0.086	0.079	0.077	0.073	0.072
	36 × 48	3.6	0.455	0.210	0.149	0.128	0.114	0.109	0.103	0.099	0.093	0.089
	48 × 48	4.0	0.550	0.153	0.149	0.121	0.116	0.111	0.108	0.093	0.090	0.089
	60 × 60	5.1	0.630	0.186	0.175	0.151	0.142	0.136	0.125	0.118	0.112	0.108
斜放四角锥	36 × 36	3.0	0.435	0.183	0.161	0.151	0.133	0.114	0.107	0.106	0.100	0.092
	48 × 48	4.0	0.523	0.208	0.189	0.161	0.147	0.134	0.129	0.126	0.118	0.115
	60 × 60	5.1	0.610	0.251	0.225	0.189	0.177	0.159	0.152	0.152	0.141	0.140
正放抽空四角锥	36 × 36	3.1	0.472	0.150	0.147	0.112	0.107	0.095	0.087	0.091	0.092	0.092
	48 × 72	4.0	0.601	0.315	0.201	0.180	0.176	0.163	0.151	0.139	0.133	0.127
星形四角锥	37 × 38	2.1	0.539	0.168	0.161	0.114	0.101	0.087	0.081	0.076	0.074	0.069
	48 × 48	4.0	0.517	0.181	0.171	0.157	0.116	0.111	0.109	0.102	0.105	0.095

表 2 - 10　荷载(质量)改变对周期的影响　　　　　　　　　　　　s

荷载 周期荷载	T_1	T_2	T_3	T_4	T_5	T_6	T_7	T_8	T_9	T_{10}
1.5 kN/m²	0.444	0.155	0.147	0.117	0.098	0.098	0.094	0.095	0.088 2	0.086 6
2.0 kN/m²	0.47	0.173	0.163	0.131	0.112	0.111	0.104	0.102	0.096 9	0.093 3
2.5 kN/m²	0.476	0.167	0.15	0.13	0.123	0.121	0.109	0.104	0.101	0.099

表 2 – 11　边界条件对网架自振周期的影响　　　　　　　　　　s

水平边界约束	T_1	T_2	T_3	T_4	T_5
自由	0.469 5	0.173 5	0.162 7	0.131 3	0.111 6
固定	0.403 7	0.176 1	0.163 9	0.135 2	0.103

（1）频谱相当密集。网架结构频率密集这个特点尤其在低频阶段更为显著。因此，在网架结构抗震计算中选择合适的截断频率格外重要。

（2）常用周边支承网架结构的基频一般为 1.5 ~ 3.5 Hz，即基本周期为 0.3 ~ 0.7 s。网架的第二个自振周期为 0.1 ~ 0.35 s，而第三个自振周期为 0.1 ~ 0.3 s。由此可见网架结构前三个自振周期大致具有如下的比例：

$$T_1/T_2 \approx 2 \sim 3 \quad T_1/T_3 \approx 2.5 \sim 3$$

（3）网架结构的基频或基本周期与结构的短向跨度大小有关，跨度越大则基频越小，也就是基本周期越大，这也意味着结构因跨度增大而变"柔"。根据对一些网架的统计，周边简支矩形平面网架基本周期 T_1 与其短向跨度 L_2 之间的关系可近似地表示为

$$T_1 = 0.139\ 6 + \frac{12.216}{1\ 440}L_2 \tag{2 – 143}$$

网架结构的基频或基本周期与结构的长向跨度 L_1 的大小也有关，但改变的幅度不大。然而除基本周期外，其他各模态的周期随网架长向跨度的增加会有所增长。

（4）振型可以分为水平振型及竖向振型两类。振型类型与网架边界的约束条件很有关系。当边界的水平约束较强时，网架结构的前几个振型皆为竖向振型，亦即振型的竖向分量绝对大于水平分量。

（5）各种不同类型网架的竖向振型曲面基本上相似。

（6）不同类型但具有相同跨度的网架基本周期比较接近。如 36 m × 36 m 网架的基本周期为 0.41 ~ 0.47 s；48 m × 48 m 网架的基本周期为 0.5 ~ 0.56 s。

（7）边界约束的强弱对网架结构基本周期略有影响，而对其他各自振周期影响不大。

（8）荷载（附加质量）的大小对网架结构的基本周期略有影响。荷载越大，自振周期也越大。

网架结构的基频除可采用上述方法精确计算求得外，尚可按能量法来确定基频的近似值。这时可用空间桁架位移法求得的竖向位移曲面作为第一振型的近似来求得基频，其表达式为

$$f_1 = \frac{1}{2}\sqrt{\frac{\sum\limits_{j=1}^{k} G_j w_j}{\sum\limits_{j=1}^{k} G_j w_j^2}} \tag{2 – 144}$$

式中　G_j——第 j 个节点重力荷载代表值；

w_j——重力荷载代表值作用下第 j 个节点的竖向位移（m）；

k——节点数。

2.4.3　抗震设计与计算

1. 一般规定

在单维地震作用下，对空间网格结构进行多遇地震作用下的效应计算时，可采用振型分解反应谱法；对于体形复杂或重要的大跨度结构，应采用时程分析法进行补充计算。

绝大部分在工程中采用的网架属水平长跨结构。在一些地震区网架结构经受实际的地震考验,证明网架结构具有良好的抗震性能。通过对网架结构的动力特性的研究可以发现,网架结构的动力响应主要是与其前几个振型有关。而对网架的前几阶振型模态分析表明,网架结构的前几阶振型中竖向振型是主要的。因此,应主要考虑竖向地震作用。

根据用振型分解反应谱法对一些网架结构的分析表明,在设防烈度为 6 度或 7 度的地区,在竖向地震作用或水平地震作用下,网架的地震内力和位移均不显著。因此,可不进行竖向抗震验算和水平抗震验算。对于用作屋盖结构的网架结构,在抗震设防烈度为 8 度的地区,对于周边支承的中小跨度网架结构应进行竖向抗震验算,对于其他网架结构均应进行竖向和水平抗震验算;在抗震设防烈度为 9 度的地区,对于各种网架结构应进行竖向和水平抗震验算。当进行网架的水平抗震验算时,应充分注意支承结构(如柱、框架)对网架的作用,并应按弹性约束来考虑。此外还应注意下部支承结构的质量所产生的作用。

不论地面运动的水平分量还是竖向分量引起的网架结构反应,可以根据网架结构的跨度、平面布置及外形、地震区的设防烈度以及结构物的重要性等分别采用简化方法或振型分解反应谱法或时程法进行抗震分析和验算。当采用振型分解反应谱法进行网架结构地震效应分析时,宜至少取前 $10 \sim 15$ 个振型。当采用时程分析法时,应按建筑场地类别和设计地震分组选用不少于两组的实际强震记录和一组人工模拟的加速度时程曲线,其平均地震影响系数曲线应与振型分解反应谱法所采用的地震影响系数曲线在统计意义上相符。加速度曲线峰值应根据与抗震设防烈度相应的多遇地震的加速度时程曲线最大值进行调整,并应选择足够长的地震动持续时间。

2. 网架结构的竖向地震作用

网架结构的竖向地震作用是由于地面运动的竖向分量的作用而使结构承受的惯性力。根据惯性力的定义,网架竖向地震作用

$$\{F_{ev}\} = -[M]\{\ddot{u}\} + \{\ddot{u}_g\} = -[M]\sum_{j=1}^{r}\{\varphi_j\}\eta_j(\{\dot{\Delta}_j\} + \{\ddot{u}_g\}) \qquad (2-145)$$

式中　$\{\varphi_j\}$——相应于第 j 振型的特征向量;

η_j——相应于第 j 振型的振型参与系数;

$\{\ddot{\Delta}_j\}$——相应于第 j 振型的单质量振子加速度列矩阵;

$\{\ddot{u}\}$——地面运动加速度列矩阵;

$[M]$——质量矩阵。

式(2-142)说明,网架结构的竖向地震作用与其惯性特性、自振特性及地面运动竖向(水平)分量的规律均有关系。而因地面运动加速度作用导致结构反应与结构自振特性之间的关系,在反应谱中得到了反映。于是,相应于第 j 振型在地面运动竖向分量作用下的最大地震作用

$$\{F_{evj}\} = G\{\varphi_j\}\eta_{j,w}a_j \qquad (2-146)$$

式中　G——网架节点重力荷载代表值;

a_j——相应于第 j 振型的地震影响系数,可由抗震规范中查得;

$\eta_{j,w}$——相应于第 j 振型并考虑地面运动竖向分量作用时的振型参与系数。

对相应各振型的地震作用进行组合得到网架的地震作用

$$F_{evk} = \pm\sqrt{\sum_{j=1}^{r}F_{evj}^2} \qquad (2-147)$$

将式(2-147)所得地震作用等效反算并简化后可采用如下公式近似地计算作用在网

架第 i 节点上的地震作用标准值:

$$F_{evki} = \pm \psi_v \cdot G_i \qquad (2-148)$$

计算 G_i 时,i 节点上的恒荷载取 100%,雪荷载及屋面积灰荷载取 50%,不考虑屋面活荷载;ψ_v 为竖向地震作用系数,按表 2-12 取值。

表 2-12   竖向地震作用系数 ψ_v

设防烈度	场 地 类 别		
	I	II	III、IV
8	可不计算(0.10)	0.08(0.12)	0.10(0.15)
9	0.15	0.15	0.20

注:括号内数值用于设计基本地震加速度为 $0.30g$ 的地区。

表 2-12 引自《建筑抗震设计规范》(GB 50011—2010),这些系数是通过对一些网架及大跨度屋架用反应谱法、时程分析法进行竖向地震反应计算而得出的数值。分析研究表明,竖向地震内力与重力荷载下的内力之比,一般彼此相差不太大,此比值随烈度和场地条件而异。采用竖向地震系数的方法考虑地震作用比较简单,且偏于安全,但也比较粗略,因为网架杆件的内力在地震作用下并不是按同一比例增加的。因此,对于平面复杂或重要的大跨度网架结构还是应采用振型分解反应谱法或时程分析法作专门的分析和验算。

对于悬挑长度较大的网架屋盖结构以及用于楼层的网架结构,当设防烈度为 8 度或 9 度时,其竖向地震作用标准值可分别取该结构重力荷载代表值的 10% 或 20%。设计基本地震加速度为 $0.30g$ 时,可取该结构或构件重力荷载代表值的 15%。

按以上方法求得竖向地震作用标准值后,将它视为等效的荷载作用于网架,再按静力分析的方法计算各杆件内力。

3. 竖向地震内力的简化计算

利用振型叠加原理并根据反应谱可直接计算竖向地震作用下的杆件内力。相应第 j 振型网架结构的地震位移

$$\{u_j\} = \{\varphi_j\} \eta_{j,w} g \frac{a_j}{\omega_j^2} \qquad (2-149)$$

式中 ω_j——第 j 振型的圆频率;

       g——重力加速度。

在求得位移之后即可直接求得每个杆件的内力。为了探讨网架竖向内力的分布规律,曾根据上述方法对不同类型的网架进行了大量的研究分析。研究表明,周边简支的矩形平面网架的竖向地震内力有如下一些规律和特点。

(1)网架的地震内力主要由前三个振型贡献而成。边缘部分的竖向地震内力应考虑更多的振型,如 6 个以上振型叠加而成。

(2)网架上、下弦杆的竖向地震内力分布规律与静内力相似。而腹杆的竖向地震内力的分布规律比较复杂,一般跨中较大,向边缘逐渐变小。

(3)不同类型的网架其地震内力分布略有不同。

综合上述竖向地震内力的规律,为了便于网架竖向地震内力的实用计算,地震内力系数

$$\zeta_i = \frac{N_{evi}}{|N_{Gi}|} \qquad (2-150)$$

式中 N_{evi}——竖向地震作用引起第 i 杆的内力设计值;

N_{Gi}——在重力荷载代表值作用下第 i 杆内力设计值。

通过分析可知,四边简支网架的地震内力系数不是一个定值。不论是上下弦杆或是腹杆,该系数都是在网架边缘附近较小,并向跨中逐渐增大,在中点附近达到峰值。这样,竖向地震内力系数的分布可以近似地看成如图 2-77 所示的圆锥形。锥顶为网架的对称中心,锥表面各点即代表了网架上各杆的地震内力系数。对于矩形网架,圆锥的底面为椭圆形。

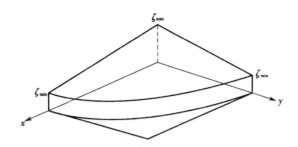

图 2-77　竖向地震内力系数的圆锥形分布

网架上、下弦杆及腹杆的竖向内力系数值很不相同,如四边简支两向正交正放网架、正放四角锥网架,该系数是跨中附近上弦杆最大;两向正交斜放网架上弦杆的系数略大于下弦杆;至于斜放四角锥网架则上弦杆的地震内力系数普遍大于下弦杆;正放抽空四角锥和星形网架其上、下弦杆的竖向地震内力系数近似相等。一般说来,以上弦杆的竖向地震内力系数代替下弦杆的系数是偏于安全的。此外,网架中斜杆和竖杆的静内力均较小,这些杆件在静载作用下应力一般不超过 100 MPa,远低于钢材的强度。虽然在这些杆件中也可能出现几个较大的竖向地震内力系数,但竖向地震内力仍很小。所以,在计算内力系数时并不以实际静内力为依据,而是以斜杆或竖杆设计截面折算成理论设计强度为依据。这样在近似计算网架内力时不论弦杆和腹杆都可以采用同一个竖向内力系数,从而使计算得到简化。

影响网架地震内力的因素很多,如荷载大小、网架类型、跨度、边长比、网格尺寸、地震烈度及场地情况等。通过分析发现,最能综合反映所有这些因素的是网架的基频。任一参数的改变,基频都会有所反映,它很好地体现了网架的动力特性,故应找出 ζ_v 与基频 f_1 的关系。对不同类型网架的计算表明:在相同跨度的网架中,上弦杆斜放的网架(包括两向正交斜放、斜放四角锥、星形四角锥)的 ζ_v 值明显地比上弦杆正放的那些网架(包括两向正交正放、正放四角锥、正放抽空四角锥、棋盘形四角锥)的 ζ_v 大。为此将网架分为两类,前者为斜放类,后者称为正放类。此外,在不同场地条件下,网架的 ζ_v 值也不相同。因此,对于不同类型的网架。在不同场地中,其竖向地震内力系数 ζ_v 与基频 f_1 的关系可归纳为图 2-78 的图形,其关系的表达式为

$$\zeta_v = \begin{cases} \dfrac{a}{f_0} f_1 & (f_1 < f_0) \\ a & (f_1 \geqslant f_0) \end{cases} \qquad (2-151)$$

式中,a、f_0 见表 2-13。

表 2 – 13　确定竖向地震内力系数的数值

场地类别	a		f_0/Hz
	正放网架	斜放网架	
I	0. 095	0. 135	5. 0
II	0. 092	0. 130	3. 3
III	0. 080	0. 110	2. 5
IV	0. 080	0. 110	1. 5

确定了 ζ_v 后,网架中任一杆件的地震内力系数 ζ_i 可很方便地按下式计算:

$$\zeta_i = \lambda \zeta_v \left(1 - \frac{r_i}{r}\eta\right) \qquad (2 – 152)$$

式中　ζ_i——第 i 杆的竖向地震内力系数;

　　　λ——设防烈度系数,当 8 度时 $\lambda = 1$,9 度时 $\lambda = 2$;

　　　r_i——网架平面的中心至第 i 杆中点 B 的距离;

　　　r——OA 的长度,A 点为 OB 线段与圆(或椭圆)锥底面圆周的交点,见图 2 – 79;

　　　η——修正系数,按表 2 – 14 取值。

修正系数 η 表示竖向地震内力最大值与最小值之间的关系,其表达式为

$$\eta = 1 - \frac{\zeta_{vmin}}{\zeta_{vmax}} \qquad (2 – 153)$$

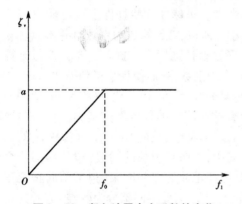

图 2 – 78　竖向地震内力系数的变化

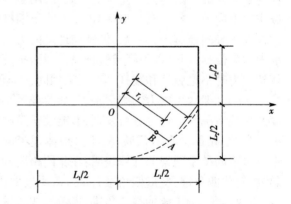

图 2 – 79　计算修正系数的长度

表 2 – 14　修正系数

网架上弦杆布置形式	平面形式	η
正 放 类	正方形	0. 19
	矩 形	0. 13
斜 放 类	正方形	0. 44
	矩 形	0. 20

现以 β' 表示 $\zeta_{vmin}/\zeta_{vmax}$ 可以算出各类网架的 β' 值。该值与网架跨度和场地类别的变化无关,主要取决于网架的类型与形状。正放类网架的 β' 值高于斜放类网架,矩形网架的 β' 值也高于正方形网架,表 2 – 14 就是据此而分类的。实际上 β' 是最小 ζ_v 值系数,当 $\zeta_{vmax} = 1$ 时,网架边缘的 ζ_v 值就等于 β'。β' 值越大表示图 2 – 77 所示圆锥的坡度越平缓,相应各杆件的 ζ_v 值也越大,所以取较大的 β' 值偏于安全。斜放类网架的 ζ_v 较正放类大,而 β' 值却小

得多,表明相应于斜放类网架的圆锥坡度比较陡,ζ_v 值变化大。

在工程实用设计中,周边简支矩形平面的正放类和斜放类网架竖向地震作用所产生的杆件轴向力设计值可按下式计算:

$$N_{evi} = \pm \zeta_i |N_{Gi}| \tag{2-154}$$

最后应将竖向地震作用内力与静内力组合,其竖向地震作用的分项系数可取 1.3,并以最不利组合进行截面校核。

第3章 网壳结构

3.1 网壳结构的形式

3.1.1 网壳的分类

网壳的分类通常有按层数划分、按高斯曲率划分和按曲面外形划分等三种分类方法。

1.按层数划分

按层数划分,网壳结构主要有三种,即单层网壳、双层网壳和三层网壳,如图3-1所示。

2.按高斯曲率划分

设通过网壳曲面 S 上的任意点 P(图3-2),作垂直于切平面的法线 P_n。通过法线 P_n 可以作无穷多个法截面,法截面与曲面 S 相交可获得许多曲线,这些曲线在 P 点处的曲率称为法曲率,用 k_n 表示。在 P 点处所有法曲率中,有两个取极值的曲率(即最大与最小的曲率)称为 P 点主曲率,用 k_1、k_2 表示。两个主曲率是正交的,对应于主曲率的曲率半径,用 R_1、R_2 表示。它们之间的关系为

$$\left.\begin{array}{l} k_1 = \dfrac{1}{R_1} \\[2mm] k_2 = \dfrac{1}{R_2} \end{array}\right\} \tag{3-1}$$

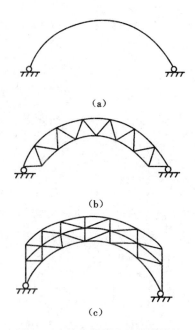

图3-1 按层数划分的网壳结构

(a)单层网壳;(b)双层网壳;(c)三层网壳

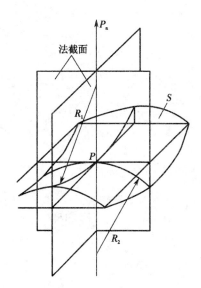

图3-2 曲线坐标

曲面的两个主曲率之积称为曲面在该点的高斯曲率,用 K 表示,即

$$K = k_1 \cdot k_2 = \frac{1}{R_1} \cdot \frac{1}{R_2} \qquad (3-2)$$

网壳按高斯曲率划分有以下三种。

1)零高斯曲率的网壳

零高斯曲率是指曲面一个方向的主曲率半径 $R_1 = \infty$,即 $k_1 = 0$;而另一个主曲率半径 R_2 $= \pm a$(a 为某一数值),即 $k_2 \neq 0$,故又称为单曲网壳,如图 3-3(a)所示。

零高斯曲率的网壳有柱面网壳、圆锥形网壳等。

2)正高斯曲率的网壳

正高斯曲率是指曲面的两个方向主曲率同号,均为正或均为负,即 $k_1 \cdot k_2 > 0$,如图 3-3(b)所示。

正高斯曲率的网壳有球面网壳、双曲扁网壳、椭圆抛物面网壳等。

3)负高斯曲率的网壳

负高斯曲率是指曲面两个方向主曲率符号相反,即 $k_1 \cdot k_2 < 0$,这类曲面一个方向是凸面,一个方向是凹面,如图 3-3(c)所示。

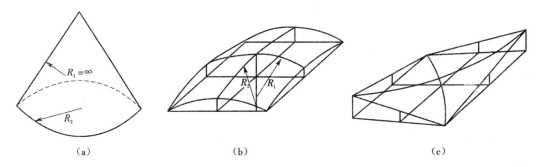

图 3-3 高斯曲率网壳

(a)圆锥壳($K=0$);(b)双曲面网壳($K>0$);(c)单块扭曲面网壳($K<0$)

3. 按曲面外形划分

网壳结构按曲面外形划分,主要有以下几种形式。

1)柱面网壳

柱面网壳是由一根直线沿两根曲率相同的曲线平行移动而成,如图 3-4 所示。根据曲线形状不同,有圆柱面网壳、椭圆柱面网壳和抛物线柱面网壳。因母线是直线,故曲率 $k_1 = 0$,高斯曲率 $K = 0$。

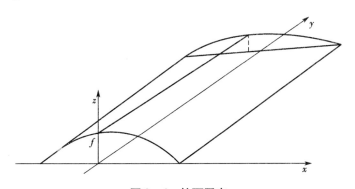

图 3-4 柱面网壳

柱面网壳适用于矩形平面。圆柱面的曲面方程为

$$x^2 + (z + R - f)^2 = R^2 \qquad (3-3)$$

式中　R——曲率半径；

　　　f——柱面网壳的矢高。

2）球面网壳

球面网壳是由一母线（平面曲线）绕 z 轴旋转而成，如图 3-5 所示。它适用于圆平面，其高斯曲率 $K > 0$，圆球面网壳是最常用的一种形式，其曲率半径 $R_1 = R_2 = R$。

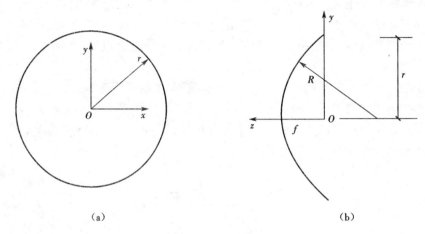

（a）　　　　　　　　　　　（b）

图 3-5　球面网壳

（a）平面图；（b）剖面图

圆球面网壳的曲面方程为

$$x^2 + y^2 + (z + R - f)^2 = R^2 \qquad (3-4)$$

式中　R——曲率半径；

　　　f——球面网壳的矢高。

3）双曲抛物面网壳

双曲抛物面网壳是由一根曲率向下（$k_1 > 0$）的抛物线（母线）沿着与之正交的另一根具有曲率向上（$k_2 < 0$）的抛物线平行移动而成。该曲面呈马鞍形，如图 3-6 所示。其高斯曲率 $K < 0$，适用于矩形、椭圆形及圆形平面。

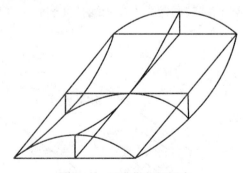

图 3-6　双曲抛物面网壳

矩形平面的双曲抛物面网壳的曲面方程为

$$z = \frac{y^2}{R_2^2} - \frac{x^2}{R_1^2} \qquad\qquad (3-5)$$

式中 R_1, R_2——双曲抛物面两个主曲率的曲率半径。

4）复杂曲面网壳

网壳结构可根据建筑平面、空间和功能的需要,通过对某种基本曲面的切割与组合,可以得到任意平面和各种美观、新颖的复杂曲面。基本形式有柱面的切割与组合、球面的切割与组合、双曲抛物面的切割与组合及柱面与球面的组合等。

4. 曲面的形成方法

目前用于工程中的多数网壳,如球面网壳、柱面网壳、双曲抛物面网壳等都是由几何定义的曲面。这些曲面按其几何特点一般是由旋转法或平移法形成的。

1）旋转法

由一根平面曲线作母线,绕其平面内的竖轴在空间旋转而形成的一种曲面,称为旋转曲面。

旋转曲面的母线可以是任意曲线或直线。一根圆弧线可以形成圆球面(图 3-7(a)),一根椭圆线可以形成一个旋转椭圆球面(图 3-7(b)),一根抛物线可以形成一个旋转抛物面(图 3-7(c)),一根双曲线可以形成一个旋转双曲面(图 3-7(d)),一根直线可以形成一个圆锥面(图 3-7(e))或一个圆柱面(图 3-7(f))。

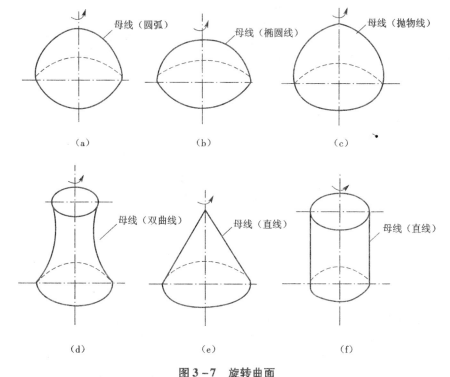

图 3-7 旋转曲面

(a)圆球面;(b)旋转椭圆球面;(c)旋转抛物面;(d)旋转双曲面;(e)圆锥面;(f)圆柱面

2）平移法

由一根平面曲线作母线,在空间沿着另两根(或一根)平面曲线(导线)平行移动而形成的曲面,称为平移曲面。

由平移法可以得到各种形式的曲面。当母线为直线,沿两根曲率相同的导线(圆弧线、抛物线、椭圆线等)平行移动可形成柱面(图3-8(a));当母线为直线,沿两根曲率不同的导线移动而形成的曲面为柱状面(图3-8(b));若母线为直线,沿一根曲导线和一根直导线移动而形成的曲面为劈锥曲面(图3-8(c));当母线为一根曲率向下的抛物线1,沿着与之正交的另一根曲率向下的抛物线2平行移动而形成的曲面为椭圆抛物面(图3-8(d));若母线为一根曲率向下的抛物线1,而导线为与之正交的曲率向上的抛物线2,则平移形成的曲面为双曲抛物面(图3-8(e))。

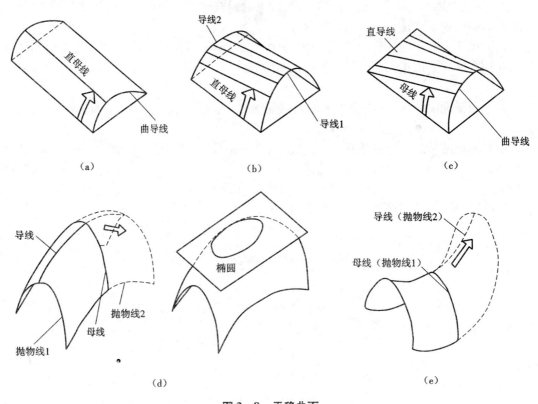

图3-8　平移曲面

(a)柱面;(b)柱状面;(c)劈锥曲面;(d)椭圆抛物面;(e)双曲抛物面

3.1.2　柱面网壳

圆柱面网壳(下称柱面网壳)是目前国内常用的网壳形式之一,主要有单层和双层两类。

1.单层柱面网壳的形式

单层柱面网壳按网格形式划分,主要有以下几种形式。

1)单向斜杆型柱面网壳

如图3-9(a)所示,首先沿弧等分弧长,通过等分点作平行的纵向直线而将直线等分,作平行于弧线的横线形成方格,最后每个方格加斜杆形成单向斜杆型柱面网壳。

2)人字形柱面网壳

如图3-9(b)所示,与单向斜杆型网壳的不同之处在于斜杆布置成人字形。

3)双斜杆型柱面网壳

如图3-9(c)所示,每个方格内设置交叉斜杆,以提高网壳的刚度。

4）联方型柱面网壳

如图3－9（d）所示，其杆件组成菱形网格，杆件夹角为30°～50°。

5）三向网格

如图3－9（e）所示，三向网格可以理解为联方型网格再加上纵向杆件使菱形变为三角形。

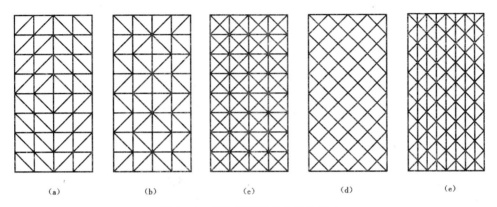

图3－9　单层柱面网壳的网格形式

（a）单向斜杆型；（b）人字形；（c）双斜杆型；（d）联方型；（e）三向网格

2．双层柱面网壳的形式

双层柱面网壳的形式很多，主要有交叉桁架体系和四角锥体系。

1）交叉桁架体系

单层柱面网壳的各件形式均可成为交叉桁架体系的双层柱面网壳，每个网片形式如图3－10所示。

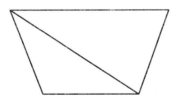

图3－10　交叉桁架体系基本单元

2）四角锥体系

四角锥体系的柱面网壳形式主要有以下四种。

Ⅰ．正放四角锥柱面网壳

如图3－11（a）所示，由正放四角锥体按一定规律组合而成，杆件种类少，节点构造简单，是目前最常用的形式。

Ⅱ．正放抽空四角锥柱面网壳

如图3－11（b）所示，这类网壳是在正放四角锥柱面网壳的基础上，适当抽掉一些四角锥单元件的腹杆和下弦杆，适用于小跨度、轻屋面荷载。

Ⅲ．斜放四角锥柱面网壳

如图3－11（c）所示，这类网壳也是由四角锥体系组合而成，上弦网格正交斜放，下弦网格正交正放。

Ⅳ. 棋盘形四角锥柱面网壳

如图 3-11(d)所示,这类网壳是在正放四角锥柱面网壳的基础上,除周边四角锥不变外,中间四角锥间隔抽空,下弦正交斜放,上弦正交正放。

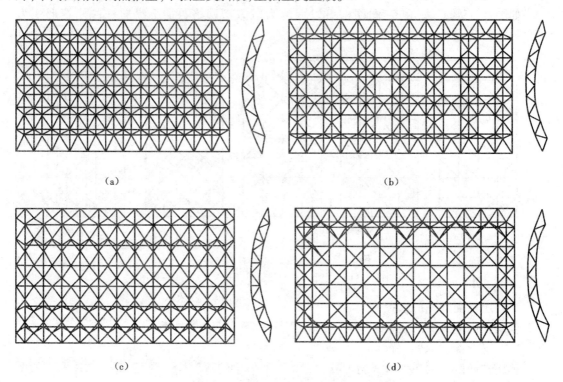

图 3-11 双层柱面网壳的网格形式
(a)正放四角锥柱面网壳;(b)正放抽空四角锥柱面网壳;
(c)斜放四角锥柱面网壳;(d)棋盘形四角锥柱面网壳

3.1.3 球面网壳

圆球面网壳(下称球面网壳)结构也是目前常用的形式之一,可分为单层和双层两大类。

1. 单层球面网壳

单层球面网壳结构按网格形式划分主要有七种,即肋环型、施威德勒型、联方型、凯威特型(Kiewitt)、短程线型、三向格子型及两向格子型。

1)肋环型球面网壳

肋环型球面网壳是从肋型穹顶发展起来的。肋型穹顶由许多相同的辐射实腹肋或桁架相交于穹顶顶部,下部安置在支座拉力环上,肋与肋之间放置檩条。当穹顶矢跨比较小时,支座上产生很大的水平推力,肋的用钢量较大。为了克服这一缺点,将纬向檩条(实腹的或格构的)与肋连成一个刚性立体体系,称为肋环型网壳(图 3-12)。此时,檩条与肋共同工作,除受弯外(如果檩条上直接作用有荷载),还承受纬向拉力,从而降低了用钢量。

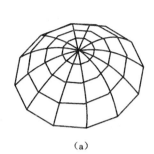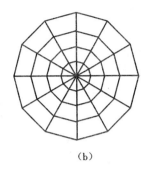

（a）　　　　　　　　　　　　　　（b）

图 3 - 12　肋环型球面网壳

（a）立体图；（b）平面图

肋环型网壳只有经向和纬向杆件,大部分网格呈梯形。由于它的杆件种类少,每个节点只汇交四根杆件,故节点构造简单,但是节点一般为刚性连接,承受节点弯矩。经向与纬向杆件当采用型钢或木材时最为简单,当跨度较大时可采用角钢组成的桁架。这种网壳通常用于中、小跨度的穹顶。

2）施威德勒型球面网壳

这种网壳由经向杆、纬向杆和斜杆构成,是肋环型网壳的改进型。设置斜杆的目的是为了增强网壳的刚度并能承受较大的非对称荷载。斜杆布置方法主要有左斜单斜杆（图 3 - 13（a））、左右斜单斜杆（图 3 - 13（b））、双斜杆（图 3 - 13（c））和无纬向杆的双斜杆（图 3 - 13（d））。选用何种布置方法要视网壳的跨度、荷载的种类和大小等来确定。通常人们多选用左斜单斜杆体系,因为其节点上汇交的杆件较少。施威德勒型球面网壳在国外,特别是在美国,仍被广泛应用,由于其刚度较大,常用于大、中跨度的穹顶。

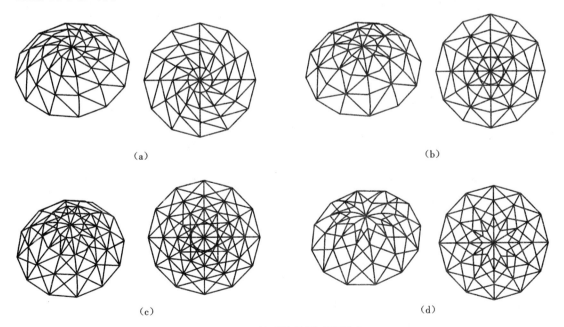

（a）　　　　　　　　　　　　　　（b）

（c）　　　　　　　　　　　　　　（d）

图 3 - 13　施威德勒型球面网壳

（a）左斜单斜杆型；（b）左右斜单斜杆型；（c）双斜杆型；（d）无纬向杆型

3)联方型球面网壳

由左斜杆和右斜杆组成菱形网格的网壳(图3－14(a)),两斜杆的夹角为30°～50°,其造型优美,通常采用木材、工字钢、槽钢和钢筋混凝土等构件建造。为了增强这种网壳的刚度和稳定性能,一般都加设纬向杆件组成三角形网格(图3－14(b))。这种网壳在非常大的风载及地震灾害作用下仍具有良好的性能,并可采用钢管建造,可用于大、中跨度的穹顶。

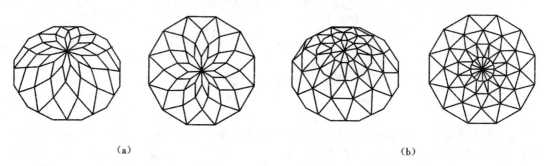

(a)　　　　　　　　　　　　　　　　　　　(b)

图3－14　联方型球面网壳

(a)无纬向杆;(b)有纬向杆

4)凯威特型球面网壳

为了改善施威德勒型和联方型球面网壳中网格大小不匀称的缺点,凯威特创造了这种新型的网壳。它是由$n(n=6,8,12,\cdots)$根通长的经向杆先把球面分为n个对称扇形曲面,然后在每个扇形曲面内,再由纬向杆系和斜向杆系将此曲面划分为大小比较匀称的三角形网格(图3－15(a)、(b)),在每个扇形平面中各左斜杆平行、各右斜杆平行,故这种网壳亦称为平行联方型网壳。其对称面数和网格数可根据网壳的直径、屋面板规格和荷载等具体情况确定。这种网壳综合了旋转式划分法与均分三角形划分法的优点,因此不但网格大小匀称,而且内力分布均匀,常用于大、中跨度的穹顶中。如目前世界上跨度最大的新奥尔良超级穹顶,它的网壳采用了12个扇形面。

在实际工程中,有时在网壳的上部采用凯威特型,而在下部采用具有纬向杆的联方型,如图3－15(c)、(d)所示。

5)短程线型球面网壳

短程线型球面网壳是多面体划分法中最典型、应用最广的一种网壳。

多面体是由封闭在若干平面内的体积所得到的空间的不连续形状。这些平面不得少于四个,而且三个平面都不应包含一条公共的直线。由这些平面相交就形成了多面体的面、棱和顶点。每个面是由其他平面限定边界的,每条棱与两个面相联系,一个顶点最少与三个面相联系。一个多面体除了它的面包含的边所对的平面角之外,沿着它的棱有两面角,且在它的顶点有多面角。

多面体可分为凸多面体和凹多面体。在网格划分中常用的是凸多面体,一个凸多面体的面数F、棱数E与顶点数V之间的关系,一般用欧拉公式来表示:

$$F-E+V=2 \qquad (3-6)$$

凸多面体分为正则多面体和半正则多面体。

正多面体又称为柏拉图体(Platonic Solids)或规则多面体。它的几何学特征是:多面体所有的面是相等的正多边形,所有的棱长、两面角和多面角也都相等,而且它们内接在一个球面内,还外切于同一个中心的一个球面。

根据正多面体的顶点由n个面相交形成,各面在顶点的平面角之和必定小于360°这一

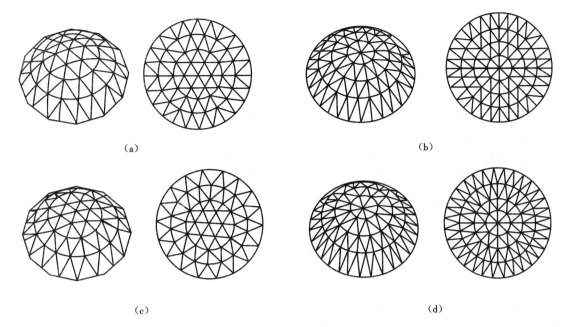

图 3 - 15　凯威特型球面网壳

(a)K6 型；(b)K8 型；(c)K6 与联方组合型；(d)K8 与联方组合型

原理,可以证明只存在五种正多面体(图 3 - 16):正四面体(Tetrahedron)、正六面体(Hexahedron)、正八面体(Octahedron)、正十二面体(Dodecahedron)和正二十面体(Icosahedron)。正则多面体的一些基本数据列于表 3 - 1。

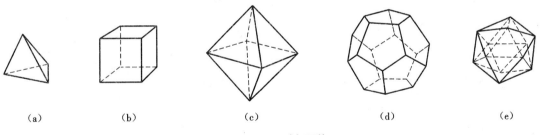

图 3 - 16　正则多面体

(a)正四面体；(b)正六面体；(c)正八面体；(d)正十二面体；(e)正二十面体

表 3 - 1　正则多面体的基本数据

名称	多边形	面数	棱数	顶点数	两面角	棱长 L 与外接球半径 R_1 的关系式	内接球半径 R_2 与外接球半径 R_1 的关系式
正四面体	三边形	4	6	4	70°32′	$L = \dfrac{2\sqrt{6}}{3}R_1$	$R_2 = \dfrac{1}{3}R_1$
正六面体	四边形	6	12	8	90°	$L = \dfrac{2\sqrt{6}}{3}R_1$	$R_2 = \dfrac{\sqrt{3}}{3}R_1$
正八面体	三边形	8	12	6	109°28′	$L = \sqrt{2}R_1$	$R_2 = \dfrac{\sqrt{3}}{3}R_1$
正十二面体	五边形	12	30	20	138°11′	$L = \dfrac{\sqrt{5}-\sqrt{3}}{3}R_1$	$R_2 = \sqrt{\dfrac{5+2\sqrt{5}}{15}}R_1$

名称	多边形	面数	棱数	顶点数	两面角	棱长 L 与外接球半径 R_1 的关系式	内接球半径 R_2 与外接球半径 R_1 的关系式
正二十面体	三边形	20	30	12	116°34′	$L = \dfrac{\sqrt{10(5-\sqrt{5})}}{5} R_1$	$R_2 = \sqrt{\dfrac{5+2\sqrt{5}}{15}} R_1$

半正则多面体分为两族,第一族称为阿基米德体(Archimedean Solids),第二族称为卡塔基体(Catalan Solids)。工程中多采用阿基米德体。

阿基米德体的几何学特征是:多面体的面是由两种或三种正多边形组成,同类型的正多边形相等,其多面角虽不是正则的,却是相等的,棱长也是相等的,而且可以内接在一个球面内,但不能外切于一同心球。图 3-17 为 13 种半正则多面体,这些多面体都是由五种正多面体用不同的方法切割或组合衍生出来的,它们的一些基本数据和来源列于表 3-2。

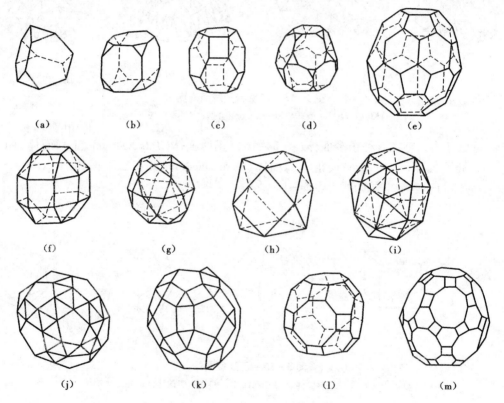

图 3-17 半正则多面体

(a)平截四面体;(b)斜截六面体;(c)平截八面体;(d)斜截十二面体;(e)斜截二十面体;
(f)正放六～八面组合体;(g)十二～二十面组合体;(h)六～八面组合体;(i)过渡六面体;
(j)过渡十二面体;(k)正放十二～二十面组合体;(l)斜截六～八面组合体;(m)斜截十二～二十面组合体

表 3-2 半正则多面体的基本数据

名称	面数	顶点数	棱数	来源
平截四面体	$4F_3 + 4F_6 = 8$	12	18	四面体
斜截六面体	$8F_3 + 6F_8 = 14$	24	36	六面体
平截八面体	$6F_4 + 8F_6 = 14$	24	36	八面体

名称	面数	顶点数	棱数	来源
斜截十二面体	$20F_3 + 12F_{10} = 32$	60	90	十二面体
斜截二十面体	$12F_5 + 20F_6 = 32$	60	90	二十面体
正放六~八面组合体	$8F_3 + 18F_4 = 26$	24	48	六面体
十二~二十面组合体	$20F_3 + 12F_5 = 32$	30	60	十二面体
六~八面组合体	$8F_3 + 6F_4 = 14$	12	24	六面体、八面体
过渡六面体	$32F_3 + 6F_4 = 38$	24	60	正放六~八面组合体
过渡十二面体	$80F_3 + 12F_5 = 92$	60	150	正放十二~二十面组合体
正放十二~二十面组合体	$2F_3 + 30F_4 + 12F_5 = 44$	60	120	十二面体
斜截六~八面组合体	$12F_4 + 8F_6 + 6F_8 = 26$	48	72	六面体
斜截十二~二十面组合体	$30F_4 + 20F_6 + 12F_{10} = 62$	120	180	十二面体

注：表中 F 的右下角数字表示多边形边数，F 之前的数字表示面数。

在球面网壳的网格划分中，人们感兴趣的就是这五种正多面体和13种半正则多面体都能内接在一个球面内，即一个具有等长棱和等立体角的多面体的表面可以唯一充分地表示一球面。

短程线是地球测量学的一个术语，过球面上两个已知点 A、B 的曲线有无限多条，其中必有一条最短的，这条曲线称为短程线。A、B 两点间的最短路线是通过 A、B 两点与球心的平面和球面相交的大圆；换言之，两点之间的球面距离当沿着球的大圆时最短。

富勒在寻求球面网壳网格划分中最均匀的杆件长度与杆件夹角、杆件受力合理、传力路线最短时，创造了短程线型球面网壳，他选用了球内接最大正多面体——正二十面体，把此多面体的各边投影到球面上，则把球面划分为 20 个等边球面三角形（称为基本三角形）（图 3 – 18(a)、(b)），这些三角形的边（弧）全部在大圆上，并具有相等的曲率，其曲率半径为大圆的半径。在工程中，正二十面体的边长太大，不适用，需要再划分。如果把这些球面三角形的各角用大圆作等分角线再划分，则三角形的边线与等分角线正好形成 15 个大圆并把整个球面划分为 120 个相似但不规则的三角形（图 3 – 18(c)）。根据工程的需要，对上述所划分的网格还可再次进行划分，通过不同的划分方法，可以得到三角形、菱形、半菱形、六角形等不同的网格形式，如图 3 – 19 所示。

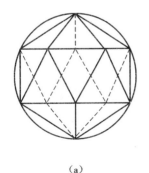
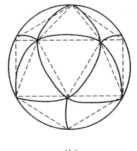
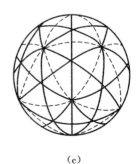

(a) (b) (c)

图 3 – 18　球面划分

(a)内接正二十面体；(b)等边球面三角形；(c)等角再分

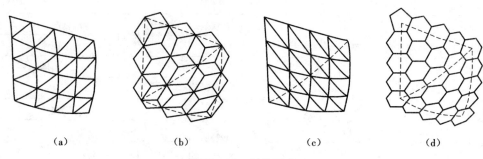

图 3 - 19　网格形式

(a)三角形;(b)菱形;(c)半菱形;(d)六角形

必须指出,在基于二十面体的短程线型球面网壳的网格划分中,规则的等边三角形最多为 20 个,而经过再划分的点不会都相交于大圆,划分后的小三角形不都是相等的,它们大多数都有微小差别,即多数杆件的长度都有微小差异。再划分(分割)的次数称为"频率",随着频率的增加,杆件长度在减少,而杆件数、不同顶角组数和节点类型却在增加。当划分频率确定之后,由于划分点的位置和划分方法不同,杆件长度的种类亦不同。严格地说,它们不总是真正的短程线。但在实际工程中,凡根据短程线的原理,将正多面体和半正则多面体的基本三角形均分,从其外接球中心将这些等分点投影到球面上,连接此球面上所有点构成的网壳,通常都称为短程线网壳。虽然把二十面体作为球体短程线划分的依据是最理想的,但在设计较大跨度的网壳时,有时人们也采用某半正则多面体。

当选定了多面体和基本三角形之后,进行再划分的方法很多,主要有两类,第一类是交替划分法,第二类是面心划分法,而每一类又有不同的方法。

Ⅰ.交替划分法

一般用于二十面体,用划分线平行于基本三角形各边组成网格,划分数 N 为奇数或偶数均可,划分时常用的有三种方法。

a.均分法

将多面体的基本三角形各边等分若干点,作划分线平行于该三角形的边,形成三角形网格,再将各点投影到外接球面上,连接球面上各点,即求得短程线型球面网格,如图 3 -20 所示。

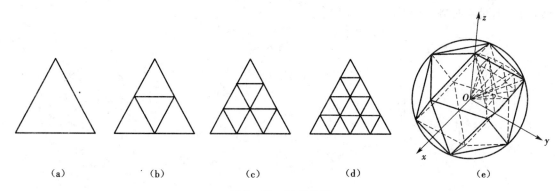

图 3 - 20　弦均分法

(a)$N=1$;(b)$N=2$;(c)$N=3$;(d)$N=4$;(e)$N=4$

b. 等弧(等角)再分法

首先将多面体的基本三角形的边进行二等分或三等分,并从其外接球中心将等分点投影到球面上,把投影点连线形成新多面体的棱(弦),此时原弦长缩小一半或 1/3(图3－21(a))。再将此新弦二等分(以后各次均分都相同),并从外接球中心通过此新的再分点投影到球面上(图3－21(b))。如此循环进行直至划分结束。

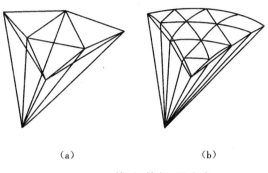

(a) (b)

图3－21　等弧(等角)再分法
(a)$N=2$;(b)$N=4$

c. 等分弧边法

该法与等弧(等角)再分法不同之处是将基本三角形各边所对的弧直接进行等分,连接球面上各划分点,即求得短程线型球面网格。

Ⅱ. 面心划分法

首先将多面体的基本三角形的边 N 次等分,并在划分点上以各边的垂直线相连接,从而构成了正三角形和直角三角形的网格(图3－22),再将基本三角形各点投影到外接球球面上,连接这些新的点,即求得短程线型球面网格。

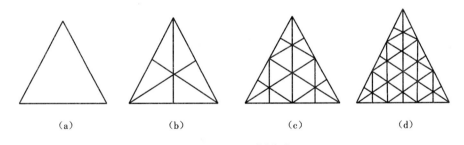

(a) (b) (c) (d)

图3－22　面心划分法
(a)$N=1$;(b)$N=2$;(c)$N=4$;(d)$N=6$

面心法的特点是划分线垂直于基本三角形的边,划分次数仅限于偶数。由于基本三角形的三条中线交于面心,故称为面心法。

短程线型球面网壳结构的网格划分如图3－23所示。

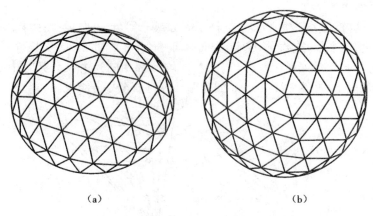

图 3 – 23　短程线型球面网壳

（a）立体图；（b）平面图

6）三向格子型球面网壳

这种网壳的网格是在球面上用三个方向的、相交成 60° 的大圆构成（图 3 – 24），或在球面的水平投影面上，将跨度 n 等分，再作出正三角形网格，投影到球面上后，即可得到三向格子型球面网壳。这种网壳的每一杆件都是与球面有相同曲率中心的弧的一部分；它的结构形式优美，受力性能较好，在欧洲和日本很流行，多用于中、小跨度的穹顶。

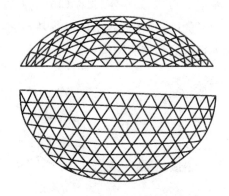

图 3 – 24　三向格子型球面网壳

7）两向格子型球面网壳

这种网壳一般采用子午线大圆划分法构成四边形的球面网格，即用正交的子午线族组成网格，如图 3 – 25 所示。子午线间的夹角一般都相等，可求得全等网格，如不等则组成不等网格。

子午线交点的坐标采用下述方法求得：以图 3 – 25 的球面四边形 $ABCD$ 为例，其中线 MM'、NN' 分别落于 Oyz 和 Oxz 平面上，两族子午线 y、z 轴分别以 $\theta = m\Delta\theta$ 或 $\phi = n\Delta\phi$ 等分。任一条子午线的交点 P_{ij} 的坐标为 $(z\tan i\Delta\theta, z\tan j\Delta\phi, z)$。当 $\Delta\theta = \Delta\phi$ 时，则 P_{ij} 的坐标为

$$\left(\frac{R\tan i\Delta\theta}{\sqrt{1 + \tan^2 i\Delta\theta + \tan^2 j\Delta\theta}}, \frac{R\tan j\Delta\theta}{\sqrt{1 + \tan^2 i\Delta\theta + \tan^2 j\Delta\theta}}, \frac{R}{\sqrt{1 + \tan^2 i\Delta\theta + \tan^2 j\Delta\theta}} \right)$$

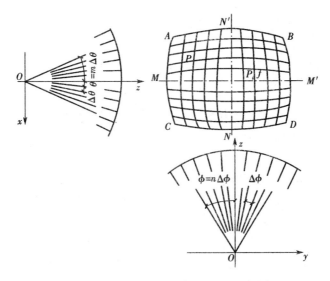

图 3 - 25　两向格子型球面网壳网格划分

2. 双层球面网壳

双层球面网壳主要有交叉桁架系和角锥体系两大类。

1) 交叉桁架体系

各种形式的单层球面网壳的网格形式均可适用于交叉桁架系,只要将单层网壳中的每根杆件用平面网片来代替,即可形成双层球面网壳,注意网片竖杆的方向是通过球心的。

2) 角锥体系

由角锥体系组成的双层球面网壳的基本单元为四角锥或三角锥,而实际工程中以四角锥体居多。如图 3 - 26所示为肋环型四角锥双层球面网壳。为保证杆件具有合理的加工长度且减少汇交于中心点的杆件数,网格中有过渡三角形。

图 3 - 26　肋环型四角锥双层球面网壳

3.2　网壳结构的设计

3.2.1　双层网壳的设计

双层网壳结构的设计与平板网架基本相同,计算模型也是采用空间桁架位移法,节点假定为铰接,杆件只承受轴向力,但有以下几点不同。

1. 网格形式

如上节所述,双层网壳结构的网格形式与平板网架相比,种类大为减少,由于网壳结构除承受弯曲以外,尚有薄膜力的作用,所以双层网壳的上弦杆和下弦杆都可以是受压的,因此适用于平板网架中的上弦杆短、下弦杆长的形式,但并不一定适用于双层网壳。

2. 网壳的厚度

双层柱面网壳的厚度可取跨度的 1/50 ~ 1/20;双层球面网壳的厚度一般可取跨度的 1/60 ~ 1/30。研究表明,当双层网壳的厚度在正常范围内时,结构不会出现整体失稳现象,杆件的应力用得比较充分。这也是双层网壳比单层网壳经济的主要原因之一。

3. 容许挠度

容许挠度的控制主要是为了消除使用过程中挠度过大对人们视觉和心理上造成的不舒适感,属正常使用极限状态的内容。网壳结构的最大挠度值不应超过短向跨度的 1/400,由于网壳的竖向刚度较大,一般情况均能满足此要求。对于悬挑网壳,其最大位移不应超过悬挑跨度的 1/200。

4. 杆件的计算长度系数

由于双层网壳中大多数上、下弦杆均受压,它们对腹杆的转动约束要比网架小,因此其计算长度与网架相比稍有不同,计算长度系数 μ 值见表 3 – 3。

表 3 – 3　双层网壳杆件的计算长度系数 μ

连接形式	弦杆	腹杆	
		支座腹杆	其他腹杆
板节点	1.0	1.0	0.9
焊接空心球节点	1.0	1.0	0.9
螺栓球节点	1.0	1.0	1.0

双层网壳杆件的容许长细比,对受压杆件取 $[\lambda] = 180$;受拉杆件,对于一般杆件取 $[\lambda] = 300$,对于支座附近杆件取 $[\lambda] = 250$,对于直接承受动力荷载杆件则取 $[\lambda] = 250$。

5. 焊接空心球节点承载力

在平板网架节点设计中,《网架结构设计与施工规程》(JGJ 7—91)曾提出直径为 120 ~ 500 mm 的空心球的拉压承载力公式,且认为空心球受拉时为冲剪破坏,而受压时为壳体失稳破坏。该公式的缺点之一是适用范围仅为 500 mm 以内,当直径超过 500 mm 时该公式不再适用;缺点之二是受压承载力的公式量纲是不一致的。鉴于上述问题,国内很多学者采用以弹塑性理论为基础的非线性有限元法对空心球节点的极限承载力进行了更深入的理论分析。通过研究发现,当空心球的径厚比满足一定要求时,其破坏形式均为冲剪破坏,其拉压极限承载力主要与钢材的拉剪强度及球杆连接处的环形冲剪面积等因素有关。现行《空间网格结构技术规程》(JGJ 7—2010)将焊接空心球节点拉压承载力公式统一。不同规程中焊接空心球节点的承载力计算方法见第2.2.4节节点设计中的焊接空心球节点。

6. 螺栓球节点设计

螺栓球节点产品质量应符合现行行业标准《钢网架螺栓球节点》(JG/T 10—2009)的规定。高强度螺栓的性能等级应按螺纹规格分别选用，对于M12～M36的高强度螺栓，其强度等级为10.9S；对于M39～M64的高强度螺栓，其强度等级为9.8S。螺栓的形式与尺寸应符合现行国家标准《钢网架螺栓球节点用高强度螺栓》(GB/T 16939—1997)的要求。

对于高强螺栓，其在制作过程中要经过热处理。热处理的方式是先淬火，再高温回火。淬火可以提高钢材强度，但降低了它的韧性，再回火可以恢复钢的韧性。影响螺栓能否淬透的主要因素是螺栓直径的大小。当螺栓直径较小(M12～M36)时，其截面芯部能淬透；对大直径高强螺栓(M39～M64)，其芯部不能淬透。

螺栓球节点设计的具体内容见2.2.4节点设计中的螺栓球节点。

3.2.2　单层网壳的设计

单层网壳的设计较双层网壳的设计复杂，以下分两个方面加以说明。

1. 计算模型

单层网壳应根据节点类型选择不同的模型进行分析计算。当采用螺栓球节点时，应采用空间杆系有限元法计算；当采用焊接空心球节点时，可采用空间梁系有限元法进行分析。

2. 杆件及节点设计

1) 杆件设计

单层网壳杆件的受力一般有两种状态：一种为轴心受力，一种为拉弯或压弯。

当网壳节点的计算模型为铰接时，杆件只承受轴向拉力或轴向压力，杆件截面设计可参考网架结构的杆件设计。

当网壳节点的计算模型为刚接时，网壳的杆件除承受轴心力以外，还有弯矩作用，杆件应按偏心受力构件进行设计。

Ⅰ. 强度验算

强度验算公式为

$$\frac{N}{A_{\mathrm{n}}} \pm \frac{M_x}{\gamma_x W_{\mathrm{n}x}} \pm \frac{M_y}{\gamma_y W_{\mathrm{n}y}} \leqslant f \qquad (3-7)$$

式中　N、M_x、M_y——作用于杆件上的轴力和两个方向的弯矩；

　　　A_{n}、$W_{\mathrm{n}x}$、$W_{\mathrm{n}y}$——杆件的净截面面积和两个方向的净截面抵抗矩；

　　　γ_x、γ_y——截面塑性发展系数，对圆管截面，当承受静载或间接承受动载作用时 $\gamma_x = \gamma_y = 1.15$，当直接承受动载作用时 $\gamma_x = \gamma_y = 1.0$。

Ⅱ. 稳定性验算

杆件沿两个方向的稳定性验算公式为

$$\frac{N}{\varphi_x A} + \frac{\beta_{\mathrm{m}x} M_x}{\gamma_x W_{1x}\left(1 - 0.8\dfrac{N}{N_{\mathrm{E}x}}\right)} + \frac{\beta_{\mathrm{t}y} M_y}{\varphi_{\mathrm{b}y} W_{1y}} \leqslant f \qquad (3-8)$$

$$\frac{N}{\varphi_y A} + \frac{\beta_{my} M_y}{\gamma_y W_{1y}\left(1 - 0.8\right)\dfrac{N}{N_{Ey}}} + \frac{\beta_{tx} M_x}{\varphi_{bx} W_{1x}} \leqslant f \tag{3-9}$$

式中　φ_x、φ_y——杆件沿两个轴的轴心受压稳定系数；

　　　φ_{bx}、φ_{by}——均匀弯曲的受弯构件整体稳定系数，对于箱形截面可取 $\varphi_{bx} = \varphi_{by} = 1.4$；

　　　N_{Ex}、N_{Ey}——欧拉临界力，$N_{Ex} = \dfrac{\pi^2 EA}{\lambda_x^2}$，$N_{Ey} = \dfrac{\pi^2 EA}{\lambda_y^2}$；

　　　W_{1x}、W_{1y}——杆件绕两个方向的毛截面抵抗矩；

　　　β_{mx}、β_{my}、β_{tx}、β_{ty}——等效弯矩系数。

Ⅲ. 刚度验算

单层网壳杆件的容许长细比，一般比双层网壳的略严，对受压杆件取 $[\lambda] = 150$，受拉杆件取 $[\lambda] = 300$。其计算长度分壳体曲面内和曲面外两种情况，在壳体曲面内取 $\mu = 0.9$，壳体曲面外取 $\mu = 1.6$。

2）节点设计

单层网壳的杆件采用圆管时，铰接节点一般采用螺栓球节点，刚接节点一般采用焊接空心球节点。具体采用何种节点形式，主要由网壳结构的跨度决定。一般认为当单层网壳的跨度较小时可采用螺栓球节点，正常情况下均应采用焊接空心球节点。

由于单层网壳的杆端除承受轴向力外，尚有弯矩、扭矩及剪力作用。精确计算空心球节点在这种内力状态下的承载力比较复杂。为简化计算，将空心球承载力计算公式统一乘以一受弯影响系数，作为其在压弯或拉弯状态下的承载力设计值，一般取系数 $\eta_m = 0.8$。但是当弯矩影响比较大时，显然是不合适的，这就给空心球管节点的极限承载力设计提出了新的课题。本书作者通过大量数值计算（见参考文献[56]），对弯矩、偏心荷载作用下空心球管节点的极限承载力进行计算，进而研究了加劲肋对其承载力的影响，得到了空心球管节点极限承载力的统一计算公式。

节点在弯矩、偏心荷载作用下的受力简图如图 3 – 27 所示。假定带肋节点的偏心发生在肋板的中面上，根据静力等效原则，节点受偏心荷载作用可以等效成轴力与弯矩共同作用，其中弯矩为轴力与偏心距的乘积。

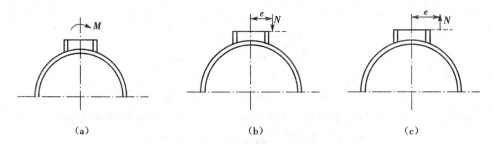

（a）　　　　　　　　　　（b）　　　　　　　　　　（c）

图 3 – 27　节点受力简图

（a）弯矩作用；（b）偏心受压；（c）偏心受拉

通过大量的数值模拟分析，在满足量纲统一的前提下可得到弯矩作用下空心球节点极限承载力设计值，即

$$M \leqslant M_u = \left(0.21 + 8.4\,\frac{t}{D}\right) d^2 t f \tag{3-10}$$

式中 M——偏心荷载作用下节点的弯矩($\text{kN} \cdot \text{m}$);

      M_u——弯矩作用下极限承载力设计值($\text{kN} \cdot \text{m}$)。

根据简单、实用的原则,偏心压力作用下和偏心拉力作用下的空心球节点承载力相关公式可表示为

$$\frac{M}{M_u} + \frac{N_c}{N_{cu}} \leq 1 \qquad\qquad (3-11)$$

式中 N_{cu}——轴向压力作用下节点的承载力设计值(kN);

      N_c——偏心压力作用下节点所受的压力(kN)。

$$\frac{M}{M_u} + \frac{N_t}{N_{tu}} \leq 1 \qquad\qquad (3-12)$$

式中 N_{tu}——轴向拉力作用下节点的极限承载力设计值(kN);

      N_t——偏心拉力作用下节点所受的拉力(kN)。

当考虑带有加劲肋的空心球节点时,节点承载力相关公式依然可用式(3-11)和式(3-12)这两个公式。但 M_u、N_{cu}、N_{tu} 需要作出修改,分别为带肋节点在弯矩、轴向压力、轴向拉力作用下的极限承载力,应考虑承载力提高系数 η_m(弯矩作用)、η_c(压力作用)、η_t(拉力作用)的影响,可按下列公式进行计算:

$$M \leq M_u = \eta_m \left(0.21 + 8.4 \frac{t}{D} \right) d^2 t f \qquad\qquad (3-13)$$

$$N_c \leq 0.33 \eta_c \left(1 + \frac{d}{D} \right) \pi d t f \qquad\qquad (3-14)$$

$$N_t \leq 0.56 \eta_t t d \pi f \qquad\qquad (3-15)$$

带肋节点数值分析结果表明:加劲肋可使节点承载力在轴向拉力作用时提高10%,轴向压力作用时提高40%,弯矩作用时提高50%。即加肋节点受弯承载力提高系数 $\eta_m = 1.5$,加肋节点受压承载力提高系数 $\eta_c = 1.4$,加肋节点受拉承载力提高系数 $\eta_t = 1.1$。

3.2.3 网壳结构的温度应力和装配应力

网壳一般都用于大跨度建筑,往往具有比较复杂的几何曲面,在结构组成上也是高次超静定结构。为了保证整体结构具有足够的刚度,支座通常设计得十分刚强,这样在温度变化时,就会在杆件、节点和支座内产生不应忽视的温度应力。另外,网壳因制作原因使杆件具有长度误差和弯曲等初始缺陷,在安装时就会产生装配应力。由于网壳是一种缺陷敏感性结构,对装配应力的反应也是极为敏感的。

1. 温度应力的计算

网壳温度应力的计算应采用空间杆系有限元法进行。基本原理同第2.3节,即首先将网壳各节点加以约束,根据温度场分布求出因温度变化而引起的杆件固端内力和各节点的不平衡力,然后取消约束,将节点不平衡力反向作用在节点上,求出因反向作用的节点不平衡力引起的杆件内力,最后将杆件固端内力与由节点不平衡力引起的杆件内力叠加,即求得网壳杆件的温度应力。

温度应力是由于温度变形受到约束而产生的,降低温度应力的有效方法应是设法释放温度变形,其中最易实现的是将支座设计成弹性支座,但应注意支座刚度的减少会影响网壳的稳定性。

2. 装配应力的计算

装配应力往往是在安装过程中由于制作和安装等原因,使节点不能达到设计坐标位置,造成部分节点间的距离大于或小于杆件的长度,在采用强迫就位使杆件与节点连接的过程中就产生了装配应力。

由于网壳对装配应力极为敏感,一般都通过提高制作精度,选择合适安装方法以控制安装精度,使网壳的节点和杆件都能较好地就位,装配应力就可减少到可以不予考虑的程度。

当需要计算装配应力时,也应采用空间杆系有限元法,采用的基本原理与计算温度应力时相仿,即将杆件长度的误差比拟为由温度引起的伸长或缩短即可。

3.3　网壳结构的稳定性

3.3.1　结构稳定性的概念

结构的稳定性是指结构平衡状态的稳定性。任何结构的平衡状态可能有三种形式,即稳定的平衡状态、不稳定的平衡状态和随遇平衡状态。

假设结构在平衡状态附近做无限小偏离后,如果结构仍能恢复到原平衡状态,则这种平衡状态为稳定的平衡状态;如果结构在微小扰动作用下偏离其平衡状态后,不能再恢复到原平衡状态,反而继续偏离下去,则这种平衡状态为不稳定的平衡状态;如果结构偏离其平衡状态后,既不恢复到原平衡状态,也不继续偏离下去,而是在新的位置形成新的平衡,则这种平衡状态为随遇平衡状态。平衡状态的稳定性如图 3 – 28 所示。

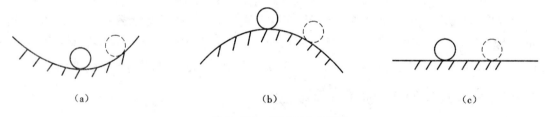

(a)　　　　　　　　　　　　(b)　　　　　　　　　　　　(c)

图 3 – 28　平衡状态分类
(a)稳定的平衡状态;(b)不稳定的平衡状态;(c)随遇平衡状态

3.3.2　结构失稳及失稳的种类

1. 失稳

受一定荷载作用的结构处于稳定的平衡状态,当该荷载达到某一值时,若增加一微小增量,结构的平衡位形将发生很大变化,结构由原平衡状态经过不稳定的平衡状态而到达一个新的稳定的平衡状态。这一过程就是失稳或屈曲,相应的荷载称为临界荷载或屈曲荷载。

2. 失稳的种类

根据结构在失稳过程中平衡位形是否发生质变,结构的屈曲一般可以分为第一类屈曲(分支点屈曲)和第二类屈曲(极值点屈曲)。

如图 3 – 29(a)所示,如果结构在屈曲前以某种变形模式与外荷载平衡,当外荷载小于临界荷载时,平衡是稳定的,当外荷载超过临界荷载时,基本平衡状态成为不稳定的平衡,在它附近还存在另一个平衡状态,此时一旦有微小扰动,平衡形式就会发生质变,由基本平衡状态屈曲后到达新的平衡状态,由于结构平衡路径在 A 点发生分支,所以这种屈曲被称为分支点屈曲。

如图 3-29(b)所示,如果结构存在初始缺陷,并考虑结构的非线性性能,一般情况下结构的屈曲就不再是分支点屈曲,而是极值点屈曲。此时结构的平衡路径不存在分支现象,但当外荷载增大到临界荷载 P_{cr} 以后,系统的平衡状态变为使荷载保持不变,结构会发生很大位移,由于临界荷载对应的平衡路径上的 B 点表现为极值点,所以这种屈曲又称为极值点屈曲。

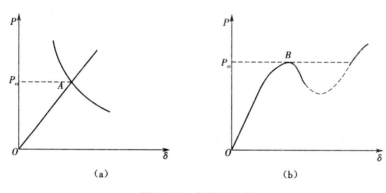

图 3-29　失稳的种类
(a)分支点屈曲;(b)极值点屈曲

3.3.3　网壳结构的屈曲分析

屈曲分析的目的是确定结构从稳定的平衡状态变为不稳定的平衡状态时的临界荷载及其屈曲模态的形状。目前普遍采用的两种方法是理想结构的线性屈曲分析(特征值屈曲分析)和缺陷结构的非线性全过程分析(非线性屈曲分析)。

1. 线性屈曲分析

线性屈曲分析用来预测一个理想线性结构的理论屈曲强度,优点是无须进行复杂的非线性分析,即可获得结构的临界荷载和屈曲模态,并可为非线性屈曲分析提供参考荷载值。线性屈曲分析的控制方程为

$$([K_L] + \lambda[K_\sigma])\{\psi\} = \{0\} \tag{3-16}$$

式中　λ——特征值,即通常意义上的荷载因子;

　　　　$\{\psi\}$——特征位移向量;

　　　　$[K_L]$——结构的小位移(即弹性)刚度矩阵;

　　　　$[K_\sigma]$——参考初应力矩阵。

2. 非线性屈曲分析

为了考虑初始缺陷对结构理论屈曲强度的影响,必须对结构进行基于大挠度理论的非线性屈曲分析,其单元增量刚度方程(忽略高阶少量的影响)为

$$[K_T]^e[\Delta u]^e = [R]^e - [r]^e \tag{3-17}$$

式中　$[K_T]^e$——单元切线刚度矩阵,$[K_T]^e = [K_L]^e + [K_o]^e$;

　　　　$[\Delta u]^e$——位移增量矩阵;

　　　　$[R]^e$——外力矩阵;

$[r]^e$——残余力矩阵。

非线性有限元增量方程的最基本的求解方法是牛顿 – 拉斐孙法(Newton-Raphson Method)或修正的牛顿 – 拉斐孙法(Modified Newton-Raphson Method)。基于这个基本方法,近年来各国学者做了大量的研究工作,其中比较有参考价值而又行之有效的一种方法即等弧长法(Arc Length Method)。该法最初由 Riks 和 Wemprer 提出,继而由 Crisfield 和 Ramm 等人加以改进和发展,目前已成为结构稳定分析中的主要方法。

3.3.4　临界点的判别准则

结构在某一特定平衡状态的稳定性能可以由它当时的切线刚度矩阵来判别:正定的切线刚度矩阵对应于结构的稳定平衡状态;非正定的切线刚度矩阵对应于结构的不稳定平衡状态;而奇异的切线刚度矩阵则对应于结构的临界状态。矩阵是否正定需根据定义来判别:如果矩阵左上角各阶主子式的行列式都大于零,则矩阵是正定的;如果有部分主子式的行列式小于零,则矩阵是非正定的;如果矩阵的行列式等于零,则矩阵是奇异的。

结构计算通常采用 LDL^T 分解法,每步计算都需将刚度矩阵 $[K_T]$ 分解为下面的形式:

$$[K_T] = [L][D][L]^T \qquad (3-18)$$

式中　　$[L]$——主元为 1 的下三角矩阵;

　　　　$[D]$——对角元矩阵,有

$$[D] = \begin{bmatrix} D_1 & 0 & 0 & \cdots & 0 \\ 0 & D_2 & 0 & \cdots & 0 \\ 0 & 0 & D_3 & \cdots & 0 \\ \vdots & \vdots & \vdots & & \vdots \\ 0 & 0 & 0 & \cdots & D_n \end{bmatrix} \qquad (3-19)$$

对式(3 – 18)取行列式

$$|K_T| = |L||D||L^T| = |D| = D_1 \cdot D_2 \cdot D_3 \cdot \cdots \cdot D_n \qquad (3-20)$$

即切线刚度矩阵的行列式与对角矩阵的行列式相等。由矩阵的分解过程还可以知道,矩阵 $[K_T]$ 和 $[D]$ 的左上角各阶主子式的行列式也都是相等的。因此矩阵 $[K_T]$ 是否正定完全可以由矩阵 $[D]$ 来判别。如果矩阵 $[D]$ 的所有主元都是正的,则它的左上角各阶主子式的行列式也必然大于零,这时结构的切线刚度矩阵是正定的,因此结构处于稳定的平衡状态;如果矩阵 $[D]$ 的主元有小于零的,则切线刚度矩阵是非正定的,这时结构的平衡是不稳定的;从理论上来说,临界点的切线刚度矩阵是奇异的,它的行列式应该等于零,这时矩阵 $[D]$ 的主元至少有一个为零。然而在实际计算中选择的加载步长正好使刚度矩阵奇异的可能性几乎是没有的,但是可以由矩阵 $[D]$ 的主元符号变化来确定临界点的出现。

在增量计算中,每加一级荷载都可以观察矩阵 $[D]$ 的主元符号变化,结构在屈曲前的平衡是稳定的,因此矩阵 $[D]$ 的所有主元都大于零。假设加到第 k 级荷载时矩阵 $[D]$ 的所有主元仍大于零,在 $k+1$ 级荷载矩阵 $[D]$ 的主元有个别的小于零,则可以断定第 $k+1$ 级荷载已超过了临界点。为了确定临界点的类型需要比较 P_k 和 P_{k+1} 的大小。①如果 $P_k > P_{k+1}$,则该临界点为极值点(图 3 – 30)。②如果 $P_k < P_{k+1}$,则还需要计算第 $k+2$ 级荷载。如果 $P_{k+1} > P_{k+2}$,则该临界点为极值点(图 3 – 31);如果 $P_{k+1} < P_{k+2}$,则该临界点为分支点(图 3 – 32)。

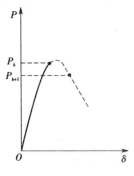

图 3 - 30　极值点判别一

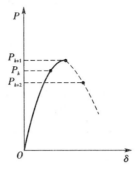

图 3 - 31　极值点判别二

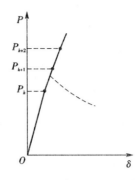

图 3 - 32　极值点判别三

3.3.5　初始缺陷的影响

对于单层网壳结构等缺陷敏感性结构,其临界荷载可能会因极小的初始缺陷而大大降低。结构的初始缺陷对于极值点失稳和分支点失稳的影响是不同的。如果理想结构的失稳属极值点失稳,则考虑初始缺陷以后,结构仍发生极值点失稳,但临界荷载一般情况均有不同程度的降低。对分支点失稳情况,初始缺陷将可能使分支点失稳转化为极值点失稳而降低结构的临界荷载值。对单层网壳结构,初始缺陷主要表现为节点的几何偏差。在理论研究中,通常可以采用以下两种方法进行缺陷分析。

1. 随机缺陷模态法

该方法认为,结构的初始缺陷受各种不定因素的影响,如施工工艺、现场条件等,因此结构的初始缺陷是随机变化的。虽然其大小及分布无法预先确定,但可以假定每个节点的几何偏差近似符合正态分布,用正态随机变量模拟每个节点的几何偏差,然后对缺陷结构进行稳定性分析,取所得临界荷载最小值作为实际结构的临界荷载。该方法能较为真实地反映实际结构的稳定性能,但由于需要对不同缺陷分布进行多次的反复计算后才能确定结构的临界荷载值,因此计算量太大。

2. 一致缺陷模态法

初始缺陷对结构稳定性影响的程度不仅取决于缺陷的大小,还取决于缺陷的分布。结构的最低阶屈曲模态是结构屈曲时的位移倾向,是潜在的位移趋势。如果结构的初始缺陷分布恰好与结构的最低阶屈曲模态相吻合,无疑将对结构的稳定性产生最不利影响。一致缺陷模态法的基本思想就是采用对结构稳定性最不利的缺陷分布对缺陷结构进行稳定性分析,因此只需对具有与结构屈曲最低阶模态一致的初始缺陷的缺陷结构进行稳定性分析,得到的临界荷载即可作为实际结构的临界荷载。

可以认为,初始缺陷对结构稳定性的影响本质上类似于平衡路径转换时对结构施加的人为扰动,不同之处在于初始缺陷的扰动作用是在结构一开始承受荷载时就存在的。当荷载较小时,结构变形也较小,此时结构刚度较大,初始缺陷的扰动对结构的影响较小;但当荷载接近临界荷载时,结构刚度矩阵趋于奇异,即使是很小的扰动也将使结构沿扰动方向发生较大的变形,此时初始缺陷的扰动作用将十分显著。显然,采用一致缺陷模态法对缺陷结构进行稳定性分析时,如果理想结构的第一个临界点为分支点,由于与其屈曲模态一致的初始缺陷的扰动作用,从加载开始,结构就将逐渐偏离其基本平衡路径而向分枝平衡路径靠近,结构最终无法达到理想结构的临界点而发生分支失稳,而是以临界荷载较低的极值点失稳完成平衡路径的转换。

3.3.6 实用设计方法

单层网壳以及厚度小于跨度 1/50 的双层网壳均应进行稳定性计算。

1. 全过程分析

网壳结构的稳定性可按考虑几何非线性的有限元分析方法(荷载－位移全过程分析)进行分析,分析中可假定材料保持为线弹性。其全过程分析可按满跨均布荷载进行,圆柱面网壳结构应补充考虑半跨活荷载分布。分析时应考虑初始几何缺陷的影响,并取结构的最低阶屈曲模态作为初始缺陷分布模态。其最大值可按容许安装偏差采用,但不小于网壳跨度的 1/300。

由网壳结构的全过程分析求得的第一个临界点处的荷载值,可作为该网壳的临界荷载 P_{cr}。将临界荷载除以安全系数以后即为网壳结构的容许承载力标准值 $[q_{ks}]$,即

$$[q_{ks}] = \frac{P_{cr}}{K} \qquad\qquad (3-21)$$

式中　K——安全系数,当按弹塑性全过程分析时,安全系数可取 2.0;当按弹性全过程分析,且为单层球面网壳、柱面网壳和椭圆抛物面网壳时,安全系数可取 4.2。

2. 近似计算

当单层球面网壳跨度小于 50 m、单层圆柱面网壳宽度小于 25 m、单层椭圆抛物面网壳跨度小于 30 m,或对网壳稳定性进行初步计算时,其容许承载力标准值 $[q_{ks}]$(kN/m^2)可按下列公式计算。

1) 单层球面网壳

$$[q_{ks}] = 0.25\,\frac{\sqrt{B_e D_e}}{r^2} \qquad\qquad (3-22)$$

式中　B_e——网壳的等效薄膜刚度(kN/m);

　　　D_e——网壳的等效抗弯刚度(kN/m);

　　　r——球面的曲率半径(m)。

当网壳径向和环向的等效刚度不相同时,可采用两个方向的平均值。

2) 单层圆柱面网壳

(1) 当网壳为四边支承,即两纵边固定铰支(或固结),而两端铰支在刚性横隔上时:

$$[q_{ks}] = 17.1\,\frac{D_{e11}}{r^3(L/B)^3} + 4.6\times10^{-5}\frac{B_{e22}}{r(L/B)} + 17.8\,\frac{D_{e22}}{(r+3f)B^2} \qquad (3-23)$$

式中　L、B、f、r——圆柱面网壳的总长度、宽度、矢高和曲率半径(m);

　　　D_{e11}、D_{e22}——圆柱面网壳纵向(零曲率方向)和横向(圆弧方向)的等效抗弯刚度($kN\cdot m$);

　　　B_{e22}——圆柱面网壳横向等效薄膜刚度(kN/m)。

当圆柱面网壳的长宽比(L/B)不大于 1.2 时,由式(3－23)算出的容许承载力应乘以考虑荷载不对称分布影响的折减系数 μ:

$$\mu = 0.6 + \frac{1}{2.5 + 5q/g} \tag{3-24}$$

式(3-24)的适用范围为 $q/g = 0 \sim 2$。

(2)网壳仅沿两纵边支承时：

$$[q_{ks}] = 17.8 \frac{D_{e22}}{(r+3f)B^2} \tag{3-25}$$

(3)当网壳为两端支承时：

$$[q_{ks}] = \mu\left[0.015 \frac{\sqrt{B_{e11}D_{e11}}}{r^2\sqrt{L/B}} + 0.033 \frac{\sqrt{B_{e22}D_{e22}}}{r^2(L/B)\xi} + 0.020 \frac{\sqrt{I_h I_v}}{r^2\sqrt{Lr}}\right] \tag{3-26}$$

式中 B_{e11}——圆柱面网壳纵向等效薄膜刚度（kN/m）；

I_h、I_v——边梁水平方向和竖向的线刚度（kN·m）；

ξ——系数，$\xi = 0.96 + 0.16(1.8 - L/B)^4$。

对于桁架式边梁，其水平方向和竖向的线刚度可按下式计算：

$$I_{h,v} = E(A_1 a_1^2 + A_2 a_2^2)/L \tag{3-27}$$

式中 A_1、A_2——两根弦杆的截面面积；

a_1、a_2——相应的形心距。

两端支承的单层圆柱面网壳尚应考虑荷载不对称分布的影响，其折减系数按下式计算：

$$\mu = 1.0 - 0.2\frac{L}{B} \tag{3-28}$$

式(3-28)的适用范围为 $L/B = 1.0 \sim 2.5$。

3）单层椭圆抛物面网壳

单层椭圆抛物面网壳，四边铰支在刚性横隔上时：

$$[q_{ks}] = 0.28\mu \frac{\sqrt{B_e D_e}}{r_1 r_2} \tag{3-29}$$

$$\mu = \frac{1}{1 + 0.956q/g + 0.076(q/g)^2} \tag{3-30}$$

式中 r_1、r_2——椭圆抛物面网壳两个方向的主曲率半径（m）；

μ——考虑荷载不对称分布影响的折减系数；

g、q——作用在网壳上的恒荷载和活荷载（kN/m²）。

式(3-30)的适用范围为 $q/g = 0 \sim 2$。

网壳常用的网格形式可归纳为三种类型，如图3-33所示。图3-33(a)代表K型球面网壳主肋处的网格（方向1代表径向）或各类网壳中有单斜杆的正交网格；图3-33(b)代表各类网壳中设有双斜杆（带虚线时）或单斜杆（无虚线时）的正交网格，施威德勒球面网壳属于这类网格；图3-33(c)代表各种三向网格，如柱面网壳的三向网格（方向1代表纵向）、短程线型球面网壳的网格（方向1代表环向）。

各种网格形式一般来说是各向异性的，网壳两个方向的等效刚度可按下列公式计算。

图3-33(a)所示网格：

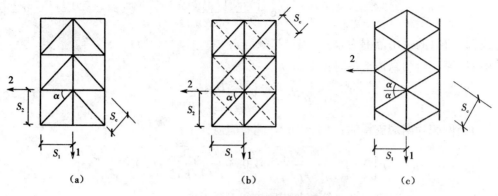

图 3 - 33　三种典型的网格形式

(a)K 型网格;(b)斜杆型网格;(c)三向型网格

$$\left.\begin{aligned}
B_{e11} &= \frac{EA_1}{S_1} + \frac{EA_c}{S_c}\sin^4\alpha \\
B_{e22} &= \frac{EA_2}{S_2} + \frac{EA_c}{S_c}\cos^4\alpha \\
D_{e11} &= \frac{EI_1}{S_1} + \frac{EI_c}{S_c}\sin^4\alpha \\
D_{e22} &= \frac{EI_2}{S_2} + \frac{EI_c}{S_c}\cos^4\alpha
\end{aligned}\right\} \qquad (3-31)$$

图 3 - 33(b)所示网格,若为单斜杆计算公式同式(3 - 31),若为双斜杆则有:

$$\left.\begin{aligned}
B_{e11} &= \frac{EA_1}{S_1} + 2\frac{EA_c}{S_c}\sin^4\alpha \\
B_{e22} &= \frac{EA_2}{S_2} + 2\frac{EA_c}{S_c}\cos^4\alpha \\
D_{e11} &= \frac{EI_1}{S_1} + 2\frac{EI_c}{S_c}\sin^4\alpha \\
D_{e22} &= \frac{EI_2}{S_2} + 2\frac{EI_c}{S_c}\cos^4\alpha
\end{aligned}\right\} \qquad (3-32)$$

图 3 - 33(c)所示网格:

$$\left.\begin{aligned}
B_{e11} &= \frac{EA_1}{S_1} + 2\frac{EA_c}{S_c}\sin^4\alpha \\
B_{e22} &= 2\frac{EA_c}{S_c}\cos^4\alpha \\
D_{e11} &= \frac{EI_1}{S_1} + 2\frac{EI_c}{S_c}\sin^4\alpha \\
D_{e22} &= 2\frac{EI_c}{S_c}\cos^4\alpha
\end{aligned}\right\} \qquad (3-33)$$

式中　B_{e11}——沿 1 方向的等效薄膜刚度,当为圆球面网壳时方向 1 代表径向,当为圆柱面网壳时代表纵向;

B_{e22}——沿 2 方向的等效薄膜刚度,当为圆球面网壳时方向 2 代表环向,当为圆柱面
　　　　网壳时代表横向;

D_{e11}——沿 1 方向的等效抗弯刚度;

D_{e22}——沿 2 方向的等效抗弯刚度;

A_1、A_2、A_c——沿 1、2 方向和斜向的杆件截面面积;

S_1、S_2、S_c——沿 1、2 方向和斜向的网格间距;

I_1、I_2、I_c——沿 1、2 方向和斜向的杆件截面惯性矩;

α——沿 2 方向杆件和斜杆的夹角。

3.3.7　提高网壳结构整体稳定性的措施

根据已掌握的影响网壳结构整体稳定性的主要因素,通过分析这些影响因素的作用机理及网壳结构的敏感程度,可总结出提高网壳结构整体稳定性的适当措施。目前,可采用的具体方法如下。

(1)优化网壳的曲面形状及曲率。这里的优化,是指在满足建筑造型的条件下,选择对缺陷不敏感的曲面形状和矢跨比。对于周边支承的网壳,较大矢跨比的反向曲面较为经济合理。

(2)选择合理的网格体系和网格密度。三角形网格面内刚度大,网格密度应以杆件的失稳不早于网壳整体失稳为原则,结构整体不应有明显的刚度薄弱区域。

(3)选择合理的节点连接方式。刚性节点利于整体稳定,但大矢跨比的网壳,在刚性边界节点处需要规格较大的杆件,否则可能出现显著的局部边界屈曲效应。

(4)选择合理的杆件材料。杆件材料弹性模量 E 大,网壳结构刚度大,受荷载作用变形小,整体稳定性高。另外,单层网壳结构,采用闭口截面杆件利于稳定,当采用矩形钢管时,长边应垂直于结构曲面。

(5)结构刚度分布合理。网壳结构的整体等效刚度 $K = \sqrt{BT}$ 与杆件规格、网格体系、结构层数有关。相对于薄膜刚度 T,若弯曲刚度 B 过小,则对整体稳定性不利。因而,大跨度网壳结构宜采用双层结构体系。

(6)合理的支座约束。支座约束包括支座数量、布置方式、约束方向、约束刚度。对于大跨度网壳结构,周边支承比点支承稳定性高,树状支承比单柱支承稳定性高,支座约束刚度大稳定性高。大跨度网壳的支座布置应均匀,且每个主肋下均应设置支座。

(7)采用不同结构体系的组合。单一形状或单一体系的网壳结构,其传力机理或传力模式是单一的、固定的,当结构跨度较大时,难以避免出现薄弱区域或薄弱环节,否则所构造的结构将是不经济的,同时这类单一的网壳结构,常常对缺陷是敏感的,有时对荷载的作用模式也是敏感的。

在大跨度结构中采用不同结构体系的组合,可使不同结构体系扬长避短、相互支承,充分发挥各自的优点,能够达到安全、经济的目的:

(1)大跨度拱支网壳结构,巨型拱实质上是网壳的主肋,而相邻拱间的网壳又对拱起着侧向支撑的作用,因而拱支网壳的整体稳定性及经济性能要比单一体系的网壳结构好;

(2)斜拉网壳结构,高强度钢索为网壳提供了弹性支承,减小了结构的实际跨度,显著提高了结构的整体稳定性;

(3)单双层网壳,单层网壳的承载力较低,设计主要由稳定性控制,材料的实际工作应

力仅为允许应力的 1/10～1/6,而单双层网壳可提高其稳定承载力,单双层网壳主要有三种形式,即周边双层中部单层网壳、局部双层抽空网壳以及带肋局部双层网壳。

3.4　网壳结构的抗震分析

网壳结构的动力特性与网架结构相比,都具有频谱相当密集的特点,不同之处在于水平跨度方向的网架结构的振型以竖向为主,而网壳结构则是水平与竖向振型均有,这主要与网壳结构的矢跨比有关。在抗震设防烈度为 7 度的地区,当网壳结构的矢跨比大于或等于1/5 时,应进行水平抗震验算;当矢跨比小于 1/5 时,应进行竖向和水平抗震验算。在抗震设防烈度为 8 度或 9 度的地区,对各种网壳结构应进行竖向和水平抗震验算。

对网壳结构进行地震反应计算时可采用振型分解反应谱法,计算时宜至少取前 25～30个振型。对于体形复杂或重要的大跨度网壳结构需要取更多振型进行效应组合,并应采用时程分析法进行补充验算。应根据建筑场地类别和设计地震分组选用不少于两组的实际强震记录和一组人工模拟的加速度时程曲线,其加速度时程的最大值可按表 3－4 采用。

表 3－4　时程分析所用地震加速度时程曲线的最大值　　　　　　　cm/s²

地震影响	6 度	7 度	8 度	9 度
多遇地震	18	35(55)	70(110)	140
罕遇地震	125	220(310)	400(510)	620

注:括号内数值用于设计基本地震加速度为 $0.15g$ 和 $0.30g$ 的地区。

网壳结构的抗震分析需分两阶段进行。

第一阶段为多遇地震作用下的分析。网壳在多遇地震时应处于弹性阶段,因此应作弹性时程分析,根据求得的内力按荷载组合的规定进行杆件和节点设计。

第二阶段为罕遇地震作用下的分析。网壳在罕遇地震作用下处于弹塑性阶段,应作弹塑性时程分析,用以校核网壳的位移以及是否会发生倒塌。

3.5　网壳结构连续倒塌失效机理

自 1968 年英国 Ronan Point 公寓楼因煤气爆炸而发生连续倒塌事故后,国外学者已经对其进行了四十多年研究,取得了不少研究成果,并制定了相关设计规程。目前,在英国建筑规程、欧洲规范、加拿大建筑规程中都有关于如何改善结构抗连续倒塌能力的规定;美国公共事务管理局(General Services Administration,GSA)规范和国防部 UFC(Unified Facilities Criteria)标准则较为详细地阐述了结构抗连续倒塌的设计方法及流程;但以上规范规程只将多高层建筑的抗倒塌设计写入相关条文。日本钢结构协会《高冗余度钢结构倒塌控制设计指南》也主要针对高层建筑钢结构,同时对大跨空间结构的冗余特性进行了简单考察。我国在连续倒塌方面的研究起步较晚,随着 2001 年"美国 911 事件"世贸中心因飞机撞击而引发倒塌、2004 年法国戴高乐机场候机厅因顶棚穿孔而导致坍塌等重大结构连续倒塌事故的发生,国内学者才开始对其进行广泛研究,其中《混凝土结构设计规范》已经涉及防连续倒塌设计原则,包括混凝土结构防连续倒塌的概念设计和设计方法介绍。

美国土木工程协会在 ASCE 7—05（American Society of Civil Engineers 2002）中，把连续倒塌（Progressive Collapse）定义为：初始的局部破坏在构件之间发生连锁反应，最终导致整体结构的倒塌或是发生与初始局部破坏不成比例的结构大范围倒塌。而引起局部破坏的意外荷载一般由自然灾害和人为失误两类因素造成，通常包括爆炸、撞击、火灾大风、地震、异常降雪、施工误差、基础沉降等。

总结四十多年来国内外的研究成果，关于建筑结构连续倒塌控制与设计的基本思想可归纳为下述几点。

（1）突发事件是难以预测的，其发生的概率小但危险大，且事件发生的可能性正逐渐增加，减小结构遭受突发事件的影响值得学者与设计人员广泛关注和慎重考虑。

（2）加强局部构件或连接对减小结构遭受突发事件的影响是有益的，但更重要的是提高结构整体抵抗连续性倒塌的能力，从而减少或避免结构因初始的局部破坏引发连续性的倒塌，而一般情况下要求结构在突发事件下不发生局部破坏是不可取的。

（3）提高结构抵抗连续性倒塌的能力应着眼于结构的整体性能或者说鲁棒性能，即最低强度、冗余特性和延性等能力特征，一般可通过拉结力设计、备用荷载路径分析及良好的构造要求等方法实现。

（4）不同结构体系的整体抵抗连续性倒塌能力各异，应分别考察各类结构体系发生连续性倒塌的机理和能力特征。

3.5.1　抗连续倒塌分析方法

1. 相关设计规程规定

英国是世界上最早在设计规范中提出抗连续倒塌设计的国家。在 1968 年伦敦发生的 Ronan Point 公寓连续倒塌事故后，英国便开始对结构连续倒塌设计的研究，对五层和五层以上的建筑进行针对意外事件的考虑。为了防止结构发生连续倒塌，英国设计规范通过如下三个准则来把握。

（1）通过结构拉结系统增强结构的连接性、延性和冗余度来保证结构在经受偶然荷载后具有较好的结构整体性。

（2）变换荷载路径设计方法（Alternative Path，AP），该方法要求设计人员通过"拿掉"某根构件来模拟它的失效，并保证"拿掉"失效构件后，结构具有足够的跨越能力，保证结构不会发生过大范围的破坏。

（3）局部抵抗偶然荷载设计方法，针对某些构件失效后，其上部结构不能形成跨越能力的情况，这类构件则作为"关键构件"或者"重点保护构件"来设计，设计时附加 34 kN/m² 的静压力（该压力值是通过煤气爆炸试验测出对墙体的压力值而定的）。

英国应用这套抗连续倒塌设计准则已经 30 多年了，而在一系列建筑物遭受到的蓄意袭击中，建筑结构表现出来的抗连续倒塌性能均体现了该套设计准则的有效性。

欧洲的 Eurocode 针对连续倒塌规定结构必须具有足够的强度以抵御可预测或不可预测的意外荷载。规范中的抗连续倒塌设计分为两个方面，一个方面基于具体的意外事件，另一个方面则独立于意外事件，设计目的在于控制意外事件造成的局部破坏。而局部破坏一旦发生，结构需具备良好的整体性、延性和冗余度来控制破坏蔓延。欧洲规范与英国规范类似也是采用了拉结强度法、变换荷载路径法和关键构件法三种方法。

而美国在 GSA 设计准则、ASCE 7—02 设计准则以及 UFC 设计准则中均对连续倒塌问题进行了论述。为了防止新建和现有的联邦大楼与现代主要工程的连续倒塌事故,由美国GSA 起草的《新联邦大楼与现代主要工程抗连续倒塌分析与设计指南》已经经历了 2000 年和 2003 年两个版本。2000 年 11 月发行的版本主要是针对钢筋混凝土结构,2003 年 6 月的版本与前者的不同主要体现在增加了对钢结构抗连续倒塌设计的说明。

GSA 首先给出了一套排除不需要进行抗连续倒塌设计的建筑结构的分析流程。在抗连续倒塌设计总向导中,GSA 要求钢筋混凝土结构具有较好的多余约束性能、连接性能、延性和较强的抗反向荷载和抗剪切破坏能力;针对钢结构,则重点对构件节点的连接性能、变形能力、多余约束和扭转性能提出了要求,同时也要求结构整体具有较好的多余约束。GSA 对新建和现有的联邦大楼与现代主要工程,包括钢筋混凝土结构和钢结构的抗连续倒塌设计均要进行变换荷载路径设计,设计过程采用如下的竖向荷载组合。

静力分析:
$$Load = 2(D + 0.25L) \tag{3-34}$$

动力分析:
$$Load = D + 0.25L \tag{3-35}$$

式中 D——恒载;

　　　L——GSA 规定的活荷载。

基于设计效率和实用性,GSA 推荐设计过程中采用静力线弹性计算方法。在静力分析中荷载组合的式(3-37)中乘以 2,GSA 的解释是为了考虑结构连续倒塌过程的动力效应。

GSA 规定了以限定结构由于初始竖向构件的失效引起的结构破坏范围作为衡量结构抗连续倒塌的标准。在经过线弹性分析后,为了对结构的倒塌面积大小和分布有效地加以量化,GSA 提出了一个判别各构件破坏情况的性能指标 DCR(Demand-Capacity Ratios)。在GSA 设计指南中,钢结构抗连续倒塌变换荷载路径设计方法和流程与钢筋混凝土结构的基本相同。但在各类构件的 DCR 值规定的破坏临界值变化较大。

ASCE 7—02 中讨论到了减少结构发生连续倒塌的问题。当中论述到了两种设计方法减少结构发生连续倒塌的可能性:直接设计方法和间接设计方法。直接设计方法包括:①变换荷载路径法,它要求结构需具备跨越一个由于偶然荷载影响而失效的构件的能力;②局部抵抗偶然荷载设计方法,它要求建筑及局部具有足够的强度来抵抗既定的偶然事件造成的偶然荷载。间接设计方法通过提高结构本身的强度、连接性和延性来增强结构的抗连续倒塌性能。但是,在直接设计方法和间接设计方法中,ASCE 7—02 都没有给出可执行的或者可以量化的设计准则。

UFC 的《建筑抗连续倒塌设计》由美国国防部(DOD)编著。UFC 抗连续倒塌设计准则已经取代了 2001 年也是由国防部出版的《国防部连续倒塌设计暂行指导方针》。UFC 设计准则要求通过两种设计方法来保证结构抗连续倒塌能力。第一种设计方法是通过结构本身各构件所能提供的“拉结力”组成的整体拉结系统来保证结构抗连续倒塌性能,第二种设计方法是变换荷载路径法,它视该种结构模型为一种“抗弯模型”,它要求“拿掉”一个竖向承力构件后的结构模型具有足够的跨越能力,保证不发生过大范围的倒塌。对于变换荷载路径法,UFC 提供了三种可选的计算方法:线性静力、非线性静力和非线性动力计算方法。在变换荷载路径法中,UFC 给出了结构抗连续倒塌设计标准的结构破坏控制范围。UFC 在总体论述结构抗连续倒塌设计方法后,还针对钢筋混凝土结构、钢结构、砖结构和木结构分别给出了抗连续倒塌设计采用的相应的量值与参数以及增强结构延性的相应措施。

　　总结以上欧美各国现有抗连续倒塌相关规范设计方法,降低结构在偶然荷载作用下发生连续倒塌的风险通过以下方法来实现。

　　(1)概念设计和采用拉结系统等来提高结构的整体性、坚固性、连续性及延性。

　　(2)局部抵抗偶然荷载设计方法,设计并提高关键构件的安全度,使其具有足够的强度能一定程度上抵御偶然荷载作用。

　　(3)变换荷载路径法,通过"拿掉"某根构件来模拟它的失效,并保证"拿掉"失效构件后,结构具有足够的跨越能力,保证结构不会发生过大范围的破坏。其中,变换荷载路径法是目前国外抗连续倒塌设计的主流方法。变换荷载路径法通过"拿掉"可能遭遇破坏的结构构件来模拟它的失效,再验算"剩余结构"是否具有抗连续倒塌能力,避开了局部构件失效过程,简单有效。但它们均未能分析局部构件失效的成因和机理,未能分析考虑动力弹塑性效应,未能考虑到初始平衡状态(初始内力、变形、刚度)对结构受到局部破坏后的巨大影响,未能考虑偶然荷载作用下对剩余结构其他构件造成的初始损伤。

　　我国《混凝土结构设计规范》提到重要结构的防连续倒塌设计可采用的方法如下。

　　(1)拉结构件法:在结构局部竖向失效的条件下,按梁－拉结模型、悬索－拉结模型和悬臂－拉结模型进行极限承载力计算,维持结构的整体稳固性。

　　(2)局部加强法:对可能遭受偶然作用而发生局部破坏的竖向重要构件和关键传力部位,可提高结构的安全储备,也可直接考虑偶然作用进行结构设计。

　　(3)去除构件法(即变换荷载路径法):按一定规则去除结构的主要受力构件,采用考虑相应的作用和材料抗力,验算剩余结构体系的极限承载力,也可以采用受力－倒塌全过程分析,进行防倒塌设计。

　　2.分析方法介绍

　　结构连续倒塌有三个重要特征:一是始于结构局部构件破坏,二是破坏向周围构件发展,三是最终倒塌与初始构件破坏不成比例。因此,抗连续倒塌的设计也就从这三个方面入手。1977 年,Leyendechker 和 Ellingwood 将结构抵抗连续倒塌的设计方法归为三类,即事件控制法、间接设计法和直接设计法。事件控制要求突发事件在发生前即予以阻止,或通过设置防护栅栏将爆炸等危险源隔离在建筑之外,是结构设计以外的一类措施。间接设计是指不直接体现突发事件的具体影响,而采用拉结力法进行结构设计,以提高结构的最低强度、冗余特性和延性能力。直接设计又分为变换荷载路径法和关键构件法,前者通过假定主要承重构件的初始失效来研究或评价结构的冗余性能及抵抗连续性倒塌的能力,如果移除构件导致结构发生连续倒塌,则对该构件及相邻构件进行加强,否则不必进行加强;后者则是针对于某些类型的空间结构(张弦梁结构、索承网壳结构等),关键构件的移除可能会直接导致整个结构的连续倒塌,故该方法通过对关键构件提高安全系数,使其具有足够的强度抵抗意外荷载的作用。设计中常将这种方法和 AP 法结合起来,既能有效改善结构抵御连续倒塌的能力,同时也能减少建造费用,取得良好的经济效益。另外,为了全面考虑连续倒塌过程中的动力效应,近年来动力弹塑性时程分析法也开始被使用。

　　1)拉结力设计法

　　拉结力设计(图 3－34)即要求构件和连接满足最低的抗拉强度要求,且各相连构件形成的传力路径必须是直线的和连续的。拉结力设计包括四个方面的要求:

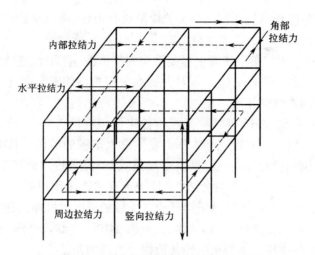

图 3 – 34　框架结构的拉结力设计示意图

（1）内部拉结力，主要由梁或楼板承担，可根据发挥梁悬链线效应或楼板薄膜效应的要求确定；

（2）周边拉结力，主要由周边大梁承担，可用以锚固内部拉结的大梁或楼板；

（3）对边柱或边墙的水平拉结力，除满足内部拉结力要求外，还应承受一定的悬挂拉力；

（4）竖向拉结力，由上下连续贯通的柱子承担，要求能够承受与其轴压力相等的拉力。

节点最小抗力、连续的传力路径和构件间的拉结能力是减少结构连续性倒塌最重要的能力特征，在采用传统方法完成设计并保证适当的整体性能后，才有必要采用 AP 等其他方法考察结构的冗余特性及其他情况。

2）变换荷载路径法

变换荷载路径法通过假定结构中某主要构件（高敏感性构件）失效，即在计算过程中将其从结构中"删除"，以此模拟结构发生局部破坏，分析剩余结构在原有荷载作用下发生内力重分布后能否形成"搭桥"能力，即是否能够形成新的荷载传递路径，从而判断结构是否会发生连续倒塌。该方法不考虑初始破坏的原因，适用于任何意外事件下的结构破坏分析。其中，构件单元的"删除"是指让相应的构件退出计算，但不影响相连构件之间的连接，如图 3 – 35 所示。

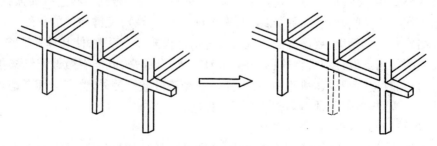

图 3 – 35　变换荷载路径法中柱子的删除

AP 法定义中，初始局部破坏引起的结构响应变化，即承载力对于杆件移除前后的灵敏程度被定义为敏感性指标，结构敏感性与结构冗余特性是成反比的，由下式表示：

$$SI = \frac{1}{R} \tag{3-36}$$

式中　SI——敏感性指标；

　　　R——冗余度。

　　冗余度可以被认为是结构抵抗连续倒塌的能力。如果结构发生局部破坏,即结构的某个构件由于意外荷载的作用而突然消失,理想的结构应该仍然能够继续承担荷载,而不至于连续倒塌,但结构在杆件去除后的极限承载力会有所降低,据此提出了结构构件冗余度的计算公式:

$$R = \frac{L_{intact}}{L_{intact} - L_{damage}} = \frac{\lambda}{\lambda - \lambda^*} \tag{3-37}$$

式中　L_{intact}、λ——初始完整结构的极限荷载与极限荷载因子,极限荷载因子指结构极限承载力与使用荷载的比值;

　　　L_{damage}、λ^*——构件受损后剩余结构的极限荷载与极限荷载因子。

　　结合不同的分析手段,AP 法可较好地模拟结构连续倒塌的过程并评估结构的抗连续倒塌性能,是目前使用最为广泛的一种连续倒塌分析方法。具体分析时需考虑材料特性、荷载取值与组合、可能初始破坏的构件、构件的极限承载或变形能力、可接受的破坏程度等基本问题。美国 GSA 规范、DOD 规范和日本钢结构协会规范就其中的部分参数作了各自的规定。比如材料强度当按设计规范取值时可考虑一个反映应变率影响的增大系数,钢材和钢筋一般为 1.05 ~ 1.10,钢筋混凝土为 1.25。构件和连接的承载力除按设计规范方法计算外,极限变形可较抗震规范的规定予以适当的提高。荷载组合时,美国 GSA 规范建议对静力分析采用 $2(D + 0.25L)$,对动力分析采用 $(D + 0.25L)$,DOD 规范规定采用 $(0.9 \text{ 或 } 1.2)D + (0.5L \text{ 或 } 0.2S) + 0.2W$,对静力分析时的倒塌部位采用 $2[(0.9 \text{ 或 } 1.2)D + (0.5L \text{ 或 } 0.2S)] + 0.2W$。其中,$D$、$L$、$S$、$W$ 分别代表恒载、活载、雪载和风荷载,引入风荷载是为了考虑多、高层建筑的二阶效应。

　　有时为更真实地反映结构连续倒塌过程,考虑结构初始平衡状态、构件失效时间对动力响应的影响以及考虑构件断裂、接触及碰撞等因素是必要的,但也由此产生了结构大变形、刚度矩阵奇异和计算模型节点数量变化等多种问题。有学者先后提出了离散单元法、非连续变形分析和修正有限元法等方法考虑这些因素。按照是否考虑非线性和动力效应,连续倒塌分析分为以下四类:线弹性静力分析、非线性静力分析、线弹性动力分析和非线性动力分析。其中,非线性动力分析较为复杂,但考虑的问题较为全面和直接,分析结果较为可信,目前被广泛采用。但无论是线性或非线性的分析,结构分析最根本的目的是为结构设计提供有用的信息,而不仅仅是简单地追求破坏现象上的仿真模拟。

　　3)动力弹塑性时程分析法

　　结构在偶然荷载作用下发生的连续倒塌是一个极其复杂的过程,当结构局部发生破坏、一些构件失效丧失承载力后,其几何构成和边界条件发生突变而振动,从而使剩余结构进行内力、变形和刚度重分布。本质上,结构连续倒塌是一个动力过程,同时结构的连续倒塌也必然伴随着非线性,因此合理地考虑动力效应和非线性是进行抗连续倒塌设计和评估的难点和关键所在。

　　目前通用的 AP 法不考虑引起结构连续倒塌的原因,首先移除一根或几根主要的竖向受力构件模拟结构的初始局部失效,然后对剩余结构进行力学分析。考虑动力效应和非线性可以进行 AP 法的动力非线性计算分析。但这种方法撇开了引起结构连续倒塌的原因，未考虑局部构件失效的成因和机理，未能考虑偶然荷载作用下对剩余结构其他构件造成的初始损伤，单纯只是移除构件来模拟失效。与实际情况显然存在明显差异。而对抗连续倒塌动力弹塑性时程分析则能很好地解决这些问题。

动力弹塑性时程分析方法已在抗震分析中逐渐得到推广应用，在抗震分析动力弹塑性时程分析法将结构作为弹塑性振动体系加以分析，直接按照地震波数据输入地面运动，通过积分运算，求得在地面加速度随时间变化期间，结构的内力和变形随时间变化的全过程，也称为弹塑性直接动力法。而应用于抗连续倒塌分析中时，输入的荷载时程可以是地震中的地震波时程、爆炸荷载时程或火载时程等。

运用动力弹塑性时程法进行抗连续倒塌可以较好、较真实地模拟地震、爆炸、撞击和火灾等偶然荷载作用，以荷载时程方式输入整个过程，可以真实反映各个时刻偶然荷载作用引起的结构响应，包括变形、应力、损伤形态（初始损伤、损伤的扩展、累积损伤）构件失效的机理等；目前许多有限元程序是通过定义材料的本构关系来考虑结构的弹塑性性能，因此可以较准确模拟任何结构，计算模型简化较少；同时该方法基于塑性区的概念，相对于塑性铰判别法，特别是对于带剪力墙的结构，结果更为准确可靠。但同时动力弹塑性时程法计算量大、运算时间长，由于可进行此类分析的大型通用有限元分析软件均不是面向设计的，因此软件的使用相对复杂，建模工作量大，数据前后处理烦琐，不如设计软件简单、直观，分析中还需要掌握和运用大量有限元、钢筋混凝土本构关系、损伤模型等相关理论知识。

抗连续倒塌动力弹塑性时程分析的基本步骤：

（1）建立结构的几何模型并进行网格划分；

（2）定义材料的本构关系，对各个构件指定相应的单元类型和材料类型确定结构的质量、刚度和阻尼矩阵；

（3）输入偶然荷载时程并定义模型的边界条件，开始计算；

（4）计算完成后，对结果（包括变形、应力、损伤形态等）数据进行处理，对结构抗连续倒塌性能进行分析和评估。

动力弹塑性时程分析法除了可以用应力、变形等指标外，还可以用损伤等指标对结构的抗连续倒塌性能进行评估。可以研究构件在偶然荷载作用下失效的机理以及偶然荷载作用瞬间给剩余结构造成的初始损伤，同时也可以观察构件损伤和破坏的不断扩展及结构最后的损伤破坏情况。

3.5.2　结构连续倒塌判别准则

针对结构在局部破坏发生后不致造成结构整体倒塌的设计要求，相应有局部破坏后结构极限承载力准则，此时结构在某种偶然荷载 d_i 下的抵抗力指标 ξ_{d_i} 表示为

$$\xi_{d_i} = \frac{P_u^{d_i}}{S} \tag{3-38}$$

式中　　$P_u^{d_i}$——偶然荷载 d_i 发生后剩余结构的极限承载力；

　　　　S——荷载标准值。

ξ_{d_i} 反映了杆件或节点发生局部破坏后剩余结构的极限承载力，若 $\xi_{d_i} < 1$ 说明结构的局部破坏使得整体结构发生倒塌，反之则说明结构发生了局部破坏但结构整体不会倒塌。

另外，针对以钢结构为主的大跨空间结构，由于其材料特性，在发生连续倒塌前和倒塌

的过程中常常伴随着累积塑性变形耗能和累积损伤,因此较多地应用能量准则判定结构是否发生连续倒塌。杜文风、高博青、董石麟等针对在地震等强动力荷载作用下单层球面网壳结构的动力强度破坏问题,通过探讨结构的耗能机理,将结构塑性累积耗能与最大变形进行线性组合,建立了动力强度破坏的双控准则,并应用动力破坏指数判定结构的动力破坏程度。基于杆系结构发生动力失稳时的总应变能突变特征,推导总应变能同杆单元应力变化率之间的关系,并分析应力变化率的变化规律,建立了判定杆系结构动力失稳的应力变化率准则。Sheidaii、Parke 等提出了一种基于能量法的方法,用于确定空间桁架结构的动力跃越失稳,并成功应用于双层网架的跃越失稳分析。

　　除能量法外,一些学者也提出了其他方法。王策、沈世钊对空间桁架结构从结构刚度的角度对其进行了连续倒塌分析,结合结构的倒塌机理,提出了结构动力倒塌的双重判定准则:如果在结构的振动过程中,结构刚度矩阵非正定,且节点位移、速度、加速度反应发散,则认为结构动力倒塌;针对结构动力失稳的判定问题,提出了一种适用于杆系结构动力稳定分析的应力变化率法。沈世钊、支旭东则针对单层球面网壳结构,取其跨度的 1/100 作为最大变形位移的控制指标,建立了位移准则。

　　而国外规范主要采用面积比作为连续倒塌的评价标准,当失效构件的数量及范围超出结构设计允许值时,则结构有可能发生连续性倒塌。美国 UFC 规范及 GSA 规范针对以框架结构为主的典型结构体系,提出了相应的面积比限值。而其他结构,如大跨度空间结构的面积比限值应针对不同结构形式而确定。当由平面结构体系通过檩条相连而形成空间结构体系,例如平面张弦梁结构、索拱结构以及三角桁架等,其坍塌应当限制在与被破坏的构件直接相连的开间内,即屋面坍塌限制在两个柱距内并不得超过其覆盖面积的 20%;而对于直接由三维结构形成的空间结构,例如网壳结构、弦支穹顶、索穹顶等结构体系,其破坏范围应该限制在初始破坏杆件相邻的一定范围内,例如不得超过其覆盖面积的 10%,而且要保证整个结构不能坍塌。

3.5.3　工程实例

　　早期,国内外大多数标准和设计方法都着重研究钢筋混凝土结构及钢框架结构的抗连续倒塌设计,而近些年随着大跨度空间网壳结构因其优越的性能而被广泛应用,国内外学者开始关注并研究网壳结构的连续倒塌问题。其中,Gioncu 通过对两起空间网格结构的工程事故进行分析,揭示了对空间网格结构进行抗连续倒塌分析的重要性与必要性。Murtha 把框架结构抗连续倒塌分析中经常使用的 AP 法的基本思想和理论应用在了网格结构中,采用 AP 法对网格结构进行了抗连续倒塌性能分析。陈以一、高峰等人探讨了 AP 法的具体计算方法,对其中涉及的冗余性、灵敏度等问题作出了评述,并应用 AP 法对单层球面网壳结构进行了极限承载力灵敏度计算。而冯健、丁阳等人对 AP 法中模拟失效构件的方法进行了改进,提出了考虑初始状态的实时删除失效构件的等效荷载瞬时卸载法,很好地反映了构件突然失效的动力效应。徐公勇采用 AP 法完整地分析了单层球面网壳结构的抗连续倒塌性能,发现当单层球面网壳结构遭到较严重局部破坏后会引发结构连续倒塌。

　　同时,研究学者对大跨度建筑结构的倒塌判别准则及失效机理也进行了深入研究。沈世钊等人以单层球面网壳结构为例进行研究,研究表明:网壳结构既可能由于失稳倒塌,也可能由于局部破坏引起塑性变形过度发展而导致强度破坏。若倒塌前结构位移较小,荷载-最大节点位移曲线整体斜率大、刚度变化小,这代表结构塑性发展浅,倒塌突然,结构倾向于失稳破坏;而随着荷载增加,位移曲线的斜率逐渐变小、刚度不断削弱、临倒塌前位移较大的荷载 – 最大节点位移曲线对应着塑性充分发展(结构构件进入塑性的比例较大),则认为结构先达到了强度承载力极限,结构倾向于强度破坏。另外,针对地震等强动力荷载作用下的单层球面网壳结构,董石麟等人基于耗能机理,建立了将结构塑性累积耗能与结构最大变形进行线性组合形成的动力强度破坏双控准则。以上文献大多针对单层球面网壳结构,而对于双层球面网壳结构发生连续倒塌时究竟是失稳破坏还是强度破坏尚未见报道。

本书采用 AP 法对大跨度双层球面网壳结构进行双重非线性屈曲分析及强度分析,研究其抗连续倒塌性能,并根据失稳及强度破坏判别准则探讨双层球面网壳结构连续倒塌的失效机理,为工程设计提供理论依据。

1. 模型及基本假定

以北京老山自行车馆双层球面网壳(图 3 – 36)为例,结构为混合型双层球面网壳,设置有环桁架。柱顶支承跨度 133.06 m,矢高 14.69 m,矢跨比约 1/10,网壳厚度 2.8 m,为跨度的 1/47.5。结构共 8 364 根杆件,均采用 345C 圆钢管,具体尺寸见表 3 – 5。网壳结构采用焊接空心球节点,柱顶采用钢管相贯节点,柱脚采用铸钢球铰节点。本文将应用 AP 法对此结构进行双重非线性屈曲分析以及强度全过程分析,探讨其抗连续倒塌性能及失效机理。

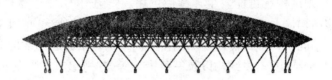

图 3 – 36　双层球面网壳结构示意图

表 3 – 5　双层球面网壳结构杆件尺寸

杆件序号	规格/mm	杆件序号	规格/mm	杆件序号	规格/mm
1	$\phi 114 \times 4$	4	$\phi 180 \times 10$	7	$\phi 500 \times 16$
2	$\phi 113 \times 6$	5	$\phi 203 \times 12$	8	$\phi 1\,000 \times 18$
3	$\phi 159 \times 8$	6	$\phi 245 \times 10$	9	$\phi 1\,200 \times 20$

分析模型采用双线性材料模型;将焊接空心球节点质量折合进材料密度中,折算后钢材密度取 9 420 kg/m³;屈服强度取 345 N/mm²(杆件序号 1 ~ 7)和 335 N/mm²(杆件序号 8、9),弹性模量为 2.06 × 10⁵ N/mm²,泊松比为 0.3。模型所有节点及柱脚均为铰接,杆件为理想铰接单元。采用 Ansys 有限元分析,杆件均选用 Link8 单元,杆单元截面参数按表 3 – 5 选取。将标准荷载(恒载 + 活载)等效成 mass21 质量单元,施加于结构相应节点上。

2. 高敏感性杆件与节点分析

1)杆件敏感性指标计算

用 AP 法对结构进行抗连续倒塌分析,首先应选取结构的高敏感性杆件。考虑到网壳结构中高敏感性杆件范围与特征值屈曲模态大响应范围基本一致,故对结构进行特征值屈曲分析,得出前五阶模态(图 3 – 37)的大响应杆件,利用球面网壳的对称性,取 1/4 网壳的杆件,得出待计算敏感性的杆件(图 3 – 38),共 113 根。首先对完整无损的网壳结构进行双重非线性屈曲分析,再利用 Ansys"生死单元"功能对拆除单根杆件的剩余结构进行双重非线性屈曲分析,应用式(3 – 36)和式(3 – 37)计算各个杆件的敏感性指标,拆除杆件前后结构极限承载力下降百分比 θ 由式(3 - 39)确定,计算结果(篇幅有限,故只列出敏感性前 20 位的杆件计算结果)如表 3 - 6 所示:

$$\theta = \frac{\lambda - \lambda^*}{\lambda} \times 100\% \tag{3 - 39}$$

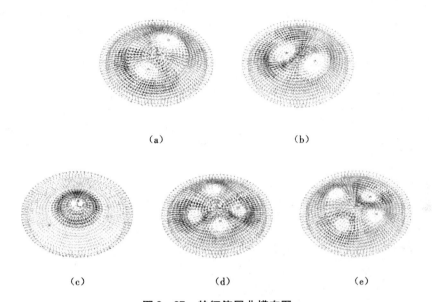

(a)　　　　　　　　　　　　　(b)

(c)　　　　　　　(d)　　　　　　　(e)

图 3 - 37　特征值屈曲模态图

(a) 1 阶模态;(b) 2 阶模态;(c) 3 阶模态;(d) 4 阶模态;(e) 5 阶模态

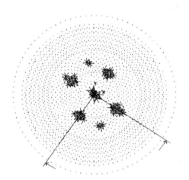

图 3 - 38　高响应杆件分布

表 3 - 6　杆件敏感性指标

杀死杆件	λ^*	λ	R	SI	θ
8286	3.592		71.431	0.014	1.40%
8344	3.598		80.956	0.012	1.24%
9098	3.599		82.795	0.012	1.21%
8285	3.599		82.795	0.012	1.21%
9112	3.602		88.854	0.011	1.13%
8343	3.602		88.854	0.011	1.13%
8281	3.603	3.643	91.075	0.011	1.10%
8345	3.610		110.394	0.009	0.91%

续表

杀死杆件	λ^*	λ	R	SI	θ
8335	3.614		125.621	0.008	0.80%
8339	3.620		158.391	0.006	0.63%
8893	3.623		182.150	0.005	0.55%
8907	3.627		227.688	0.004	0.44%
8287	3.628		242.867	0.004	0.41%
9034	3.632		331.182	0.003	0.30%
9100	3.633		364.300	0.003	0.27%
9015	3.635		455.375	0.002	0.22%
9014	3.637		607.167	0.002	0.17%
9022	3.637		607.167	0.002	0.17%
4747	3.638		728.600	0.001	0.14%
7954	3.638		728.600	0.001	0.14%

注:λ^* 为受损结构极限荷载因子,λ 为完整结构极限荷载因子,R 为冗余度,SI 为敏感性指标,θ 为极限荷载下降比例。

从表 3-6 可见,8286 号杆件敏感性最高,位置在网壳结构环桁架上弦处,与特征值屈曲一阶模态大响应位置一致(图 3-39,右侧为放大图),其被拆除后剩余结构的双重非线性屈曲极限承载力下降了 1.40%。

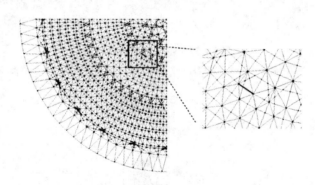

图 3-39　8286 号杆件

2)节点敏感性指标计算

用与上节同样方法拆除节点(拆除一个节点,即拆除此节点和与之相连的所有杆件),计算各个节点的敏感性指标,计算结果(篇幅有限,故只列出敏感性前 15 位的节点计算结果)如表 3-7 所示。

表 3-7　节点敏感性指标

杀死节点	λ^*	λ	R	SI	θ
1570	3.501		25.655	0.039	3.90%
1669	3.513		28.023	0.036	3.57%
1560	3.514		28.24	0.035	3.54%
1572	3.540		35.369	0.028	2.83%
1685	3.548		38.347	0.026	2.61%
1237	3.558	3.643	42.859	0.023	2.33%
1130	3.586		63.912	0.016	1.57%

续表

杀死节点	λ^*	λ	R	SI	θ
1673	3.589		67.463	0.015	1.48%
1577	3.608		104.086	0.010	0.96%
1129	3.609		107.147	0.009	0.93%
1137	3.634		404.778	0.002	0.25%
1139	3.635		455.375	0.002	0.22%
1125	3.636		520.429	0.002	0.19%
1019	3.637		607.167	0.002	0.17%
1574	3.638		728.600	0.001	0.14%

从表 3-7 可见,1570 号节点敏感性最高,位置在网壳结构环桁架上弦处,与特征值屈曲一阶模态大响应位置一致(图 3-40,右侧为放大图),其被拆除后剩余结构的双重非线性屈曲极限承载力下降了 3.90%。

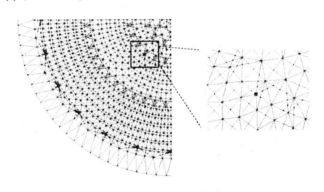

图 3-40　1570 号节点

3. 双层球面网壳结构连续倒塌失效机理分析

1) 双层球面网壳双重非线性屈曲全过程分析

采用 AP 法分析结构的抗连续倒塌性能,即假定结构中重要杆件或节点发生局部破坏,对其进行受力分析,通过结构极限承载力的变化来评估结构局部破坏是否会引发其连续倒塌。

(1) 高敏感性杆件破坏结构非线性屈曲分析逐步拆除模型及基本假定中计算出的敏感性最高的单根杆件、敏感性最高的前 2 根杆件、前 6 根杆件及前 10 根杆件,对剩余受损双层球面网壳结构进行双重非线性屈曲分析,计算结果见表 3-8,其荷载-位移曲线如图 3-41 所示。

表 3-8　拆除高敏感性杆件剩余结构极限荷载因子

杀死杆件数	λ^*	λ	R	SI	θ
1	3.592		71.431	0.014	1.40%
2	3.508	3.643	26.985	0.037	3.71%
6	3.438		17.771	0.056	5.63%
10	3.329		11.602	0.086	8.62%

图 3-41 中显示,完整无损结构的双重非线性极限荷载因子为 3.643(极值处数值密

集,详见左侧放大图),即当结构所受荷载为使用荷载的 3.643 倍时结构发生失稳而倒塌。而同时拆除多根高敏感性杆件后,剩余结构极限荷载因子有一定下降,但下降不多,其中拆除 10 根高敏感性杆件后剩余结构的极限荷载因子为 3.329,下降了 8.62%,可见此时结构在使用荷载下仍然安全(规范要求:弹塑性全过程分析中稳定极限承载力的安全系数 $K > 2$),大跨度双层球面网壳结构在局部杆件破坏后并没有发生失稳而连续倒塌。

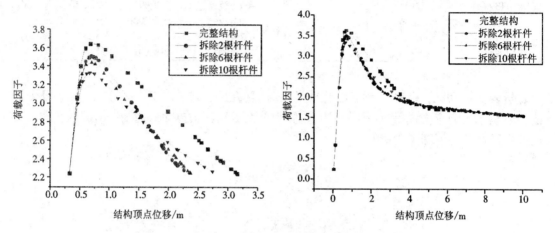

图 3 – 41　拆除高敏感性杆件剩余结构荷载 – 位移曲线

(2)高敏感性节点破坏结构非线性屈曲分析同时拆除多个高敏感性节点,方法与拆除多根高敏感性杆件相同,对剩余受损双层球面网壳结构进行双重非线性屈曲分析,计算结果见表 3 – 9,其荷载 – 位移曲线如图 3 – 42 所示。

表 3 – 9　拆除高敏感性节点剩余结构极限荷载因子

杀死节点数	λ^*	λ	R	SI	θ
1	3.501		25.655	0.039	3.90%
2	3.365		13.104	0.076	7.63%
4	3.282	3.643	10.091	0.099	9.91%
6	3.222		8.653	0.116	11.56%
8	3.065		6.303	0.159	15.87%

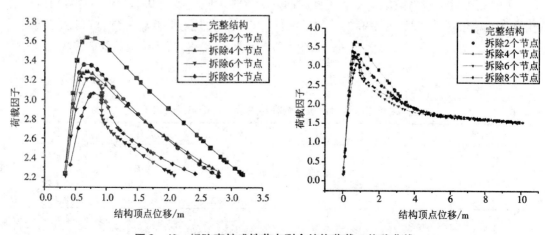

图 3 – 42　拆除高敏感性节点剩余结构荷载 – 位移曲线

从图 3 - 42 看出,同时拆除多达 8 个高敏感性节点(即已拆除 8 个节点和与之相连的 64 根杆件)后,剩余结构极限荷载因子为 3.065(极值处数值密集,详见左侧放大图),极限荷载相比完整无损的结构下降了 15.87%,即当剩余结构承受 3.065 倍的使用荷载时结构会发生失稳而倒塌。虽然极限荷载因子下降明显,但双层球面网壳结构承受使用荷载时依然在安全范围内。可见,大跨度双层球面网壳结构冗余度较高,在遭到严重局部破坏后,结构没有发生失稳而连续倒塌。

2) 双层球面网壳强度破坏全过程分析

依然基于 AP 法,逐步拆除单个和多个高敏感性杆件和节点,通过不断加大结构所受荷载,对剩余双层球面网壳结构进行强度计算,分析整个过程中结构最大节点位移及进入塑性杆件比例的变化,以结构强度破坏准则来评估杆件与节点局部破坏是否会引发结构连续倒塌,并与上一节比较,分析大跨度双层球面网壳结构连续倒塌的失效机理。

I. 高敏感性杆件破坏结构强度分析

图 3 - 43 为拆除多根高敏感性杆件后,不断加大荷载所得到的剩余结构荷载 - 最大节点位移曲线,图 3 - 44 为剩余结构荷载 - 进入塑性杆件比例曲线。

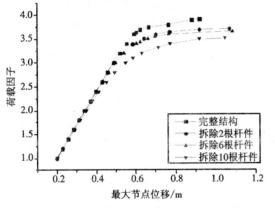 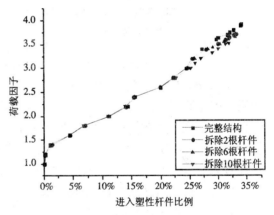

图 3 - 43　拆除高敏感性杆件结构荷载　　　　　图 3 - 44　拆除高敏感性杆件结构荷载
　　　　 - 最大节点位移曲线　　　　　　　　　　　　　 - 进入塑性杆件比例曲线

图 3 - 43 中可见,当被拆除 10 根高敏感性杆件的结构承受使用荷载(荷载因子为 1)时,结构最大节点位移为 0.2 m,没有出现塑性杆件,即结构在局部破坏后,没有发生强度破坏而连续倒塌。之后不断加大结构所受荷载,完整无损的结构在荷载因子从 1 增加到 3.643 的过程中,结构最大节点位移呈线性增加,荷载因子达到 3.643 时最大位移急剧增大,结构发生倒塌,荷载 - 最大节点位移曲线在结构临倒塌前斜率一直较大、没有逐渐变小的趋势,即结构刚度变化小,倒塌前塑性发展浅,倒塌突然,则结构是失稳破坏。拆除敏感性最高的前 2 根和前 6 根杆件后,荷载因子从 1 变化到 3.2 的过程中结构最大节点位移呈线性增加,之后曲线斜率逐渐变小,到荷载因子增加到 3.55 时,结构位移开始急剧增大,结构倒塌,可见在倒塌之前结构塑性有一定发展。而被拆除敏感性最高的前 10 根杆件后,荷载因子增加到 2.6 开始,结构荷载 - 最大节点位移曲线的斜率便明显逐渐变小,荷载因子达到 3.4 时结构最大位移急剧增大,结构倒塌,此时进入塑性的杆件比例已达 30%(图 3 - 44),并且临倒塌前结构的最大节点位移相对完整,结构倒塌时较大,这表明结构刚度已不断削弱,塑性经过充分发展,结构是强度破坏。在分析过程中发现,结构中最先进入塑性的是局

部破坏四周的杆件,随荷载增大,塑性不断向外开展,最终导致结构整体倒塌。

Ⅱ.高敏感性节点破坏结构强度分析

图 3 - 45 为拆除多个高敏感性节点后,不断加大荷载所得到的剩余结构荷载 - 最大节点位移曲线,图 3 - 46 为剩余结构荷载 - 进入塑性杆件比例曲线。

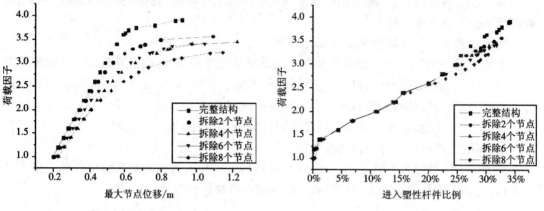

图 3 - 45　拆除高敏感性节点结构荷载　　　　图 3 - 46　拆除高敏感性节点结构荷载
　　　 - 最大节点位移曲线　　　　　　　　　　　 - 进入塑性杆件比例曲线

图 3 - 45 中可见,当拆除 8 个节点的结构承受使用荷载(荷载因子为 1)时,最大节点位移为 0. 23 m,进入塑性杆件比例 0. 4%,结构性能完好,即结构遭受严重局部破坏后,没有发生强度破坏而连续倒塌。之后不断加大结构所受荷载,可见拆除多个高敏感性节点的剩余结构荷载 - 最大节点位移曲线变化趋势与图 3 - 43 基本相同,但曲线形状相对完整无损的结构曲线变化更明显。拆除敏感性最高的前 2 个节点的剩余结构荷载 - 最大节点位移曲线在荷载因子从 1 增大到 2. 8 的过程中呈线性,之后曲线斜率逐渐变小,荷载因子达到 3. 4 时结构最大节点位移急剧增大,结构倒塌,可见相对完整结构来说剩余结构倒塌前有一定的塑性发展。拆除敏感性最高的前 4 个、前 6 个节点的剩余结构,当荷载因子从 1 变化到 2. 4 时结构最大节点位移曲线基本呈线性,之后曲线斜率明显逐渐变小,到荷载因子增加到 3. 3 时结构位移开始急剧增大,结构倒塌,可见发生倒塌前结构刚度已不断削弱、塑性已充分发展,结构是强度破坏。而拆除敏感性最高的前 8 个节点的剩余结构,荷载因子从 2 开始,结构荷载 - 最大节点位移曲线的斜率便明显变小,荷载因子增加到 3 时结构位移急剧增大,结构倒塌,此时结构进入塑性的杆件比例已达 30%(图 3 - 46),并且临倒塌前结构最大位移相对较大,可见结构经过了刚度的严重削弱,塑性已充分发展,结构是强度破坏。在分析过程中同样发现,结构塑性是从局部破坏的节点处开始发展,之后随荷载增加不断向四周开展,最终导致结构整体倒塌。

综合图 3 - 43 和图 3 - 45 可见,当大跨度双层球面网壳结构遭受局部破坏,尤其是遭到较严重局部破坏后,随荷载增加,荷载 - 最大节点位移曲线斜率逐渐变小、刚度不断削弱,临倒塌前结构位移较大,塑性从局部破坏处开始展开,经过充分发展,最终结构发生连续倒塌时塑性发展严重,发生强度破坏。

基于球面网壳结构失稳及强度破坏判别准则,本书采用 AP 法分析了大跨度双层球面网壳结构的抗连续倒塌性能及其连续倒塌的失效机理,得出如下结论。

(1)双层球面网壳结构冗余度较高,在使用荷载作用下,结构受到局部破坏后,其稳定极限承载力和强度极限承载力虽均有一定下降,但结构依然安全,没有因为局部破坏而引发连续倒塌。

(2)与单层球面网壳结构遭到较严重局部破坏会引发结构连续倒塌相比,双层球面网壳结构的抗连续倒塌性能要优于单层球面网壳结构。

(3)若不断加大结构所受荷载幅值,完整无损的大跨度双层球面网壳结构最终发生倒塌时是失稳破坏;遭到轻微局部破坏的结构最终发生连续倒塌前有一定塑性发展,此时大跨度双层球面网壳结构发生连续倒塌是失稳破坏或强度破坏;遭到严重局部破坏的结构最终发生连续倒塌时刚度削弱严重、塑性发展充分,此时大跨度双层球面网壳结构发生连续倒塌是强度破坏。

第4章　钢管桁架结构

4.1　概述

4.1.1　钢管桁架结构的构成和特点

钢管桁架结构造型简洁、流畅,结构性能好,适用性强,在体育场馆、会展中心等大跨度建筑中应用广泛。钢管桁架结构一般以圆钢管、方钢管或矩形钢管为主要受力构件,通过直接相贯节点连接成平面或空间桁架。相贯节点以桁架弦杆为贯通的主管,桁架腹杆为支管,端部切割相贯线后与桁架弦杆直接焊接连接。

钢管桁架结构具有以下优点:①采用薄壁钢管,截面闭合,刚度大,抗扭刚度好;②节点构造简单,不需附加零件,用钢量省,施工方便;③结构简洁、流畅,适用性强;④钢管外表面面积小,有利于降低防锈、防火及清洁维护的费用。但是,由于采用直接相贯节点,钢管桁架结构也有一些局限性:①为减小钢管拼接工作量,一般尽量采用相同规格的桁架弦杆(相贯节点主管),不能根据杆件内力选用不同规格截面,造成结构用钢量偏大;②直接相贯节点放样、加工困难,坡口形式复杂,对施工单位机械加工能力有较高的要求;③直接相贯节点为焊接节点,现场焊接工作量大。

4.1.2　钢管桁架结构的形式

钢管桁架结构以桁架为基本受力骨架,一般需要设置支承系统以构成完整的结构体系。采用不同类型、不同外形、不同杆件布置、不同杆件截面的桁架,可以构造形式多样的钢管桁架结构。

1.根据采用的桁架类型分类

根据采用的桁架类型,钢管桁架结构可分为平面钢管桁架和空间钢管桁架。

平面钢管桁架结构采用平面桁架,桁架上弦、下弦及腹杆均在同一平面内,桁架仅能承受平面内荷载,平面外刚度很差,必须设置侧向支撑构件维持平面桁架的稳定性。平面钢管桁架一般采用梯形或矩形桁架,腹杆多采用单斜式或人字式布置,如图4-1(a)、(b)所示。跨度较小时也可以采用三角形桁架,腹杆可采用单斜式、人字式或芬克式布置,如图4-1(c)、(d)及(e)所示。

空间钢管桁架采用立体桁架,也称为立体钢管桁架,与平面钢管桁架相比,空间钢管桁架具有更大的侧向稳定性和抗扭刚度,因此可以减少侧向支撑数量,增大侧向支撑间距,跨度及荷载较小时,甚至可以不设侧向支撑构件。

空间钢管桁架大多采用三角形截面,可正向或倒向设置,如图4-2所示。一般地,在竖向荷载作用下,空间钢管桁架上弦杆件承受较大压力、下弦杆件承受较小压力或拉力。采用倒三角截面的空间钢管桁架,上弦由两根杆件构成,具有一定宽度,因此结构稳定性更好。下弦采用单根杆件,建筑效果更为轻巧,在实际工程中应用广泛。空间钢管桁架采用正三角截面时,通常可将屋面吊挂在桁架下弦,而利用桁架正三角截面形成采光天窗。

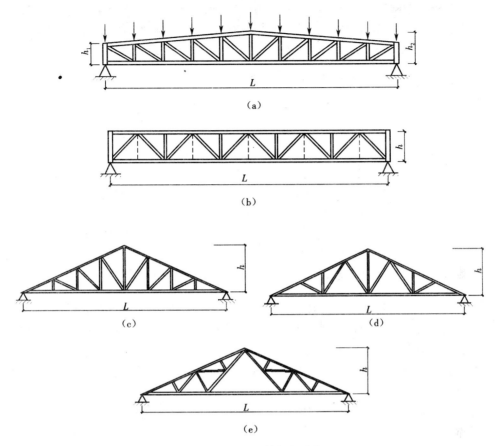

图 4 - 1　平面钢管桁架结构

(a)梯形桁架,单斜式腹杆;(b)矩形桁架,人字式腹杆;(c)三角形桁架,单斜腹杆;
(d)三角形桁架,人字式腹杆;(e)三角形桁架,芬克式腹杆

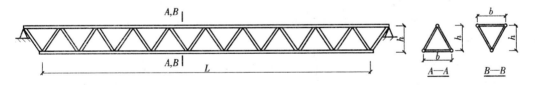

图 4 - 2　三角形截面空间钢管桁架

空间钢管桁架也可采用矩形截面(图 4 - 3),上、下弦均设置两根弦杆,结构侧向及扭转刚度更大,稳定性更好,常在工业建筑中用于无法设置侧向支撑体系的输送栈桥结构。

2. 根据采用的杆件截面类型分类

钢管桁架结构常用的杆件截面包括圆钢管截面、矩形钢管截面和方钢管截面,如图 4 -4 所示。

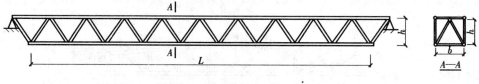

图4-3　矩形截面空间钢管桁架

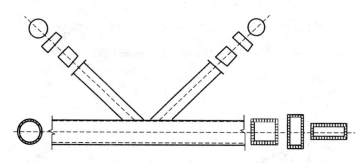

图4-4　钢管桁架结构常用杆件截面

圆钢管截面取材方便,截面回转半径大、抗扭刚度好,截面具有空间对称性,可用于平面或空间钢管桁架结构,圆钢管桁架的支管与主管相贯线较为复杂,一般需要采用专用的圆钢管相贯线自动切割机进行放样和加工。

与圆钢管截面相比,矩形钢管或方钢管截面具有更大的抗弯刚度,但由于截面存在棱角,用于空间钢管桁架时支管与主管相贯节点较难处理,而矩形钢管或方钢管截面用于平面钢管桁架时,只需按一定角度斜切支管(腹杆),即可与主管(弦杆)相贯焊接连接,节点简洁、外形美观。

钢管桁架结构也可混合采用不同类型的钢管截面,如弦杆采用矩形钢管或方钢管截面、腹杆采用圆钢管截面的钢管桁架结构,节点构造简单、易于加工,同时桁架弦杆与屋面檩条连接方便,且能承受较大节间荷载。

3. 根据钢管桁架外形分类

根据外形,钢管桁架结构可分为直线形钢管桁架和拱线形钢管桁架(图4-5),二者在受力性能上有较大差异。

直线形钢管桁架上、下弦杆沿水平直线设置,一般用于平板楼盖或屋盖。桁架以承受弯矩和剪力为主,轴力很小,桁架对下部结构无水平推力,仅需下部结构提供竖向约束。在常规竖向荷载引起的弯矩作用下,桁架上弦承受压力、下弦承受拉力,剪力主要由腹杆承受,因此应通过增大上弦刚度或设置必要的上弦支撑来保证钢管桁架上弦的稳定性。钢管桁架弦杆轴力分布与桁架弯矩分布一致,通常跨中较大,而桁架支座处剪力较大,因此支座附近腹杆受力较大。

拱形钢管桁架上、下弦杆均沿拱形曲线设置,建筑造型适应性强,一般用于不同形式的拱形屋盖。拱形钢管桁架除承受一定的弯矩和剪力外,还承受较大的轴向压力,轴向压力与弯矩、剪力的相对大小取决于钢管桁架的外形(如矢跨比等)和支承条件,如果下部结构能提供刚度较大的水平约束,则钢管桁架结构内力以轴压为主,且对下部结构有较大水平推力作用。在常规竖向荷载作用下,拱形桁架上弦承受较大压力,下弦可能受拉,也可能承受较小压力,因此设计中除了要注意保证桁架上弦杆件稳定性外,有时还需要考虑桁架下弦杆件的平面外稳定性。工程中,桁架弦杆可采用弯管机直接按设计要求热弯为拱形曲管,结构曲线光滑、美观。

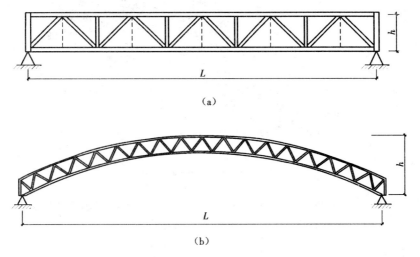

(a)

(b)

图 4 – 5 直线形钢管桁架和拱线形钢管桁架
(a)直线形钢管桁架;(b)拱线形钢管桁架

4.2 钢管桁架结构设计基本规定

4.2.1 钢管桁架结构布置

单榀设置的平面钢管桁架属于平面结构,仅能承受桁架平面内的竖向及水平荷载,平面外刚度及稳定性很差。为了构成空间稳定的结构体系,一种方法是将平面钢管桁架沿不同方向交叉布置,不同方向的平面钢管桁架承受各自平面内的竖向及水平荷载,同时为另一方向的平面钢管桁架提供平面外支撑,保证其平面外稳定性,必要时也可增设横向水平支撑,如图 4 – 6 所示;另一种方法是将平面钢管桁架沿相同方向并排布置,而在钢管桁架之间设置横向支撑及系杆或纵向桁架,由支撑系统承受平面外荷载,并维持平面钢管桁架的平面外稳定性,如图 4 – 7 所示。

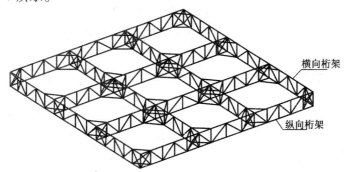

横向桁架

纵向桁架

图 4 – 6 交叉设置的平面钢管桁架结构

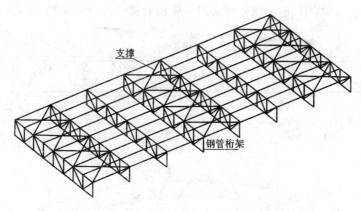

图 4 – 7 平面钢管桁架结构及其支撑系统

空间钢管桁架不仅能承受平面内荷载,在平面外也有一定的刚度和承载能力,因此单榀空间钢管桁架可以构成独立结构体系,常用于工业建筑中输送栈桥及管道支架等,如图 4 – 8 所示。更常用的做法是将空间钢管桁架沿相同方向并排布置,然后在钢管桁架之间设置支撑系统,共同构成空间结构体系,如图 4 – 9 所示。

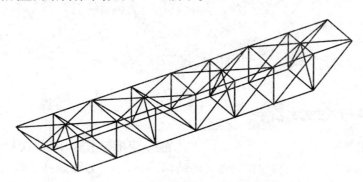

图 4 – 8 独立设置的空间钢管桁架结构

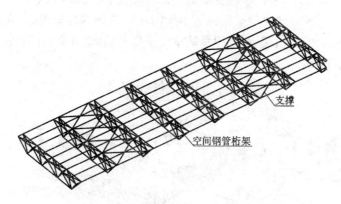

图 4 – 9 空间钢管桁架结构及其支撑系统

4.2.2 钢管桁架结构的几何尺寸

结构跨度是钢管桁架最重要的一个几何尺寸,钢管桁架结构应首先满足使用功能的要求,因此其跨度一般根据建筑设计或工艺要求,同时综合考虑结构性能、工程造价及工期等因素确定,直线形钢管桁架结构的常用跨度为 18~60 m,由于结构性能上的优势,拱线形钢管桁架结构的跨度可以超过 100 m。

结构厚度是钢管桁架的另一个主要几何尺寸,钢管桁架结构的厚度主要根据桁架刚度确定,直线形钢管桁架结构的厚度可取为其跨度的 1/16~1/12,拱线形钢管桁架结构的厚度可取为其跨度的 1/30~1/20,矢高可取为其跨度的 1/6~1/3。

钢管桁架结构的网格尺寸一般应与钢管桁架厚度及桁架腹杆布置相配合,避免桁架杆件之间的夹角过小,保证结构性能,方便相贯节点设计,必要时还应考虑屋面或楼面系统的构件布置情况。

4.2.3　钢管桁架结构分析模型

钢管桁架结构一般采用有限单元法进行荷载效应分析,以便确定结构在不同荷载及荷载组合作用下的节点位移及杆件内力。

当钢管桁架沿不同方向交叉布置时,各方向钢管桁架协同工作、共同受力,因此必须建立钢管桁架结构整体有限元模型进行荷载效应分析。当钢管桁架沿相同方向并排布置、通过支撑系统构成空间结构体系时,一般可忽略各榀钢管桁架之间的相互作用,而建立单榀钢管桁架结构有限元模型,进行竖向荷载和平面内水平荷载的荷载效应分析。

一般地,在钢管桁架杆件的节间长度与杆件外径之比不小于 12(弦杆)或 24(腹杆)时,可忽略由于节点刚度引起的杆件弯曲次应力,即钢管桁架结构的节点可视为铰接节点,杆件为轴心受力杆件,在有限元分析模型中所有杆件可以简化为杆单元。但实际工程中钢管桁架的弦杆通常连续设置,在有限元分析模型中简化为梁单元更为合理,钢管桁架腹杆采用相贯节点与弦杆焊接连接,节点也有较大刚度,因此在钢管桁架有限元分析中也有弦杆采用梁单元、腹杆采用杆单元或全部杆件均采用梁单元的做法。

以某屋盖简支三角钢管桁架结构为例进行内力分析可以反映采用不同分析模型对钢管桁架杆件内力结果的影响,钢管桁架几何尺寸如图 4-10 所示,桁架跨度 22.8 m,高度 1.4 m,宽度 1.75 m,上弦杆件采用圆钢管 $\phi 168 \times 10$,下弦杆件采用圆钢管 $\phi 245 \times 12$,最大腹杆采用圆钢管 $\phi 108 \times 8$。钢管桁架承受竖向荷载,其中恒荷载标准值为 12 kN/m,活荷载标准值为 4 kN/m,分析时均转化为节点荷载施加于上弦节点。

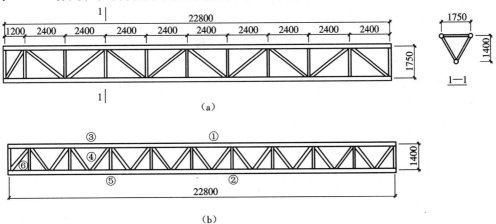

图 4-10　桁架结构示意图

(a)桁架上弦平面图;(b)桁架侧面投影图

　　建立三种有限元分析模型进行钢管桁架内力分析:完全刚接模型 A,全部杆件均为梁单元,刚接连接;半刚接模型 B,弦杆采用梁单元,连续设置,腹杆为杆单元,与弦杆铰接连接;完全铰接模型 C,所有杆件均采用杆单元,铰接连接。

　　分别选取跨中弦杆、1/4 跨度处弦杆及腹杆、端斜杆,将内力分析结果比较列于表 4-1。可以看出,采用三种分析模型得到的所有杆件轴力及轴向应力基本一致;采用模型 A 分析得到的桁架腹杆弯矩及弯曲应力很小,可以忽略不计;采用模型 A 和模型 B 分析得到的弦杆弯矩基本一致,弯曲应力大小均超过弦杆总应力的 10%。因此,建议钢管桁架结构内力分析时采用弦杆连续、腹杆与弦杆铰接连接的有限元模型。

表 4-1　钢管桁架杆件轴力(kN)、弯矩(kN·m)及应力(MPa)

杆件位置及编号		模型 A		模型 B		模型 C
		轴力(轴向应力)	弯矩(弯曲应力)	轴力(轴向应力)	弯矩(弯曲应力)	轴力(轴向应力)
弦杆	①	−462.5 (−93.2)	2.5 (13.4)	−463.3 (−93.3)	2.5 (13.4)	−469.8 (−94.6)
	②	−315.2 (−63.5)	1.4 (7.8)	−315.8 (−63.6)	1.6 (8.9)	−318.6 (−64.2)
	③	968.2 (110.0)	9.4 (16.7)	968.7 (110.0)	9.5 (16.9)	972.0 (110.7)
	④	754.3 (85.9)	6.0 (12.4)	754.7 (85.9)	6.8 (13.9)	756.0 (86.1)
腹杆	⑤	−163.8 (−65.2)	0.1 (1.0)	−168.0 (−66.9)	— (—)	−165.2 (−65.7)
	⑥	101.2 (40.2)	0.1 (2.3)	101.1 (40.2)	— (—)	100.9 (40.2)

4.2.4　钢管桁架结构容许挠度及起拱

　　用于屋盖的钢管桁架结构在恒荷载和活荷载标准组合作用下的最大挠度不宜超过短向跨度的 1/250(悬挑桁架的跨度按悬挑长度的 2 倍计算),当设有悬挂吊车等起重设备时,钢管桁架结构在恒荷载和活荷载标准组合作用下的容许挠度为短向跨度的 1/400。

　　一般情况下,拱线形钢管桁架结构刚度较大,竖向荷载作用下结构挠度很小,容易满足上述刚度要求。直线形钢管桁架跨度较大时,结构在竖向荷载作用下的挠度可能无法满足容许挠度的要求,此时可增大桁架高度或对桁架杆件截面进行调整,以减小结构挠度。增大桁架高度是增大结构刚度最有效、最经济的方法,增大杆件截面对钢管桁架结构刚度影响较小、经济性较差。

　　直线形钢管桁架跨度较大、不满足容许挠度要求,而桁架高度由于建筑、工艺等原因受限制时,可采用预先起拱的方法减小结构挠度。预起拱值可取为恒荷载和二分之一活荷载作用下钢管桁架结构的挠度值,但不宜超过钢管桁架短向跨度的 1/300。对预起拱的钢管桁架,其挠度可按恒荷载和活荷载标准组合作用下的结构最大挠度减去预起拱值计算。预起拱对钢管桁架杆件内力影响很小,设计中可以不予考虑。

4.3　钢管桁架结构的杆件设计

4.3.1　材料及截面形式

钢管桁架结构的杆件采用的钢材牌号和质量等级应符合现行国家标准《钢结构设计规范》(GB 50017)的规定,一般可采用 Q235 或 Q345 钢,由于钢管桁架为焊接结构,钢材质量等级应为 B 级或 B 级以上。

钢管桁架结构的杆件通常采用圆钢管、方钢管或矩形钢管截面,管材宜采用高频焊管或无缝钢管,高频焊管价格相对较为便宜,管件性能也能满足结构受力要求。

4.3.2　构造要求

钢管桁架结构的杆件截面应根据其内力计算确定,但圆钢管截面不宜小于 $\phi48 \times 3$,方钢管和矩形钢管截面不宜小于 □45 ×3 和 □50 ×30 ×3,对大跨度的钢管桁架结构,应适当增大杆件最小截面要求,如圆钢管最小截面不宜小于 $\phi48 \times 3.5$。

为了保证钢管桁架结构杆件的局部稳定,圆钢管的外径与壁厚之比不应超过 100 $(235/f_y)$,方钢管和矩形钢管的边长与壁厚之比不应超过 40($\sqrt{235/f_y}$)。

钢管桁架结构杆件的容许长细比不宜超过表 4 – 2 所示的数值,对于低应力、小截面的受拉杆件,宜按受压杆件控制杆件的长细比。

表 4 – 2　钢管桁架结构杆件容许长细比

杆件位置、类型	受拉杆件	受压杆件	拉弯杆件	压弯杆件
一般杆件	300			
支座附近杆件	250	180	150	250
直接承受动力荷载杆件	250			

钢管桁架的上弦杆或下弦杆一般通常采用一种截面规格,杆件需要接长时,可采用对接焊缝进行拼接,如图 4 – 11(a)所示;截面较大的弦杆拼接,宜在钢管内设置短衬管,如图 4 – 11(b)所示;轴心受压或受力较小的弦杆也可设置隔板进行拼接,如图 4 – 11(c)所示;钢管桁架弦杆的工地拼接一般可设置法兰盘采用高强螺栓连接,如图 4 – 11(d)所示。

钢管桁架结构跨度超过 24 m 时,为节省用钢量,桁架弦杆可以根据内力变化改变截面,可改变钢管壁厚,也可改变钢管直径,但相邻的弦杆杆件截面面积之比不宜超过 1.8。一般情况下,弦杆截面宜只改变一次,否则因设置接头过多反而费工甚至费料。弦杆变截面节点一般设在桁架节间,可采用锥形过渡段或设置法兰盘进行不同截面弦杆的拼接,如图 4 – 12 所示。

另外,为避免杆件钢管内部受潮、锈蚀,所有杆件钢管开口端均应焊接封口板封闭。

4.3.3　杆件设计

钢管桁架结构杆件的强度、刚度和稳定性均应按照轴心受力构件或偏心受力构件依据

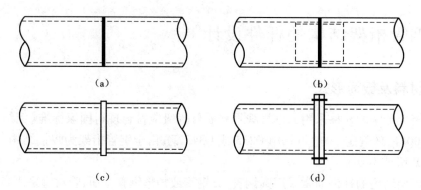

图 4 – 11 钢管桁架结构弦杆拼接

(a)对接焊缝拼接;(b)设置内衬管;(c)设置隔板;(d)采用高强螺栓

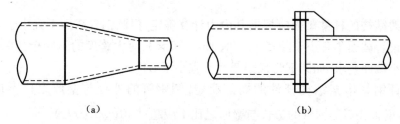

图 4 – 12 钢管桁架结构弦杆变截面拼接节点

(a)采用锥形过渡段;(b)设置法兰盘

现行《钢结构设计规范》(GB 50017)进行设计。

1. 杆件计算长度

平面钢管桁架结构的杆件应按平面内和平面外分别确定杆件计算长度。确定杆件平面内计算长度 l_{0x} 应以杆件轴线几何长度为依据,并考虑相贯节点嵌固作用,其值一般小于或等于杆件轴线几何长度,如表 4 – 3 所示。弦杆平面外计算长度 l_{0y} 应根据桁架平面外支撑设置情况确定,腹杆平面外计算长度可取杆件轴线几何长度。当桁架弦杆平面外支承间距为桁架节间长度的两倍,且两节间弦杆内力有变化时(图 4 – 13),进行该弦杆平面外稳定验算时,杆件轴力可取两弦杆轴力较大值,而杆件平面外计算长度 l_{0y} 可按下式计算:

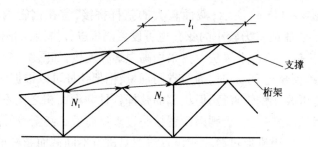

图 4 – 13 平面钢管桁架弦杆平面外计算长度的确定

$$l_{0y} = l_1\left(0.75 + 0.25\frac{N_2}{N_1}\right) \tag{4 – 1}$$

式中 N_1——较大轴向压力;

N_2——较小轴向压力或拉力,计算中压力取为正值,拉力取为负值。

空间钢管桁架结构杆件平面内、平面外计算长度都以杆件轴线几何长度为依据确定,并应考虑相贯节点嵌固作用,其值一般小于或等于杆件轴线几何长度,如表 4-3 所示。

表 4-3　钢管桁架结构计算长度 l_{0x}

钢管桁架类型	桁架弦杆		支座腹杆		其他腹杆	
	平面内	平面外	平面内	平面外	平面内	平面外
平面钢管桁架	$1.0l$	$1.0l$	$1.0l$	$1.0l$	$0.9l$	$1.0l$
空间钢管桁架	$1.0l$		$1.0l$		$0.9l$	

注:l 为杆件轴线几何长度。

2. 轴心受力构件

钢管桁架结构的腹杆及仅承受轴心力的弦杆应按轴心受力构件设计,对轴心受拉杆件,应按下式验算杆件的强度和刚度:

$$\sigma = \frac{N}{A_n} \leqslant f \tag{4-2}$$

$$\lambda = \frac{l_0}{l} \leqslant [\lambda] \tag{4-3}$$

对轴心受压杆件,应按下式验算杆件的强度、刚度和稳定性:

$$\sigma = \frac{N}{A_n} \leqslant f \tag{4-4}$$

$$\lambda = \frac{l_0}{l} \leqslant [\lambda] \tag{4-5}$$

$$\sigma = \frac{N}{\varphi A} \leqslant f \tag{4-6}$$

3. 偏心受力构件

连续构件进行内力分析或承受节间荷载时,钢管桁架结构的弦杆在承受轴向内力的同时,还承受弯矩和剪力的作用,应按偏心受力构件进行刚度、强度和稳定性验算:

$$\lambda = \frac{l_0}{l} \leqslant [\lambda] \tag{4-7}$$

$$\frac{N}{A_n} \pm \frac{M_x}{\gamma_x W_{nx}} \leqslant f \tag{4-8}$$

$$\frac{N}{\varphi_x A} + \frac{\beta_{mx} M_x}{\gamma_x W_{1x}(1 - 0.8 N/N_{Ex})} \leqslant f \tag{4-9}$$

$$\frac{N}{\varphi_y A} + \frac{\eta \beta_{tx} M_x}{\varphi_b W_{1x}} \leqslant f \tag{4-10}$$

4.4　钢管桁架结构的节点设计

4.4.1　钢管直接焊接节点形式

钢管桁架结构中,杆件通常采用直接焊接节点连接,钢管直接焊接节点设计是钢管桁架结构设计的重要环节。一定数量的支管(桁架腹杆)端部切割相贯线后,按一定的角度直接汇交并焊接在主管(桁架弦杆)上,即构成直接焊接节点,也称为钢管相贯节点。

平面钢管桁架结构的弦杆和腹杆均在同一平面内,根据节点汇交支管的数量及主、支管之间的相对位置,直接相贯节点可划分 T 型、Y 型、X 型、K 型及平面 KT 型等不同的形式,如图 4−14 所示(以圆钢管杆件为例)。

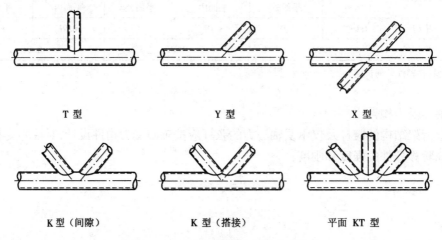

T 型　　　　　　　　　Y 型　　　　　　　　　X 型

K 型(间隙)　　　　　K 型(搭接)　　　　　平面 KT 型

图 4−14　平面钢管桁架相贯节点形式

空间钢管桁架结构的弦杆和腹杆在不同的平面内,其相贯节点的形式更为复杂,一般可以表示为平面相贯节点形式的组合,如 TT 型、TK 型、YY 型及 KK 型(图 4-15)等。

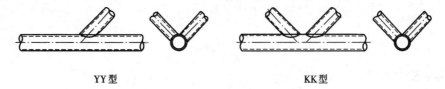

YY 型　　　　　　　　　　KK 型

图 4−15　空间钢管桁架相贯节点形式

4.4.2　相贯节点破坏模式

直接相贯节点为多根支管汇交于主管构成的空间薄壁结构,由于几何构型特殊,支管内力通过主管管壁传至节点过程中节点应力状态十分复杂,相贯线周围主管管壁应力沿环向和径向均呈不均匀分布,在鞍点和冠点位置应力最大,在支管内力的作用下,这些位置钢材将首先屈服形成塑性区,随着荷载的增大,塑性区逐渐扩大,直至节点域出现过大的塑性变形或发生断裂,节点破坏,如图4−16所示。

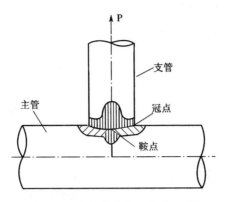

图 4 - 16　相贯节点应力分布示意图

因此,相贯节点的破坏多为节点域主管的破坏,具体破坏模式包括主管局部压溃、主管冲剪破坏及支管间主管剪切破坏,如图 4 - 17 所示。另外,相贯节点还可能因为支管、主管之间连接焊缝断裂而破坏。

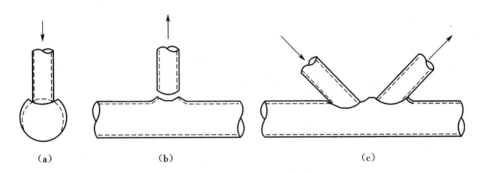

（a）　　　　　　　　（b）　　　　　　　　　　（c）

图 4 - 17　相贯节点破坏模式
（a）主管局部压溃；（b）主管冲剪破坏；（c）支管间主管剪切破坏

4.4.3　相贯节点设计承载力计算

1. 圆钢管节点承载力

主管和支管均为圆管的直接焊接节点承载力应按下列规定计算,其适用范围为 $0.2 < \beta < 1.0$, $d_i \leqslant t_i$, $d/t \leqslant 100$, $\theta \geqslant 30°$, $60° < \varphi < 120°$(β 为支管外径与主管外径之比；d_i、t_i 为支管的外径和壁厚；d、t 为主管的外径和壁厚；θ 为支管轴线与主管轴线之夹角；φ 为空间管节点支管的横向夹角,即支管轴线在支管横截面所在平面投影的夹角)。

为保证节点处主管的强度,支管的轴心力不得大于下列规定中的承载力设计值。

1) X 型节点(图 4 - 18(a))

(1)受压支管在管节点处的承载力设计值 N_{cX}^{pj} 应按下式计算：

$$N_{cX}^{pj} = \frac{5.45}{(1 - 0.8\beta)\sin\theta} \psi_n t^2 f \tag{4 - 11}$$

式中　ψ_n——参数,$\psi_n = 1 - 0.3\dfrac{\sigma}{f_y} - 0.3\left(\dfrac{\sigma}{f_y}\right)^2$,其中 f_y 为主管钢材的屈服强度,σ 为节点两侧主管轴心应力的较小绝对值,当节点两侧或一侧主管受拉时,取 $\psi_n = 1$；

　　f——主管钢材的抗拉、抗压和抗弯设计值。

　　(2)受拉支管在管节点处的承载力设计值 N_{tX}^{pj} 应按下式计算：

$$N_{tX}^{pj} = 0.78\left(\frac{d}{t}\right)^{0.2} N_{cX}^{pj} \tag{4-12}$$

　　2)T型(或Y型)节点(图4-18(b)、(c))

　　(1)受压支管在管节点处的承载力设计值 N_{cT}^{pj} 应按下式计算：

$$N_{cT}^{pj} = \frac{11.51}{\sin\theta}\left(\frac{d}{t}\right)^{0.2} \psi_n \psi_d t^2 f \tag{4-13}$$

式中　ψ_d——参数，当 $\beta \leqslant 0.7$ 时 $\psi_d = 0.069 + 0.93\beta$，当 $\beta > 0.7$ 时 $\psi_d = 2\beta - 0.68$。

　　(2)受拉支管在管节点处的承载力设计值 N_{tT}^{pj} 应按下式计算：

　　当 $\beta \leqslant 0.6$ 时

$$N_{tT}^{pj} = 1.4 N_{cT}^{pj} \tag{4-14}$$

　　当 $\beta > 0.6$ 时

$$N_{tT}^{pj} = (2 - \beta) N_{cT}^{pj} \tag{4-15}$$

　　3)K型节点(图4-18(d))

　　(1)受压支管在管节点处的承载力设计值 N_{cK}^{pj} 应按下式计算：

$$N_{cK}^{pj} = \frac{11.51}{\sin\theta_c}\left(\frac{d}{t}\right)^{0.2} \psi_n \psi_d \psi_a t^2 f \tag{4-16}$$

式中　θ_c——受压支管轴线与主管轴线的夹角；

　　　ψ_a——参数，且

$$\psi_a = 1 + \frac{2.19}{1 + 7.5a/d}\left(1 - \frac{20.1}{6.6 + d/t}\right)(1 - 0.77\beta) \tag{4-17}$$

式中　a——两支管的间隙，当 $a < 0$ 时，取 $a = 0$。

　　(2)受拉支管在管节点处的承载力设计值 N_{tK}^{pj} 应按下式计算：

$$N_{tK}^{pj} = \frac{\sin\theta_c}{\sin\theta_t} N_{cK}^{pj} \tag{4-18}$$

式中　θ_t——受拉支管轴线与主管轴线的夹角。

　　4)TT型节点(图4-18(e))

　　(1)受压支管在管节点处的承载力设计值 N_{cTT}^{pj} 应按下式计算：

$$N_{cTT}^{pj} = \psi_g N_{cT}^{pj} \tag{4-19}$$

式中　ψ_g——参数，$\psi_g = 1.28 - 0.64\dfrac{g}{d} \leqslant 1.1$，其中 g 为两支管的横向间距。

　　(2)受拉支管在管节点处的承载力设计值 N_{tTT}^{pj} 应按下式计算：

$$N_{tTT}^{pj} = N_{tT}^{pj} \tag{4-20}$$

　　5)KK型节点(图4-18(f))

　　受压或受拉支管在管节点处的承载力设计值 N_{cKK}^{pj} 或 N_{tKK}^{pj} 应等于K型节点相应支管承载力设计值 N_{cK}^{pj} 或 N_{tK}^{pj} 的9/10。

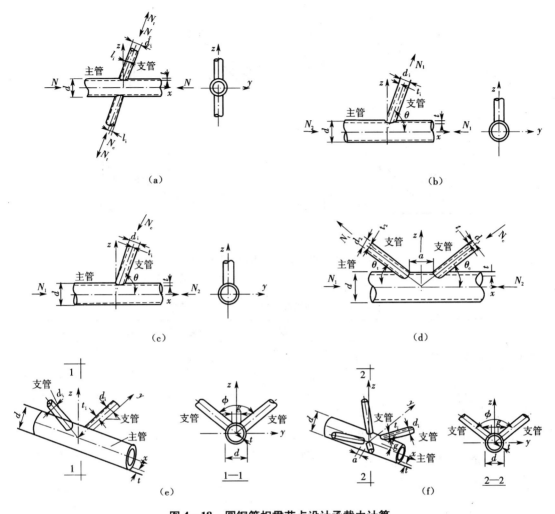

图 4 - 18　圆钢管相贯节点设计承载力计算

(a)X 型节点;(b)T 型(或 Y 型)受拉节点;(c)T 型(或 Y 型)受压节点;

(d)K 型节点;(e)TT 型节点;(f)KK 型节点

2. 矩形钢管节点承载力

矩形管直接焊接节点(图 4 - 19)的承载力应按下列规定计算,其适用范围如表 4 - 4 所示。

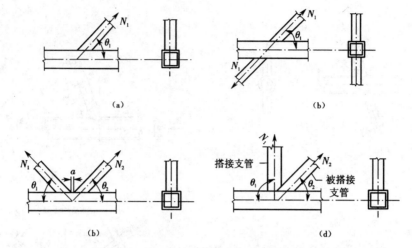

图 4-19　矩形管直接焊接平面管节点

(a)T、Y 型节点;(b)X 型节点;(c)有间隙的 K、N 型节点;(d)搭接的 K、N 型节点

表 4-4　矩形管节点几何参数的适用范围

管截面形式		节点形式	节点几何参数,$i=1$ 或 2,表示支管;j 表示被搭接的支管						
			$\dfrac{b_i}{b}$、$\dfrac{h_i}{b}$(或 $\dfrac{d_i}{b}$)	$\dfrac{b_i}{t_i}$、$\dfrac{h_i}{t_i}$(或 $\dfrac{d_i}{t_i}$)		$\dfrac{h_i}{b_i}$	$\dfrac{b}{t}$、$\dfrac{h}{t}$	a 或 O_v b_i/b_j、t_i/t_j
				受压	受拉			
主管为矩形管	支管为矩形管	T、Y、X 型	$\geqslant 0.25$	$\leqslant 37\sqrt{\dfrac{235}{f_{yi}}}$ $\leqslant 35$	$\leqslant 35$	$0.5 \leqslant \dfrac{h_i}{b_i}$ $\leqslant 2$	$\leqslant 35$	
		有间隙的 K 型和 N 型	$\geqslant 0.1 + \dfrac{0.01b}{t}$ $\beta \geqslant 0.35$					$0.5(1-\beta) \leqslant \dfrac{a}{b}$ $\leqslant 1.5(1-\beta)$ * $a \geqslant t_1 + t_2$
		搭接 K 型和 N 型	$\geqslant 0.25$	$\leqslant 33\sqrt{\dfrac{235}{f_{yi}}}$			$\leqslant 40$	$25\% \leqslant O_v \leqslant 100\%$ $\dfrac{t_i}{t_j} \leqslant 1.0$ $1.0 \geqslant \dfrac{b_i}{b_j} \geqslant 0.75$
	支管为圆管		$0.4 \leqslant \dfrac{d_i}{b} \leqslant 0.8$	$\leqslant 44\sqrt{\dfrac{235}{f_{yi}}}$	$\leqslant 50$	用 d_i 取代 b_i 之后,仍满足上述相应条件		

注:1.标注 * 处,当 $a/b > 1.5(1-\beta)$,则按 T 型或 Y 型节点计算。

2.b_i,h_i,t_i 分别为第 i 个矩形支管的截面宽度、高度和壁厚;

d_i,t_i 分别为第 i 个圆支管的外径和壁厚;

b,h,t 分别为矩形主管的截面宽度、高度和壁厚;

a 为支管间的间隙;

O_v 为搭接率,$O_v = q/p \times 100\%$;

β 为参数,对 T、Y、X 型节点,$\beta = \dfrac{b_i}{b}$ 或 $\beta = \dfrac{d_i}{b}$,对 K、N 型节点,$\beta = \dfrac{b_1 + b_2 + h_1 + h_2}{4b}$ 或 $\beta = \dfrac{d_1 + d_2}{2b}$;

f_{yi} 为第 i 个支管钢材的屈服强度。

为保证节点处矩形主管的强度,支管的轴心力 N_i 和主管的轴心力 N 不得大于下列规定的节点承载力设计值。

1）支管为矩形管的 T、Y 和 X 型节点（图 4 - 19（a）（b））

（1）当 $\beta \leqslant 0.85$ 时，支管在节点处的承载力设计值 N_i^{pj} 应按下式计算：

$$N_i^{pj} = 1.8 \left(\frac{h_i}{bc\sin \theta_i} + 2 \right) \frac{t^2 f}{c\sin \theta_i} \psi_n \tag{4 - 21}$$

式中　c——参数，$c = (1 - \beta)^{0.5}$；

　　　ψ_n——参数，当主管受压时 $\psi_n = 1.0 - \frac{0.25}{\beta} \cdot \frac{\sigma}{f}$，当主管受拉时 $\psi_n = 1.0$，其中 σ 为节点两侧主管轴心压应力的较大绝对值。

（2）当 $\beta = 1$ 时，支管在节点处的承载力设计值 N_i^{pj} 应按下式计算：

$$N_i^{pj} = 2.0 \left(\frac{h_i}{\sin \theta_i} + 5t \right) \frac{t f_k}{\sin \theta_i} \psi_n \tag{4 - 22}$$

式中　f_k——主管强度设计值，当支管受拉时 $f_k = f$，当支管受压时，对 T、Y 型节点，$f_k = 0.8\varphi f$，对 X 型节点，$f_k = (0.65\sin \theta_i) \varphi f$，其中 φ 为长细比，$\lambda = 1.73 \left(\frac{h}{t} - 2 \right) \cdot \left(\frac{1}{\sin \theta_i} \right)^{0.5}$ 为确定的轴心受压构件的稳定系数。

当为 X 型节点，$\theta_i \leqslant 90°$ 且 $h \geqslant h_i / \cos \theta_i$ 时，尚应按下式验算：

$$N_i^{pj} = \frac{2ht f_v}{\sin \theta_i} \tag{4 - 23}$$

式中　f_v——主管钢材的抗剪强度设计值。

（3）当 $0.85 < \beta < 1.0$ 时，支管在节点处的承载力设计值应按式（4 - 21）与式（4 - 22）或式（4 - 23）所得的值，根据 β 进行线性插值。此外，还不应超过下式的计算值：

$$N_i^{pj} = 2.0 (h_i - 2t_i + b_e) t_i f_i \tag{4 - 24}$$

$$b_e = \frac{10}{b/t} \cdot \frac{f_y t}{f_{yi} t_i} \cdot b_i \leqslant b_i$$

当 $0.85 \leqslant \beta \leqslant 1 - 2t/b$ 时：

$$N_i^{pj} = 2.0 \left(\frac{h_i}{\sin \theta_i} + b_{ep} \right) \frac{t f_v}{\sin \theta_i} \tag{4 - 25}$$

$$b_{ep} = \frac{10}{b/t} \cdot b_i \leqslant b_i$$

式中　h_i, t_i, f_i——支管的截面高度、壁厚以及抗拉（抗压和抗弯）强度设计值。

2）支管为矩形管的有间隙的 K 型和 N 型节点（图 4 - 19（c））

（1）节点处任一处支管的承载力设计值应取下列各式的较小值：

$$N_i^{pj} = 1.42 \frac{b_1 + b_2 + h_1 + h_2}{b\sin \theta_i} \left(\frac{b}{t} \right)^{0.5} t^2 f \psi_n \tag{4 - 26}$$

$$N_i^{pj} = \frac{A_v f_v}{\sin \theta_i} \tag{4 - 27}$$

式中　A_v——弦杆的受剪面积，且

$$A_v = (2h + \alpha b) t \tag{4 - 28}$$

$$\alpha = \sqrt{\frac{3t^2}{3t^2 + 4\alpha^2}} \tag{4 - 29}$$

$$N_i^{\text{pj}} = 2.0\left(h_i - 2t_i + \frac{b_i + b_e}{2}\right)t_i f_i \tag{4-30}$$

当 $\beta \le 1 - 2t/b$ 时,尚应小于

$$N_i^{\text{pj}} = 2.0\left(\frac{h_i}{\sin\theta_i} + \frac{b_i + b_e}{2}\right)\frac{t f_v}{\sin\theta_i} \tag{4-31}$$

(2)节点间隙处的弦杆轴心受力承载力设计值 N_i^{pj} 应按下式计算:

$$N_i^{\text{pj}} = (A - \alpha_v A_v)f \tag{4-32}$$

式中　α_v——考虑剪力对弦杆轴心承载力的影响系数,且

$$\alpha_v = 1 - \sqrt{1 - \left(\frac{V}{V_p}\right)^2} \tag{4-33}$$

$$V_p = A_v f_v$$

式中　V——节点间隙处弦杆所受的剪力,可按任一支管的竖向分力计算。

3)支管为矩形管的搭接的 K 型和 N 型节点(图 4-19(d))

搭接支管的承载力设计值应根据不同的搭接率 O_v 按下列公式计算(下标 j 表示被搭接的支管)。

(1)当 $25\% \le O_v < 50\%$ 时:

$$N_i^{\text{pj}} = 2.0\left[(h_i - 2t_i)\frac{O_v}{0.5} + \frac{b_e + b_{ej}}{2}\right]t_i f_i$$

$$b_{ej} = \frac{10}{b_j/t_j} \cdot \frac{f_j f_{yj}}{f_i f_{yi}}b_i \le b_i \tag{4-34}$$

(2)当 $50\% \le O_v < 80\%$ 时:

$$N_i^{\text{pj}} = 2.0\left[h_i - 2t_i + \frac{b_e + b_{ej}}{2}\right]t_i f_i \tag{4-35}$$

(3)当 $80\% \le O_v \le 100\%$ 时:

$$N_i^{\text{pj}} = 2.0\left[h_i - 2t_i + \frac{b_e + b_{ej}}{2}\right]t_i f_i \tag{4-36}$$

被搭接支管的承载力应满足下式要求:

$$\frac{N_j^{\text{pj}}}{A_j f_{yj}} \le \frac{N_i^{\text{pj}}}{A_i f_{yi}} \tag{4-37}$$

4)支管为圆管的各种形式的节点

当支管为圆管时,上述各节点承载力的计算公式仍可使用,但需用 d_i 取代 b_i 和 h_i,并将各式右侧乘以系数 $\pi/4$,同时应将式(4-28)中的 α 值取为零。

3. 主支管连接焊缝计算

在节点处,支管沿周边与主管相焊,焊缝承载力应等于或大于节点承载力。在管结构中,支管与主管的连接焊缝可视为全周角焊缝,但取 $\beta_f = 1$。角焊缝的计算厚度沿支管周长是变化的,当支管轴心受力时,平均计算厚度可取 $0.7h_f$。焊缝的计算长度可按下列公式计算。

1)在圆管结构中,取支管与主管相交线长度

被搭接支管的承载力应满足下式要求:

$$\frac{N_j^{\text{pj}}}{A_j f_{yj}} \le \frac{N_i^{\text{pj}}}{A_i f_{yi}} \tag{4-38}$$

当 $d_i/d < 0.65$ 时，

$$l_w = (3.25d_i - 0.025d)\left(\frac{0.534}{\sin\theta_i} + 0.466\right) \tag{4-39}$$

当 $d_i/d \geqslant 0.65$ 时，

$$l_w = (3.81d_i - 0.389d)\left(\frac{0.534}{\sin\theta_i} + 0.466\right) \tag{4-40}$$

式中　d、d_i——主管和支管外径；

　　　θ_i——支管轴线与主管轴线的夹角。

2）在矩形管结构中，取支管与主管交线长度

对于有间隙的 K 型和 N 型节点（图 4-19(c)）：

当 $\theta_i \geqslant 60°$ 时，

$$l_w = \frac{2h_i}{\sin\theta_i} + b_i \tag{4-41}$$

当 $\theta_i \leqslant 50°$ 时，

$$l_w = \frac{2h_i}{\sin\theta_i} + 2b_i \tag{4-42}$$

当 $50° < \theta_i < 60°$ 时，l_w 按插值法确定。

对于 T、Y 和 X 型节点（图 4-19(a)(b)）：

$$l_w = \frac{2h_i}{\sin\theta_i} \tag{4-43}$$

式中　h_i、b_i——支管的截面高度和宽度。

当支管为圆管、主管为矩形管时，焊缝计算长度取为支管与主管的相交线长度减去 d_i。

4.4.4　构造要求

钢管直接焊接节点的构造应符合下列要求。

(1) 主管的外部尺寸不应小于支管的外部尺寸，主管的壁厚不应小于支管的壁厚，在支管与主管的连接处不得将支管插入主管内；主管与支管或支管轴线间的夹角不宜小于 30°。

(2) 支管与主管的连接节点处，应尽可能避免偏心；偏心不可避免时，宜使偏心不超过式(4-44)的限制：

$$-0.55 \leqslant e/d\ (或\ e/h) \leqslant 0.25 \tag{4-44}$$

式中　e——偏心距，如图 4-20 所示；

　　　d——圆管主管外径；

　　　h——连接平面内的矩形管（或方管）主管截面高度。

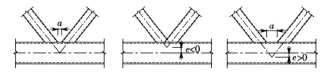

图 4-20　相邻支管的偏心和间隙

(3) 支管端部应使用自动切管机切割，支管壁厚小于 6 mm 时可不切坡口。

(4) 支管与主管的连接焊缝，应沿全周连续焊接并平滑过渡；焊缝形式可沿全周采用角焊缝，或部分采用对接焊缝、部分采用角焊缝，其中支管管壁与主管管壁之间的夹角大于或

等于120°的区域宜采用对接焊缝或带坡口的角焊缝,角焊缝的焊脚尺寸不宜大于支管壁厚的2倍。

(5)在主管表面焊接的相邻支管的间隙 a 应不小于两支管壁厚之和。

(6)钢管构件在承受较大的横向荷载部位应采取适当加强措施,防止产生过大的局部变形。构件的主受力部位应避免开孔,如必须开孔时,应采取适当的补救措施。

支管为搭接型的钢管直接焊接节点的构造应符合下列要求。

(1)支管搭接的平面 K 形或 N 形节点(图 4 – 21(a)(b)),其搭接率 $O_v = q/p \times 100\%$,应满足 $25\% \leqslant O_v \leqslant 100\%$,且应确保在搭接的支管之间的连接焊缝能可靠的传递内力。

(2)当互相搭接的支管外部尺寸不同时,外部尺寸较小者应搭接在尺寸较大者上;当支管壁厚不同时,较小壁厚者应搭接在较大壁厚者上;承受轴心压力的支管宜在下方。

(3)圆钢管直接焊接节点中,当搭接支管轴线在同一平面内时,除需要进行疲劳计算的节点、抗震设防烈度大于 7 度地区的节点以及对结构整体性能有重要影响的节点外,被搭接支管的隐蔽部位(图 4 – 21(c))可不焊接;被搭接支管隐蔽部位必须焊接时,允许在搭接管上设焊接手孔(图 4 – 21(d)),在隐蔽部位施焊结束后封闭,或将搭接管在节点近旁处断开,隐蔽部位施焊后再接上其余管段(图 4 – 21(e))。

(4)空间节点中,支管轴线不在同一平面内时,如采用搭接型连接,构造措施可参照上述相关规定。

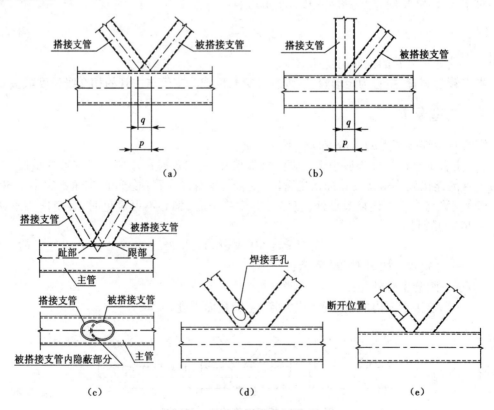

图 4 – 21　支管搭接的构造

(a)搭接的 K 形节点;(b) 搭接的 N 形节点;(c) 搭接连接隐蔽部位;
(d) 焊接手孔示意;(e) 隐蔽部分施焊搭接支管断开示意

第5章 膜结构

5.1 膜结构的发展与应用概况

　　膜结构(Membrane)是 20 世纪中期发展起来的一种新型建筑结构形式,其结构利用高强薄膜及加强构件通过一定方式使其内部产生一定的预张应力以形成某种空间形状,并能承受一定的外荷载作用的一种空间结构形式。真正现代意义上的膜结构起源于 1917 年英国人兰彻斯特提出的用鼓风机吹胀膜布用作野战医院的设想。但第一个产品的问世,是 1946 年美国人沃尔特·伯德设计制作的一个直径为 15 m 的球形充气雷达罩(图 1 – 25)。

　　在薄膜结构的发展过程中先后出现了充气式和张拉式两种形式。所谓充气式膜结构,就是利用膜内、外空气的压力差为膜材施加预应力,使膜面能覆盖所形成的空间。充气式膜结构又分为气承式和气肋式两种,两者之间的区别在于气承式是直接向膜材所覆盖的气密性使用空间注入一定压力的空气;而气肋式是向特定形状的封闭式气囊内充入一定压力的气体以形成具有一定刚度和形状的构件,再由这样的构件相互联结形成使用空间。气肋式膜结构所需注入的空气压力要比气承式的大得多,但充气量较少。充气膜结构的膜面一般为圆形或椭圆形,形式较为单一,膜面的矢跨比一般小于 0.75。

　　充气膜结构膜面上任一点的承载力(气压差)是相同的,且沿膜面的法线方向,当外荷载沿膜面的法线方向均匀满布时,膜内张力将均匀减少,膜面形状仅发生微小且均匀的变化,然而外荷载常常呈非均匀分布状态。此时膜面形状将发生较大改变以缩小室内容积和提高膜面内、外压力差来平衡外荷载,由于柔性膜材的刚度很小,不能将荷载传递至较大的范围,膜材局部变形和应变会很大,从而出现应力集中,易导致膜材撕裂。因此,大跨度充气膜结构的膜面需增加钢索,以便将荷载传递到更大范围。

　　1967 年在德国斯图加特召开的第一届国际充气结构会议,无疑给充气膜结构的发展注入了兴奋剂。随后各式各样的充气膜结构建筑出现在 1970 年大阪万国博览会上。

　　其中具有代表性的有盖格尔设计的美国馆(图 1 – 26),139 m × 78 m 无柱大厅的屋面由 32 根沿对角线交叉布置的钢索和膜布所覆盖。整个工程只用了不到 10 个月时间就完成了,该设计不仅表现了膜结构非凡的跨越能力,而且表现了其优良的经济性。

　　另一个具有代表性的建筑是日本的富士馆。它采用的是气肋式膜结构(图 5 – 1),该馆平面为圆形,直径 50 m,由 16 根直径 4 m、长 78 m 的拱形气肋围成,气肋间每隔 4 m 用宽 500 mm 的水平系带把它们环箍在一起。中间气肋呈半圆拱形,端部气肋向圆形平面外凸出,最高点向外凸出 7 m。它也是迄今为止建成的最大的气肋膜结构。

图 5 – 1　富士馆

后来人们认为 1970 年大阪万国博览会是把膜结构系统地、商业性地向外界介绍的开始。大阪万国博览会展示了人们可以用膜结构建造永久性建筑。而 20 世纪 70 年代初美国盖格尔 – 勃格公司开发出的符合美国永久建筑规范的特氟隆膜材料为膜结构广泛应用于永久、半永久性建筑奠定了物质基础。之后,用特氟隆材料做成的室内充气式膜结构相继出现在大中型体育馆中。

如 1988 年建成的日本东京后乐园棒球馆(图 5 – 2),其平面为椭圆形,对角线跨度为 204 m,屋顶高度达 61 m,其结构设计与以前美国建造的充气膜结构没有太大差别,只是采用双层膜构造并应用了先进的自动控制技术。中央计算机可以自动检测风速、雪压、室内气压以及膜和索的变形和内力,并自动选择最佳方式来控制室内气压和消除积雪,从而保证了膜结构的安全与正常使用。但由于运行费用昂贵,经营者几乎不堪重负。

图 5 – 2　东京后乐园棒球馆

1992 年建成的日本熊本公园穹顶(图 5 – 3),在屋盖中央部分采用了悬挂式充气膜结构,该部分实际上是一直径为 107 m 的整体性气肋屋盖,并在内部增加了车辐式双层索网,这种组合保证了充气膜一旦漏气,屋盖还有钢索支承不至于塌落。将充气膜结构与其他技术相结合,应用先进的自动控制技术,加上充气膜结构的低造价等因素,都可能使它重新受到人们的关注。

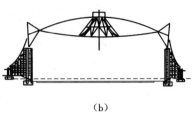

（a）　　　　　　　　　　　　　　　　　（b）

图 5 - 3　熊本公园穹顶

（a）外景图；（b）剖面图

　　20 世纪末,人们为了迎接千禧年的到来,在伦敦的格林尼治半岛北端建造了千年穹顶（图 1 - 41）,以供举行千年庆典使用。穹顶周长 1 km,直径 365 m,覆盖面积 10 万 m², 中心高度 50 m,由 12 根 100 m 高的钢桅杆将圆球形膜屋顶吊起,这座穹顶集中体现了 20 世纪建筑技术的精华。

　　张拉膜结构就是通过给膜材直接施加预拉力使之成为具有刚度并承担外荷载的结构形式。当结构覆盖空间的跨度较小时,可通过膜面内力直接将荷载传递给边缘构件,即形成整体式张拉膜结构;当跨度较大时,由于既轻且薄的膜材本身抵抗局部荷载的能力较差,难以单独受力,需要与钢索结合,形成索膜组合单元,当跨度更大时,可将结构划分成多个较小单元,形成多个整体式张拉膜单元或索膜组合单元的组合结构。当然,多个单元的组合有时是建筑功能和造型上的要求,而非结构上所必须。

　　实际上,在膜结构的应用过程中,索一般是必不可少的,但应当指出的是在充气膜结构和张拉膜结构中钢索的作用不尽相同。对于充气膜结构,钢索主要是加劲作用,而对于张拉膜结构,钢索与膜材一样均为主要受力构件,因此也将张拉膜结构称为张拉索膜结构。

　　张拉索膜结构和其他刚性结构的不同首先表现为所使用的主要材料本身不具有刚度和形状,即在自然状态下不具有保持固有形状和承载的能力,只有对膜材和索施加预应力后才能获得结构承载所必需的刚度和形状。当然,预应力大小与分布决定了结构的刚度和形状,因此其设计过程首先是寻求满足建筑功能要求的理想几何外形及合理应力状态这两个未知数的过程,成为形态分析。可以看出,结构形体并非仅由建筑设计所决定,亦由受力状态所制约。

　　张拉形式膜结构的先行者是德国的奥托。20 世纪 50 年代,德国建筑师奥托创立了预应力膜结构理论,并在帐篷制作公司的支持下完成了一系列张拉膜结构。奥托的第一个现代张拉膜结构是 1955 年为德国联邦园艺博览会设计的一个临时性音乐台（图 5 - 4）。1957 年他又为另一届联邦园艺博览会设计了更复杂的场馆入口挑篷及音乐台。

图 5 - 4　德国联邦园艺博览会音乐台

　　随后,奥托将张拉索 - 膜结构技术又向前推进一步,把索网引入张拉膜结构中,1967 年设计完成的加拿大蒙特利尔博览会的德国馆就是其中一例(图 5 - 5)。该结构平面变化非常自由,索网屋面或支或挂在 11 根布置灵活的桅杆上,整个建筑形式给人以强烈的艺术感染力,使其成为 20 世纪最具有影响的建筑之一。德国馆的成功也使得建筑师奥托享誉世界。

图 5 - 5　加拿大蒙特利尔博览会德国馆

　　继德国馆之后,1972 年奥托与贝尼奇合作完成的慕尼黑奥林匹克中心(图 5 - 6),又成为一力作。该结构的形式与德国馆类似,不过在该设计中解决了柔性索网屋面与刚性玻璃幕墙的连接构造问题,使游泳馆成为全封闭的室内空间。这两个设计向人们展示了柔性张拉结构及其丰富的艺术表现力,也使得奥托成为膜结构技术的先驱者。

图 5-6 慕尼黑奥林匹克体育中心

由于张拉膜结构是通过边界条件给膜材施加一定的预张应力,以抵抗外部荷载的作用,因此在一定初始条件(边界条件和应力条件)下,其初始形状的确定、在外荷载作用下膜中应力分布与变形以及怎样用二维的膜材料来模拟三维的空间曲面等一系列复杂的问题,都需要由计算来确定,所以张拉膜结构的发展离不开计算机技术的进步和新算法的提出。目前,国外一些先进的膜结构设计制作软件已非常完善,人们可以通过图形显示看到各种初始条件和外荷载作用下的形状与变形,并能计算任一点的应力状态,使找形(初始形状分析)、裁剪和受力分析集成一体化,使得膜结构的设计大为简便,它不但能分析整个施工过程中各个不同结构的稳定性和膜中应力,而且能精确计算由于调节索或柱而产生的次生应力,完全可以避免各种不利荷载工况产生的不测后果。因此,计算机技术的迅猛发展为张拉膜结构的应用开辟了广阔的前景,而特氟隆膜材料的研制成功也极大地推动了张拉膜结构的应用。

1973 年建筑师谢弗为美国加利福尼亚州拉凡尔纳学院设计的单桅杆中心支撑体系的凡尔纳学生活动中心是第一个采用 PTFE 膜材的薄膜结构(图 5-7)。这个后来被称为超级帐篷的活动中心深受学生们的喜爱,并成为当地的标志性建筑。使用 20 余年后对其进行测试的结果表明,其形状及受力性能仍处于良好状态。遗憾的是由于受当时防火规范的限制,膜屋面下加挂了绝缘层,使膜材的透光性能没有得到发挥。

图 5-7 拉凡尔纳学院学生活动中心

当大卫·盖格尔致力于研究充气膜结构时,其长期合作者霍斯特·伯杰则偏爱于张拉膜结构的设计。继 1976 年美国费城 200 周年庆典工程成功后,霍斯特·伯杰几乎参与了当时所有最具有影响的张拉膜结构工程,如 1981 年的沙特阿拉伯麦加朝圣国际机场(图 5-8),它由 2 组各 5 排共 210 个锥形膜单元组成,单元平面尺寸为 45 m×45 m,覆盖总

面积达 $47 \times 10^4 \, m^2$。1985 年的沙特阿拉伯利雅得体育场(图 1 - 27),看台挑篷由 24 个连在一起的形状相同的单支柱帐篷膜单元组成,外径达 288 m,每个膜篷体量巨大,其约 60 m 高的支柱直径达 2 m。在 1989 年的美国圣·迭戈会议中心霍斯特·伯杰首次使用了"飞柱"(图 5 - 9),由 5 个 91.5 m×18.3 m 的张拉膜单元形成了宽敞无柱的大空间。该会议中心包括展览厅、音乐厅及宴会厅等,素有美国的"悉尼歌剧院"之美称,这是建筑师霍斯特·伯杰最优秀的设计作品之一。1993 年的美国丹佛国际机场候机大厅(图 1 - 28),被认为是寒冷地区大型封闭张拉膜结构的成功范例,其平面尺寸为 305 m×67 m,由 17 个连成一排的双支帐篷膜单元屋顶所覆盖,屋顶由双层 PTFE 膜材构成,中间间隔 600 mm 的空气层,保证了大厅内温暖舒适并且不受飞机噪声的影响。设计中采用直径达 1 m 的充气软管解决了膜屋面与幕墙之间产生相对位移时的构造连接问题。

图 5 - 8　沙特阿拉伯麦加朝圣国际机场

图 5 - 9　美国圣·迭戈会议中心

　　自 1995 年以来,薄膜结构在我国的应用也日益增多,较大的膜结构已初具规模,还有为数众多的小型建筑。与国外膜结构发展相似,此间体育建筑,如上海体育场(图1 - 30)和威海体育场(图 5 - 10)起了催化作用,1997 年建造的上海体育场,虽然借助了外国的力量,但对中国膜结构发展的影响甚为深远。自 1997 年以来,膜结构以每年平均 20% 的速度增加,到 2001 年已达到每年 12 万 m^2 的规模。

图 5 - 10　威海体育场

　　膜材为柔性材料,只能承受拉力,所以薄膜结构在面外荷载作用下产生的弯矩、剪力需通过结构的变形而转换成面内拉力。当结构的初始曲率较小时,面内拉力会很大。为防止膜内拉力过大,结构的形状应保证具有一定的曲率,即薄膜结构必为曲面形状,这就极大地丰富了人们对建筑空间与造型的想象力。

　　张拉膜结构建筑既有造型独特的外观,又有梦幻般的内部空间,它充满张力的曲线、变化的膜体、标准化加工的结构构件、高度灵活的支承方式都极大地丰富了建筑外形的创作词汇。大跨度无柱室内空间光线明亮而柔和,置身其中有犹如置身室外的自然亲切之感。膜结构给室内外空间与环境带来了全新的视觉感受,膜建筑所造成的视觉效果是其他结构形式难以替代的。虽然膜结构建筑因其独特造型而受到人们的关注,同时其优良的性能及建造的方便快捷也是其得到广泛应用的至关重要的因素,而且在应用中膜结构还表现出了很大的可塑性。工程规模大到数万平方米的候机大厅,小到十几平方米的建筑,既可作为临时性建筑,又可作为永久性建筑,应用的建筑类型包括了我们生活、学习、工作、娱乐等各个方面。这种结构形式不但适合体育、娱乐、交通运输、科学研究等大跨度建筑采用,而且在旅馆、办公楼等多、高层建筑中也可应用。它不仅适用于民用建筑,而且也适用于工业厂房和仓储建筑。从地域上看,薄膜结构已不局限于温暖潮湿的气候条件,在寒冷与炎热地带也得到了广泛的应用,如在日本北到北海道、南到冲绳岛屿都有大量的膜结构工程。

　　索膜建筑经历了半个世纪的发展,现已成为一种成熟的结构体系。它把结构逻辑与技术手段作为建筑艺术表现的基础,达到了更高层次上的建筑与技术的统一。由于能充分利用取之不尽的太阳能源,薄膜结构已经成为 21 世纪"绿色建筑体系"的宠儿。随着膜材性能及再利用技术的不断开发,新的结构形式的不断发展,索膜建筑展示出更为强大的生命力。

　　竣工的国家体育场"鸟巢"(图 1-32)和国家游泳中心"水立方"(图 1-31)膜结构采用 ETFE 膜材,是目前国内最大的 ETFE 膜材结构建筑,膜材采用进口产品。其中,"鸟巢"采用双层膜结构,外层用 ETFE 防雨雪防紫外线,内层用 PTFE 达到保温、防结露、隔音和光效的目的。而"水立方"采用双层 ETFE 充气膜结构,共 1 437 块气枕,每一块都好像一个"水泡泡",气枕可以通过控制充气量的多少,对遮光度和透光性进行调节,有效地利用自然光,节省能源,并且具有良好的保温隔热、消除回声作用,为运动员和观众提供温馨、安逸的环境。还有上海世博会的中国航空馆(图 5-11)、深圳大梅沙体育馆(图 5-12)以及广州亚运会的主比赛场馆(图 5-13)都是新世纪中国膜结构的标志性建筑。

图 5-11　中国航空馆

图 5-12　深圳大梅沙体育馆

图 5 − 13 广州亚运会比赛馆

5.2 膜材的种类

现代建筑膜材均为复合材料,一般由中间的纤维纺织布基层和外涂的树脂涂层组成,称为涂层织物(图5 − 14),应用于结构中的膜材,其基层是受力构件,起到承受和传递荷载的作用,而树脂涂层除起到密实、保护基层的作用外,还具备防火、防潮、透光、隔热等性能。

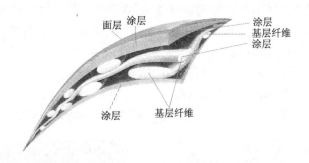

图 5 − 14 建筑膜材示意图

膜材涂层,目前已生产出多种树脂涂层材料,如聚氯乙烯(PVC)、聚四氟乙烯(PTFE)、硅酮、聚氨酯等,其中前三者为建筑膜材,是常用的树脂涂层材料。聚氯乙烯(PVC)应用最早,有多种颜色可供选用,柔韧性能较好,可卷折,使用方便,易与其他构件连接;但其抗紫外线能力较差,在太阳光的长期照射下,易于发生化学变化,造成灰尘、油渍的附着,且不易清洗,自洁性差,进而降低透光率。因此,外涂聚氯乙烯的膜材一般应用于临时性建筑。为了克服上述缺点,可在 PVC 涂层外涂敷化学稳定性更好的附加面层,如聚偏氟乙烯(PVDF)、聚氟乙烯(PVF)等,这样会使膜材的自洁性得到较大提高。目前,涂敷了 PVDF 的 PVC 膜材已应用于半永久性及永久性结构。

膜材基层,可供选择的基层纤维品种也有很多,如碳纤维、Kevlar 纤维、聚酯纤维、玻璃纤维等,根据建筑结构使用强度的一般要求,建筑膜材的基层纤维一般选用玻璃纤维或聚酯纤维。玻璃纤维一般由石英、钙、硼、铁、氧化铅等成分组成,弹性模量和强度均较高,徐变小,属脆性破坏材料;湿热环境对其力学性能具有一定的影响,但这种影响会通过涂层的覆盖而减弱,聚酯纤维在拉力和紫外线的长期作用下会有较大的徐变,容易造成膜面皱褶,进而使灰尘、异物在皱褶处聚集,影响感观效果及透光率。

　　膜材铲平,将各种纤维基层与树脂涂层相结合可得到多种建筑膜材,常用的有 PTFE 膜、PVC 膜和外涂硅酮的玻璃纤维膜。膜材厚度一般为 1 mm 左右,自重为 1 kg/m² 。 PTFE 膜材一般用于永久性建筑,PVC 膜材一般用于临时性建筑。由于 PTFE 膜材对加工及施工工艺方面的要求较高,在我国尚未得到广泛应用。目前,国内应用较多的是含 PVDF 面层的 PVC 膜材,一般认为 PVDF 可显著改善 PVC 膜材的抗紫外线能力,提高自洁性,使用寿命可达 15 年以上。同时国内有关单位也正积极对 PTFE 膜材进行开发,随着膜材科学技术的不断进展,各类新型膜材不断涌现,目前已得到一定范围应用的有 ETFE、THV 等。

　　PTFE 是美国杜邦公司于 20 世纪 70 年代开发的专利性产品,它为惰性材料,抗紫外线能力强,透光性和自洁性好,寿命长(25～30 年),具有可焊性,是永久性建筑的良好选材;但其刚度较大,运输及施工中的卷、折会使膜材强度降低,故施工方便性较差,而且在变形过程中易产生微细裂缝,使水分侵蚀基层纤维,降低基层纤维的强度和使用寿命。因此,一般在基层和 PTFE 面层间加涂硅酮防水层,硅酮是晚些时候开发出来的新型涂层材料,其柔韧性、透光性和防水性均好、施工安装方便,但自洁性比 PTFE 差、可焊性不良、拼接较困难。

　　玻纤 PVC 建筑膜材开发和应用得比较早,通常规定 PVC 涂层在玻璃纤维织物经纬线交点上的厚度不能少于 0.2 mm,一般涂层不会太厚,达到使用要求即可。为提高 PVC 本身耐老化性能,涂层常常加入一些光、热稳定剂,浅色透明产品宜加一定量的紫外线吸收剂,深色产品常加炭黑作稳定剂。另外,对 PVC 的表面处理还有很多方法,可在 PVC 上层压一层极薄的金属薄膜或喷射铝雾,用云母或石英来防止表面发黏和沾污。

　　玻纤有机硅树脂建筑膜材具有优异的耐高低温、拒水、抗氧化等特点,该膜材具有高的抗拉强度和弹性模量,另外还具有良好的透光性。美国欧文斯克宁公司开发的 Vestar 膜材就是采用这种树脂对玻璃纤维布涂覆而制成的,目前这种膜材应用的不多,生产厂家也较少。

　　玻纤合成橡胶建筑膜材(如丁腈橡胶、氯丁橡胶)韧性好,对阳光、臭氧、热稳定,具有突出的耐磨损性、耐化学性和阻燃性,可达到半透明状态,但由于容易发黄,故一般用于深色涂层。

　　膨化 PTFE 建筑膜材,由膨化 PTFE 纤维织成的基布两面贴上氟树脂薄膜即得膨化 PTFE 建筑膜材。由于它的造价太高,一般的建筑考虑到成本和性能两方面,很少选用这种膜材,目前国外的生产厂家也不多。

　　ETFE 建筑膜材由 ETFE(乙烯－四氟乙烯共聚物)生料直接制成。ETFE 不仅具有优良的抗冲击性能、电性能、热稳定性和耐化学腐蚀性,而且机械强度高、加工性能好。近年来,ETFE 膜材的应用在很多方面可以取代其他产品而表现出强大的优势和市场前景。这种膜材透光性特别好,号称"软玻璃",质量轻,只有同等大小玻璃的 1%;韧性好、抗拉强度高、不易被撕裂,延展性大于 400%;耐候性和耐化学腐蚀性强,熔融温度高达 200 ℃;可有效地利用自然光,节约能源;良好的声学性能;自清洁功能使表面不易沾污,且雨水冲刷即可带走沾上的少量污物,清洁周期大约为 5 年。另外,ETFE 膜可在现场预制成薄膜气泡,方便施工和维修。ETFE 也有不足,如外界环境容易损坏材料而造成漏气、维护费用高等,但是随着大型体育馆、游客场所、候机大厅等的建设,ETFE 更突显出自己的优势。目前生产这种膜材的公司很少,只有日本旭硝子涂料株式会社(ACR)、德国科威尔(KEWILL)等少数几家公司可以提供 ETFE 膜材,这种膜材的研发和应用在国外发达国家也不过十几年的历史。

膜材产品的抗紫外线能力、透光性、自洁性、保温性和隔音性是选用时需考察的主要建筑物理指标。建筑结构必然长期暴露在阳光下,故膜材应具有较强的抗紫外线能力。膜材均具有一定的透光性,但不同产品差异较大。膜材本身的保温、隔音性能并不优良,采用有空气夹层的双层膜可使其性能得到改善。自洁性是指膜面在雨水冲刷下的自我清洁能力,因此膜材涂层一般采用惰性材料,以保证其与环境杂质中的灰尘、有机污渍不易结合。

结构的自洁性除与材料本身的自洁性有关外,还与所处环境及建筑设计有关,膜材的自洁性只为结构自洁性提供了必要的物质基础,只有良好的设计(如增加曲面斜率以提高雨水冲刷速度等)才能使其自洁性能得以充分发挥。当环境比较恶劣、污染较重或建筑曲面较平坦时,为保持建筑物的感官效果,定期进行人工清洗是十分必要的。

膜材是半透明织物,对自然光有反射,具有吸收和透射能力,其透光率一般为 4% ~ 16%,晴天室内照度达到 1 000 ~ 2 000 lx,雨天也可达 500 lx,可使白天室内无须人工照明,充足的日光既能节约照明耗能,又能提供植物生长所需的光照,从而创造良好的室内环境与气氛。而它对光的反射性能可减少热量的获得,改善炎热地区室内居住环境,降低空调耗能。

然而,由于膜材质轻、热工性能较差,当膜结构用于寒冷地区尤其是游泳池、植物园等建筑时,应采取必要的防结露措施,如加强室内通风等。寒冷地区的膜结构应采用双层膜,中间形成空气层以利于膜屋顶隔热保温。如 1993 年建造的美国丹佛机场候机大厅膜屋顶就采用了双层膜结构,如果夹层中夏天输冷气、冬天吹热风,还可进一步增强双层膜的降温和保暖作用;夹层中若填入透光性玻璃棉等隔热材料,将进一步提高其保温隔热效果,从而为膜结构更广泛地应用到不同地域、不同气候环境中提供了十分有利的条件。

5.3　张拉索膜结构的基本单元及组合

由索膜两种材料组成的张拉索膜结构为组合结构,其曲面为连续折线曲面,一般不能用统一的平衡方程表示,但索可以看作是薄膜曲面的柔性边界,索与索之间的膜面应为负高斯光滑曲面,类锥形旋转面和鞍形滑移面为其基本形式,可采用圆形、四边形或多边形等多种平面形式。通过基本曲面形式的拓展和组合可得到形态各异的薄膜曲面(图 5 - 15)。

靠膜面内、外的气体或液体形成的压力差成型、施加预应力和保持稳定的膜结构,称为正高斯曲率张力膜结构。膜面内力与其曲率成比例,曲率半径越大,膜面内力越大。按照流体静力学形成的结构是自然界中最有效的荷载分配体系,大致有气承式、气枕式以及静水压力成型结构等。

气承结构是由膜面内、外压差来稳定形状的正高斯张力曲面的膜结构。内、外压差可通过鼓风机向气密膜材覆盖的空间内送风而实现。气承结构不需要诸如墙、柱、拱等刚性构件作为支承。从而使其成为建筑史上最轻质、最简约的人工结构,其理论跨度可达几千米。

气枕式结构也是靠膜内、外压差来承载的。气枕及其组合可用作屋面或立面等围护结构。

膜结构也可以通过静水压力成型。静水压力随高度的变化而改变,可使结构呈现不同的形态。水滴状膜面在同一平面上的压力相等,在压力较小的上部结构径向曲率半径较大,在压力较大的下部结构其值逐渐变小。

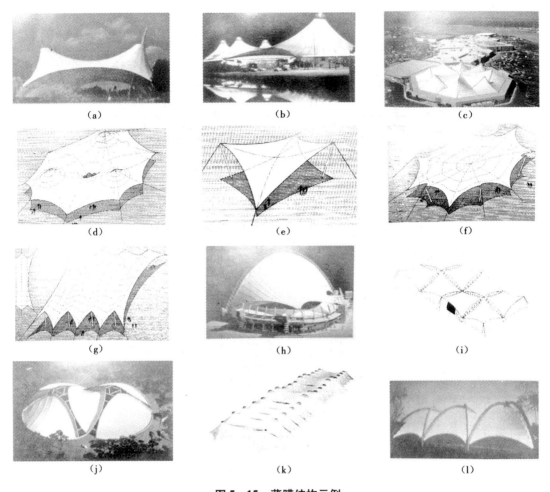

图 5 – 15　薄膜结构示例

(a)双锥体;(b)多锥体;(c)锥体环绕式;(d)正、倒锥组合;
(e)简单鞍形曲面;(f)曲面鞍形辐射布置;(g)鞍形曲面平行布置;
(h)拱形曲面;(i)、(j)、(k)、(l)组合曲面

5.4　结构的支承体系

　　结构支承体系的布置应保证所形成的索膜结构曲面为负高斯曲面或分片负高斯曲面的组合,同时将膜内预应力及荷载产生的内力传递到基础和地基。张拉索膜结构的支承体系大体可分成将膜内应力直接导入基础的边界支承和将膜内应力导入边界支承的跨内支承体系(图 5 – 16)。

　　封闭性建筑的边界支承一般采用连续刚性构件,即将膜边界直接与下部结构或邻近结构的刚性构件(如圈梁等)相连接,形成自平衡体系(图 5 – 17)。

　　对于开敞式结构,边界支承一般采用柔性体系,即膜材边界通过边索将膜内力汇至节点,通过斜拉索将内力传入基础(图 5 – 18)。当斜率较小时,斜拉索向外扩展距离较大,会占用较大空间,此时宜在节点处增加支杆以改变斜拉索方向、缩小结构占用空间。

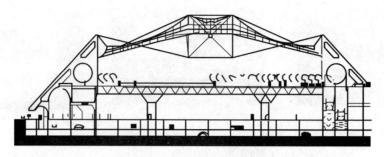

图 5 – 16　膜结构的支承体系

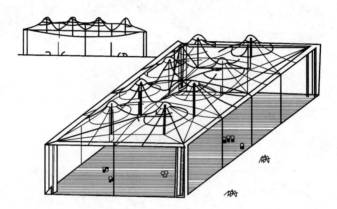

图 5 – 17　刚性边界

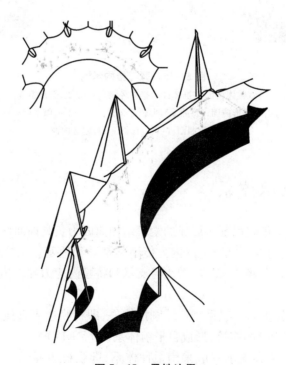

图 5 – 18　柔性边界

　　跨内支承有内、外两种基本形式。所谓内支,即在跨内支承点处直接布置支杆(图5-19)、拱(图5-20)等刚性构件将荷载传入基础,或将支杆设计成飞柱通过其他构件将荷载传至支承边界(图5-21)。所谓外吊,即在跨内支点处设外吊点,将内部支承改为外部支承以增加结构净跨,吊点可多点布置(图5-22),亦可单独布置(图5-23)。

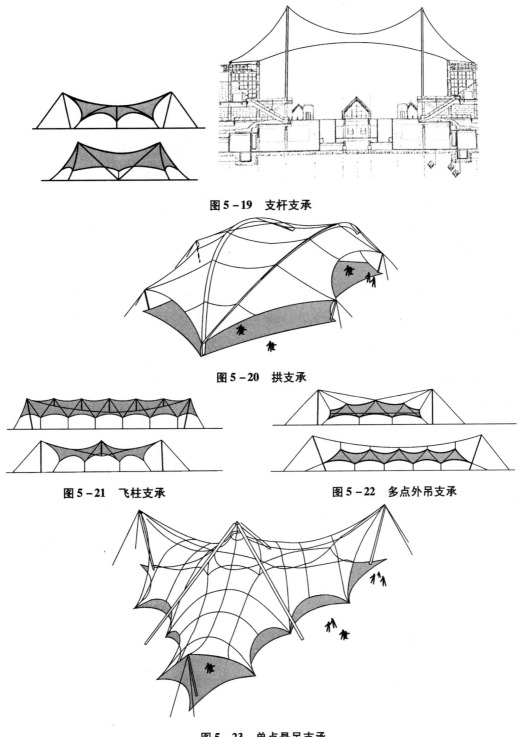

图 5-19　支杆支承

图 5-20　拱支承

图 5-21　飞柱支承　　　　　　图 5-22　多点外吊支承

图 5-23　单点悬吊支承

支承体系除传递荷载外,也是室内装饰的重要组成部分,因为透光的膜屋面上屋面支承体系的拓扑构型十分突出,例如日本秋田的天空穹顶的支承骨架由相互垂直交叉的拱构成,其主拱的排列可从两侧向中央逐渐加宽,形成富于动感的观赏效果(图5-24)。

图5-24　秋田天空穹顶

5.5　张拉索膜结构的裁剪、连接与节点

张拉索膜结构是由膜片、钢索、刚性支承、基础等结构构件通过节点的有效连接而成。在张拉索膜结构中曲面是由裁剪条元拼接而形成,因此要保证结构的安全、可靠,就必须做好膜与膜、膜与索的连接及索节点。结构通过支承体系将索、膜内的预拉力及荷载作用下产生的内力导入基础,因此索、膜与支承体系之间的节点也是结构的重要组成部分。力交汇于节点,通过节点间的连接来传递。连接和节点不仅要有清晰的传力路径,而且应具有足够的强度、刚度和耐久性,保证连接和节点不先于主体材料和构件破坏。节点和连接还应具有一定的灵活性和自由度,以保证索膜结构在荷载作用下产生较大变形和位移时可靠地传递荷载。另外,张拉膜结构导入预应力的节点应设计为可调式生死节点,以保证膜在张力作用下产生徐变时的二次张拉作业,使索、膜内预应力保持在一定的水平上。膜结构大部分为室外工程,连接与节点会暴露于室外,应具备良好的防水性能。膜结构的裁剪、连接与节点的形式对人们的室内外空间的感受有很大的影响,同时还可以体现人们的社会文化价值和审美观念。可见裁剪、节点与连接设计是整个结构设计的重要部分,对裁剪、节点与连接的设计是设计者对结构逻辑性与艺术性的理解和表达。裁剪、节点与连接的设计要基于厚实的理论沉淀和丰富的工程经验,是设计者设计理念的综合表达。

5.5.1　膜材的裁剪

由于张拉索膜结构所用膜材是平面卷材,而其结构一般为不可展开分片光滑连续折曲面,因此需要将平面膜材按特定的设计要求进行裁剪,然后再拼接成近似的空间曲面。由于透光膜顶的形式不易被观察出来,但是膜材拼缝在透光顶棚上形成的暗条却可从室内清楚地看到。因此,膜材的裁剪不仅要符合膜材的受力要求,而且要满足视觉美观要求。裁剪拼缝有助于人们对屋顶形式及尺度的理解,并增加膜顶形状的可读性,所以膜面拼缝形成的图案是一种重要的室内外装饰手段,是表现空间的有力工具。如国家游泳中心"水立方"是世界上最大的膜结构工程,内外表面都采用了膜结构,裁剪设计表现为细胞排列形式和肥皂泡天然结构,酷似水分子,表面覆盖的 ETFE 膜赋予了建筑冰晶状的外貌,使其具有独特的视觉效果和感受,轮廓和外观变得柔和,水的神韵在建筑中得到了完美的体现(图 1 – 31)。Medina 清真寺院子中的遮阳棚的裁剪设计具有典型的穆斯林建筑风格,裁剪造型为漏斗状伞顶形,完美地将结构逻辑性与艺术性统一在一起(图5 – 25)。

图 5 – 25　Medina 清真寺

5.5.2　膜材与膜材的连接

膜材条元之间的连接有黏合连接、热合连接、缝合连接、螺栓连接、束带连接和组合连接等多种方式。目前,主要的膜材连接多采用高频热合连接,现场连接壳采用束带连接、螺栓连接或黏合连接等。膜材条元之间的连接应可靠传递膜面应力,并使之具有防水能力。

1. 黏合连接

通过膜片之间的黏合剂或化学溶解涂层来传递膜内力的连接方式叫黏合连接,其主要有搭接、单覆层对接等多种方式(图 5 – 26)。

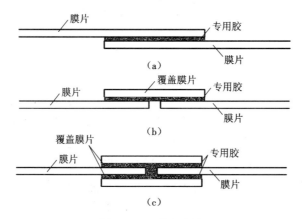

图 5 – 26　黏合连接
(a)搭接;(b)单层覆盖膜片;(c)双层覆盖膜片

当采用黏合连接时,其搭接及覆盖膜片的宽度应根据膜内应力和黏合剂的强度来计算。黏合剂的性能是影响连接防水性的决定性因素。双覆盖膜片对接不仅可以提高强度,还可使膜内力对称传递。黏合连接主要适用范围:现场临时修补,强度要求较低,无法采用其他连接方式,其他方式的造价远高于黏合连接等。

2. 热合连接

将膜边搭接区内两膜材上的涂层加热使其融合,并对其施加一定时间的压力,使两片膜材牢固地连接在一起的连接方式叫热合连接。热合连接有搭接、单覆层对接、双覆层对接和双覆层错开对接等多种形式(图5-27)。

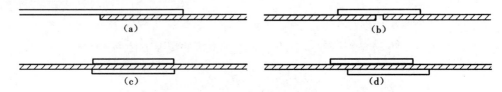

图5-27　热合连接

(a)搭接;(b)单覆层对接;(c)双覆层对接;(d)双覆层错开对接

热合连接的加热方式有热气焊和高频焊两种,目前后者应用较多。实验表明,当热合缝的宽度大于5 cm时,热合连接的连接强度可达到母材强度,并且能满足防水要求,而且热合连接的施工工艺相对简单、造价低,使得高频热合连接成为目前应用最多的一种膜材连接方式。其中,双覆层错开对接可以降低荷载传递的不连续性,可以在应力较高的情况下使用。

3. 缝合连接

膜材缝合连接是一种古老的连接方式,其主要特点是比其他连接方式更经济,而且施工质量更容易控制。缝合连接有平缝、折缝、双层折缝等连接方式(图5-28)。

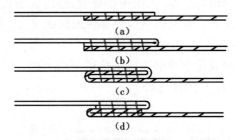

图5-28　缝合连接

(a)平缝;(b)折缝;(c)双层折缝(类型a);(d)双层折缝(类型b)

在缝合连接中,荷载是通过缝合线及摩擦力传递的。传递荷载大小的影响因素有缝合线的强度、母材的撕裂强度、缝合线数、缝合宽度等。当缝合宽度和缝合线数量达到一定值后再增加缝合宽度和线数其承载力不会再继续增加。当受到较大应力缝合连接时,外缝可能较内缝先行破坏。在缝合连接中连接区域越厚,其防水能力越强;另外,由于连接区域两侧膜的拉力不在一个平面内,连接区域越厚,其抗撕裂能力就较差。因此,缝合连接的适用范围为不能应用其他连接方式和膜内应力较小或非受力性构造。

4. 螺栓连接

螺栓连接的荷载传递大部分通过边绳挤压从一侧传至另一侧,少部分通过金属垫板与膜材之间的摩擦来传递(图5-29)。边绳主要为直径5~8 mm的PVC纤维丝或相同直径的钢质材料。螺栓连接的螺栓直径不宜太小,以保证对金属板有足够大的压力,使金属板能将边绳卡住。金属板需具有一定的刚度,以便使螺栓施加的压力均匀分布在膜面上。为了防止膜材与金属连接件在荷载作用下的变形不协调导致膜材的破损,金属垫板不宜太大,其长度应小于 150 mm。当螺栓连接的连接边界的曲率较大时,为防止垫板之间的挤压和摩擦而导致膜材破损,金属垫板的长度应不大于 80 mm,金属垫板间宜留有 6 ~ 10 mm 的空隙。膜材上预留的螺栓孔应比螺栓杆的直径大,以防止膜材在螺栓孔处因应力集中而可能导致的撕裂。另外,为了使金属垫板与膜材能紧密接触,应在金属垫板和膜材间增加膜材垫片或弹簧压片(图 5 - 30 和图 5 - 31)。由于螺栓连接本身防水性较差,对于防水要求较高的建筑可在螺栓连接外加防水边绳(图 5 - 32)。螺栓连接一般在施工现场不具备热合条件,而且结构规模较大需将结构分成几部分运至现场后进行拼接的情况下使用。

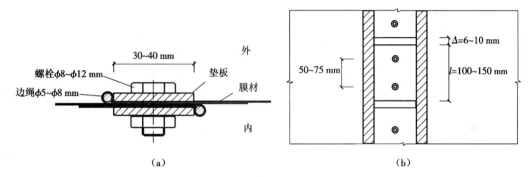

图 5 - 29　螺栓连接

(a)侧视图;(b)俯视图

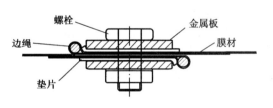

图 5 - 30　加垫片的螺栓连接

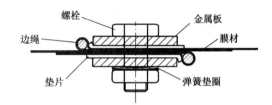

图 5 - 31　加垫片和弹簧垫圈的螺栓连接

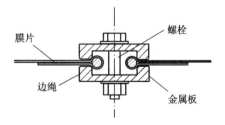

图 5 - 32　外加防水边绳的螺栓连接

5. 束带连接

由边绳、束带、环圈、膜边等构成的一种可调节的膜材连接方式叫束带连接(图5 - 33)。膜材上的荷载首先传至边绳,然后再传给环圈,环圈上的荷载通过束带传给另一侧的环圈边绳和膜材。环圈的布置应紧邻边绳,通过膜材环包边绳而形成膜边,更好地使荷载直接在环圈与边绳间传递。环圈的材料一般为圆形的合成材料或金属材料,合成环圈一般为 PVC 或聚乙烯,金属环圈的材料一般使用镀锌钢、铜、铝或不锈钢。环圈的厚度根据膜边的厚度确定,一般为 6 ~ 14 mm。

环圈直径根据束带的粗细确定,可以为 6 ~ 80 mm。膜材上的环孔一般由机械冲压而形成,然后压入环圈;另外,为了更好地连接环圈与膜材,可以在高频热合的同时冲压环圈。束带一般由防紫外线能力较强的单纤维丝制成,束带直径的大小应根据受力计算确定。为了方便施工操作,环圈的直径应当大于束带直径的两倍。

覆盖膜片的作用在于防水,并且保护束带节点免受气候影响,在膜结构中覆盖膜片位置较高一侧在工厂缝合或热合,较低一侧一般在现场黏合。

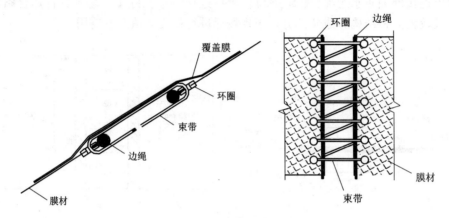

图 5 - 33　束带连接

6. 组合连接

在膜材与膜材的连接处同时采用缝合和热合两种连接方式叫组合连接。其加工方法有先热合再缝合和先缝合再热合两种。在先热合再缝合中,力是通过缝合线和热合的膜材共同传递,因此这种做法受力性能较好;缺点是先热合再缝合时的防水性能比较差,需要另作表面防水处理。在先缝合再热合中,力一般仅在热合的膜材上传递,缝合连接中的线一般不受力,只有在热合无法承担膜内应力时缝合线才承担拉力,也就是说力的传递是依次进行的,其优点是防水性能较好。

组合连接适用于:工程加工工艺的要求,即在工厂进行缝合后再在现场进行热合;当一种连接方式无法满足力的传递要求。

5.5.3　索与膜的连接

索的形式按索在张拉索膜结构中的作用可分为边索、脊索和谷索等。布置于索膜结构边界的索叫边索。在结构中起承担向下荷载的作用且曲率中心位于膜面以上呈下凹状的索叫脊索,又称为承重索。在结构中起稳定形状和承担向上荷载的作用且曲率中心位于膜面以下呈上凸状的索叫谷索,又称为稳定索。因为索的作用和受力状态不同,膜材与边索的连接、膜材与脊索的连接和膜材与谷索的连接也各不相同。

膜材与边索连接的作用是将膜内的拉力均匀地传递给边索,然后再传递给支承体系。在膜材与边索连接中,边索的曲率较大时,一般索、膜之间的摩擦力不足以承担全部荷载,需要在连接两端附加平行于边索的束带或夹片来保证膜材与边索的荷载传递。膜与边索的主要连接方式有索套连接、金属配件连接、束带连接、扣带连接和受压弹簧连接等。

1. 索套连接

由边索穿过由膜材形成的索套再与膜材相连的一种连接方式叫索套连接(图 5 - 34)。

膜材上的荷载先传递给索套,再由索套均匀地传递给边索。索套可以通过简单的反转膜材采用缝合或热合方法形成(图 5 - 35),也可以通过附加膜片形成(图 5 - 36)。由附加膜片对称布置形成的索套,防水性能不好,而且容易产生积灰,所以附加膜片宜非对称布置(图 5 - 37)。膜套缝合或热合的宽度应根据膜材的拉力确定。

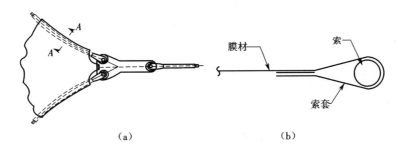

（a）　　　　　　　　　　　　　　　（b）

图 5 - 34　索套连接

(a)节点详图;(b)A—A 剖面图

图 5 - 35　简单反转　　　**图 5 - 36　对称布置附加膜片**　　　**图 5 - 37　非对称布置附加膜片**

2. 金属配件连接

金属配件连接的做法是过夹板和边绳将膜材收边,然后再将 U 形夹片与边索相连。金属配件连接一般适用于连接线较长时。膜边荷载先传递给夹板、U 形夹片,然后再传递给边索(图 5 - 38)。在边索直径较小时,为了施工较为方便,可采用直 U 形夹片;在边索直径较大时,按构造要求应当采用收口式 U 形夹片(图 5 - 39)。如果 U 形夹片较厚,在收口 U 形夹片夹住索后的张拉施工较为困难,应当采用扣件式 U 形夹片(图 5 - 40),优点是方便施工,缺点是工作量较大。压板应做倒角处理避免膜材的破损。膜材上螺栓孔的直径应比螺栓杆的大,以防止膜材在螺栓孔处因应力集中而可能导致的撕裂。另外,金属配件连接要注意金属配件的防锈处理。

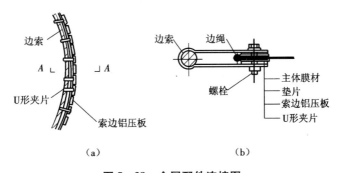

（a）　　　　　　　　　　　　（b）

图 5 - 38　金属配件连接图

(a)连接详图;(b)A—A 剖面图

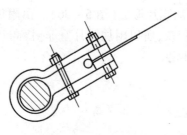

图5-39　收口金属配件

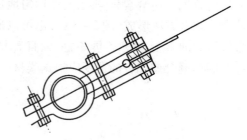

图5-40　扣件式金属配件

3. 束带连接

膜材与边索的束带连接和膜材间的束带连接类似。索膜间的束带连接是将膜边拉应力先传递给边绳、压环,然后传给束带,最后传递给边索。主要的连接方法有直束带连接(图5-41)和斜束带连接(图5-42)两种做法。索膜间的束带连接的优点是膜索间距可以调节,可以实现膜的收紧和松弛;其缺点是预应力的施加比较困难,需要丰富的施工经验和耐心。为了避免膜中应力过大,环圈必须直接设置于边绳一侧的膜边上。直束带连接无法抵抗剪切力,但布置抗剪绳后其抗剪能力会优于斜束带连接。斜束带连接能够抵抗一定的剪力,但抗滑移能力差,在风荷载作用下容易产生滑移。与膜材间的束带连接相似,在束带上应设置覆盖膜片,以保护束带免受气候影响,并起到防水作用。

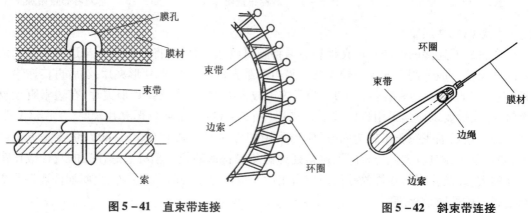

图5-41　直束带连接　　　　　图5-42　斜束带连接

4. 扣带连接

索膜间的扣带连接(图5-43)与束带连接相似,两者的区别在于扣带连接将用扣带替代束带,逐步地施加、释放膜边拉力。在工程数量很大时,为防止束带的滑移,需在其连接的两端布置平行于边索的抗剪夹片或束带。

5. 受压弹簧连接

受压弹簧连接(图5-44)主要由受压弹簧、U形夹片、压板和螺栓组成。受压弹簧主要用来平衡在使用和施工过程中的不平衡力,其中弹簧的选择应当以膜面拉力为依据。

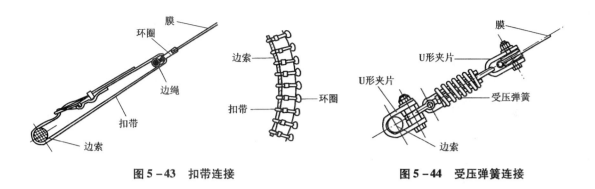

图 5-43　扣带连接　　　　　　　　　图 5-44　受压弹簧连接

5.5.4　膜与脊索、谷索的连接

当膜结构规模较大时,仅靠边索无法保证结构的承载能力,因此在结构中需要设置脊索、谷索。脊索、谷索是根据索的作用位置和受力情况而定的。它们与膜的连接方式类似,不同之处在于谷索处一般为排水通道,其防水性能要求比较高。

1. 直接敷设或索套连接

直接敷设是膜材与脊索和谷索的连接可以不做任何处理直接将索布置于膜面上,并且在膜材与索的连接处应布置膜条作为垫层的一种连接方法(图 5-45)。为了防止脊索和谷索在膜面上滑移,可以利用索套将其固定,也可以不作处理,利用索膜间的挤压产生的摩擦力来防止滑移。为了避免由于缝合产生针孔而需进行额外的防水处理,垫条、索套与膜面的连接一般采用热合连接。垫条、索套的大小根据索的直径和索内荷载的大小确定。这种连接方法优点在于连接方法简单,保持了膜面的整体性和连续性,防水性很好,在实际中采用的较多。

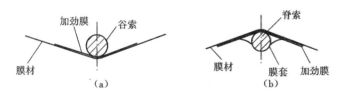

图 5-45　膜材与脊索、谷索的连接
(a)直接敷设;(b)索套连接

2. 束带连接

束带连接适用于结构规模较大,膜无法在工厂中直接加工,可将结构在脊索或谷索处断开分成几个部分进行加工然后运输到现场进行拼接的情况。现场拼接施工时采用的束带连接,其膜材与脊索、谷索的连接方法与膜材和边索采用束带连接的做法基本相同,只是脊索和谷索是两边均与膜材连接(图 5-46 和图 5-47)。采用抗剪束带连接(图 5-48)的方法可以抵抗一定的剪力。与边索采用束带连接的做法相同,应布置覆盖膜条以达到防水的要求,覆盖膜条与膜面连接可以采用热合或黏合。这种连接方法的优点在于施工速度快、耐久性好、索的抗滑移能力强。

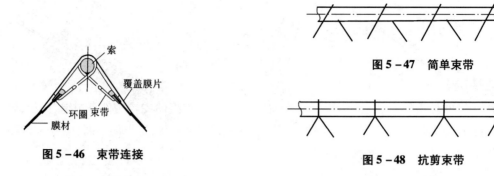

图5-46　束带连接

图5-47　简单束带

图5-48　抗剪束带

3. 金属配件连接

金属配件连接是膜材与脊索或谷索通过金属配件连接起来的一种做法。其做法有 U 形夹片连接、U 形螺栓连接和螺栓连接三种基本方式。其中,U 形夹片连接(图5-49)荷载先传到边绳、压板、螺栓上,然后传到 U 形夹片上,最后传递到脊索或谷索上。脊索或谷索上的密封条可由两侧的膜材反转连接形成。这种方法的优点是做法制作简单、施工方便,在工程中应用较多。

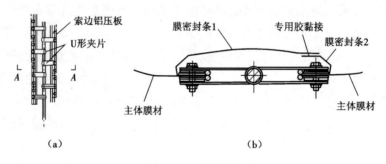

（a）　　　　　　　　　　　　　　（b）

图5-49　U 形夹片连接

（a）节点详图;（b）A—A 剖面图

通过夹板将两片膜材夹紧,用 U 形螺栓将角钢固定于脊索或谷索上,这种做法称为 U 形螺栓连接(图5-50)。其优点在于通过调节 U 形螺栓可以改善膜材的局部松弛和皱褶。这种做法常见于日本膜结构工程中。

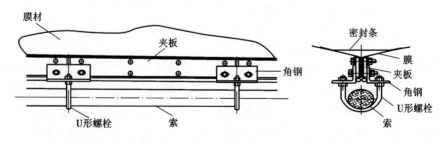

图5-50　U 形螺栓连接

4. 螺栓连接

与膜材的螺栓连接基本类似,不同是夹板螺栓带有环扣,通过环扣与脊索或谷索相连。为抵抗剪力,环扣应具有紧固措施,将其紧扣于脊索或谷索上。这种做法适用于脊索或谷索两边膜面夹角较大的连接。

5.5.5　膜材与刚性边界的连接

膜材与刚性边界的连接一般有直接连接和螺栓连接两种方式。

1. 直接连接

直接连接就是指将膜材直接固定于刚性边界上。直接连接的主要构件有边绳、压板、紧固件等。边界为木构件时，一般用木螺栓来作紧固件；当边界为混凝土构件时，需要在混凝土上预埋螺栓；边界为钢构件时，可采用螺栓连接或焊接。为了防止锈蚀和提高防水性能，应当在连接处加盖膜条。直接连接可分为水平连接、竖向连接和斜向连接（图 5 –51）。

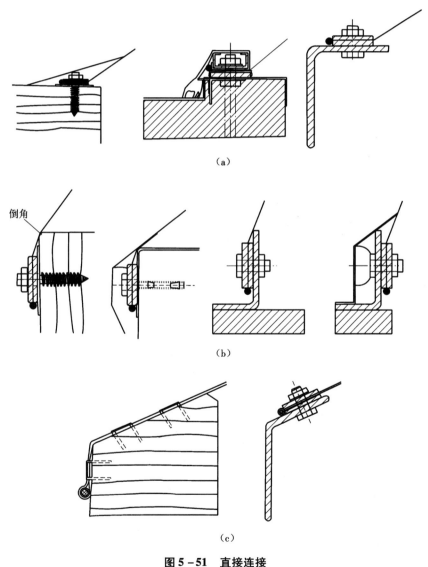

图 5 –51　直接连接

（a）水平连接；（b）竖向连接；（c）斜向连接

2. 螺栓连接

螺栓连接是通过锚固螺栓将膜结构固定在边界上的连接方式。膜结构上的荷载先传给边绳、压板、螺栓,然后传到U形夹片,最后通过张力螺栓传到刚性边界。连接构件的位置和数量要根据荷载的作用来计算。一般张力螺栓有拉力螺栓、旋转式拉力螺栓两种。在使用张力螺栓时,不能在其上施加实际预应力,但张力螺栓可以对施加的预应力微调,保证精确地施加预应力,而且还可以作为二次张拉的设备来使用,如图5-52(a)所示。旋转式拉力螺栓的方向可以根据膜面的斜率进行调整,能够有效地防止在拉力螺栓和U形夹片内产生弯矩,但其抵抗沿膜边方向剪力的能力较差,如图5-52(b)所示。在刚性边界两边都有膜结构相连时,其构造措施也基本相同(图5-53)。

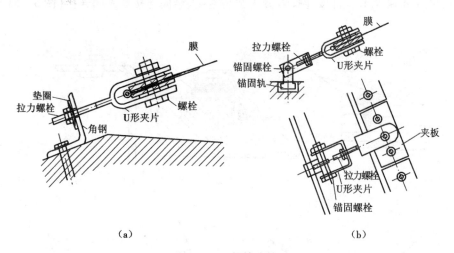

图 5 - 52　螺栓连接

(a)拉力螺栓连接;(b)旋转式拉力螺栓连接

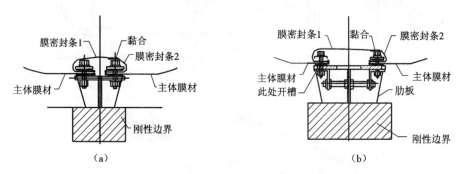

图 5 - 53　膜材与钢材刚性边界的双边连接

(a)不可调节的双边连接;(b)可调节的双边连接

5.5.6　柱节点

在张拉索膜结构中柱是支承体系的主要构件之一,其主要作用是将索膜预应力和荷载作用下产生的内力通过支承体系导入基础。柱节点根据结构形式和受力方式的不同,可分为柱顶节点、悬空节点、外吊节点、支座节点等几种。在柱节点的设计中,既要使节点可以承受膜结构上传来的较大荷载,又要保证节点不要过于笨重而破坏张拉索膜结构轻盈、优美的外形。因此,柱节点的设计对结构安全和建筑的美观有很大的影响。

1. 柱顶节点

按节点的位置和承重方式,柱顶节点主要有支承式节点和悬吊式节点两类。

膜跨过柱顶时膜材直接覆盖于柱帽顶部的节点是支承式节点(图 5-54)。柱帽的膜材应局部加厚,为了使柱帽与膜材紧密接触,柱帽的表面应为与膜曲面吻合的光滑曲面。索一般连在帽顶下面的耳板上,耳板的大小和位置要由索的拉力大小和作用位置来计算。为了避免膜面出现皱褶,一般构造为帽顶与柱子通过两个耳板形成铰接连接,使柱帽有一定的转动能力。

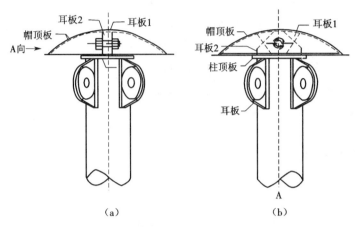

图 5-54 支承式节点
(a)正面图;(b)侧面图

悬吊式节点(图 5-55)是先将柱顶节点范围内的膜材去掉,然后将膜材与钢环板相连,最后将环板与柱相连接的一种连接方式。为了保证防水功能,需要在柱顶加防水帽。由于环板与柱的连接方式的差异,悬吊式节点又可以分为固定式悬吊节点和浮动式悬吊节点。

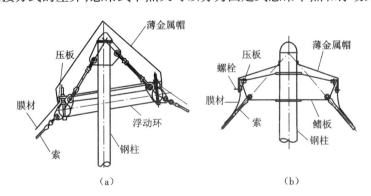

图 5-55 悬吊式节点
(a)浮动式悬吊节点;(b)固定式悬吊节点

当采用固定式悬吊节点时,在不均匀荷载作用下,固定式节点柱顶会将不平衡力传递给柱底,此时支座节点可采用铰接形式;如果采用浮动节点,不均匀荷载造成的不平衡水平力可以通过浮动环的偏移转动来抵消,此时支座节点可采用固定形式。

2. 悬空节点

当结构需要的净跨比较大时,需要在膜结构上设置飞柱,此时柱底节点需设计为悬空节点。悬空节点可以简单地通过耳板与柱子相连(图5-56);也可以作为预应力导入节点,设计成可调节式的(图5-57)。

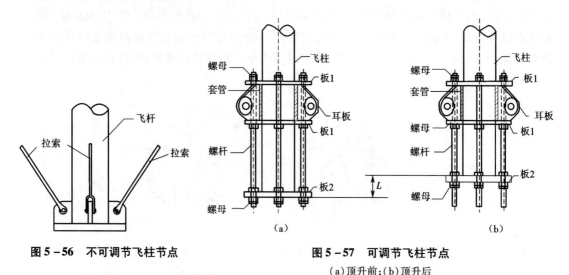

图 5-56　不可调节飞柱节点

图 5-57　可调节飞柱节点

(a)顶升前;(b)顶升后

3. 外吊节点

节点通过位于节点之上的拉杆或拉索与支承体系相连的一种节点方式是外吊节点。外吊节点(图5-58)的主要构件有钢板、内环板、压板、耳板等。膜结构通过边绳、内环板和压板与节点相连,膜结构的空间位置通过调节节点与耳板相连的拉索来控制。外吊节点的特点是在提高建筑净空的同时可以形成较大的无柱空间;但是节点的空间位置不固定,在风荷载作用下的位移较大,外吊节点的调节可以通过拉索的调节来实现。

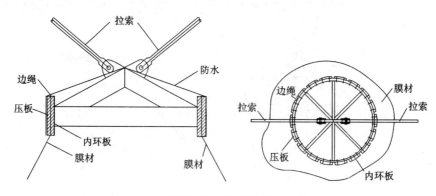

图 5-58　外吊节点

4. 支座节点

柱子与基础的连接点就是支座节点。支座节点可分为铰接连接支座节点和固定连接支座节点两种。支座节点设计成铰接,可以通过形状的改变来平衡柱顶传来的不均匀荷载。铰接连接可以为单向铰或球铰,具体选择要根据不平衡荷载的具体情况确定。当不平衡水平力较小或在柱顶的拉索及其他支承构件作用下形成的水平力可以自相平衡,此时支座节点可以设计成刚接。

5.5.7　索膜节点

　　将索、膜边界引入支承结构的节点叫索膜节点。通过索膜节点可以将拉索(边索、脊索、谷索)和膜内力汇合后传递给基础或刚性支承。索膜节点大部分外漏而且受的力较大、复杂多样,因此设计时既要考虑到结构的轻盈、美观,又要保证其受力合理、传力路径明确。一般通过节点板、索膜节点处的索(边索、脊索、谷索)和膜材的拉力才能传递给其他支承构件或基础。节点板与索的连接方式根据索头形式(图 5-59)的不同而不同。

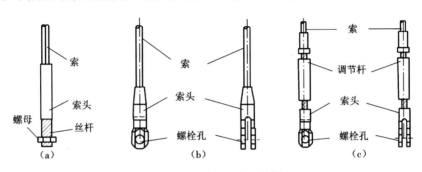

图 5-59　索膜节点中用的索头

(a)螺栓式索头;(b)固定式 U 形索头;(c)可调式 U 形索头

1. 套筒式节点

　　套筒式节点(图 5-60)是钢索采用螺杆式索头,索头穿过焊接于节点板上的套筒后用螺栓固定。为确保套筒与钢板间有足够的焊接长度,套筒不宜太短;但为了方便索头能顺利穿过,套筒也不宜太长。套筒的形状和空间位置应和相连的索的空间走向一致并且理论曲线尽可能符合。套筒式节点可以通过调节索头螺栓对索施加预应力或进行二次张拉,预应力的大小由索头丝杆的长度和截面积确定。索头突出套筒不宜过长,以防影响美观性。两片连接板可以不相同,考虑到视觉效应要将大板布置在可以看到的一面。有时钢板需要根据两膜片的夹角做成折面,较好地模拟膜曲面,以便准确地对膜材施加预应力。

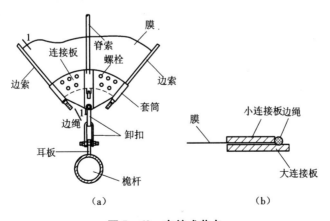

图 5-60　套筒式节点

(a)节点详图;(b)1—1 剖面图

2. 螺栓式节点

螺栓式节点是钢索通过 U 形索头在螺栓的作用下固定到基础或刚性支承上。节点连接的承载力由节点板的厚度、螺栓的强度等确定。膜材一般通过 U 形螺栓或夹板和拉杆等与节点相连。为了抵抗膜内剪力,防止膜面出现皱褶,一般采用平行于边索的夹片、U 形螺栓或束带(图 5 – 61 和图 5 – 62)等措施。

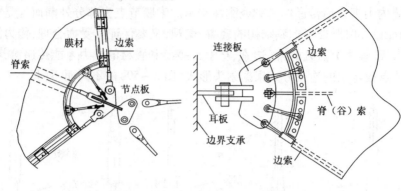

图 5 – 61　螺栓连接的不可调节点

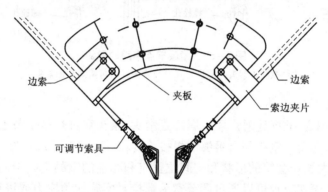

图 5 – 62　螺栓连接的可调节点

　　索膜节点与基础或其他刚性支承的连接一般可以分为两类:通过结构拉索或拉杆直接与基础连接(图 5 – 61);通过杆或柱与基础连接(图 5 – 60 和图 5 – 63)。当节点板与结构拉索或钢筋相连时,一般采用套管连接、螺栓连接等方式。当节点板与立柱上耳板相连时,可以采用 U 形螺栓、花篮螺栓、卸扣等方式。

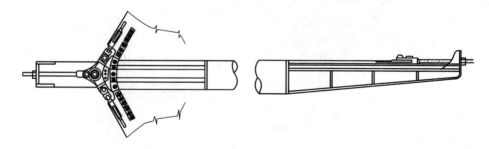

图 5 – 63　索膜节点与杆连接

5.6　膜结构的找形分析

　　找形分析就是从边界条件限定的原始几何形状寻找建筑师满意,并具有足够承载能力和抗变形刚度的初始几何形状的过程。一般而言,这是与材质无关的寻找合理几何形状的过程。

膜结构的找形分析是膜结构设计所特有的工作,是结构分析的第一步,主要完成膜结构初始形状的判定以及初始预应力分布情况的分析,为其他后续的分析提供必要的条件。

同传统结构形式的荷载分析一样,膜结构的荷载分析必须是在已知形状的基础上进行,但是对柔性薄膜结构这一复杂的曲面形式,由于膜材料不能承受弯矩、压力,膜材本身又是高度柔性,故在引进预拉应力之前,其构筑的几何图形随着边界和荷载的变化具有完全的不确定性,并且很难用显式 $Z = f(x, y)$ 给出形状的表达式。所以为使膜结构在荷载分析之前的几何图形结构承受外荷载,这个形状必须是一个合理的、自平衡的应力体系,这就需要一个找形过程,即膜结构的找形分析。

我们知道,膜结构的刚度是由几何外形及张拉预应力提供的,是一种典型的“由形状产生强度”的结构形式。找形分析包括结构初始形体的确定和结构初始形状的判定分析,其中对膜结构几何形体的表达贯穿了找形分析的全过程。结构初始几何形体的确定是指在满足一定几何边界条件和曲面形成法则的条件下,采用数学上的曲面理论或其他方法构造结构曲面;结构初始形状的判定分析则是指在结构初始几何形态确定的基础上,求得一个满足力学平衡的结构初始形状和特定的预应力分布。为了使结构具备足够的刚度,以确保结构在荷载状态时在各种荷载作用及边界条件约束下,结构中的任一部分都满足强度要求,且保证不出现压应力发生皱折退出工作,除了使结构的初始曲面具备一定的刚度外,还需施加预应力以进一步获得刚度。张力膜结构的几何外形与其预应力分布及其大小有着密切的依赖和制约关系,不同的预应力分布、预应力值可以导致不同的几何外形;反过来,一种确定的几何外形必然有相应的唯一预应力分布。

因此,形态分析的目的就是找一个初始的满足建筑和结构要求的自平衡力学体系,并以此为基准进行荷载分析和裁剪分析。

在 20 世纪 70 年代之前膜结构的分析主要采用模型试验,Frei Otto 探索使用肥皂膜、编织网和弹性薄膜来制作模型。肥皂膜可以很好地试验膜结构几何形状的可行性,可以形成等张力曲面,但测量精度差,且不适用于等张力膜曲面和带拉索的膜结构。编织网模型较适合索网结构,对膜结构设计工作有一定的参考价值,但制作模型费工费时,需要一套复杂的测量仪器和高超的近景摄影测量技术。弹性薄膜模型比肥皂膜模型稳定持久,可以辅助膜结构的初步设计,但膜曲面应力极难控制,同时测量精度较差。

20 世纪 70 年代以后,随着计算机数值分析技术的日益发展,各种膜结构的计算机数值分析方法也应运而生。经过不断完善发展,目前膜结构找形分析的方法主要有动力松弛法、力密度法以及非线性有限元法等。

5.6.1　动力松弛法

1. 基本原理

动力松弛法是一种有效求解非线性系统平衡的数值方法。其最大的优点在于能够由非平衡的初始态得到平衡态,特别对于柔性结构的成型是卓有成效的。它的基本原理是将结构体系离散为节点和节点之间的连接单元,对各节点施加激振力使之围绕其平衡点产生振动,然后动态跟踪各节点的每一步振动过程,直至各节点因为阻尼的影响最终达到静止平衡态。

2. 膜结构的分析过程

动力松弛法在对膜结构的找形分析时,先将整个结构按一定规律划分为三角形单元,并认为各三角形单元只能沿三个边长方向产生伸缩变形,这样结构被离散为由节点和各直杆连接单元构成的网状结构。然后虚设节点的质量和阻尼,虚设的阻尼一般采用"运动阻尼",即把结构视为无阻尼的自由振动。结构从初状态开始运动,跟踪结构在动荷载下的动能变化。当体系的动能达到极大值时,所有的速度分量置为零。运动过程从当前几何重新开始并将继续经历更多的极值点(其值通常是递减),直到结构的动能逐步减小并趋于零,此时体系到达静力平衡点。

由牛顿第二定律可知,t 时刻空间任一点 k 在 x_i 方向的力 $R_{ki}^t = M_k a_{ki}^t$,可将其表示为中心差分形式:

$$R_{ki}^t = \frac{M_k(v_{ki}^{t+\Delta t/2} - v_{ki}^{t-\Delta t/2})}{\Delta t} \tag{5-1}$$

而节点速度的递推关系为

$$v_{ki}^{t+\Delta t/2} = v_{ki}^{t-\Delta t/2} + \frac{R_{ki}^t \Delta t}{M_k} \tag{5-2}$$

式中　R_{ki}^t——t 时刻节点 k 在 x_i 方向的不平衡力;

　　　M_k——节点质量;

　　　Δt——时间增量。

为保证数值计算的收敛性,时间增量步的大小应不超过极限值,保证解收敛的条件,即时间增量和质量与刚度比值之间的关系为

$$\Delta t \leqslant \sqrt{2\frac{M_k}{S_{ki}}} \tag{5-3}$$

式中　S_{ki}——k 节点 x_i 方向的刚度。

取 $\Delta t = 1$,则有

$$M_k = \frac{S_{i\max}}{2} \tag{5-4}$$

代入式(5-2)得

$$v_{ki}^{t+\Delta t/2} = v_{ki}^{t-\Delta t/2} + \frac{2R_{ki}^t}{S_{k\max}} \tag{5-5}$$

式中　$S_{k\max}$——节点 k 的最大可能刚度,可取为相交于节点 k 的所有三角形膜单元边线相应刚度之和,即

$$S_{k\max} = \sum_{j=1}^{M_k}\left(\alpha \sum_{l=1}^{2} \frac{T_l^{\,j}}{L_l^{\,j}} + \beta K_k^j\right) \tag{5-6}$$

式中　α,β——常系数,寻找最小曲面时 $\alpha=1$、$\beta=0$,寻找平衡曲面时 $\alpha=1$、$\beta=1$;

　　　$L_l^{\,j}$——单元 j 中与节点 k 相交的两个边线边长;

　　　$T_l^{\,j}$——两个边线上的拉力,这里约定 k 节点为单元局部节点号 3,单元局部节点号 i 处的三角形夹角为 α_i,相对的边长和边线拉力分别为 L_i 和 T_i,如图 5-64 所示;

　　　$T_1^{\,j}$——三角形膜单元对节点 k 的弹性刚度。

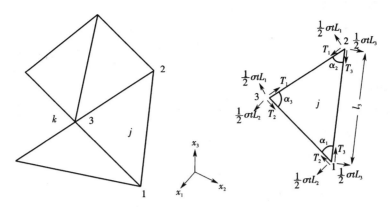

图 5 - 64　三角形膜单元边线内力和单元内力

式(5 - 6)中的三角形边线拉力 T_i 与膜面应力的关系可以根据三角形膜面内节点的平衡条件导出。以节点 2 为例,可建立平衡条件如下:

$$\begin{bmatrix} \cos \alpha_2 & 1 \\ 1 & \cos \alpha_2 \end{bmatrix} \begin{Bmatrix} T_1 \\ T_3 \end{Bmatrix} = \frac{1}{2}\sigma t \sin \alpha_2 \begin{Bmatrix} L_1 \\ L_3 \end{Bmatrix}$$

解得

$$T_1 = \frac{1}{2}\sigma t(L_3 - L_1 \cos \alpha_2)/\sin \alpha_2 = \frac{\sigma t L_2 \cos \alpha_2}{2\sin \alpha_2} = \frac{\sigma t L_1 \cos \alpha_1}{2\sin \alpha_1} = \frac{\sigma t L_1}{2\tan \alpha_1}$$

据此,可得

$$\frac{T_i}{L_i} = \frac{\sigma t}{2\tan \alpha_i} \tag{5 - 7}$$

将式(5 - 7)代入式(5 - 6)中可得用三角形膜面单元应力表示的节点最大刚度 S_{kmax}。$t + \Delta t$ 时刻 k 节点的 x_i 坐标改变为

$$x_i^{t + \Delta t} = v_i^t + \Delta t v_{ix}^{t + \Delta t/2} \tag{5 - 8}$$

$t + \Delta t$ 时刻 k 节点不平衡力可由下式给出

$$R_{ki}^{t + \Delta t} = \sum_{j=1}^{M_k} \sum_{l=1}^{2} \left\{ \frac{\left[x_i^{(3-l)j} - x_i^{3j}\right]}{L_l^j} T_l^{\,j} \right\} = \sum_{j=1}^{M_k} \left\{ \frac{\sigma_j t}{2} \sum_{l=1}^{2} \frac{\left[x_i^{(3-l)j} - x_i^{k}\right]}{\tan \alpha_l^j} \right\} \tag{5 - 9}$$

计算步骤如下:

(1)假定满足几何边界条件的初始几何,将节点速度、节点不平衡力以及结构动能设置为零;

(2)将三角形膜面单元应力 σ_j 代入式(5 - 7)式(5 - 6)求节点最大刚度 S_{kmax},代入式(5 - 1)求不平衡力 R_{ki}^t;

(3)将 R_{ki}^t 和 S_{kmax} 代入式(5 - 5)可得到 $t + \Delta t/2$ 时刻节点速度 $v_{ki}^{t + \Delta t/2}$,由式(5 - 8)可得到 $t + \Delta t$ 时刻节点几何位置;

(4)由式(5 - 4)求虚拟质量 M_k,根据 $t + \Delta t/2$ 时刻节点速度 $v_{ki}^{t + \Delta t/2}$,求 $t + \Delta t/2$ 时刻结构动能 $T = \sum_{k=1}^{N} \sum_{i=1}^{3} M_k v_{ki}^2$,这里 N 为结构内节点总数;

(5)判断节点不平衡力是否满足给定精度 ε,如果满足,求得膜面的初始状态,退出迭代;

(6)记录结构动能 E,如果下一时刻的动能 $E^{t+\Delta t/2}$ 小于前一时刻的动能 $E^{t-\Delta t/2}$,则体系的动能在 $t-\Delta t/2$ 时刻达到极大值,将所有速度分量重新设置为零,从 $t-\Delta t/2$ 时刻起重复步骤(2)~(5)的迭代计算。

在求解最小曲面时,将所有三角形膜面的拉应力设置 $\sigma_j=\sigma_0$;在求解平衡曲面时,σ_j 根据节点几何的改变按下式重新计算:

$$\sigma_j^{t+\Delta t} = \sigma_j^t + [D]\{\Delta x\} \tag{5-10}$$

式中　$[D]$、$\{\Delta x\}$——膜面三角形单元的弹性矩阵和节点坐标增量。

3. 动力松弛法的优缺点

动力松弛法的稳定性好,收敛速度较快,不需解大型非线性方程,适用于大型结构计算。但是动力松弛法进行结构的形状确定时,首先需要对各次迭代的时间间隔 Δt 进行设定,由于没有明显的规律性,需进行多次试算;同时考虑到对计算结果准确性的要求,计算的总迭代次数比较多,即将总动能峰值和节点残余力值的收敛比值设得足够小。因此应用动力松弛法的计算结果较为烦琐,同时也大大增加了程序计算时间。但在足够多的迭代次数条件下,动力松弛法的计算精确度是可以保证的。

5.6.2　力密度法

1. 基本原理

力密度法最早用于悬索结构,后来被引入了张力膜和气承结构。力密度法的基本原理是将膜结构离散为由节点和杆单元构成的索网结构模型,在给出了离散后结构各杆件的几何拓扑关系、设定的力密度值和边界节点坐标后,即可建立每一节点的静力平衡方程,将几何非线性问题转换为线性问题,联立求解一组线性方程组得到索网各节点坐标。它的理论依据是最小势能原理,成型过程中是通过调整杆内力和长度的比例达到最终期望的要求,这种方法在运用最小势能的同时加入了力密度的限制条件。

2. 膜结构的分析过程

如图 5-65 所示,考察索网中任一自由节点 i,节点 i 承受一集中力 P_i,与节点 i 相连接的杆元为 ji、ki、li 和 mi,根据静力平衡条件可得 i 点平衡方程:

$$\sum_{\forall n} \frac{F_{ni}}{L_{ni}}(\{X_n\} - \{X_i\}) = \{P_i\} \tag{5-11}$$

式中　n——与 i 节点邻接的各节点;

　　　　F_{ni}——与 i 节点邻接的杆元的内力;

　　　　L_{ni}——与 i 节点邻接的杆元的长度;

　　　　$\{X_n\}$、$\{X_i\}$——节点坐标列向量;

　　　　$\{P_i\}$——荷载列向量。

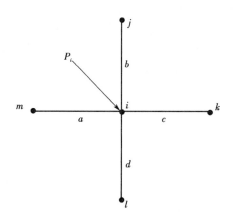

图 5 - 65　索网中任一节点

定义杆单元中的内力与该单元的长度之比为该杆单元的力密度,即 $q_{ni} = F_{ni}/L_{ni}$,则式(5 - 11)变为

$$\sum_{\forall n} q_{ni}(\{X_n\} - \{X_i\}) = \{P_i\} \tag{5 - 12}$$

将所有节点按网络拓扑关系由式(5 - 12)列出平衡方程并写成矩阵式:

$$[D]\{\Delta x\} = \{P\} \tag{5 - 13}$$

式中　$[D]$——各杆单元力密度组成的对称矩阵;

　　　$\{X\}$——各节点坐标列向量;

　　　$\{P\}$——外荷载列向量。

式(5 - 13)即为力密度法确定薄膜结构初始形态的基本公式,只要引入边界条件重复迭代直至满足收敛要求,即可生成结构的几何外形,同时能求出各自由节点的真实坐标值及结构的内力。

3. 力密度法的优缺点

力密度法进行薄膜结构形态分析的过程是一个离散迭代的过程,它能立刻求出预应力态时任意外形的空间坐标,前提条件是对所计算膜结构的经纬向力密度值(杆内力与杆长之比)进行设定。这个方法可以避免初始坐标问题和非线性的收敛问题。但是,力密度值的设定对计算结果的准确性影响相当大。另外,因为它将非线性问题用线性方法来解决,导致不能精确反映结构的真实形态。因此该方法算得的初始位形误差较大。

5.6.3　非线性有限元法

1. 基本原理

1)几何非线性

一般结构在受荷载作用时,产生的位移远小于物体自身的几何尺度,那么变形对结构自身几何尺度和位形的影响可以忽略不计,这就是所谓小变形问题。这种情况下建立物体或微元体的平衡条件可以不考虑其位置和形状的变化,应变也可以忽略高阶导数项的影响,而用一阶无穷小的线性应变来度量。但在结构产生较大变形的情况下,就必须考虑变形对平衡的影响,即平衡应建立在变形后的位形上,应变也必须考虑位移高阶导数项的影响。这样,平衡方程和几何关系都将是非线性的,这就是几何非线性问题。

膜本身为柔性材料,没有抗弯刚度,其抗剪刚度也很小,所以膜结构要通过膜片的曲率变化,靠膜面的预加应力来保持一定的刚度。在荷载作用下结构通过膜和索的应力重分布来达到新的平衡状态。因此,膜结构的分析属于小应变、大位移状态,对该类结构的有限元分析具有几何非线性的特点,即非线性有限元法。

2)大变形情况下虚位移原理

设物体从零时刻到 t 时刻所有的静、动变量均已知,要求 $t + \Delta t$ 时刻结构的状态。在 $t + \Delta t$ 时刻虚位移原理表达式为

$$\int_{t+\Delta t_V}^{t+\Delta t} \sigma_{ij} \cdot \delta_{t+\Delta t} \cdot e_{ij}^{t+\Delta t} \mathrm{d}V = {}^{t+\Delta t}R \qquad (5-14)$$

$$^{t+\Delta t}R = \int_{t+\Delta t_V}^{t+\Delta t} f_i \cdot \delta u_i^{t+\Delta t} \mathrm{d}V + \int_{t+\Delta t_V}^{t+\Delta t} t_i \cdot \delta u_i^{t+\Delta t} \mathrm{d}A \qquad (5-15)$$

式中　σ_{ij}——柯西应力张量;

　　　e_{ij}——阿尔曼西应变张量;

　　　R——外力所做的虚功;

　　　δu_i——虚位移矢量的第 i 个分量;

　　　f_i、t_i——作用在结构上的第 i 个体积力矢量和面积力矢量;

　　　A、V——结构的表面积和体积。

由于 $t + \Delta t$ 时刻结构的位形是未知的,所以式(5-14)是无法直接求解的。只能对应于某个已知的平衡位形作为参考位形才能求解。一般常用的方法是将零时刻位形作为参考位形的全 Lagrange 格式(T. L. 法)和以 t 时刻位形作为参考位形的更新的 Lagrange 格式(U. L. 法)。

2. 膜结构的分析过程

采用 U. L. 法对膜结构进行找形分析,在求解过程中参考位移是不断改变的,就迭代速度而言,U. L. 法比 T. L. 法更快些。对于上述的虚功原理,无论用 U. L. 法还是 T. L. 法得到的方程都是非线性的,为了实际求解,需要预先对它们进行线性化处理。

对于 U. L. 法,由能量共轭原理将式(5-14)转化为基于已知的 t 时刻构成关系式,即

$$\int_{t_V}^{t+\Delta t} S_{ij} \cdot \delta^{t+\Delta t} \varepsilon_{ij}^t \mathrm{d}V = \int_{t+\Delta t_V}^{t+\Delta t} \sigma_{ij} \cdot \delta_{t+\Delta t} e_{ij}^{t+\Delta t} \mathrm{d}V \qquad (5-16)$$

$$\int_{t_V}^{t+\Delta t} S_{ij} \cdot \delta^{t+\Delta t} \cdot \varepsilon_{ij}^t \mathrm{d}V = {}^{t+\Delta t}R \qquad (5-17)$$

式中　$^{t+\Delta t}S_{ij}$——$t + \Delta t$ 时刻参考 t 时刻位形定义的第二类 Piola-Kirchhoff 应力张量,可分解为

$$^{t+\Delta t}_t S_{ij} = {}^t_t S_{ij} + {}_t S_{ij} = {}^t \sigma_{ij} + {}_t S_{ij} \qquad (5-18)$$

$\delta^{t+\Delta t} \cdot \varepsilon_{ij}^t$——$t$ 时刻参考 $t + \Delta t$ 时刻 Green 应变张量的笛卡尔分量的变分,有

$$^{t+\Delta t}_t \varepsilon_{ij} = {}_t \varepsilon_{ij} = {}_t e_{ij} + {}_t \eta_{ij} \qquad (5-19)$$

$$_t e_{ij} = \frac{1}{2}({}_t u_{i,j} + u_{j,i}) \qquad (5-20)$$

$$_t \eta_{ij} = \frac{1}{2} {}_t u_{k,i,t} u_{k,j} \qquad (5-21)$$

式(5-17)是关于位移 d_i 的非线性方程,需通过线性化处理方可求解。将式(5-18)至式(5-21)代入式(5-17)整理得

$$\int_{t_V} {}_t S_{ij} \delta_t \varepsilon_{ij}^t \mathrm{d}V + \int_{t_V} {}^t \sigma_{ij} \cdot \delta_t \eta_{ij}^t \mathrm{d}V = {}^{t+\Delta t}R - \int_{t_V} {}^t \sigma_{ij} \cdot \delta_t e_{ij}^t \mathrm{d}V \qquad (5-22)$$

在一个增量步内,只要 Δt 足够小,可以忽略 d_i 的高次项,所以近似取

$$\delta_t \varepsilon_{ij} = \delta_t e_{ij} \tag{5-23}$$

$$_t S_{ij} = {}_t D_{ijrs} \cdot \varepsilon_{rs} = {}_t D_{ijrs} \cdot e_{rs} \tag{5-24}$$

将式(5-23)、式(5-24)代入式(5-22),整理出线性化处理的虚功方程

$$\int_{{}^t V} {}_t D_{ijrs} \cdot e_{rs} \delta_t \varepsilon_{ij}^t \mathrm{d}V + \int_{{}^t V} {}^t \sigma_{ij} \cdot \delta_t \eta_{ij}^t \mathrm{d}V = {}^{t+\Delta t} R - \int_{{}^t V} {}^t \sigma_{ij} \cdot \delta_t e_{ij}^t \mathrm{d}V \tag{5-25}$$

式(5-25)就是关于位移增量的线性方程,将其进行有限元离散,位移的插值可表示如下:

$$_t d_i = \sum_{k=1}^n N_k \cdot {}^t d_i^k \quad (i=1,2,3) \tag{5-26}$$

式中　${}^t d_i^k$——k 节点在 t 时刻沿 i 方向的位移分量;

　　　N_k——与节点 k 相关联的插值函数;

　　　n——单元的节点数。

将式(5-26)代入式(5-25)整理,可以建立如下的矩阵方程:

$$({}_t^t K_{\mathrm{L}} + {}_t^t K_{\mathrm{NL}})\{d\} = \{{}^{t+\Delta t} Q\} - \{{}_t^t F\} \tag{5-27}$$

$$_t^t K = \sum_e \int_{{}^t V} {}^t [B_{\mathrm{L}}]^{\mathrm{T}} \cdot [D] \cdot {}_t^t B_{\mathrm{L}} \cdot {}^t \mathrm{d}V \tag{5-28}$$

$$_t^t K_{\mathrm{NL}} \cdot \delta d = \sum_e \int_V \delta_t^t [B_{\mathrm{NL}}]^{\mathrm{T}} \cdot [{}^t \sigma] \cdot \mathrm{d}V \tag{5-29}$$

$$_t^t F = \sum_e {}_t^t [B_{\mathrm{L}}]^{\mathrm{T}} \cdot [{}^t \hat{\sigma}] \cdot {}^t \mathrm{d}V \tag{5-30}$$

$$\{{}^{t+\Delta t} Q\} = \sum_e \left(\int_V N_{\mathrm{K}}^{\mathrm{T}} \cdot f \cdot {}_t^t \mathrm{d}V + \int_A N_{\mathrm{K}}^{\mathrm{T}} \cdot t_t \cdot {}^t \mathrm{d}A \right) \tag{5-31}$$

式中　$[{}_t^t B_{\mathrm{L}}]$、$[{}_t^t B_{\mathrm{NL}}]$——线性应变 $_t e_{ij}$ 和非线性应变 $_t \eta_{ij}$ 与位移的转换矩阵;

　　　$[{}_t D]$——材料本构矩阵;

　　　$[{}^t \sigma]$、$\{{}^t \hat{\sigma}\}$——柯西应力矩阵和向量,这些矩阵或向量的元素都是对应 t 时刻的;

　　　$\{{}^{t+\Delta t} Q\}$——荷载的等效节点向量;

　　　$\{d\}$——节点的位移向量。

由于 $_t e_{ij}$ 中不包括初始位移的影响,因此 U. L. 格式的切线刚度方程中不包括初位移向量。

有限元平衡方程(5-27)是基于线性化处理的虚功方程(5-25)建立的近似式。由于系统的非线性,线性化处理带来的误差可能导致解的漂移或不稳定,所以需要进行迭代计算。常采用的迭代方法有 Newton-Raphson 迭代法和修正 Newton-Raphson 迭代法。若采用 Newton-Raphson 迭代法,在 U. L. 法迭代式中,迭代可如下进行:

$$({}_t^t K_{\mathrm{L}} + {}_t^t K_{\mathrm{NL}})\Delta d^{(i)} = \{{}^{t+\Delta t} Q\} - {}_{t+\Delta t}^{t+\Delta t} F^{(i-1)} \quad (i=1,2,3) \tag{5-32}$$

$$d^{(i)} = d^{(i-1)} + \Delta d^{(i)} \tag{5-33}$$

式中,${}_{t+\Delta t}^{t+\Delta t} F^{(i)}$ 是由 $\displaystyle\int_{t+\Delta t V^{(i)}}^{t+\Delta t} \sigma_{ij}^{(i)} \cdot \delta_{t+\Delta t} e^{(i) t+\Delta t} \mathrm{d}V^{(i)}$ 计算得到的,即

$$_{t+\Delta t}^{t+\Delta t} F^{(i)} = \int_{t+\Delta t V^{(i)}}^{t+\Delta t} B_{\mathrm{L}}^{(i) \mathrm{T}} \cdot {}^{t+\Delta t} \hat{\sigma} \cdot {}^{t+\Delta t} \mathrm{d}V^{(i)} \tag{5-34}$$

式中,${}_{t+\Delta t}^{t+\Delta t} B_{\mathrm{L}}^{(i)}$、${}^{t+\Delta t} \hat{\sigma}$ 是由 ${}^{t+\Delta t} d^{(i)}$ 计算而来。

找形过程中,将索膜结构中的膜单元和索单元形成的刚度矩阵组装成总刚度矩阵,同时生成各节点不平衡力,在外荷载的作用下,由式(5-33)不断迭代直到结构的位形满足建筑和力学要求。

3. 非线性有限元法的优缺点

采用非线性有限元法进行薄膜结构的找形分析时,利用弹性力学理论将连续弹性体离散化为许多微小弹性模量有限单元体,并设定有限单元体的位移变形模式,假定各有限单元体的初始内应力,按最小势能原理求解出该有限单元结构体变形后的新位置,从而得到膜结构在该初始内应力状态下的平衡位置,即膜结构初始形状。

该方法不仅考虑各单元节点间的受力平衡和变形协调,同时还考虑材料的正交异性影响。随着结构单元划分的不断加密和迭代次数的增加,该方法的计算结果总是不断地向精确值收敛。但是,有限元法分析薄膜结构的找形问题,首先必须假定一个试探形状,并给出网格划分。如果初始的试探形状接近于最终平衡状态,计算过程极容易发散。

5.6.4　三种分析方法的基本原理比较

动力松弛法、力密度法和非线性有限元法这三种找形分析方法均已被用于诸多成熟的薄膜结构设计软件的计算内核。三十年来,这三种方法在不断地发展和完善,有各自的适用范围。

动力松弛法是将静力平衡问题转化为动力问题进行求解,由于该方法以各节点为研究对象,在迭代计算过程中对结构总动能和各节点残余力值进行控制。同时也考虑了节点变位对节点平衡的影响,避免了有限元法的整体刚度矩阵组装和相应方程的求解。该法对于处理静力索网、膜和受压松弛、褶皱单元很有效,采用的计算机数值法简单,迭代技术也较为稳定,更适合于对大型结构的计算分析。

对于力密度法来说,只要已知离散后结构各杆件的几何拓扑、设定的力密度值和边界节点坐标,就可建立关于节点坐标的线性方程组。该方法计算速度快,便于对结构方案进行修改。但因其误差较大,更适合于结构方案的初始确定阶段。

而非线性有限元法的形态分析是建立在固体力学大变形问题的基础上展开研究的,因此与前二者方法比较它是一种更为精确的数值计算方法。它的正确性不仅体现在数值上的精度,更重要的是解的真伪。它能正确地跟踪反映结构的工作机理。

尽管上述三种方法在结构离散的单元形式、单元预应力考虑方式和平衡方程的求解方法上存在不同,但各方法在计算过程中均设膜材为具有微小弹性模量的弹性体,即三种方法均遵循弹性力学基本原理。在弹性力学问题中,对未知位移分量、未知应变分量及未知应力分量求解是由描述应变与位移关系的几何方程、描述应力与应变关系的本构关系方程、平衡方程及相应的边界条件联立而唯一求解的。因此,荷载作用下由弹性体的变形而引起满足边界条件的变位是唯一确定的。若将预应力视为一种特殊的荷载形式,则在设定了膜结构初始内应力后,这一由具有微小弹性模量的膜材构成的薄膜结构形状具有确定的单值解。

根据弹性力学基本理论,可以发现这三种方法的基本原理是如出一辙的。力密度法和动力松弛法是将膜结构离散为具有微小弹性模量杆件的杆系结构体,设定杆件的位移变形模式及相应各杆件的初始内应力,按最小势能原理求解出该杆系结构体变形后的新位置,即膜结构的初始形态;而非线性有限元法同样将膜结构离散为许多微小弹性有限单元体,最后迭代得到结构的初始形状。

可见,这三种方法在弹性力学理论本质上是相同的,都是应用弹性力学的基本原理去求一个本身为具有微小弹性模量的弹性体在一个初始内应力情况下的弹性力学解的问题。它们之间的区别仅在于对连续弹性体结构数值计算时离散化模型的选取、初始内应力表达方式及求解力学平衡方程的算法这几个方面,还有相应带来的结果误差大小不同而已。

5.6.5　不同结构形式的膜结构找形设计方法

索膜结构按照结构形式的不同可以分为充气膜结构、骨架膜结构和张力膜结构。不同结构形式的膜结构,其找形设计方法也不同。

1. 充气膜结构找形设计方法

充气膜结构的找形分析过程是寻找压差、预应力和形态三者间对应关系的过程,是结构中的预应力寻求自平衡态的过程。其实质是一个静力平衡状态的求解过程。在其找形过程中,所要确定的基本参数包括结构表面拓扑关系、几何边界条件、表面几何形状、膜面内外气压差值、膜应力大小及分布。在一定大小的气压值作用下,求解满足平衡条件的膜曲面几何形状及相应的应力分布是充气膜结构找形分析中所要解决的根本问题。

2. 张力膜结构找形设计方法

张力膜结构是预先对索和膜施加一定的预应力,使结构在张拉力的作用下,形成具有一定几何形状的空间曲面来承受荷载的结构形式。其找形设计用得最多的方法是力密度法、非线性有限元法及两者的综合。目前已经研究了三角形膜单元和曲面四边形单元张力膜结构的找形分析。综合分析的思想,即先采用力密度法进行形状确定,再以其近似解作初始值进行非线性分析,也有着较多的应用。

5.6.6　改进方法

在实际的膜结构找形设计中,发现需要结合工程实际在原有三种基本方法的基础上进行一定的改进。

1. 具有 T 单元的力密度法

在用力密度法进行张拉膜结构的找形设计时,膜与边索的预应力值是其中的主要因素。为了确保其边索的连续光滑,防止锯齿形状的出现,常采用 T 单元对边索进行强化处理。此时,可以通过对边界索进行 T 单元处理,建立索边界主节点、膜网内部 T 单元节点和膜网内部一般节点的静力平衡方程,求解这些平衡方程得到各节点的坐标, 从而确定膜结构的空间曲面形状。

2. 混合力密度法

在实际的张拉膜结构中,膜需要拉索及压杆张拉成型。这部分杆件是由弹性变形控制内力的,必须满足一定的约束条件,而这些约束条件是非线性的,所以线性的力密度法就发展成为非线性的混合力密度法。

混合力密度法就是将部分单元力密度控制、部分单元弹性控制,力密度控制采用线性求解,弹性控制采用非线性求解,通过迭代计算混合找形求出各节点的坐标。

3. 改进的动力松弛法

动力松弛法是求解几何非线性结构体系的有效数值方法,较适用于大型索膜结构。

最初对动力松弛法的研究,都是将膜单元转换为三个首尾相连的直杆单元,这样处理意味着膜单元只能沿三个边长的方向进行伸缩变形。故这种分析仅适用于三边单元,有很大的局限性。

之后,东南大学的张华博士采用了平面膜元改进计算模型,解决了动力松弛法中膜单元网格划分仅限于三边单元的缺点,但它需要同时设定时间增量和虚拟阻尼两个计算参数。

此后河海大学的王建华硕士采用运动阻尼的概念,对一般的动力松弛法又进行了改进。改进后的计算方法避免了迭代中阻尼系数的取值,并且对曲线索单元、曲面膜单元也同样适用。

4. 动力松弛法与非线性有限元法的混合

这是一种将动力松弛法的简化形式结合到非线性有限元法中进行找形的设计方法,它实现了动力松弛法与非线性有限元法的结合。这种用动力松弛法进行找形,然后直接用非线性有限元法进行荷载分析的混合法,能够弃弊从利,在大大缩短设计周期的同时,又保证了分析的精度,从而实现了工程的快速选型和下部结构的准确分析。

第6章 弦支结构

6.1 弦支结构的分类及工程应用

弦支结构的本质是用撑杆连接上弦受压杆件和下弦受拉杆件,通过在张拉结构的弦(通常是拉索)上施加预应力,使结构产生反挠度,从而减小荷载作用下结构的最终挠度,改善上弦杆件的负担,并且通过调整受拉构件中的预应力来减小结构对支座产生的水平推力,使之成为自平衡结构体系。

6.1.1 弦支结构的分类

按照结构的布置方式和受力性能,可以将弦支结构分为平面弦支结构和空间弦支结构。平面弦支结构以张弦梁结构为主,也包括张弦桁架等;空间弦支结构可分为由平面组合而成的可分解型空间弦支结构和不可分解的空间弦支结构。其中可分解的空间弦支结构主要包括双向弦支结构、多向弦支结构、辐射式弦支结构等;不可分解的空间弦支结构包括弦支穹顶和弦支筒壳等。

1. 平面弦支结构

将数榀平面弦支构件平行布置,通过连接构件将相邻两榀平面构件在纵向进行连接,即为平面弦支结构(图6-1),整个结构由上弦杆件、撑杆、弦以及纵向连接构件组成。

在平面弦支结构中,连接构件为各榀平面构件提供纵向支点,屋面荷载由各榀构件单向传递,整体结构为平面传力体系;纵向连接构件往往采用高强索,并要对其施加预应力。

2. 可分解型空间弦支结构

可分解型空间弦支结构是指结构可以拆分为多榀平面弦支构件的组合,根据各榀构件的组合方式,可以将其分为双向弦支结构、多向弦支结构和辐射式弦支结构等。

1)双向弦支结构

双向弦支结构(图6-2)是将数榀平面弦支构件沿纵、横向交叉布置而得,结构也是由上弦杆件、撑杆和弦组合而成。因为上弦杆件交叉连接,侧向约束相比平面弦支结构明显加强,结构呈空间传力;但相比于平面弦支结构,其节点处理变得复杂。该形式较适用于矩形、圆形和椭圆形平面。

2)多向弦支结构

多向弦支结构(图6-3)是将数榀平面弦支结构构件多向交叉布置而成,结构呈空间传力体系,受力合理,但与平面弦支结构、双向弦支结构相比,其制作更为复杂,较适用于多边形平面。

3)辐射式弦支结构

辐射式弦支结构(图6-4)是各榀平面弦支构件按中央辐射式放置,撑杆下端与环索或斜索连接。辐射式弦支结构具有力流直接、易于施工和刚度大等优点。

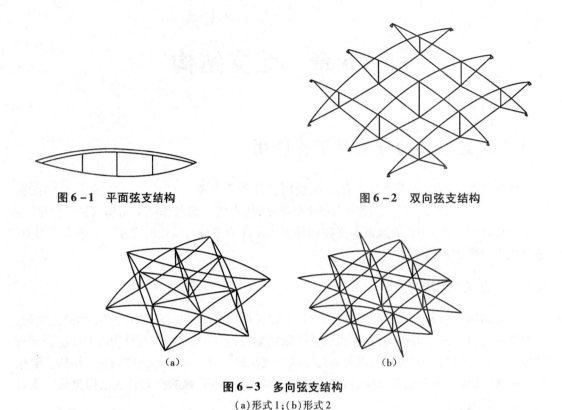

图 6 – 1　平面弦支结构　　　　　　　图 6 – 2　双向弦支结构

（a）　　　　　　　　　　　　　　（b）

图 6 – 3　多向弦支结构
（a）形式 1；（b）形式 2

3. 不可分解的空间弦支结构

上述四类弦支结构,均是将数榀平面弦支构件按单向、双向、多向和辐射式布置形成的,其中上弦杆件多为压弯杆件。从弦支结构的定义出发,上弦杆件也可以直接采用空间结构,如网壳、网架等。当单层球面网壳作为上弦构件时称为弦支穹顶(图 6 – 5)。弦支穹顶之所以为不可分解的空间弦支结构,是因为弦支穹顶中找不到成榀的平面弦支结构构件,整体结构呈空间受力体系,受力性能更好,刚度更大,撑杆通过斜索和环索连接,结构较适用于圆形平面。根据上层单层网壳的不同形式,弦支穹顶又可以分为下述几种。

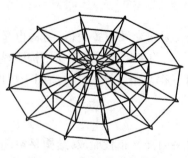

图 6 – 4　辐射式弦支结构 　　　　　　图 6 – 5　弦支穹顶

1）肋环型弦支穹顶

肋环型弦支穹顶是在肋环型单层球面网壳的基础上形成的。上弦网壳是由径肋和环杆组成。在此穹顶结构下部加上撑杆及斜向、环向拉索之后,便形成肋环型弦支穹顶结构(图

6-6),主要用于中、小跨度结构。

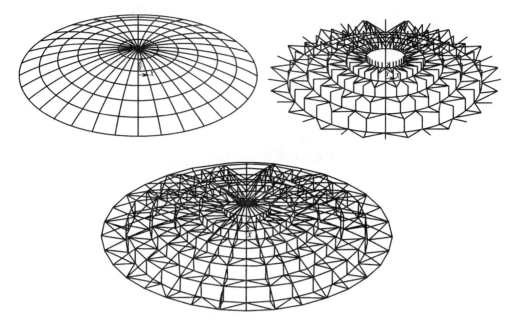

图 6-6　肋环型弦支穹顶

2)施威德勒型弦支穹顶

这种弦支穹顶以施威德勒型网壳为基础而形成。施威德勒单层球壳是肋环型单层球壳的改进形式,由径向杆、纬向杆和斜杆组成。斜杆的设置可以提高网壳的刚度,提高抵抗非对称荷载的能力。斜杆布置方法主要有左斜单斜杆、右斜单斜杆、双斜杆及无纬向杆的双斜杆等。选用何种布置方法要视网壳的跨度、荷载的种类和大小等来确定。

对于弦支穹顶结构来说,由于其下部张拉体系部分的斜向拉索具有对称性,故采用双斜杆单层网壳作为其上部穹顶结构最为合理、美观,于是有了双斜杆施威德勒型弦支穹顶的模型(图 6-7)。

3)联方型弦支穹顶

联方型弦支穹顶以联方型网壳为基础形成。典型的联方型单层球面网壳是由左斜杆和右斜杆形成菱形的网格,两斜杆的交角为 30°～50°,造型优美。为了增强这种网壳的刚度和稳定性,一般都加设纬向杆件组成三角形网格,在较大的风载和地震作用下有良好的受力性能,可用于较大的跨度。

典型的联方型弦支穹顶的模型如图 6-8 所示。可以看到,当跨度增加、网格划分密集时,联方型网壳(前面提及的肋环型、施威德勒型弦支穹顶也会有此问题)会出现内外圈网格尺寸差异很大的现象,这样势必会造成杆件受力不均、规格偏多以及施工上的不便。因此,工程中常采用一种复合的凯威特-联方型单层网壳作为弦支穹顶的上层结构,以使网格尺寸相对均匀,减少不必要的杆件,受力更合理,同时也施工方便(肋环型、施威德勒型弦支穹顶也可以采用相应的方式进行改良),具体的模型如图 6-9 所示。

4)凯威特型弦支穹顶

前面提到的各种弦支穹顶的网壳部分都存在网格大小不均匀的缺点,而凯威特网壳则正是为了改善这一点而诞生的。它是由 $n(n=6,8,12,\cdots)$ 根通长的径向杆线把球面分为 n

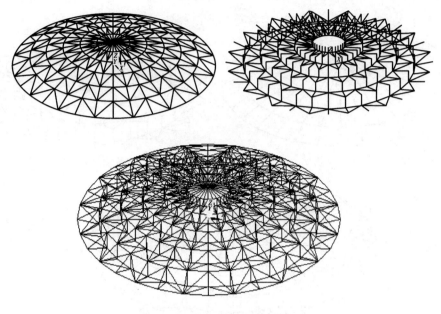

图 6 - 7　施威德勒型弦支穹顶

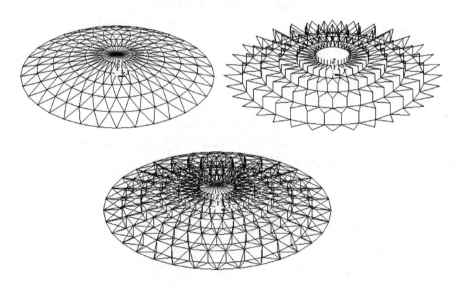

图 6 - 8　联方型弦支穹顶

个对称扇形曲面,然后在每个扇形曲面内,再由纬向杆系和斜向杆系将此曲面划分为大小比较均匀的三角形网格。每个扇形平面中各左斜杆平行、各右斜杆平行,故这种网壳也称为平行联方型网壳。它综合了旋转式划分法与均匀三角形划分法的优点,因此不但网格大小均匀,而且内力分布均匀,常用于大、中跨度结构,具体的模型如图 6 - 10 所示。

5)三向网格弦支穹顶

这种网壳的网格是在球面上用三个方向相交成 60° 的大圆构成,或在球面的水平投影面上,将跨度 n 等分,再作出正三角形网格,投影到球面上后,即可得到三向网格型球面网壳。这种网壳的每一杆件都是与球面有相同曲率中心的弧的一部分,其结构形式优美,受力

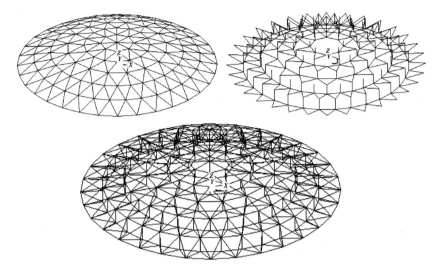

图 6-9 改良的联方型弦支穹顶

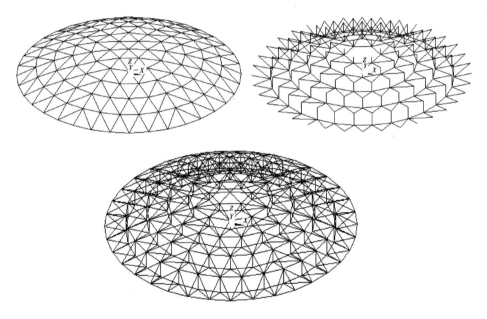

图 6-10 凯威特型弦支穹顶

性能较好。三向网格弦支穹顶由于其特殊的网格划分方式,使得其弦支穹顶模型较前几种有一定的不同,典型的三向网格弦支穹顶模型如图 6-11 所示。

6)短程线型弦支穹顶

一个完整的球面可以划分为 20 个完全相同的球面三角形(等二十面体),短程线型网壳的网格就是以这种等二十面体的球面划分为基础,然后对每个球面三角形再进行不同频数(NF)的细划分形成的。由于这一特点,短程线型球面网壳最常见的应用形式有四分之一球面(包含 5 个球面三角形)、四分之三球面(包含 15 个球面三角形)和整球三种类型。一般屋盖中最常用的短程线型网壳大都属于四分之一球面的,或者基本上由 5 个大球面三角

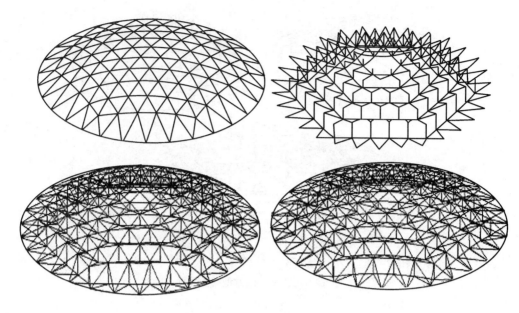

图6-11　三向网格弦支穹顶

形组成;根据跨度的大小,对每个大球面三角形进行不同频数的再分割,形成适当大小的网格。

　　与三向网格弦支穹顶模型类似,对于短程线型弦支穹顶,由于上面提到的划分特点,使得上弦单层网壳每圈节点的高度及距网壳中心点的距离都有所差别。这将给下部的各圈弦支层的布置带来不便,这里可采用两种布置方式。第一种布置方式与前面几种常用的弦支穹顶模型一样,每个弦支层撑杆长度相同。这种布置的好处在于撑杆杆件种类较少,制造施工方便;径向拉索的倾斜角度一致,每个弦支层径向拉索对上部单层网壳约束加强作用比较均匀;弦支穹顶的厚度也较为均匀。而这样布置的不利方面在于每个弦支层的环向拉索都不为水平,且倾角各不相同。作为下部张拉体系中最为主要的受力构件——环向拉索,它的受力状况将直接影响到撑杆的工作及径向索拉力的分布,倾斜的环向拉索将使下部张拉体系的受力情况变得复杂。另一种布置方式则是在每个弦支层采用不同的撑杆长度,旨在保证下弦各节点的高度一致,也即环向拉索保持水平,环索的受力较第一种布置更加均匀;而各个弦支层的撑杆高度及径向拉索的角度则有不同程度的变化,每个弦支层径向拉索及竖向撑杆对上部网壳的约束加强作用没有第一种布置均匀;整个结构的厚度也将不均匀。对应于这两种布置方式的弦支穹顶结构模型分别如图6-12(a)、(b)所示。

　　除此之外,当单层柱面网壳作为上层结构时就形成弦支筒壳结构。柱面网壳是工程中常用的一种网壳结构,它具有网壳结构的建筑造型优美、结构受力合理、计算设计软件成熟、加工机械化程度高等优点。但是当建筑要求结构跨度较大时,单层柱面网壳或厚度较小的双层柱面网壳由于自身平面外稳定性差,因而难以实现较大的跨度。弦支筒壳结构体系通过在柱面网壳的适当位置设置撑杆及拉索形成,一方面由于拉索的设置,使得整体结构刚度增加,解决了单层柱面网壳或厚度较小的双层柱面网壳由于稳定性差而难以解决较大跨度的问题;另一方面由于筒壳部分采用单层或厚度较小的双层柱面网壳,降低了用钢量,结构施工难度也大大降低。同时由于拉索的设置,可以在拉索内设置预拉力,减小支座水平推

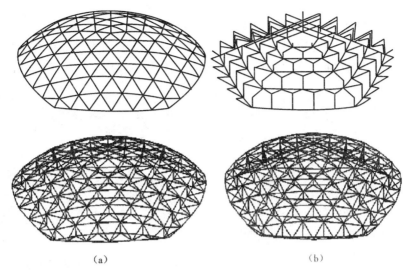

图 6-12　短程线型弦支穹顶

(a)撑杆等长布置;(b)环索水平布置

力,降低下部结构设计负担。

　　弦支筒壳结构体系(图 6-13)包括筒壳、撑杆、拉索、锚固节点和转折节点。拉索通过锚固节点与筒壳连接,拉索通过转折节点与撑杆下端连接,撑杆上端与筒壳连接。筒壳可采用单层柱面网壳结构,也可采用厚度较小的双层柱面网壳结构。锚固节点可设置在筒壳跨间或筒壳支座节点处。

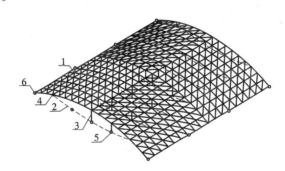

图 6-13　弦支筒壳结构示意图

1—柱面网壳;2—拉索;3—撑杆;
4—锚固节点;5—转折节点;6—支座节点

6.1.2　弦支结构的工程应用

1. 国外的工程应用

1)贝尔格莱德新体育馆屋盖

1994 年,南斯拉夫建造的贝尔格莱德新体育馆采用的是双向弦支结构形式,不过该工程中上弦采用钢筋混凝土梁,3 榀沿体育馆的纵向,4 榀沿体育馆的横向,下弦为 8 束预应力筋,在纵横向梁的 12 个交叉点处设置金字塔形的撑杆,撑杆由 4 根 35 cm×35 cm 的钢筋混凝土柱构成。

2）日本光球穹顶

图 6-14 所示为日本于 1994 年 3 月建成的东京光球穹顶外景,图 6-15 所示为光球穹顶在施工中的情形。该弦支穹顶跨度为 35 m,建于前田会社体育馆的屋顶上,屋顶最大高度为 14 m,结构总质量为 1 274 kg,上层网壳由工字形钢梁组成。

图 6-14　光球穹顶

图 6-15　光球穹顶施工中

3）日本聚会穹顶

继光球穹顶之后,1997 年 3 月在日本长野又建成了跨度 46 m 的聚会穹顶。其结构内景图和外景图分别如图 6-16 和图 6-17 所示。

图 6-16　聚会穹顶外景图

图 6-17　聚会穹顶内景图

2. 国内的工程应用

1）上海浦东国际机场航站楼屋盖

上海浦东国际机场航站楼屋盖(图 6-18)

张弦梁的上、下弦均为圆弧形,其上弦由 3 根平行方钢管组成,中间主弦为 400 mm×600 mm 焊接方管,两侧副弦为 300 mm×300 mm 方管,由两个冷弯槽钢焊成,主副弦之间由短管相连,腹杆为圆钢管。张弦梁纵向间距为 9 m,通过纵向桁架将荷载传给倾斜的钢柱或直接支承在混凝土剪力墙上。钢柱为双腹板工字柱,按 18 m 轴线间距成对称布置。

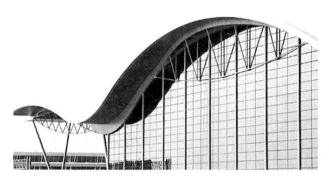

图 6–18   上海浦东国际机场航站楼屋盖外景图

2）黄河口物理模型试验厅

黄河口物理模型试验厅位于山东省东营市胜利大街,为黄河口模型试验基地内的主要建筑,黄河口模型试验厅效果图如图 6–19 所示。整个建筑由海域厅 A、海域厅 B 及河道厅三部分组成。河道厅屋盖采用螺栓球节点网壳;海域厅 A、B 屋盖为扇形三维曲面焊接球节点网架,外圆弧半径 232 m,内圆弧半径 84 m,跨度 148 m,圆心角 98°,靠近河道厅一侧较高。海域厅 B 屋盖由 9 榀径向主桁架及环向次桁架组成,其中 1 榀主桁架安装在钢筋混凝土柱上,其余 8 榀为张弦网架,跨度为 148 m。其施工现场如图 6–20 所示。

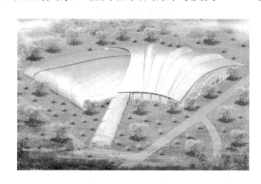

图 6–19   黄河口模型试验厅效果图

图 6–20   黄河口模型试验厅施工现场

3）天津市保税区国际商务中心大堂屋盖

天津保税区国际商务中心大堂屋盖弦支穹顶直径 35.4 m,周边支承于沿圆周布置的 15 根钢筋混凝土柱及柱顶圈梁上。上层单层网壳部分采用联方型网格,沿径向划分为 5 个网格,外圈环向划分为 32 个网格,到中心缩减为 8 个。图 6–21 和图 6–22 所示分别为其施工中现场图和建成后外景图。

4）奥运会羽毛球馆

奥运会羽毛球馆(北京工业大学体育馆)总体结构长 150 m、宽 120 m。屋盖主体采用空间弦支穹顶结构,内层直径 93 m,外层直径 98 m,外撑部分采用 H 型钢管。加上两侧悬挑出来的两翼,总用钢量不到 1 200 t,相当于 100 kg/m²。图 6–23 和图 6–24 所示分别为穹顶施工现场图和穹顶结构图。

5）大连市体育中心

大连市体育中心体育馆占地面积 9.5 万 m²,建筑面积 8.3 万 m²,有 1.8 万个座位。其建筑设计采用弦支穹顶结构体系,由单层网壳结构和张拉索杆体系组合而形成新型自平衡

图 6-21 天津市保税区国际商务中心
大堂屋盖施工中现场图

图 6-22 天津市保税区国际商务中心
大堂屋盖建成外景图

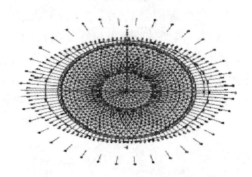

图 6-23 奥运会羽毛球馆穹顶施工现场图

图 6-24 奥运会羽毛球馆屋穹顶结构图

体系,这一设计理念创造了世界之最,体育馆主体屋盖钢结构跨度为 145.4 m×116 m,最高点高度为 45.0 m,是目前世界最大跨度的弦支穹顶结构工程。图 6-25 所示为其施工中现场图。

6)杭州奥体中心体育馆

杭州奥体中心体育馆钢结构罩棚平面呈环状花瓣造型(图 6-26),整个罩棚呈东西对称布置,由 28 片主、次花瓣形成的花瓣组构成。罩棚外边缘南北向约 333 m、东西向约 285 m,罩棚最大宽度 68 m,悬挑长度 52.5 m,罩棚最高点标高 59.4 m。罩棚由上部及下部支座支承在钢筋混凝土看台及平台上,采用环状花瓣造型的悬挑罩棚由空间管桁架和弦支单层网壳钢结构体系构成。

图 6-25 大连体育中心施工现场图

图 6-26 杭州奥体中心体育馆

6.2　弦支结构的计算方法及静力性能

6.2.1　平面弦支结构的计算方法及静力性能

1.一般原则和计算内容

平面弦支结构的基本受力性能符合线弹性和小变形的假定,因此其荷载及预应力效应可以采用线性叠加原则。但是对于跨度较大的平面弦支结构,在进行上弦构件放样尺寸分析时,需要考虑几何非线性的效应进行精确分析。

平面弦支结构的分析通常采用有限单元法。从平面弦支结构的构件类型来看,它由上弦构件、下弦拉索和撑杆组成。在建立平面弦支结构的分析模型时,单元类型的选择应该区别对待。对于上弦构件,如果为实腹式或格构式构件,通常其定义成梁单元;但是如果为桁架,通常将桁架中的杆件按杆单元处理。如果结构中仅存在竖向腹杆,一般下弦拉索与撑杆之间节点固定,即不允许拉索滑动,因此结构分析时将拉索在节点分段,每段按直线拉索单元处理。最近一些改进的张弦结构体系也像普通桁架一样采用交叉腹杆,且拉索绕下弦节点滑动,这时下弦拉索应按折线拉索单元处理。对于竖腹杆一般按杆单元处理,但是应该注意,其与上弦构件的连接节点的平面外转角应与上弦构件节点刚接。可以看出,平面弦支结构中的单元类型复杂,包括梁单元、杆单元和拉索单元三类,因此平面弦支结构分析的有限单元法是一种混合单元的有限元法。

2.平面弦支结构的形态定义

平面弦支结构是由上弦刚性构件和下弦柔性拉索两类不同类型单元组合而成的一种结构体系,因此通常将其归类于"杂交体系"范畴。从受力形态上来看,平面弦支结构又通常被认为是一种"半刚性"结构。

与悬索结构等柔性结构一样,根据平面弦支结构的加工、施工及受力特点,通常也将其结构形态定义为零状态、初始态和荷载态三种,如图 6-27 所示。零状态是拉索张拉前的状态,实际上是指构件的加工和放样形态(通常也称结构放样态);初始态是拉索张拉完毕,且屋面结构施工结束后的形态(通常也称预应力态),也是建筑施工图中所明确的结构外形;荷载态是外荷载作用在初始态结构上发生变形后的平衡状态。

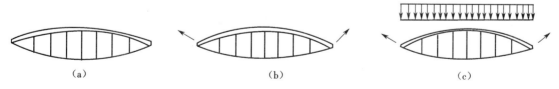

图 6-27　平面弦支结构的三种结构形态

(a)零状态;(b)初始态;(c)荷载态

以上三种状态的定义,对平面弦支结构来说具有现实意义。对于平面弦支结构零状态,主要涉及结构构件的加工放样问题。平面弦支结构的初始态是建筑设计所给定的基本形态,即结构竣工后的验收状态。如果张弦梁结构的上弦构件按照初始态给定的几何参数进行加工放样,那么在张拉拉索时,由于上弦构件刚度较弱,拉索的张拉势必引导撑杆使上弦构件产生向上的变形,如图 6-28 所示。当拉索张拉完毕后,结构上弦构件的形状将偏离初始形状,从而不满足建筑设计的要求。因此,平面弦支结构上弦构件的加工放样通常要考虑拉索张拉产生的变形影响,这也是平面弦支半刚性结构需进行零状态定义的原因。

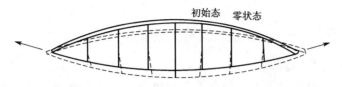

图 6 − 28 平面弦支结构拉索张拉过程的变形

从目前已建平面弦支结构工程的施工程序来看,通常是采用每榀平面弦支结构张拉完毕后再进行整体吊装就位,再铺设屋面板和吊顶。因此,该类结构的变形控制应该像悬索结构那样,应以初始态为参考形状。也就是说,只有可变荷载在该状态下产生的结构变形才是正常使用极限状态所要求控制的变形,即结构变形不应该计入拉索张拉对结构提供的反拱效应。

由于平面弦支结构属于通常定义的半刚性结构,因此人们担心该类结构的分析是否应该考虑几何非线性影响。但是相关研究表明,平面弦支结构在荷载态分析时,考虑几何非线性效应的分析结果和线性分析结果非常接近,因此该类结构荷载态的分析可不考虑几何非线性的影响,即符合小变形的假定。但是如前所述,对于跨度较大的平面弦支结构,在下弦拉索的张拉阶段,即结构由零状态变化到初始态的过程中,结构会出现较大的变形。因此,从保证上弦构件的加工精度的前提下,有些研究结论建议考虑几何非线性影响。

3. 主要计算内容

综上所述,平面弦支结构设计中涉及以下几类计算分析问题:

(1)结构的预应力分布的计算;

(2)荷载态各工况作用下的结构变形和构件内力分析;

(3)零状态结构加工放样形状分析。

平面弦支结构加工放样形状分析主要是求解上弦构件的加工放样形状。平面弦支结构的施工阶段的吊装过程分析包括两方面的内容,首先是要验算吊装过程中结构的杆件和节点强度,其次是要验算结构在吊装过程中的平面外稳定性。

4. 预应力分布的计算方法

考虑到平面弦支结构属于小变形的线性结构,因此平面弦支结构荷载态各工况作用下的结构分析可以采用线性叠加原则,即先计算各单项荷载作用下的节点位移和构件内力,然后按照荷载组合原则将单项荷载作用下的节点位移和构件内力乘以荷载分项系数和组合系数后相加,最终求得各荷载工况作用下的节点位移和构件内力。平面弦支结构是一种可以施加预应力的结构体系,因此其结构在单独预应力作用下的分析是荷载态结构分析的重要问题。

1)平面弦支结构预应力分析的等效节点荷载法

平面弦支结构的预应力分析主要是计算结构在初始态时的自平衡预应力分布,其分析可采用预应力等效节点荷载方法。但是在具体分析之前,先阐述平面弦支结构的预应力特点。

对于图 6 − 29 所示的只设置竖向撑杆的平面弦支结构,如果任意相邻索段的自平衡预张力(为结构预应力产生的张力)分别为 T_k 和 T_{k+1},根据下弦节点在撑杆垂线方向的平衡条件易知：

即

$$T_k \cos \alpha_k = T_{k+1} \cos \alpha_{k+1} \qquad (6-1)$$

$$T_{k+1} = T_k \cos \alpha_k / \cos \alpha_{k+1} \qquad (6-2)$$

式中　α_k、α_{k+1}——两边拉索与撑杆垂线的夹角。

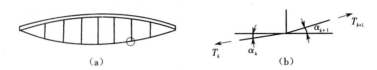

图 6 - 29　只设置竖向撑杆的平面弦支结构

(a)平面弦支结构；(b)预应力张力计算简图

从式(6 - 2)可以看出，平面弦支结构的下弦拉索各索段之间符合一定的关系，而不是独立的。如果已知某一根索段的预张力，那么利用全部下弦节点在撑杆垂直方向的平衡关系便可求出所有其他索段的预张力。也就是说，平面弦支结构中的拉索张力只有一根是独立的，其他索段的预张力可以看成是某根索段张拉的结果。

2)局部分析法

局部分析法的基本思想是试图采用平衡矩阵空间分解技术所求解的体系自应力模态来分析结构的预应力分布。对于张拉整体结构以及索穹顶结构，通常运用体系总体平衡矩阵来分析体系初始预应力分布的问题，利用高斯消元法或奇异值分解法求出结构的独立自应力(自内力)模态数，进而通过独立自应力模态的线性组合求出结构的自应力分布。但是考虑到平面弦支上部构件较高的超静定的次数，在进行自应力模态组合时，计算量非常大，而且需要判别哪些自应力模态是拉索张拉所产生的。

但考虑到平面弦支结构预应力只有张拉下弦拉索产生，上部结构的预应力是由于下部索杆张力体系施加的预张力造成的，因此只要确定下部索杆张力体系初始态预应力分布，就可以进一步通过平衡条件求得上部构件的初始态预应力分布，而下部索杆结构(包括下弦索和竖腹杆)的预应力分布按照平衡矩阵方法求出。

局部分析法的主要步骤如下：

(1)将体系中的梁单元同下部索杆单元分离，对于下部索杆体系，在其与上部结构连接的铰接点处均施加固定约束，如图 6 - 30(a)所示；

(2)对下部索杆体系建立平衡矩阵，然后通过矩阵分解技术可得到其独立自应力(自内力)模态，对独立自应力(自内力)模态进行组合可得到结构的初始预应力分布；

(3)将下部结构和上部结构相连接的单元内力作为荷载施加到上部结构上，对上部结构进行线性有限元分析可得到上部结构的内力分布，如图 6 - 30(b)所示。

需要注意的是，因为此时是在已知结构初始态几何形状的情况下求预应力的分布，是单纯的找力分析，所以在第三步中对上部结构的分析一定要采用线性分析，以求出基于初始态构形上的平衡内力。

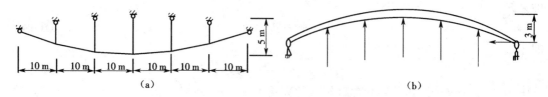

图 6 – 30　局部分析法的计算简图

(a)下部结构预应力分析简图;(b)上部结构预应力分析简图

5. 结构放样几何的计算方法

平面弦支结构的放样形态分析的目的就是求解结构的一个形状,以保证拉索张拉完毕后,其变形后的形状为建筑设计所给定的结构形状,即初始态形状。这类问题实际上是与常规结构分析相对应的"逆分析"问题。下面给出平面弦支结构放样形状分析的一种迭代方法——逆迭代法。

平面弦支结构放样形态分析逆迭代法的基本思想是:首先假设一零状态几何形状(通常第一步迭代就取初始态的形状);然后在该零状态几何上施加预应力,并求出对应的结构变形后形状;最后将其与初始态形状比较,如果差别比较微小就可以认为此时的零状态就是要求的放样状态;如果差别超过一定范围则修正前一步的零状态几何,并再次进行迭代计算,直到求得的变形后形状与初始态形状满足要求的精度。

假设图纸给定的结构初始态几何坐标为 $\{X\ Y\ Z\}$,第 k 次迭代的结构零状态几何坐标为 $\{X\ Y\ Z\}_{0,k}$,在 $\{X\ Y\ Z\}_{0,k}$ 构形上施加预应力变形后的结构几何坐标为 $\{X\ Y\ Z\}_k$,则逆迭代法的基本计算步骤如下:

(1)首先假设初始态几何即为零状态几何,即令 $\{X\ Y\ Z\}_{0,k}=\{X\ Y\ Z\}$,进行第 1 次迭代;

(2)在 $\{X\ Y\ Z\}_{0,k}$ 结构形状上施加预应力,计算结构位移并得到 $\{X\ Y\ Z\}_k=\{X\ Y\ Z\}_{0,k}+\{U_x\ U_y\ U_z\}_k$,令 $k=1$;

(3)计算 $\{\Delta_x\ \Delta_y\ \Delta_z\}_k=\{X\ Y\ Z\}-\{X\ Y\ Z\}_k$,判断 $\{\Delta_x\ \Delta_y\ \Delta_z\}_k$ 是否满足给定的精度,若满足,则 $\{X\ Y\ Z\}_{0,k}$ 即为所求的放样态几何坐标,若不满足,令 $\{X\ Y\ Z\}_{0,k+1}=\{X\ Y\ Z\}_{0,k}+\{\Delta_x\ \Delta_y\ \Delta_z\}_k$,$k=k+1$,重复(1)、(2)步骤。

迭代法的计算过程如图 6 – 31 所示。在计算结构位移 $\{U_x\ U_y\ U_z\}_k$ 时,应考虑结构自重影响。研究表明,结构位移 $\{U_x\ U_y\ U_z\}_k$ 计算时,对于中、小跨度且上弦构件刚度较大的平面弦支结构,采用线性有限元法分析便可达到较好的精度。但是对于跨度较大、上弦构件刚度较弱的平面弦支结构,由于拉索张拉过程上弦变形较大,采用线性有限元法分析,其误差相对较大,主要体现在水平坐标计算精度不够。出于对放样尺寸精确性的考虑,建议采用非线性有限元法进行分析。

6. 平面弦支结构的静力性能和预应力效应

1)基本静力性能

平面弦支结构的受力特性实际上相当于简支梁的受力特性,如图 6 – 32(a)(b)所示。从截面内力情况来看,平面弦支结构与简支梁一样需要承受整体弯矩和剪力效应。根据截面内力平衡关系易知,平面弦支结构在竖向荷载作用下的整体弯矩由两部分承担,一部分是上弦构件的压力和下弦拉索拉力的水平分量所形成的等效力矩;另一部分是上弦构件本身

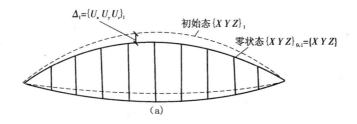

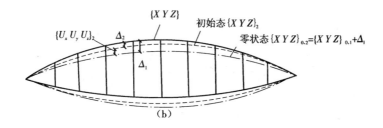

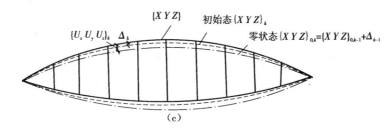

图 6 – 31 迭代法的计算过程

(a)第一次迭代;(b)第二次迭代;(c)第 k 次迭代

所受的局部弯矩。由于平面弦支结构中通常只布置竖向撑杆,且下弦拉索不能承受剪力,因此整体剪力主要由上弦构件的剪力和下弦拉力的竖向分量组成。

假设结构任意截面的上弦轴力为 N、剪力为 V、局部弯矩为 M、下弦拉索拉力为 T,如图 6 – 32(c)所示。则根据截面内力平衡关系可得:

$$N = T\cos \beta / \cos \alpha \tag{6-3}$$

$$M = \overline{M} - T\cos \beta h \tag{6-4}$$

$$V = \overline{V} + T\sin \beta + N\sin \alpha = \overline{V} + T(\sin \beta + \cos \beta\tan \alpha) \tag{6-5}$$

式中 $\overline{M}$、$\overline{V}$——由外荷载 q_0 产生的截面整体弯矩和整体剪力,跨中截面 $\overline{M} = q_0 l^2 / 8$;

h——截面高度;

α、β——上弦拱轴切线和下弦拉索的水平倾角。

需要注意,在不同的截面上弦局部弯矩 M 的方向并不相同,当 $\overline{M} > T\cos \beta h$ 时,M 与 $\overline{M}$ 同向,上弦梁下部受拉;当 $\overline{M} < T\cos \beta h$ 时,M 与 $\overline{M}$ 反向,上弦梁上部受拉。

拉索拉力包括外荷载产生的拉力和预应力产生的拉力两部分效应,即 $T = T_{外} + T_{预}$。对于平面弦支结构,一般情况下荷载态时 $T_{外} \gg T_{预}$。而对于仅在预应力作用下的初始态,外荷载在结构各截面上产生的整体弯矩 $\overline{M}$ 以及在拉索中产生的拉力 $T_{外}$ 均为 0,此时式(6 – 4)改写为 $M = -T_{预}\cos \beta h$,即上弦弯矩 M 只与下部拉索施加预拉力 $T_{预}$ 有关,所有上弦截面均为上部受拉。

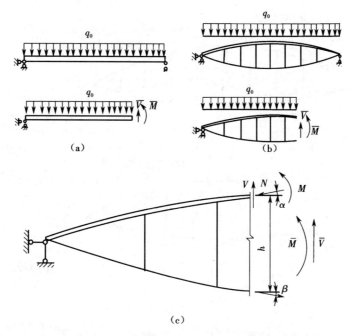

图 6 – 32　简支梁和平面弦支结构的受力性能比较及平面弦支结构受力分析图
(a)简支梁受力;(b)平面弦支结构受力;(c)平面弦支结构受力分析图

对于不可分解的空间弦支结构,内力分布根据几何构型的不同而不同,但是每榀平面弦支结构中的索拉力与上弦弯矩以及轴力基本符合上述关系。

对于平面弦支结构的下弦拉索来讲,由于其通常采用平行钢丝束或钢绞线等高强度材料,因此与采用普通型钢的桁架结构下弦构件相比,可以承受更大的拉力,这也是该类结构适用于大跨度屋盖的一个主要原因。平面弦支结构上弦构件的选型是设计时需考虑的重要问题。上弦构件形式主要取决于结构跨度和撑杆间距两个因素。跨度增加,跨中整体弯矩增大,导致上弦构件压力增加,因此需要加大上弦构件的截面面积来保证;另外当撑杆间距增大,其整体剪力效应和上弦分布荷载对上弦构件产生的局部弯矩增大,因此需要上弦构件提供较大的抗弯刚度。因此当平面弦支结构跨度较大时,习惯采用截面面积和抗弯模量均较大的桁架结构。从平面弦支结构的上弦桁架类型来看,立体桁架比平面桁架更有优越性,其主要是立体桁架比普通的平面桁架的平面外刚度大,这对受压上弦构件的平面外稳定性是有利的。特别在平面弦支结构的施工阶段,由于通常采用单榀整体吊装的施工方案,因此上弦立体桁架较大的平面外刚度能够有效地保证吊装过程中结构的平面外稳定。

2)预应力效应

下面通过一个算例来定量分析平面弦支结构的基本静力性能。如图 6 – 33 所示的平面弦支结构由纵向间距为 10 m 的 7 榀张弦梁构成,纵向总长度为 60 m。屋面设纵向撑杆和檩条以保证平面弦支结构的侧向稳定性。平面弦支结构跨度为 60 m,上弦拱矢高为 3 m,下弦拉索垂度为 5 m,拉索形状为抛物线形。每榀平面弦支结构端部支承均为一端固定铰,一端滑动支座,支座标高为 20 m。

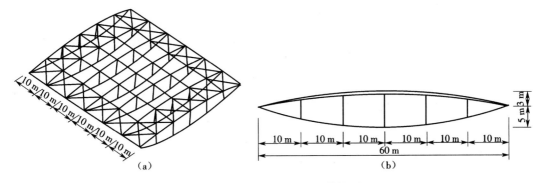

图 6 - 33 平面弦支结构计算模型

(a)轴测图;(b)单榀平面弦支结构

在竖向荷载取值方面,结构屋面系统及吊顶取 0.5 kN/m²,屋面雪(活)荷载取 0.5 kN/m²,1.2 恒 +1.4 活 =1.3 kN/m²,自重由程序自动计算。平面弦支各构件材料经初步估算取值见表 6 -1。

表 6 -1 平面弦支结构构件材料情况

	梁(拱)	撑杆	下弦索
截面尺寸/mm	300 × 400 × 12	φ159 × 6	φ5 × 105
面积 A/mm²	16 200	2 884	2 062
惯性矩 I_y/mm⁴	3.774×10^8	—	—
惯性矩 I_z/mm⁴	2.412×10^8	—	—
弹性模量 E/(N/mm²)	2.06×10^5	2.06×10^5	1.85×10^5

出于一般性考虑,选取中部 1 榀平面弦支结构进行分析,分别计算其在预应力和上弦均布荷载 1.3 kN/m² 作用下的结构内力分布。

采用局部分析法,首先计算确定下部索杆体系的自应力模态(图 6 -34)。建立体系的平衡矩阵,采用奇异值分解可以求得下部索杆体系的自应力模态数 $s = 1$,自应力模态为

$$V = [0.044346, 0.044345, 0.044346, 0.044345, 0.044346, -0.41423, -0.40462,$$
$$-0.39973, -0.39973, -0.40462, -0.41423]^T$$

因为该下部索杆结构只存在一个自应力模态,所以不存在模态组合的问题。那么只要确定其中一根杆件的预应力数值,其他杆件就唯一确定。假设拉索 6 的预应力数值为 10 kN,可得出下部索杆各杆件预应力分别为

$$T = [-1.07058, -1.07056, -1.07058, -1.07056, -1.07058,$$
$$10.0000, 9.7681, 9.6500, 9.6500, 9.7681, 10.0000]^T$$

然后将被截断的拉索、撑杆的主动预应力反向施加于上弦梁之上,线性计算可得上部结构的被动预应力分布。计算时将上弦梁分为 30 个梁元,得到上弦梁各截面轴力和弯矩如图 6 -35 所示。

由图 6 -35 可以看出,上弦梁在预应力的作用下轴力分布相当均匀,而弯矩则大致成抛物线状分布且都是正弯矩,即弯矩向下梁下部受压。其中两端支承处弯矩为零,跨中截面弯矩最大,这也可以通过对结构进行力学分析得出。分析式(6 -3)可知,结构仅在预应力作

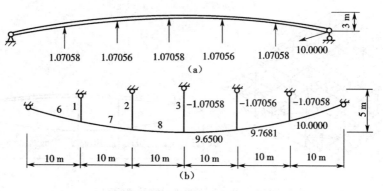

图6-34　平面弦支体系及其独立自应力分布

(a)上部结构;(b)下部结构

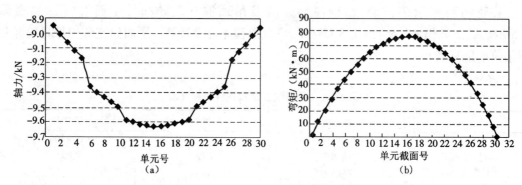

图6-35　平面弦支结构上弦构件初始态预应力内力图

(a)轴力图;(b)弯矩图

用下,下弦拉索拉力 N 大致相同,而跨中截面高度 h 最大,所得弯矩 M 的绝对值也最大。

3)竖向荷载作用下的结构效应

不考虑预应力效应,单独计算结构在荷载(自重 $+1.3\ kN/m^2$)作用下内力反应,上弦构件的轴力和弯矩如图6-36所示。

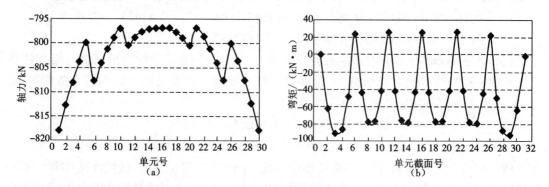

图6-36　平面弦支结构上弦构件在外荷载作用下的内力图

(a)轴力图;(b)弯矩图

由图6-36可以看到,结构在外荷载作用下上弦构件各单元轴力变化幅度不大,基本上在800 kN左右。弯矩分布呈现出连续梁分布的特点,即正负弯矩交错,撑杆可以认为是上弦构件的弹性支点,对应的是负弯矩,两撑杆间横梁跨中为正弯矩。从数值上看,以正弯矩为大,支座负弯矩小,最大的正弯矩为 90 kN·m 左右。

根据以上平面弦支结构的预应力和竖向荷载的内力效应的定量分析,可以讨论平面弦支结构的预应力效应的合理性问题。作为一种通常理解的预应力结构,其预应力效应一般被认为是平面弦支结构体系的重要特征。但是在数值上可以发现,当仅施加量值为 10 kN 的小预应力时,其在上弦构件中就产生了 80 kN·m 的弯矩,这个弯矩值与竖向静荷载在上弦构件中产生弯矩值在量值上几乎相当。而预应力的施加对结构轴力的影响却是微乎其微的,如果将拉索的张拉力的预应力效应增加 10 倍(这个预应力值依然不大),其对上弦轴力的影响与静荷载产生的轴力相比并不敏感。但是,预应力效应对上弦弯矩的增加已远远超出了静荷载的效应,而必然成为构件设计的控制内力。因此平面弦支结构是预应力敏感体系,特别是对于上弦的弯矩效应。

由此可见,对于平面弦支结构来说,过大的预应力效应将直接导致上弦构件弯矩的急剧增加,带来明显的不利效应。因此,预应力对结构荷载态的受力性能的改善是有限的。

4)风荷载的效应

考虑到平面弦支结构屋盖的矢跨比通常较小,因此屋面风荷载主要为法向吸力。令基本风压 ω_0 取 0.5 kN/m,风振系数 β_z 取 1.8,场地粗糙度类别为 B 类,风载体形系数 μ_s 按荷载规范选取,如图 6-37 所示。

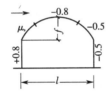

f/l	μ_s
0.1	-0.8
0.2	0
0.5	+0.6

中间值按插入法计算

图 6-37 封闭式拱形屋面体形系数分布图

计算"风荷载 +1.0 恒荷载(自重)"工况下的内力效应,并假定下弦拉索可以承受压力(即按杆单元考虑),可以求得拉索 6 的轴力为 -187 kN。可以看出,对于轻屋面的平面弦支结构,在不利风荷载吸力作用下,下弦拉索易于退出工作。也就是说,平面弦支结构是一种风荷载敏感体系。

如果采用提高预应力值来防止拉索在屋面负风压作用下不松弛,对于以上算例至少要施加 187 kN 以上的预拉力。但是根据前面的分析,显然这将大大增加上弦拱的弯矩和轴力,这是现有上弦截面不能承受的。因此,对于此类风吸力足以使拉索退出工作的平面弦支结构,如果索的松弛应力(理论压力)不高,适当提高预应力防止索退出工作是可行的;但是当风吸荷载过大导致索的松弛应力过大时,提高预应力的结果是导致上弦构件内力和截面增加,是得不偿失的,此时可以采用铺设重屋面增加恒荷载等其他办法克服风吸力。比如上述算例,屋面恒荷载如果增加 1 倍取 1.0 kN/m。那么结构在风荷载和恒荷载共同作用下拉索 6 的轴力为 95 kN,不需施加任何预应力就能保证拉索受拉。当然增大恒荷载也会增加上弦构件的负担,但与预应力相比是极其微小的。

5)高(垂)跨比的影响

高(垂)跨比是结构设计最主要的参数之一。提高结构的高(垂)跨比相当于增大了结构截面厚度,提高了结构的整体刚度,从而使结构竖向位移减小,同时结构各杆件轴力也几乎呈线性减小。高(垂)跨比的增加即结构截面高度的增加,而根据式(6-4)知,上弦弯矩的变化由下弦拉力 T 与截面高度 h 共同决定,因此矢(垂)跨比的变化对结构上弦截面弯矩的影响与所施加的预应力水平 $T_预$ 也密切相关。图6-38和图6-39所示分别为上弦最大弯矩绝对值在不同预应力水平下与结构矢跨比、垂跨比的关系图。

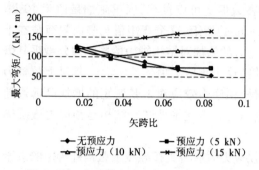

图6-38　上弦最大弯矩与矢跨比关系图　　　图6-39　上弦最大弯矩与垂跨比关系图

结果表明,随着矢跨比的增加,当结构不施加预应力时上弦最大弯矩有较大幅度的减小,当拉索施加很大的预应力时上弦最大弯矩不断增大;随着垂跨比的增加,结构不施加或者施加较小的预应力时上弦最大弯矩先减小后增大,当结构施加很大预应力时上弦最大弯矩不断增大。对于平面弦支结构,预应力水平受各种因素的影响不可能加得过大,因此总体来说,高(垂)跨比的增加对结构上弦弯矩有削弱作用。综上所述,增大结构矢(垂)跨比可以在很大程度上改善结构的静力性能,但它同时还受结构造型、抗震性能等多方面因素的影响,应该综合考虑。

6.2.2　空间弦支结构的计算方法及静力性能

本节主要以弦支穹顶为例,介绍空间弦支结构的计算方法及静力性能。

1. 概述

弦支穹顶是由下部索杆张拉体系和上部单层球面网壳组合而形成的一种新型杂交空间结构体系。上部单层球面网壳是由传统意义上的形状确定的结构体系,具有高次超静定结构;下部索杆张拉体系可分为张拉刚性体系($m=0$、$s>0$,即静不定、动定体系)和张拉柔性体系($m>0$、$s>0$,即静不定、动不定体系)两类。因此,结构设计中首先需要判定下部索杆张拉体系的几何稳定性。

张拉刚性体系即通常所说的超静定结构,其几何形状已经确定,体系自应力(自内力)分布并不影响体系的几何形状;但是对于张拉柔性体系,体系自应力(自内力)分布对体系的形状起决定作用,随自应力(自内力)分布的变化,体系的几何形状也随之改变。张拉柔性体系在施加预应力前体系没有刚度,施加预应力后有刚化现象,才能成为结构;但是施加预应力后也可能没有刚化,则该体系为可变体系,即为机构。对于张拉刚性体系只需要确定体系自应力(自内力)的分布,即单纯的找力分析(Force finding);对于张拉柔性体系需要确定体系几何形状和自应力(自内力)的分布,即包括找形分析和找力分析两个问题。

在分析弦支穹顶结构的性能之前,必须区分其在施加预应力前后的状态,即零状态和初始态。定义零状态为体系在无自重、无预应力作用时的放样状态;初始态为体系在自重和预应力作用下的自平衡状态。弦支穹顶是由上部单层球面网壳和下部索杆张拉体系组合而形成的一种新型杂交空间结构体系。由于上部单层球面网壳形状的确定,下部索杆张拉体系的几何形状随之确定,因此弦支穹顶结构不需要进行找形分析,只要进行找力分析即可。找力分析方法的理论和算法目前都已经成熟,就是基于平衡矩阵理论,利用高斯消元法或奇异值分解法求出结构的独立机构位移模态数和独立自应力(自内力)模态数,进而通过独立自应力(自内力)模态的线性组合求出结构的自应力(自内力)分布。但目前,对弦支穹顶结构体系的初始预应力分布确定分析即找力分析的研究还比较少。对于上部为多次超静定的刚性结构、下部为柔性体系的弦支穹顶结构而言,如何确定整体结构的初始预应力分布是一个较为复杂的问题。

从施加预应力的角度来看,弦支穹顶结构下部索杆体系是主动张拉体系,而上部单层球面网壳只是被动张拉部分,因此只需要确定下部索杆体系自应力(自内力)分布,就可以确定整个结构的自应力(自内力)分布。确定下部索杆体系自应力(自内力)分布是弦支穹顶结构设计需要首要解决的问题,其中包括两个方面:①判定下部索杆体系是张拉刚性体系还是张拉柔性体系,如果是张拉柔性体系,是否可以刚化;②确定下部索杆体系自应力(自内力)分布,进而确定整个结构的自应力(自内力)分布。采用基于上部单层球面网壳和下部索杆体系分开的结构分块分析方法——局部分析法,解决了弦支穹顶结构的初始态预应力分布的确定问题。结合整体可行预应力的概念,并考虑结构自身的拓扑关系,采用平衡矩阵理论方法和线性静力分析法,对弦支穹顶结构的初始预应力分布的确定进行了简化。

2. 局部分析法

1)目的、基本假定和步骤

一方面,弦支穹顶上部结构杆件数较多,超静定次数很大,整体结构的自应力模态数很多,自应力模态组合的计算量非常大;另一方面,弦支穹顶下部索杆张力体系是主动张拉体系,而上部单层网壳只是被动张拉部分,上部结构的预应力是由于下部索杆张力体系施加的预应力造成的。因此,只要确定下部索杆张力体系初始态预应力的分布,就可以得到整个结构的初始态预应力的分布。本文提出了基于将上部单层球面网壳和下部索杆体系分开的结构分块分析方法——局部分析法,并采用局部分析法确定整个结构的初始态的预应力分布。这里的初始态是建筑师提供的设计几何态。

局部分析法的基本假定:

(1)独立计算下部索杆张力体系的自应力模态和机构位移模态时,假定上部单层球面网壳结构为刚体;

(2)连接节点均为铰接节点。

根据以上假定,局部分析法计算步骤如下:

(1)将竖杆和斜索切断,上下结构体系分成两部分,上部单层网壳中与竖杆、斜索连接处均代之以外力(由第二步确定出的竖杆和斜索的预应力),下部索杆张力体系与单层网壳竖杆、斜索连接处均约束三个方向位移;

(2)由于假定上部单层网壳结构为刚体,可以分别计算下部索杆张力体系每圈的自应力模态和机构位移模态,进行结构的几何稳定性和自应力组合,确定下部索杆体系初始态的预应力分布;

(3)将被截断斜索、竖杆的主动预应力施加于单层网壳之上,线性计算上部结构单层网壳的被动预应力分布,确定上部单层网壳初始态的预应力分布;

(4)将上部单层网壳和下部索杆张力体系重新组合起来,将初始预应力赋值给所有构件,这时整个结构处于初始平衡态。

2)下部索杆体系计算模型的简化

弦支穹顶结构下部索杆体系布索方式直接影响到弦支穹顶结构的受力性能。弦支穹顶上部为单层球面网壳,下部为环索、斜索和撑杆组成的索杆体系。上部单层球面网壳一般为肋环型、联方型和凯威特型单层球面网壳,下部索杆体系根据上部单层球面网壳的网格形式确定布索方式。下部索杆体系圈数、索杆数和节点数很多,独立自应力模态和机构位移模态数很多,进行自应力模态组合时,计算量很大。由于上部单层球面网壳杆件往往呈多轴对称或中心轴对称,决定了下部索杆体系杆件也是多轴对称或是中心轴对称。因此,可以通过对称性对下部索杆的计算模型进行简化。

3)确定初始态预应力的简化计算方法

Ⅰ.平衡矩阵理论方法

对索杆体系而言,索只能承受拉力,而竖杆只能承受压力,索受拉、杆受压的预应力状态才是可行的预应力状态。同时对于弦支结构还具有其特殊性。我们把相互对称的杆件归为一类,必须满足同类杆件初始预应力相等和整体自应力平衡,而满足上述条件的预应力状态才是合理的预应力状态。

结构的预应力分布是独立自应力模态的线性组合,可由下式表示:

$$\{t\} = [V_2]_{b \times s}\{\alpha\} = \vec{v}^{r+1}\alpha_1 + \vec{v}^{r+2}\alpha_2 + \cdots + \vec{v}^{r+s}\alpha_s \qquad (6-6)$$

式中　$\{t\}$——体系可行预应力;

　　　$\alpha_1,\alpha_2,\cdots,\alpha_s$——组合因子,为任意实常数。

若将式(6-6)整理移项,则变为

$$\vec{v}^{r+1}\alpha_1 + \vec{v}^{r+2}\alpha_2 + \cdots + \vec{v}^s\alpha_s - \{t\} = 0 \qquad (6-7)$$

对具有 n 组杆件数的结构,$\{t\}$可记为

$$\{t\} = \{t_1\cdots t_1\cdots t_i\cdots t_i\cdots t_n\cdots t_n\cdots\}^\mathrm{T}$$

式(6-7)用矩阵表示为

$$[\tilde{V}_2]_{b \times (s+n)}\{\tilde{\alpha}_x\} = 0 \qquad (6-8)$$

式中　$[\tilde{V}_2]_{b \times (s+n)} = [\vec{v}^{r+1}\cdots\vec{v}^{r+i}\cdots\vec{v}^{r+s} - e_1\cdots - e_i\cdots - e_n]$;

　　　$\{\tilde{\alpha}\}_x = \{\alpha_1\cdots\alpha_i\cdots\alpha_s\cdots t_1\cdots t_i\cdots t_n\}$。

基向量 e_i 表示除第 i 类杆件轴力设为单位力外,其他类杆件(或索)轴力设为 0,$e_i = \{0\ 0\cdots\underset{i}{1\ 1}\cdots 0\ 0\}$(索)。对$[\tilde{V}_2]_{b \times (s+n)}$进行奇异值分解如下:

$$[\tilde{V}_2]_{b \times (s+n)} = [U]\begin{bmatrix} \Sigma & 0 \\ 0 & 0 \end{bmatrix}[V]^\mathrm{T} \qquad (6-9)$$

若$[\tilde{V}_2]_{b \times (s+n)}$的秩为 r ,则$[V]^\mathrm{T}$中第 $r+1$ 行至第 $s+n$ 行向量即为所求的整体可行预应力向量。

Ⅱ.线性静力分析法

如果简化计算模型为一次超静定结构,可以采用线性静力分析法确定预应力的分布。假定竖杆预应力为单位力,将竖杆截断并代之以外力施加于简化计算模型上,这时简化计算模型变成为静定结构,采用线性静力分析方法可以直接确定预应力的分布。

3.基本受力性能

1)计算模型

矢跨比1/10凯威特型弦支穹顶结构如图6-40所示,上部单层网壳为 K6-5 弦支穹顶

结构,跨度为 60 m;网壳杆件截面均采用 $\phi180\times10$ 钢管;下部索杆张力体系共布置 5 圈,竖杆高度均控制为 5 m,竖杆截面均采用 $\phi180\times10$ 钢管,径向斜拉索均采用 $4\times7\phi5$ 钢绞线,环向拉索均采用 $6\times7\phi5$ 钢绞线。钢管的弹性模量 $E=2.06\times10^{11}$ N/m²,索的弹性模量 $E=1.67\times10^{11}$ N/m²。网壳节点、竖杆与网壳的连接节点和竖杆与索的连接节点均为铰接节点,支承条件为周边固定铰支支承。屋面荷载的恒载 0.3 kN/m²,活载 0.5 kN/m²,作用于上弦层。采用 ANSYS 分析软件对其进行静力分析,分析中采用 LINK8 和 LINK10 单元分别模拟杆单元和索单元,预应力引入方法采用初应变法,分析过程均考虑体系的几何非线性和应力刚化。

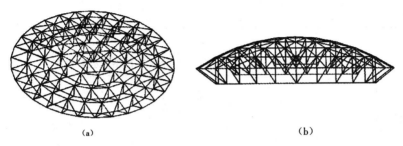

图6-40 矢跨比1/10凯威特型弦支穹顶结构

(a)透视图;(b)立面图

由于结构为多轴对称结构,在对称荷载作用下,对称杆件的内力和位移是相同的,为了便于对结构的计算结果进行分析,对结构构件、节点和支座进行了编号,如图6-41所示。

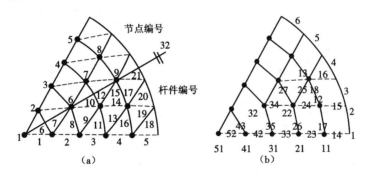

图6-41 凯威特型弦支穹顶杆件和节点编号

(a)上部结构节点编号和杆件编号;(b)下部结构杆件编号和支座编号

2)初始预应力模式

通过简化计算模型,凯威特型弦支穹顶单位初始预应力分布已经求解得到。令 $T=T_{14}+T_{23}+T_{33}+T_{42}+T_{52}$,$T_{ij}$ 表示第 i 圈杆件编号为 j 的预应力值,T 称为预应力水平。T_{14}、T_{23}、T_{33}、T_{42}、T_{52} 均为径向斜索的预应力值。设定 T_{14}:T_{23}:T_{33}:T_{42}:$T_{52}=8$:6:4:3:2,由此可以确定体系的预应力。本文对 $T=300$ kN 和 $T=500$ kN 进行结构的静力性能分析。两种情况下的初始预应力分布见表6-2和表6-3。

表 6 – 2　预应力模式一（T = 300 kN 时）初始预应力分布　　　　　　　　　　　kN

杆件组号	圈数				
	第一圈	第二圈	第三圈	第四圈	第五圈
T_{i1}	– 48.38	– 38.26	– 27.75	– 22.41	– 95.74
T_{i2}	– 51.23	– 38.35	– 29.08	39.13	26.09
T_{i3}	– 46.30	78.26	52.17	32.08	—
T_{i4}	104.35	37.53	29.13	—	—
T_{i5}	111.62	196.57	85.35	—	—
T_{i6}	63.02	181.46	—	—	—
T_{i7}	358.22	47.98	—	—	—
T_{i8}	385.02	—	—	—	—

表 6 – 3　预应力模式二（T = 500 kN 时）初始预应力分布　　　　　　　　　　　kN

杆件组号	圈数				
	第一圈	第二圈	第三圈	第四圈	第五圈
T_{i1}	– 80.63	– 63.77	– 46.25	– 37.36	– 159.57
T_{i2}	– 85.38	– 63.92	– 48.47	65.22	43.48
T_{i3}	– 77.16	130.43	86.96	53.46	—
T_{i4}	173.91	62.56	48.55	—	—
T_{i5}	186.03	327.62	142.25	—	—
T_{i6}	105.04	502.43	—	—	—
T_{i7}	597.03	79.96	—	—	—
T_{i8}	641.70	—	—	—	—

3）静力分析

本节主要考察单层网壳结构和两种预应力模式下弦支穹顶结构的静力性能，通过对三种情况下得到的杆件内力、位移和约束反力的比较，掌握弦支穹顶结构静力性能与单层网壳的不同。通过两种预应力模式静力性能的比较，分析预应力对弦支穹顶结构的受力性能的影响，从而全面掌握弦支穹顶结构的静力性能。

Ⅰ. 支座约束反力

从图 6 – 42 可以看出，单层网壳时径向约束反力均为推力；而预应力 T = 300 kN 时径向约束反力既有推力又有拉力，且数值均减小，绝对值最大降幅达到 96.42%；预应力 T = 500 kN 时径向约束反力均变为拉力，绝对值均持平或减小，但较预应力 T = 300 kN 时增大很多；计算结果说明恰当地施加预应力可以减小结构对周边约束的依赖，而施加较大的预应力同样会使结构对周边构件产生较大的约束反力。

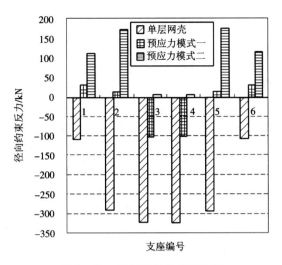

图6-42 径向约束反力变化图

Ⅱ. 节点竖向位移

从图6-43可以看出,在考虑体系的几何非线性和应力刚化情况时,预应力模式下径向节点的荷载与竖向位移的变化基本呈线性关系,而单层网壳节点5的荷载-竖向位移曲线稍有非线性的特征,由此说明弦支穹顶结构的整体刚度要稍大于单层网壳。

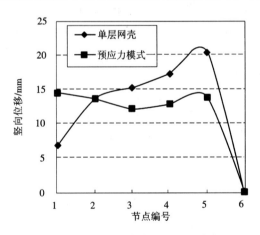

图6-43 径向节点竖向位移变化

从图6-44可以看出,单层网壳时节点竖向位移波动很大,中心节点1位移最小,最外圈节点5位移最大;而预应力模式下各节点竖向位移分布更加均匀,最大位移发生在节点5,但最大位移绝对值减小,减小幅度为11.9%;节点1的位移变化最大,增大幅度达到111.90%,其他节点位移变化幅度均为0~40%。

图6-44表明,两种预应力模式下预应力的大小对节点竖向位移影响不大,单纯增大预应力并不能很好地改善结构的刚度;弦支穹顶结构整体刚度增加的原因并不是因为施加了预应力,而是结构体系的变化造成的。

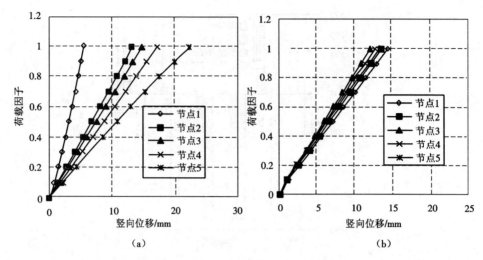

图 6 – 44　径向节点荷载 – 竖向位移曲线

（a）单层网壳径向节点荷载 – 竖向位移曲线；（b）弦支穹顶径向节点荷载 – 竖向位移曲线

Ⅲ. 上部杆件内力

从图 6 – 45、图 6 – 46、图 6 – 47 可以看出，单层网壳时杆件轴力均为压力，最大轴力 3 号杆为 – 252. 93 kN；而两种预应力模式下轴力变化最大的区域集中在网壳中心处，且预应力越大轴力变化越大。预应力水平 T = 300 kN 和 T = 500 kN 时最大轴力均发生在 6 号杆，分别为 – 470. 86 kN 和 – 670. 65 kN，增大幅度达到 114. 99% 和 206. 22%；由压杆变为拉杆的杆件变化最大的是 1 号杆，由 – 170. 84 kN 分别变为 227. 86 kN 和 497. 40 kN，这说明弦支穹顶最内圈的索杆预应力不能施加过大。

图 6 – 45、图 6 – 46、图 6 – 47 表明，对于径向杆和环向杆的轴力，预应力 T = 300 kN 时和单层网壳轴力大小基本相当，预应力 T = 500 kN 时各杆件轴力最大；对于斜向杆轴力，预应力 T = 300 kN 时轴力为最小，单层网壳次之，预应力 T = 500 kN 时轴力最大。由此表明，施加较大的预应力对杆件轴力不利，选择恰当的预应力水平才能更有利于改善结构的静力性能。

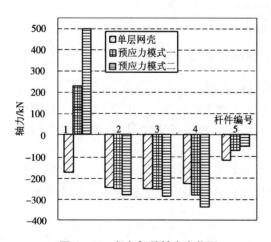

图 6 – 45　径向杆件轴力变化图

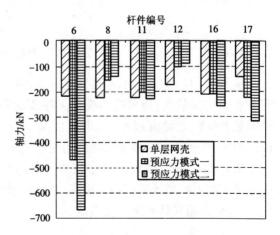

图 6 – 46　环向杆件轴力变化图

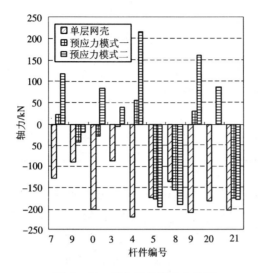

图 6 - 47　斜向杆件轴力变化图

IV. 小结

以上对单层网壳和两种预应力模式下弦支穹顶结构的静力性能比较,可以得到以下结论:就结构体系而言,弦支穹顶结构的刚度要大于单层网壳的刚度,但提高不明显。增加刚度的主要原因并不是因为施加了预应力,而是由结构体系的变化造成的;下部索杆体系成为结构后,预应力的大小对结构的整体刚度影响很小。就预应力的作用而言,弦支穹顶结构预应力主要作用是改变结构内力分布、降低内力幅值和调节支座约束反力,选用恰当的预应力水平能够很好改善结构的静力性能,过大的预应力反而会给杆件造成负担。预应力的大小和分布对弦支穹顶结构的静力性能起着至关重要的作用,必须对预应力的大小和分布进行优化。

4. 参数分析

本节对预应力 $T = 300$ kN 时的凯威特型弦支穹顶结构进行参数分析,考察由于预应力、布索方式、竖杆长度、矢跨比等参数的变化对弦支穹顶结构静力性能的影响。

1) 拉索预应力的影响

预应力水平 T 的变化范围为 100 ~ 600 kN,每圈索杆体系的初始预应力的比例同前节。表 6 - 4 为不同预应力水平弦支穹顶结构的最大竖向位移、最大径向约束反力和最大杆件内力。随着预应力水平的增大,结构的最大竖向位移几乎没有变化,这说明预应力水平的变化对结构的整体刚度几乎没有影响,因此不能通过增大预应力来提高结构的整体刚度。

表 6 - 4　不同预应力水平弦支穹顶结构的最大竖向位移、最大径向约束反力和最大杆件内力

预应力 T/kN	最大竖向位移 /mm	最大径向约束反力/kN		最大杆件内力/kN	
		最大推力	最大拉力	最大压力	最大拉力
100	18. 012	− 207. 19	0	− 271. 08	0. 00
150	18. 007	− 180. 72	0	− 321. 02	25. 74
200	18. 002	− 154. 27	0	− 370. 97	93. 10
250	17. 997	− 127. 81	0	− 420. 92	160. 49
300	17. 993	− 101. 36	30. 209	− 470. 86	227. 87

预应力 T/kN	最大竖向位移/mm	最大径向约束反力/kN		最大杆件内力/kN	
		最大推力	最大拉力	最大压力	最大拉力
350	17.991	−74.899	51.093	−520.81	295.26
400	17.988	−48.449	91.692	−570.86	362.65
450	17.985	−21.975	132.29	−620.70	430.04
500	17.981	0	172.89	−670.65	497.42
550	17.981	0	213.49	−720.60	564.81
600	17.980	0	254.09	−770.55	632.20

随着预应力水平的增大,最大径向约束反力由推力变化为拉力,当预应力 $T \leqslant 300$ kN 时最大径向约束反力为推力,绝对值随预应力的增大而线性减小;当预应力 $T > 300$ kN 后最大径向约束反力表现为拉力,绝对值随预应力的增大而线性增大。由表 6 − 4 可以看出 T 在 300 ~ 400 kN 变化时最大径向约束反力绝对值最小,较好的预应力水平应该在 350 kN 左右。随着拉索预应力的增大,最大杆件内力绝对值随预应力的增大而增大,且呈线性变化。从杆件内力的变化来看,预应力增大反而会使杆件产生负担,并不能更好地改善杆件的内力分布和减小内力峰值。当然杆件的内力分布不仅仅受预应力水平的影响,更主要是受下部索杆预应力分布的影响。预应力的分布还需要通过优化设计来完成。

2）布索方式对静力性能的影响

改变下部索杆体系的布置圈数,每圈索杆体系的初始预应力的比例同前。考察连续布索方式和间隔布索方式下结构的静力性能。表 6 − 5 列出了不同布索方式弦支穹顶结构的最大竖向位移、最大径向约束反力和最大杆件内力。连续布索即从最外圈开始连续布置 1 ~ 5 圈下部索杆体系。间隔布索即间隔布置下部索杆体系。

在连续布索方式下,随着下部索杆体系圈数的增加,最大竖向位移反而不断增大,主要原因是下部索杆体系圈数的增加并不能有效地提高结构的整体刚度,是结构自重的增加使结构竖向位移增大了。

随着下部索杆体系圈数的增加,最大径向约束反力呈增大趋势,只布置 1 圈时为最小,连续布置 2 ~ 5 圈后,数值变化不大,但远远大于布置 1 圈时的数值,最大幅度为 172.6%。对于杆件内力,布置 1 圈和 2 圈时,最大杆件内力为拉力,连续布置 3 ~ 5 圈时,最大杆件内力为压力;连续布置 1 ~ 4 圈时杆件最大杆件内力绝对值比较接近,变化不大;连续布置 5 圈时的杆件内力最大,主要是下部索杆预应力分布造成的。

间隔布置方式下,分别考察了只布置 1、3 圈索杆,1、4 圈索杆,1、5 圈索杆,2、4 圈索杆,1、3、5 圈索杆五种情况。由表 6 − 5 可以看出,尽管最大竖向位移比较接近,但最大杆件内力较连续布置时的要大得多。只布置最外圈索杆,最大的径向约束反力均很小,而只布置 2、4 圈索杆时最大径向约束反力和最大杆件内力都非常大,因此最外圈索杆的施加有利于改善结构的静力性能。

综上所述,连续布置 3 ~ 4 圈索杆时,结构的最大竖向位移、最大径向约束反力和最大杆件内力均得到较好的改善。但下部索杆体系满布,并不能最好地改善结构的受力性能。最外圈索杆的施加有利于改善结构的静力性能。

表 6-5　不同布索方式弦支穹顶结构的最大竖向位移、最大径向约束反力和最大杆件内力

布索方式		最大竖向位移 /mm	最大径向约束反力/kN		最大杆件内力/kN	
			最大推力	最大拉力	最大压力	最大拉力
连续布索	1 圈	15.713	-37.18	0	-252.45	361.65
	2 圈	15.859	-93.08	31.94	-258.05	264.72
	3 圈	17.364	-100.40	32.16	-278.95	47.02
	4 圈	17.712	-101.08	29.80	-282.62	52.93
	5 圈	17.993	-101.36	30.21	-470.86	227.87
间隔布索	1、3 圈	16.972	-44.35	0	-565.61	355.53
	1、4 圈	15.730	-38.07	0	-400.73	360.58
	1、5 圈	15.730	-37.44	0	-585.69	362.08
	2、4 圈	16.711	-327.51	0	-734.41	256.35
	1、3、5 圈	17.118	-44.71	0	-592.04	355.77

3) 竖杆长度对静力性能的影响

在其他参数均不改变的情况下,只改变结构下部索杆体系竖杆的长度,竖杆长度的改变意味着结构初始预应力分布的改变。分别考察了竖杆长度为 4 m、5 m、6 m 和 7 m 时结构的静力性能。表 6-6 列出了不同竖杆长度弦支穹顶结构的最大竖向位移、最大径向约束反力和最大杆件内力。

表 6-6　不同竖杆长度弦支穹顶结构的最大竖向位移、最大径向约束反力和最大杆件内力

竖杆长度/m	最大竖向位移 /mm	最大径向约束反力/kN		最大杆件内力/kN	
		最大推力	最大拉力	最大压力	最大拉力
4	18.017	-156.23	34.99	-435.11	167.85
5	17.993	-101.36	30.21	-470.86	227.87
6	17.713	-54.19	34.15	-497.89	275.98
7	17.267	-16.59	53.58	-513.69	314.25

从表 6-6 可以看出,随着竖杆长度的增大,结构最大的竖向位移逐渐减小,但最大减小幅度为 4.1%,变化不明显。最大径向约束反力在竖杆长度为 4 m、5 m、6 m 时表现为推力,且随竖杆长度的增大逐渐减小,减小幅度为 65.3%;在竖杆长度为 7 m 时,最大径向约束反力表现为拉力。随着竖杆长度的增大,最大杆件内力逐渐增大,增大幅度为 18.1%。

综上所述,其受力性能变化的原因在于竖杆长度越长,斜索和竖杆的夹角越小,竖向的抵抗分力越大,因而减小了结构的竖向位移和径向约束反力。由于竖向分力的增大,网壳杆件的内力也随之增大。

4) 矢跨比对静力性能的影响

在其他参数均不改变的情况下,只改变上部单层网壳结构的矢跨比。矢跨比的改变造成了上部结构单层网壳各节点的变化,意味着下部索杆体系初始预应力分布的改变。分别考察了矢跨比为 0.05、0.1、0.15 和 0.2 时弦支穹顶结构的静力性能。表 6-7 列出了不同矢跨比弦支穹顶和单层网壳结构的最大竖向位移、最大径向约束反力和最大杆件内力。

表6-7　不同矢跨比弦支穹顶和单层网壳结构的最大竖向位移、最大径向约束反力和最大杆件内力

矢跨比		最大竖向位移 /mm	最大径向约束反力/kN		最大杆件内力/kN	
			最大推力	最大拉力	最大压力	最大拉力
弦支穹顶	0.05	41.96	-57.29	80.91	-870.53	660.80
	0.1	17.90	-54.19	34.15	-470.86	227.86
	0.15	8.96	-69.07	53.15	-347.45	173.21
	0.2	6.00	-87.10	67.92	-268.21	94.65
单层网壳	0.05	53.76	-408.97	0	-313.97	0
	0.1	20.32	-323.32	0	-252.93	0
	0.15	8.04	-181.21	0	-153.20	0
	0.2	5.69	-135.58	0	-128.10	0

由表6-7可以看出,随着矢跨比的增大,弦支穹顶结构与单层网壳最大竖向位移的差距逐渐减小;当矢跨比较小时,弦支穹顶结构的最大竖向位移要小于单层网壳,矢跨比较大时,弦支穹顶结构最大竖向位移要稍微大于单层网壳。随着矢跨比的增大,弦支穹顶结构与单层网壳最大径向约束反力的差距逐渐减小;弦支穹顶结构的最大径向约束反力均小于单层网壳,矢跨比越大,改变的幅度越小。弦支穹顶结构有利于改善结构的径向约束反力,在矢跨比为0.1时,结构的径向约束反力为最小。随着矢跨比的增大,弦支穹顶结构与单层网壳最大杆件内力的差距逐渐减小;弦支穹顶结构最大杆件内力均大于单层网壳结构,矢跨比越大,改变的幅度越小。

综上所述,弦支穹顶结构有利于改善矢跨比较小的单层网壳的静力性能。

5)小结

通过以上对弦支穹顶结构各种参数下结构静力性能分析,可以得到以下结论。

(1)拉索预应力的大小对结构的静力性能影响较大。合适的拉索预应力水平可以有效地减小结构对周边构件的约束,但预应力的大小对结构的整体刚度影响不大,预应力的增大会增加上部杆件的负担。

(2)布索方式对结构的静力性能影响较大。连续布置3~4圈索杆时,结构的最大竖向位移、最大径向约束反力和最大杆件内力均得到较好的改善。但下部索杆体系满布时,并不能最好地改善结构的受力性能,最外圈索杆对结构影响最大。

(3)竖杆长度对结构的静力性能影响较大。竖杆长度越长,斜索和竖杆的夹角越小,竖向的抵抗分力越大,因而减小了结构的竖向位移和径向约束反力。由于竖向分力的增大,网壳杆件的内力也随之增大了。

(4)矢跨比对结构的静力性能影响较大。弦支穹顶结构有利于改善矢跨比较小的单层网壳的静力性能。

6.3　弦支结构的动力特性和抗震性能

6.3.1　平面弦支结构的动力特性

对于图6-33所示的平面弦支结构,重力荷载代表值按"1.0恒+0.5活"考虑。仅考

虑结构竖向振型,X3 榀平面弦支结构的前 20 阶自振频率及前 10 阶振型情况分别如表 6 - 8 和图 6 - 48 所示。

表 6 - 8　X3 榀平面弦支结构的前 20 阶自振频率　　　　　　　　　Hz

阶数	1	2	3	4	5	6	7
频率	0.503 7	1.507 9	1.615 6	2.037 4	3.195 8	4.644	6.251 0
阶数	8	9	10	11	12	13	14
频率	8.102 0	8.498 5	10.321 0	12.712 1	15.370 1	18.564 9	21.405 0
阶数	15	16	17	18	19	20	
频率	23.939 2	24.798 5	26.503 5	28.503 3	32.381 4	33.700 0	

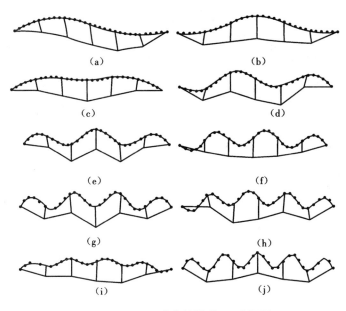

图 6 - 48　平面弦支结构前 10 阶振型

(a)第一阶振型;(b)第二阶振型;(c)第三阶振型;(d)第四阶振型;(e)第五阶振型;
(f)第六阶振型;(g)第七阶振型;(h)第八阶振型;(i)第九阶振型;(j)第十阶振型

　　由表 6 - 8 和图 6 - 48 可以看出,X3 榀平面弦支结构的基频为 0.5 Hz 左右,第二、三、五、七、十阶振型为对称振型,第一、四、六阶振型为反对称振型。需要注意的是,以上的振型并没有包括结构平面外(侧向)振型,而结构在侧向水平激振力作用下的响应与侧向振型密切相关,但是由于平面弦支结构往往是通过在各榀平面弦支结构上弦之间设置檩条和系杆的方式来提高结构的水平侧向刚度,并承受纵向荷载,因此可不再考虑单榀平面弦支结构的平面外振型。

6.3.2　平面弦支结构的抗震性能

　　本节仅考察平面弦支结构在竖向地震作用下的抗震性能,主要采用振型分解反应谱法计算分析结构杆件内力变化,并用时程分析法和规范中规定的简化算法进行对比分析。计算模型依然采用 60 m 跨度平面弦支结构。为了衡量竖向地震作用下的杆件内力响应大小,引入竖向地震内力系数,即

$$\xi_i = S_{Ei} / |S_{Si}| \qquad (6-10)$$

式中　ξ_i——第 i 杆竖向地震内力系数(或称动静比);

　　　S_{Ei}——第 i 杆竖向地震内力响应;

　　　S_{Si}——第 i 杆静内力。

地震参数取近震,8 度设防,Ⅱ类场地土。

1. 采用振型分解反应谱法的计算结果

取前 50 阶振型参与计算,采用振型分解反应谱法计算结构各杆件动内力的变化和动静比,分别列于表 6 - 9 和表 6 - 10 中。

表 6 - 9　竖向地震作用下杆件轴力及动静比

杆件编号		N_{Si}/N	N_{Ei}/N	ξ_i	杆件编号		N_{Si}/N	N_{Ei}/N	ξ_i
上部梁单元	S1	- 821 170	31 392	0.038	上部梁单元	S16	- 799 820	33 187	0.041
	S2	- 815 740	31 368	0.038		S17	- 799 830	33 303	0.042
	S3	- 810 900	31 348	0.039		S18	- 800 430	33 428	0.042
	S4	- 806 650	31 340	0.039		S19	- 801 620	33 569	0.042
	S5	- 802 980	31 353	0.039		S20	- 803 400	33 729	0.042
	S6	- 810 720	31 849	0.039		S21	- 799 500	33 659	0.042
	S7	- 807 090	31 872	0.039		S22	- 801 380	33 827	0.042
	S8	- 804 040	31 928	0.040		S23	- 803 800	34 031	0.042
	S9	- 801 590	32 017	0.040		S24	- 806 800	34 273	0.042
	S10	- 799 730	32 136	0.040		S25	- 810 400	34 554	0.043
	S11	- 803 550	32 501	0.040		S26	- 802 630	34 369	0.043
	S12	- 801 730	32 619	0.041		S27	- 806 260	34 669	0.043
	S13	- 800 510	32 752	0.041		S28	- 810 480	34 996	0.043
	S14	- 799 880	32 896	0.041		S29	- 815 290	35 340	0.043
	S15	- 799 830	33 047	0.041		S30	- 820 690	35 692	0.043
拉索单元	L1	830 330	36 636	0.044	撑杆单元	F1	- 86 772	3 756.3	0.043
	L2	811 070	35 805	0.044		F2	- 86 504	3 757.2	0.043
	L3	801 270	35 372	0.044		F3	- 86 417	3 819.9	0.043
	L4	801 270	35 345	0.044		F4	- 86 504	3 729.9	0.043
	L5	811 070	35 726	0.044		F5	- 86 772	3 731.3	0.043
	L6	830 330	36 509	0.044					

表 6 - 10　竖向地震作用下上弦梁截面弯矩及动静比

截面编号	$M_{Si}/(N \cdot m)$	$M_{Ei}/(N \cdot m)$	ξ_i	截面编号	$M_{Si}/(N \cdot m)$	$M_{Ei}/(N \cdot m)$	ξ_i
1	0	0	—	16	36 239	14 769	0.408
2	- 60 823	4 472.7	0.074	17	- 32 197	11 226	0.349
3	- 88 509	8 205.5	0.093	18	- 66 455	7 494	0.113
4	- 82 901	10 467	0.126	19	- 66 558	4 474.4	0.067
5	- 43 868	10 895	0.248	20	- 32 518	3 883.9	0.119
6	28 717	9 448.1	0.329	21	35 628	4 972	0.140
7	- 37 600	11 737	0.312	22	- 33 612	8 651.4	0.257

续表

截面编号	M_{Si}/(N·m)	M_{Ei}/(N·m)	ξ_i	截面编号	M_{Si}/(N·m)	M_{Ei}/(N·m)	ξ_i
8	−70 144	12 418	0.177	23	−68 842	11 721	0.170
9	−68 842	11 013	0.160	24	−70 144	12 678	0.181
10	−33 612	7 730	0.230	25	−37 600	11 530	0.307
11	35 628	4 966.5	0.139	26	28 717	8 971.9	0.312
12	−32 518	4 072.6	0.125	27	−43 868	10 130	0.231
13	−66 558	5 173.7	0.078	28	−82 901	9 618.7	0.116
14	−66 455	8 205.5	0.123	29	−88 509	7 483.2	0.085
15	−32 197	11 656	0.362	30	−60 823	4 048.2	0.067

表 6 - 9 计算结果表明,结构中上弦梁单元轴力响应从左端固定支座到右端滑动支座有略微增大的趋势,其中单元 S30 比 S1 增大 13.7% 左右,动静比也从 0.038 提高到 0.043,说明两端支座约束情况对上弦轴力响应有轻微的影响。撑杆单元和拉索单元的轴力响应及其动静比均为对称分布,动静比大小均位于 0.044 左右。总体来说,竖向地震在单榀平面弦支结构各杆件中产生的动轴力较小,且分布规律与静荷载产生的轴力分布基本一致。

从表 6 - 10 计算结果来看,平面弦支结构上弦梁截面弯矩动内力较大,基本上为对称分布。大部分截面的弯矩动静比 0.1 以上,但分布很不均匀。弯矩动静比在 0.3 以上数值较大的梁截面均位于各撑杆支承处附近,其中跨中撑杆处截面的弯矩动静比为 0.408。

可见,在竖向地震作用下,平面弦支结构的各单元轴力响应较小,但上弦梁弯矩响应较大,特别是在上弦各撑杆连接处的截面处,设计时应充分重视。另外,上弦弯矩的最大值通常是上弦截面设计的控制内力。分析数据表明,动静比大的截面其弯矩动内力数值也比较大,但响应的静内力较小,动静内力相加以后并不是上弦梁中的最大弯矩。而动静比小的截面,其动静内力之和反而可能起控制作用。

2. 不同竖向地震响应分析方法的计算结果比较

分别采用时程法和规范简化方法对结构竖向常遇地震响应进行分析。进行时程法分析时,采用 El-Centro 地震波,加速度峰值 70 gal,地震持续时间为 8 s。同时根据我国现行《建筑抗震设计规范》(GB 50011)规定:长悬臂和大跨度结构的竖向地震作用标准值,8 度时可取该结构重力荷载代表值的 10% 进行简化计算。图 6 - 49 至图 6 - 52 分别给出了结构在竖向地震作用下利用反应谱法、时程法和规范简化算法计算所得的 X4 榀平面弦支结构杆件内力响应。

图 6 - 49 和图 6 - 50 计算结果表明,采用规范取 10% 重力荷载代表值的简化算法得到的上弦梁单元杆件轴力最大,均为反应谱法的 1.5 倍左右;时程法则与反应谱法计算结果基本相同,但略大于反应谱法,增加幅度最大为 3.3%。与上述规律不同,对于上弦弯矩则是反应谱法结果最大,时程法大部分截面弯矩略有减小但相差不大,规范简化算法所有截面弯矩均小于反应谱法,且减小幅度明显,最小仅为反应谱法计算结果的 15% 左右。

由图 6 - 51 和图 6 - 52 可以看出,对于结构下部索杆体系的轴力,同上弦梁单元一样,反应谱法结果与时程法基本相同,由规范简化算法所得计算结果几乎为前两种方法的 1.5 倍左右,但动内力分布一致。

由此可以得出两个结论:首先,反应谱法与时程分析法计算结果基本一致,说明平面弦支结构在竖向常遇地震作用下采用反应谱分析是可行的;其次,规范简化算法求得的轴力响应大而弯矩响应小、误差较大,是否安全还取决于究竟是轴力还是弯矩对上弦应力贡献大以及各自的动静比。

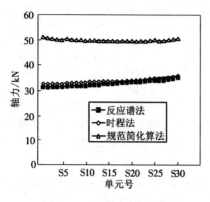

图 6 - 49　上弦梁单元轴力

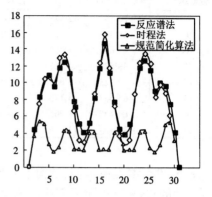

图 6 - 50　上弦梁截面弯矩

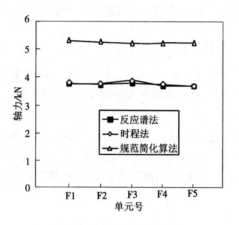

图 6 - 51　撑杆单元轴力

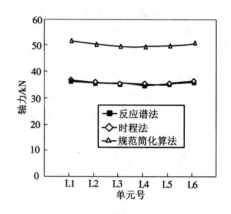

图 6 - 52　下弦拉索单元轴力

6.3.3　空间弦支结构的动力特性

本节仍以弦支穹顶结构为例(图 6 - 40),结构体系为 K6 - 5 的弦支穹顶,预应力模式采用 $T = 300$ kN。对其进行动力特性和 8 度常遇地震下的反应分析,采用归一化的 Taft 地震波,加速度峰值取 70 gal,地震持续时间为 12 s,材料处于弹性状态。

1. 弦支穹顶与单层网壳自振频率比较

对弦支穹顶和单层网壳的动力特性进行计算分析和比较,弦支穹顶分别采用 $T = 300$ kN 和 $T = 500$ kN 两种预应力模式,并列取了两种结构的前 40 阶频率。图 6 - 53 所示为单层网壳和弦支穹顶前 50 阶自振频率的变化。

由图 6 - 53 计算结果表明,弦支穹顶的前 16 阶频率比单层网壳的同阶频率要小一些,但相差不大,17 阶以后的频率均比单层网壳的大,并非通常认为的弦支穹顶的基频应比单层网壳的大。

图 6 - 53 表明单层网壳的前 50 阶频率非常密集,而弦支穹顶前 30 阶频率比较密集,30 阶后频率变得比较稀疏,说明弦支穹顶并不能增加结构的刚度。

2. 预应力对弦支穹顶自振频率的影响

图 6 - 53 表明,当采用 $T = 300$ kN 和 $T = 500$ kN 两种预应力模式时,结构的自振频率几

乎没有改变,可以说是相同的,预应力对弦支穹顶的自振频率几乎没有影响。预应力的大小并不能给结构提供更多的刚度,通过施加过大的预应力增加弦支穹顶的刚度并不科学。

3. 布索方式对弦支穹顶自振频率的影响

图 6 - 54 给出了弦支穹顶当 T = 300 kN 时下部索杆体系连续布置 1 ~ 5 圈索时的前 50 阶自振频率。

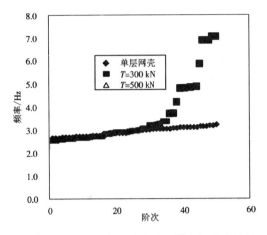

图 6 - 53 单层网壳和弦支穹顶的自振频率比较

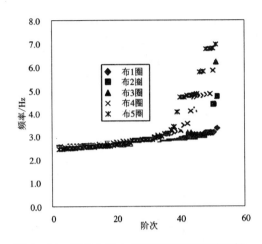

图 6 - 54 不同布索方式弦支穹顶频率的比较

图 6 - 54 的计算结果表明,布索方式对弦支穹顶的自振频率影响不大,基频随布索圈数的增加而减小,但减小的幅度非常小,布索圈数增多,并不能增加结构的刚度。根据静力分析的结果,下部索杆体系满布并不是最好的布索方式,由动力性能也同样可以得到这样的结论。

图 6 - 54 给出了各种布索方式的前 50 阶频率的变化曲线,对于所有的布索方式,前 30 阶频率均比较密集,频率差值不大,而 30 阶后的频率随着布索圈数的增加而变得越来越稀疏,差值逐渐增大。

4. 弦支穹顶的振型

图 6 - 55 给出了弦支穹顶当 T = 300 kN 时的前 9 阶振型。图 6 - 55 表明,弦支穹顶第一、二阶振型为整体竖向和水平的反对称振型;第三、四阶振型为整体竖向和水平的对称振型;第五、六阶振型又为整体竖向和水平的反对称振型;第七、八、九阶振型均为局部的竖向和水平的对称振型。由第一、二阶振型为反对称振型可知,对称结构的第一阶振型未必为对称的。同时对于前 9 阶的振型分析,发现结构的振型基本同时存在竖向和水平的耦联振动,而没有出现单纯的竖向或水平振动。通过对计算结果的仔细分析,发现第 64、65 阶振型分别为单纯的 z、y 向水平振型,第 44 阶振型为单纯的 z 向竖向振型。单纯的水平和竖向振动没有出现在前几阶,说明弦支穹顶的振动以水平和竖向耦联振动为主,而非以竖向振动为主。

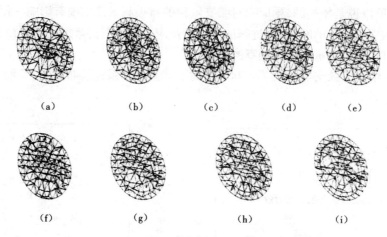

图 6 – 55 弦支穹顶前 9 阶振型

(a)第一振型;(b)第二振型;(c)第三振型;(d)第四振型;(e)第五振型;

(f)第六振型;(g)第七振型;(h)第八振型;(i)第九振型

6.3.4 空间弦支结构的抗震性能

如同上节,仍以弦支穹顶为例。

1. 一维水平地震响应分析

弦支穹顶地震响应分析的目的:在水平地震和竖向地震作用时,分别采用振型分解反应谱法和时程分析法,计算分析有初始预应力结构体系杆件内力的变化以及各个节点的位移变化,并且比较两种方法的计算结果,再同规范中简化计算方法进行比较,为工程设计提供一些有益的参考。

1)振型分解反应谱法

采用振型分解反应谱法取前 30 阶振型参与计算,在水平地震作用下上部结构和下部索杆体系杆件动内力的变化和动静比分别列于表 6 – 11 和表 6 – 12 中,其中 N_{0i} 为杆件初始预应力,N_{1i} 为荷载作用下杆件总内力,N_{Si} 为单纯由静荷载产生的杆件内力,N_{Ei}^x 为水平地震产生的动内力。其中 N_{Si} 表达式为

$$N_{Si} = N_{1i} - N_{0i} \tag{6 – 11}$$

表 6 – 11 水平地震作用下上部结构杆件动静比(仅列出 $\xi_i > 0.2$ 部分)

杆件编号		N_{0i}/N	N_{1i}/N	N_{Si}/N	反应谱法 N_{Ei}^x	N_{Ei}^x/N_{0i}	ξ_i
径向杆	4	– 88 299	– 277 120	188 821	41 099	– 46.55%	0.22
	5	29 359	– 71 111	100 470	20 103	68.47%	0.20
斜向杆	9	32 785	– 44 808	77 593	20 714	63.18%	0.27
	13	60 059	– 3 112	63 171	27 010	44.97%	0.43
	20	135 520	– 1 580	137 100	27 411	20.23%	0.20
环向杆	11	– 37 380	– 194 170	156 790	37 563	– 100.49%	0.24
	12	16 991	– 96 753	113 744	26 002	53.03%	0.23
	16	– 71 322	– 203 870	132 548	54 159	– 75.94%	0.41
	17	– 142 010	– 219 650	77 640	54 361	– 38.28%	0.70

表 6 – 12　水平地震作用下下部索杆体系杆件动静比(仅列出 $\xi_i > 0.1$ 部分)

杆件编号		N_{0i}/N	N_{1i}/N	$|N_{Si}|/N$	反应谱法 N_{Ei}^x	N_{Ei}^x/N_{0i}	ξ_i
第四圈	41	– 22 438	– 18 149	4 289	954	– 4.25%	0.14
	42	39 157	33 636	5 521	1 246	3.18%	0.11
第一圈	16	62 991	66 750	3 759	3 490	5.54%	0.17

注:杆件编号 xx 中,第一个 x 表示圈数,第二个 x 表示杆件号。

为了分析地震响应对杆件内力变化的影响大小,引入动静比作为内力系数来说明地震响应杆件内力的大小。截面设计的控制内力一般为 N_{0i}、N_{1i}、N_{Si} 中最大值进行满应力设计,计算分析中发现 N_{0i}、N_{1i} 数值接近时,杆件 N_{Si} 即静内力很小,这时 N_{Si} 不起控制作用,虽然其动静比很大,但是其动应力和静应力绝对值之和仍然远小于杆件截面设计的控制内力,显然这些杆件在抗震设计中不会起控制作用。通过定义地震内力系数动静比 ξ_i 来过滤动内力不大但动静比很大的那部分杆件,这样更能体现地震作用对结构的影响。动静比 ξ_i 的表达式为

$$\xi_i = N_{Ei}^x / \max(|N_{Si}|, |N_{0i}|, \lambda|N_{1i}|) \tag{6–12}$$

式中　γ——过滤系数,取 0.3。

由表 6 – 11 计算结果表明,上部结构杆件动内力较大,动静比大部分在 0.2 以下,但杆件 13、16、17 动静比分别达到 0.43、0.41、0.70;径向杆动静比在 0.2 左右,最大为 0.22;斜向杆动静比除 13 杆达到 0.43 外,其余均在 0.25 左右;环向杆动静比最大达到 0.7。结构最大的动静比基本发生在第二圈的环向杆、斜向杆和径向杆。由中心到边缘动静比逐渐变大,到第二圈后为最大,然后动静比减小至边缘。对于动静比较大的杆件进行分析发现,这些杆件的动内力与初始预应力相比变化幅度较大,说明动内力的绝对值也比较大,因此对于这些杆件的动内力不能忽视,它们在结构设计中可能起到控制作用。杆件动内力与初始预应力相比最大变化幅度可以达到 488.36%,其主要原因是由杆件初始预应力过小造成的,但其静力作用下的内力要远大于初始预应力。

由表 6 – 12 计算结果表明,下部索杆体系杆件动内力较小,动静比均没有超过 0.2,同上部结构相比,动静比普遍较小,最大动静比出现在第一圈的 16 号斜索上,达到 0.17,第四圈平均动静比比其他圈的杆件要大。动内力与初始预应力相比,最大变化幅度为 5.54%,说明下部索杆体系所受的动内力绝对值较小,这与下部索杆体系的刚度远小于上部结构的刚度是一致的。

2)时程分析法

表 6 – 13 和表 6 – 14 分别给出了水平地震作用下时程分析法与反应谱法分析得到的上部和下部索杆内力值的比较,并给出了杆件内力波动的最大值及相对杆件初始预应力的百分比,其中 N_{di} 为时程法得到的杆件最大杆件内力值。

表 6 – 13　水平地震作用下上部结构杆件内力时程分析法与反应谱分析法结果比较
(仅列出 $N_{di}/N_{Ei}^x > 1$ 部分)

杆件编号		N_{0i}/N	时程法 N_{di}/N	反应谱法 N_{Ei}^x	N_{di}/N_{0i}	N_{di}/N_{Ei}^x
径向杆	1	29 359	20 233	20 103	68.92%	1.01
	2	– 88 299	43 762	41 099	– 49.56%	1.06

杆件编号		N_{0i}/N	时程法 N_{di}/N	反应谱法 N_{Ei}^{x}	N_{di}/N_{0i}	N_{di}/N_{Ei}^{x}
斜向杆	9	32 817	−19 751	15 888	−60.18%	−1.24
	13	60 059	−33 450	27 010	−55.70%	−1.24
	15	−27 967	−16 843	15 413	60.23%	−1.09
	18	−51 237	20 556	19 572	−40.12%	1.05

表 6−14　水平地震作用下下部索杆体系杆件内力时程分析法与反应谱分析法结果比较

（仅列出 $N_{di}/N_{Ei}^{x} > 1$ 部分）

杆件编号		N_{0i}/N	时程法 N_{di}/N	反应谱法 N_{Ei}^{x}	N_{di}/N_{0i}	N_{di}/N_{Ei}^{x}
第五圈	52	26 094	−95	54	−0.36%	−1.76
第三圈	32	−30 497	1 272	634	−4.17%	2.01
	33	54 694	−571	351	−1.04%	−1.63
	34	30 530	−2 446	144	−8.01%	−16.94
	35	89 473	−709	408	−0.79%	−1.74
第二圈	23	78 267	672	640	0.86%	1.05
	24	37 536	604	421	1.61%	1.43
	25	47 993	840	115	1.75%	7.30
第一圈	11	−46 276	−620	527	1.34%	−1.18
	16	62 989	1 931	271	3.07%	7.13

　　表 6−13 表明,由上部结构杆件内力时程法与反应谱法的计算结果对比可知:对于径向杆,除个别杆件稍大一点外,时程法的结果基本上都小于反应谱法;对于斜向杆,时程法的结果要大于反应谱法,9、13 杆动内力最大相差 24%;对于环向杆,时程法的计算结果要小于反应谱法。杆件动内力相对初始预应力变化幅度最大达到 206%,其原因是杆件初始预应力过小。

　　表 6−14 表明,由下部索杆体系杆件内力时程法与反应谱法计算结果对比可知:对于下部索杆体系索杆的动内力同初始预应力相比均非常小,所以即使下部索杆体系的动静比很大,动内力的绝对值仍是非常小。索杆内力波动非常小,波动幅度最大仅达 8%,可见水平地震作用下,由于下部索杆体系刚度较小,动内力的绝对值远远小于初始预应力的大小。

2. 一维竖向地震分析

1) 振型分解反应谱法

　　采用反应谱法,竖向地震作用下上部结构和下部索杆体系杆件动内力的变化和动静比列于表 6−15 和表 6−16 中。

表 6−15　竖向地震作用下上部结构杆件动静比（仅列出 $\xi_i > 0.1$ 部分）

杆件编号		N_{0i}/N	N_{1i}/N	$|N_{Si}|/\text{N}$	反应谱法 N_{Ei}^{z}	N_{Ei}^{z}/N_{0i}	ξ_i
斜向杆	7	147 200	25 405	121 795	13 730	9.33%	0.11
	9	32 785	−44 808	77 593	10 580	32.25%	0.14
	10	162 220	−17 648	179 868	18 897	11.65%	0.11
	13	60 059	−3 112	63 171	11 270	18.76%	0.18
	18	−51 237	−152 130	100 893	11 155	−21.77%	0.11
	19	200 160	30 837	169 323	18 346	9.17%	0.11

杆件编号		N_{0i}/N	N_{1i}/N	$\mid N_{Si}\mid/N$	反应谱法 N_{Ei}^z	N_{Ei}^z/N_{0i}	ξ_i
环向杆	16	−71 322	−203 870	132 548	26 069	−36.55%	0.20
	17	−142 010	−219 650	77 640	25 201	−17.75%	0.32

表 6−16　竖向地震作用下下部索杆体系杆件动静比(仅列出 $\xi_i>0.1$ 部分)

杆件编号		N_{0i}/N	N_{1i}/N	$\mid N_{Si}\mid/N$	反应谱法 N_{Ei}^z	N_{Ei}^z/N_{0i}	ξ_i
第四圈	41	−22 438	−18 149	4 289	884	−3.94%	0.13
	42	39 157	33 636	5 521	1 403	3.58%	0.12
第三圈	31	−29 092	−26 136	2 956	1 819	−6.25%	0.21
	32	−30 497	−27 398	3 099	1 766	−5.79%	0.19
	33	54 694	49 136	5 558	2 247	4.11%	0.14
	34	30 530	27 430	3 100	1 255	4.11%	0.14
	35	89 473	80 381	9 092	3 726	4.16%	0.14
第二圈	21	−38 267	−37 350	917	1 829	−4.78%	0.16
	22	−38 358	−37 370	988	1 780	−4.64%	0.15
	24	37 530	35 542	1 988	1 686	4.49%	0.15
	26	196 600	191 880	4 720	6 221	3.16%	0.11
	27	181 480	176 220	5 260	6 199	3.42%	0.11

由表 6−15 计算结果表明,上部结构杆件动静比没有水平地震作用时大,对于径向杆动静比均在 0.10 以下;斜向杆除 9、13 杆动静比为 0.14、0.18 外,其余均在 0.11 以下;环向杆除 16、17 杆动静比为 0.20、0.32 外,其余杆均在 0.10 以下;对于动静比较大的杆件,其杆件动内力与初始预应力的比值均比较小,说明尽管杆件动静比较大,但杆件动内力的绝对数值比较小,这一点与水平地震作用下的规律有区别。

由表 6−16 计算结果表明,下部索杆体系杆件动静比均没有超过 0.21;最大动静比出现在第三圈的 31 杆竖杆上,达到 0.21;第三圈动静比平均值最大,第四圈和第二圈动静比次之,第五圈和第一圈动静比最小。对于下部索杆体系而言,其杆件动内力与初始预应力的比值均很小,说明尽管杆件动静比较大,但杆件动内力的绝对数值比较小,这一点与水平地震作用下的规律相同。

2)时程法和 10% 重力荷载代表值简化计算法

我国《建筑抗震设计规范》(GB 50011)规定:长悬臂和大跨度结构的竖向地震作用标准值,8 度时可取该结构、构件重力荷载代表值的 10% 进行简化计算。表 6−17 和表 6−18 给出了竖向地震作用下上部结构和下部索杆体系杆件内力时程法、简化计算法与反应谱法计算结果的比较,并给出了时程法时索杆内力波动的最大值及相对初始预应力的百分比。

表 6−17　竖向地震作用下上部结构杆件三种方法计算的内力结果比较

杆件编号		N_{0i}/N	反应谱法 N_{Ei}^z	10%代表值 N_{di}^{10}	时程法 N_{di}	N_{di}/N_{0i}	N_{Ei}^z/N_{di}^{10}	N_{di}/N_{Ei}^z
径向杆	1	404 420	17 152	−21 165	−17 610	−5.23%	−0.97	−1.23
	2	−47 827	19 927	24 933	−20 445	−52.13%	−0.97	1.25
	3	−44 967	17 786	21 106	−19 824	−46.94%	−0.90	1.19
	4	−88 299	15 503	−17 130	−18 901	19.40%	−0.82	−1.10
	5	29 359	7 134	−8 743	−9 996	−29.78%	−0.71	−1.23

杆件编号		N_{0i}/N	反应谱法 N_{Ei}^z	10%代表值 N_{di}^{10}	时程法 N_{di}	N_{di}/N_{0i}	N_{Ei}^z/N_{di}^{10}	N_{di}/N_{Ei}^z
斜向杆	7	147 190	13 730	−15 024	−12 320	−10.21%	−1.11	−1.09
	9	32 817	10 583	11 336	−8 036	34.54%	−1.32	1.07
	10	162 220	18 897	−21 446	−18 130	−13.22%	−1.04	−1.13
	13	60 059	11 270	−16 022	−5 822	−26.68%	−1.94	−1.42
	14	244 290	18 187	−22 127	−18 990	−9.06%	−0.96	−1.22
	15	−27 967	15 099	−17 712	−14 699	63.33%	−1.03	−1.17
	18	−51 237	11 155	−13 322	−10 109	26.00%	−1.10	−1.19
	19	200 160	18 346	21 437	−16 890	10.71%	−1.09	1.17
	20	135 520	14 079	17 066	−13 610	12.59%	−1.03	1.21
	21	−5 056	16 590	19 828	−16 528	−392.17%	−1.00	1.20
环向杆	6	−299 630	16 416	−20 105	−17 000	6.71%	−0.97	−1.22
	8	22 158	15 418	−18 929	−16 625	−85.43%	−0.93	−1.23
	11	−37 380	14 824	−17 775	−15 753	47.55%	−0.94	−1.20
	12	16 991	11 589	13 944	−11 629	82.06%	−1.00	1.20
	16	−71 322	26 069	−30 871	−13 246	43.28%	−1.97	−1.18
	17	−142 010	25 201	29 220	−7 430	−20.58%	−3.39	1.16

表 6 – 18　竖向地震作用下下部索杆体系杆件三种方法分析的内力结果比较

杆件编号		N_{0i}/N	反应谱法 N_{Ei}^z	10%代表值 N_{di}^{10}	时程法 N_{di}	N_{di}/N_{0i}	N_{Ei}^z/N_{di}^{10}	N_{di}/N_{Ei}^z
第五圈	51	−95 768	959	947	1 322	−1.38%	1.01	1.38
	52	26 094	111	−202	−372	−1.43%	−0.55	−3.36
第四圈	41	−22 438	884	536	1 272	−5.67%	1.65	1.44
	42	39 157	1 403	−449	−2 735	−6.98%	−3.12	−1.95
	43	32 106	910	−489	−1 973	−6.14%	−1.86	−2.17
第三圈	31	−29 092	1 819	451	2 320	−7.98%	4.03	1.28
	32	−30 497	1 766	499	2 256	−7.40%	3.54	1.28
	33	54 694	2 247	−544	−4 342	−7.94%	−4.13	−1.93
	34	30 530	1 255	−303	−2 421	−7.93%	−4.14	−1.93
	35	89 473	3 726	−890	−7 228	−8.08%	−4.19	−1.94
第二圈	21	−38 267	1 829	232	2 248	−5.87%	7.88	1.23
	22	−38 358	1 780	256	2 184	−5.69%	6.95	1.23
	23	78 267	2 391	−147	−4 308	−5.50%	−16.27	−1.80
	24	37 536	1 686	−166	−3 185	−8.49%	−10.15	−1.89
	25	47 993	968	0	−1 553	−3.24%		−1.60
	26	196 600	6 221	−370	−11 263	−5.73%	−16.81	−1.81
	27	181 480	6 199	−420	−11 374	−6.27%	−14.76	−1.83
第一圈	11	−46 276	255	−114	−334	0.72%	−2.24	−1.31
	12	−48 354	278	−126	−353	0.73%	−2.21	−1.27
	13	−51 199	314	−126	−399	0.78%	−2.50	−1.27
	14	104 300	1 079	610	1 293	1.24%	1.77	1.20
	15	111 570	1 152	650	1 406	1.26%	1.77	1.22
	16	62 989	646	372	795	1.26%	1.74	1.23
	17	358 060	3 942	2 120	4 752	1.33%	1.86	1.21
	18	384 850	4 220	2 280	5 097	1.32%	1.85	1.21

　　由表 6 – 17 和表 6 – 18 计算结果表明,竖向地震作用下采用时程法得到的杆件内力最大,反应谱法次之,规范规定的 10% 重力荷载代表值简化算法最小。时程法分析时动内力

在初始预应力左右振荡,对于上部结构内力振幅较大,最大可以达到392.17%,其他杆件振幅在85%以下,振幅大的杆件反应谱法计算结果基本上小于规范简化算法;因此可知竖向地震作用下,上部结构杆件动内力均不大;对于下部索杆体系振幅较小,均在8%以下。弦支穿顶竖向地震作用下的动内力宜采用反应谱法和时程法两种方法进行分析比较,10%重力荷载代表值简化算法并不安全。

6.4 弦支结构整体稳定性

平面弦支结构的稳定性分析可以分两个阶段:一是初始阶段,二是荷载作用阶段。在初始阶段(初始态),由于下弦索预应力的作用,使结构整体向上拱起或是出现平面的位移,从而使结构出现失稳。在荷载作用下,整个结构产生向下的位移(挠曲),当位移过大时,整个结构可能出现平面内或平面外的失稳现象。此外,作为结构的单个构件的上弦压杆及撑杆,都可能由于压力过大出现平面外或平面内的失稳。

6.4.1 平面弦支结构整体稳定性分析

1.基本假定

本节根据平面弦支结构的受力特点,建立其稳定分析的简化模型。平面弦支结构简化模型的主要问题是对下弦索的简化。首先,由于索的张力远大于索的自重,因此可忽略自重影响,这样索单元的变形曲线可简化为直线;此外,在实际结构中,下弦索与撑杆的连接并非像折线索的理想模型一样可在转折处忽略摩擦力的影响。事实上,下弦拉索与撑杆连接处往往通过穿心钢球扣紧钢索,不允许其自由的滑动,所以可将索的两端视为不可滑动的固定端。综上所述,平面弦支结构的下弦各索段,可用只受拉不受压的铰接杆单元来模拟,下弦索和撑杆的连接简化为铰接。

此外,对平面弦支结构进行稳定分析时作如下假定。

(1)平面弦支结构的上弦构件为拱形构件,截面为实腹型;上弦构件为空间桁架,可用等效刚度法转化为实腹式。

(2)平面弦支结构的上弦构件始终为弹性构件。

(3)竖向撑杆的刚度远远大于索的抗拉刚度。

(4)不计索自重的影响,索的变形曲线为直线;索只承受拉力,不承受弯矩和压力。

(5)索与撑杆的连接为固定铰连接,索与撑杆之间不产生自由滑动,撑杆与上弦拱连接同样为铰连接。

由以上假定,可以将平面弦支结构简化为如图6-56所示的计算模型。

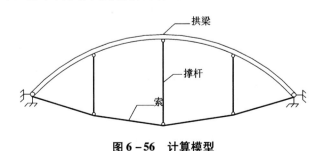

图 6-56 计算模型

　　平面弦支结构中的竖向撑杆,对上弦刚性构件起支承作用。由于拉索的拉应力大,且截面的面积小,索的变形远远大于上弦构件的变形。因此,可将撑杆简化为若干有弹性系数的弹性支承,弹性系数 K 可根据分析的状态确定,不同的分析状态,确定的方法不同(详细分析见下文)。同时,由于荷载作用,结构在横向有位移,因此原结构可简化为图 6 - 57 所示的模型,作为稳定分析的简化模型。

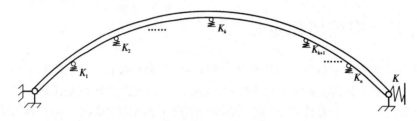

图 6 - 57　平面弦支结构平面内稳定分析简化模型

2. 平面弦支结构稳定分析简化模型中系数 K 的确定

1)不考虑索的几何非线性时系数 K 的确定

　　在不考虑索的几何非线性的情况下,撑杆对上弦的刚性构件起到弹性支承的作用,中间弹性支承的数目即是竖向撑杆的数目。弹性系数 K_i 由以下的方法近似确定。

　　由第(3)条假定,竖向撑杆的刚度远大于拉索的刚度,因此索杆节点的位移由下弦索变形引起。又因为平面弦支结构上弦的刚度较大,所以可以将其简化为固定界面,如图 6 - 58 所示。撑杆的刚度系数近似的由图 6 - 59 所示的计算简图来确定。

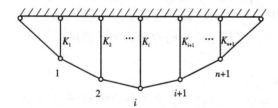

图 6 - 58　求解弹性系数模型

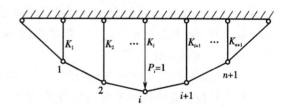

图 6 - 59　计算简图

　　若求 K_i 的值,可将上述结构中 K_i 相对应的竖向撑杆去掉,代之作用一竖向的力,如图 6 - 59。求得图 6 - 58 中结构 i 处的竖向位移,即为该处的柔性系数 f_i,则弹性系数 $K_i = 1/f_i$,即假定在 $P_i = 1$ 作用下 i 处的竖向挠度为 f_i。由于竖向撑杆的刚度大而内力小,其他撑杆的下端竖向位移近似为零。

2)考虑索的几何非线性时系数 K 的确定

　　在考虑索的几何非线性的情况下,由于索受力较大且变形呈非线性变化,此时撑杆对于上弦刚性拱的支承的弹性系数将不再是常数,将随索的几何非线性的变化而变化。考虑索的几何非线性的前提下,可通过图 6 - 58 的简化模型来推导系数 K。此时,结构在单位力 $P_i = 1$ 的作用下的位移,可以通过索的位移来确定,与 i 点相连接的索长度分别为 L_1 和 L_2,索的位移分别为 d_1 和 d_2,考虑索的几何非线性,其应力和应变关系为

$$\varepsilon_1 = \frac{d_1}{L_1} + \frac{1}{2}\left(\frac{d_1}{L_1}\right)^2 \tag{6-13}$$

$$\varepsilon_2 = \frac{d_2}{L_2} + \frac{1}{2}\left(\frac{d_2}{L_2}\right)^2 \tag{6-14}$$

当不计索面积的变化时候,由于应力和应变的线性关系,可得

$$\frac{E_1 A_1}{L_1}\left(1 + \frac{d_1}{L_1}\right)d_1 = T_1 \tag{6-15}$$

$$\frac{E_2 A_2}{L_2}\left(1 + \frac{d_2}{L_2}\right)d_2 = T_2 \tag{6-16}$$

T_1 和 T_2 可以用单位力来表达,从而进一步确定索的位移 d_1 和 d_2。索的位移确定后,在单位力作用下 i 的位移即可以确定,因此系数 K 可以确定。

按照设置初参数的方法,对结构稳定性进行分析,可以求得结构的极限荷载以及相应的屈曲形式。

3. 平面弦支结构平面内整体稳定性有限元性分析

平面弦支结构的整体稳定性分析,通常采用有限元法。相关研究表明,平面弦支结构在荷载态分析时,考虑几何非线性效应的分析结果和线性分析结果非常接近,该类结构荷载态分析符合小变形的假定,可以不考虑几何非线性的影响。对于跨度较大的平面弦支结构,出于对上弦构件放样尺寸精确性的考虑,建议考虑几何非线性的效应,因此需要采用非线性有限元方法进行分析。对于上弦构件,如果为实腹式或格构式构件,一般定义为梁单元,如果上弦构件为桁架,通常将桁架中的杆件定义为杆单元;当结构中仅存在竖向撑杆时,一般下弦拉索与撑杆的节点为固定铰,即不允许拉索滑动,因此结构分析时索在节点处分段,每段按直线索单元模拟。有时,平面弦支结构的腹杆设置,像普通桁架一样采用交叉腹杆,且拉索可以绕下弦节点滑动,这时下弦拉索应该按折线索单元处理。对于撑杆,一般按杆单元处理。

4. 平面弦支结构平面外稳定性分析

对于空间无侧向支承的平面弦支结构,其平面外稳定性分析模型可以不考虑撑杆和索的影响,按照拱的平面外稳定性分析方法进行分析,其计算长度为整个跨度;对于有侧向支承的结构可以将其计算长度取支承间的长度,其计算方法同无侧向支承一样。

5. 平面弦支结构撑杆的稳定性

讨论平面弦支结构撑杆的稳定性,在此以平面弦支结构作为对象。撑杆的上端连接于刚性的上弦梁腹部,其节点在平面内一般设计为铰接;在平面外,根据连接构造的不同,可能是铰接或者略带转动刚度的近似铰接。撑杆的下端同拉索连接,为双向铰接。

撑杆是两侧拉索支承下的轴心压杆。拉索对撑杆的作用有两个:

(1)提供撑杆在平面内、平面外的弹性刚度;

(2)对撑杆施加了一定的轴向荷载。

因此,撑杆可以看成是含有平移弹性约束的轴心压杆。压杆的屈曲可分为两种:压杆自身的弯曲屈曲和结构的侧移屈曲。对于自身弯曲屈曲,即所谓构件失稳,压杆在轴线荷载(合力)下的计算长度系数为1;对于侧移屈曲,需要从包含弹性支承(拉索)的整体结构大挠度分析中判断。两种屈曲均需要在结构大挠度整体分析的过程中完成。

撑杆的稳定性问题,是一般情况下两端铰支杆在大变形结构中的稳定性问题,可以同时通过整体结构稳定性验算及撑杆自身弯曲稳定性验算进行分析。其分析过程可大致分为以下几个步骤:

(1)根据组合荷载的分布,施加整体结构的初始缺陷(扰动荷载或结构缺陷);

(2)进行组合荷载分布模式下结构的荷载 – 位移全过程非线性计算,得到荷载峰值;

（3）根据整体结构计算得到的撑杆的最大轴向荷载，进行构件稳定验算，包括撑杆自身稳定性验算，其计算长度系数取 1.0。

值得注意的是，由于在前面的压杆稳定性分析中只考虑弯曲屈曲变形，而实际工程中根据构件的类型，不能排除发生扭转屈曲或弯扭屈曲的可能，因此在撑杆或其他受压构件的稳定验算时，除了按照计算长度系数为 1.0 验算弯曲失稳之外，根据撑杆的具体情况，可能还需要进行扭转失稳或弯扭失稳等其他形式的失稳验算。

6. 提高平面弦支结构稳定性的措施

1）支承刚度对平面弦支结构稳定性能的影响

实际的平面弦支结构的支承方式，可能是两端固定铰支，此时支承刚度 K 为无穷大；也可能是一端固定铰支，另一端滑动铰支，此时支承刚度 K 接近于 0；还可能是支承在其他结构如框架柱上，此时支承刚度 K 为一有限非零值。支承刚度越大，结构在预应力阶段的反拱挠度越小，这是因为支承刚度约束了下弦的伸长与收缩。支承刚度越大，结构的荷载 – 位移曲线越陡，这也是因为支承刚度约束了下弦的伸长与收缩。支承刚度越大，结构失稳极值点越低，并且下降段的幅度越大。支承刚度越大，结构类似于拱的特性越明显，因此失稳的曲线的幅度越大；支承刚度越小时，结构类似于梁的特性越明显，因此失稳的曲线趋于平缓。

2）垂度对平面弦支结构稳定性能的影响

垂度越大，结构的初始刚度越大，主要是因为索的垂度越大，增大了结构的整体高度，因此增加了结构的刚度。垂度越大，结构的失稳极值点越高。当拉索垂度超过 5 m 时，极值点甚至消失，曲线始终处于上升趋势。但是曲线仍然存在拐点，说明结构反映的本质仍然是应力软化再转化为应力刚化的过程，中间经过刚度极小点。

3）预应力对平面弦支结构稳定性能的影响

考察不同的拉索预应力对张弦结构稳定性的影响可知，预应力越大，结构失稳极值点越高。这是因为预应力越大，结构类似于拱的特性越明显。上弦拱的弯曲应力所占应力的比重越小，轴向应力占的比重越大。虽然预应力越大会增加轴向应力，但其弯曲应力仍然起控制作用。由于上弦拱本身的截面高度不大，其抗弯能力较小，因此其在弯曲应力的作用下较早进入塑性。

4）矢高对平面弦支结构稳定性能的影响

矢高越大，结构初始刚度越大。这同垂度的效果与原因相同。矢高较大时（大于 5 m），结构的失稳极值点越高，而且失稳现象越明显，表现在结构的下降段幅度越大。这是由于当矢高越大，结构类似于拱的特性越明显。当矢高较小时（小于 4 m）时，结构的失稳极值点消失，曲线一直呈上升趋势，但仍然存在拐点，矢高越小，拐点越低。

5）撑杆数量对平面弦支结构稳定性能的影响

结构在失稳前，撑杆数量对结构的影响十分的微小，这同撑杆原本就受力较小有关系。在失稳后，撑杆对结构的屈曲后路径有较明显的影响。撑杆数量越多，屈曲后路径的刚度越大，这是因为结构主要是由于上弦拱发生塑性而引发失稳的。撑杆越多，提供给上弦拱的约束和支承就越多且均匀，使上弦拱各截面处的应力越均匀，其产生塑性转角的趋势越小。

6）上弦刚度对平面弦支结构稳定性能的影响

上弦刚度越大，结构的整体初始刚度越大，但是影响幅度非常小。上弦刚度越大，结构的失稳极值点越高。上弦刚度越大，其自身的抗弯性能越好，截面产生塑性发生的越晚，因此能较明显地提高结构的稳定性。

7）荷载分布对平面弦支结构稳定性能的影响

半跨荷载时，结构失稳极值点消失，但是拐点较低，这是因为半跨荷载作用下，结构呈现不对称变形。受荷载作用的半跨上弦拱较早进入塑性，从而带来拐点的出现，但另外未受荷载作用的半跨上弦，拱保证了结构的整体刚度不会减小至零。

8）改进措施

（1）结构的上弦刚度越大，结构的失稳极值点越高。因此，上弦构件可以采用刚度比较大的形式，例如桁架等。这样对提高结构的整体稳定性有利。

（2）结构矢高和垂度对整体稳定性的影响原因一致。在建筑设计中，适当的提高结构的矢高和垂度，对结构整体稳定性的提高都有一定的帮助。

（3）鉴于撑杆数目在结构失稳后对结构的屈曲后路径有较明显的影响，在建筑空间允许的条件下，可适当的增大撑杆数目，使结构获得更好的稳定性和更大的承载能力。

6.4.2 空间弦支结构整体稳定性分析

1. 分析方法

空间弦支结构是由大量节点、杆件及拉索构成的空间网格结构体系，只有采用有限元法，才能对具有如此大量自由度的复杂结构体系进行分析。由于拉索的存在，使得其理论分析中首先要解决是否考虑因结构大变形而导致的几何非线性问题。网壳节点的连接，可分为铰接连接和刚接连接两大类。通常双层网壳多采用铰接连接，单层网壳应采用刚接连接。对于铰接连接网壳，采用空间杆单元有限单元法；对于刚接连接网壳，宜采用空间梁－柱单元有限单元法。目前，对空间弦支结构进行整体稳定分析，主要采用空间杆单元的非线性有限元法和空间梁杆混合单元的非线性有限元法。

1）空间杆单元的非线性有限元法

空间杆单元非线性有限单元法，以结构的各个杆件作为基本单元，以节点位移作为基本未知量。先对杆件单元进行分析，建立单元杆件内力与位移之间关系，然后再对结构进行整体分析。根据各节点的变形协调条件和静力平衡条件，建立结构节点荷载和节点位移之间的关系，形成结构的总体刚度矩阵和总体刚度方程。求解总体刚度方程得到各节点位移值后，再由单元杆件内力和位移之间的关系，求出杆件内力。

弦支穹顶结构是一种新型的空间杂交结构体系，其中有两种不同的单元形式：杆单元和索单元。索单元和空间杆单元最大的区别是索单元不能承受压力，即结构的下部拉索在任何受力状态下都不能出现预拉力松弛现象。在较大的预拉力作用下，拉索一般不会出现压应力，故可将索单元简化成空间杆单元，而不考虑索段的自重和初始垂度的影响。

2）空间梁杆混合单元的非线性有限元法

如果将拉索简化为只能承受拉力的空间杆单元，弦支穹顶结构的计算模型可以全部由空间梁、杆单元混合构成（单层球面网壳节点刚接）。由于空间梁、杆单元节点的自由度数目不同，因此对单层球面网壳弦支穹顶结构，采用刚接节点进行有限元分析时，必须采用先处理法处理。所谓先处理法，就是先根据单元、节点种类及约束条件，确定节点基本自由度，然后集成总刚矩阵。

在先处理法中，不但需对结构的每个节点编号，而且对每一个不为零的基本位移也要编号，凡是约束对应的位移或完全铰节点的转角位移均编为零号。这样就大大减少了未知数的数目，缩小了总刚度矩阵的体积，减小了有限元计算的工作量。通常采用节点位移编号数组来对基本位移进行编号,该数组的行数是结构的节点数,列数则根据节点的自由度数而定,数组中的每一个非零值,表示特定节点特定自由度的位移编号,而零值说明该节点的特定自由度被约束或并非基本未知量。节点编号数组的最后一个非零值,就表示了该结构的基本未知数的数目。

空间弦支结构的稳定性,可按考虑几何非线性的有限元分析方法进行分析,分析中可假定材料保持为线弹性。其全过程分析可按满跨均布荷载进行,柱面网壳结构应补充考虑半跨活荷载分布。分析时应考虑初始几何缺陷的影响,并取结构的最低阶屈曲模态作为初始缺陷的分布模态。

2. 空间弦支结构的整体稳定性评定方法

空间弦支结构的整体稳定性分析,需根据其上部的刚性结构(即单层球面网壳结构和柱面网壳结构)来确定结构是否需要进行稳定性分析。单层球面网壳结构、柱面网壳结构及厚度小于正常范围(球面网壳为 $L/60$,柱面网壳为 $L/50$, L 为结构跨度)的双层网壳均应进行稳定性计算。

由全过程分析求得的第一个临界点处的荷载值,可作为该空间弦支结构的临界荷载值 P_{cr},将临界荷载除以安全系数后,即为结构的整体稳定容许承载力标准值,即

$$\left[n_{ks} \right] = \frac{P_{cr}}{K} \qquad\qquad (6-17)$$

式中　 K ——安全系数,可取 $K = 4.2$。

3. 算例

本节以 6.2.2 节算例为例,主要考察两种预应力模式的弦支穹顶结构和单层网壳结构的静力稳定性能比较,主要是临界载荷和屈曲位置的比较。

从图 6-60 可以看出,单层网壳的临界载荷要小于 $T = 300$ kN 和 $T = 500$ kN 时两种预应力模式的弦支穹顶结构的临界载荷,分别为 3.01 kN、3.77 kN 和 4.26 kN。预应力水平 $T = 300$ kN 和 $T = 500$ kN 时临界载荷分别提高了 25.3% 和 41.5%。相对单层网壳而言,弦支穹顶结构的稳定性能大大提高。在承受载荷的初期,三条曲线基本重合,说明弦支穹顶的刚度并没有得到很好的改善;在承受载荷后期,预应力水平越大,非线性程度越低,两种预应力模式的弦支穹顶结构的刚度均大于单层网壳,说明在承受载荷后期,下部索杆能够改善结构的刚度。

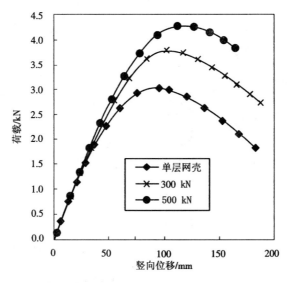

图 6 – 60　单层网壳的荷载 – 位移曲线与两种预应力模式的弦支穹顶

从图 6 – 61 可以看出,单层网壳的屈曲位置在最外圈处,而弦支穹顶的屈曲位置发生在第三圈处,比单层网壳的屈曲位置靠近中心,说明弦支穹顶结构屈曲位置有向中心变化的趋势。

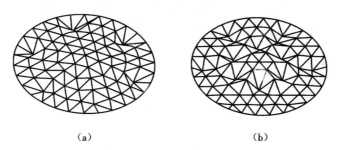

（a）　　　　　　　　　　　（b）

图 6 – 61　单层网壳的屈曲模态与两种预应力模式的弦支穹顶

（a）单层网壳的屈曲模态；（b）弦支穹顶的屈曲模态

图 6 – 62 和图 6 – 63 所示分别为上部单层网壳径向、环向杆件荷载 – 内力曲线。在结构受力过程中,杆件的压力逐渐增大,即使是拉杆也逐渐变为压杆,在结构失稳时,所有的杆件均处于受压状态。说明弦支穹顶结构的构件的稳定性也是设计中必须注意的问题。

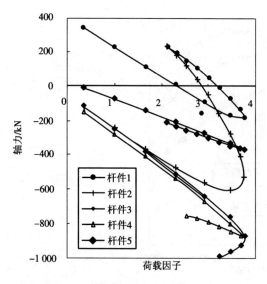

图 6 - 62　上部结构径向杆件荷载 - 内力曲线

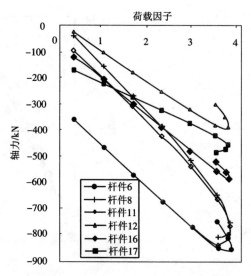

图 6 - 63　上部结构环向杆件荷载 - 内力曲线

　　图 6 - 64 和图 6 - 65 所示分别为下部索杆体系斜索、环索的荷载 - 内力曲线。在失稳前,曲线基本保持直线,说明结构的非线性并不强。在结构受力过程中,第二圈至第五圈的索杆杆件的内力均为逐渐减小,有逐渐松弛的现象;而第一圈的索杆杆件的内力则逐渐增大,这说明在结构受力过程中,第一圈索杆能够分担一部分荷载。从杆件荷载 - 内力曲线可以看出,最外圈(第一圈)对改善结构的受力性能影响最大。

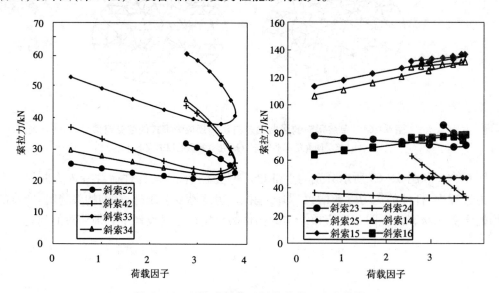

图 6 - 64　下部索杆体系斜索荷载 - 内力曲线

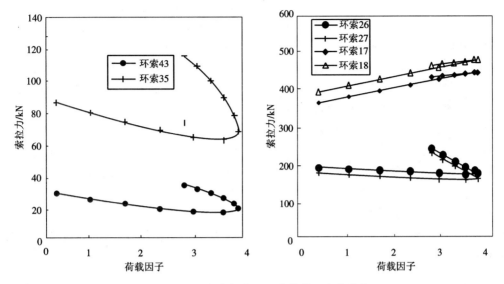

图 6-65　下部索杆体系环索荷载-内力曲线

4.提高弦支穹顶结构稳定性的措施

1)环索的预拉力对弦支穹顶结构稳定性能的影响

通过对未施加预拉力的弦支穹顶和施加不同预拉力的弦支穹顶的线性屈曲分析和非线性屈曲分析可知,同未施加预拉力的弦支穹顶一样,具有不同预拉力的弦支穹顶的失稳形式均为环状失稳;所不同的是,具有预应力的弦支穹顶的失稳位置更靠近结构中心;另外,具有预应力的弦支穹顶的失稳临界荷载,高于未施加预拉力的弦支穹顶的临界荷载,且随着预拉力的增加,临界荷载也随之增大。因而,预拉力改善了整个结构的性能,提高了其稳定极限承载力。

2)撑杆长度对弦支穹顶结构稳定性能的影响

在弦支穹顶结构中,撑杆的作用主要是连接索,并通过传递索力到上部单层网壳中,达到调整上部单层网壳受力目的。图 6-66 所示为上层单层网壳和下部的径向索,虽然在其自身平面内为两根,有一定的夹角,但在计算中不妨把它们与撑杆假设在一个平面内。

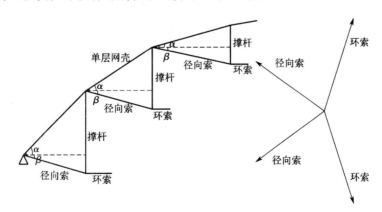

图 6-66　弦支穹顶结构剖面图

如果保持环索的预拉力不变,则径向索对单层网壳的水平拉力并不随着 β 角的改变而改变,但是撑杆对单层网壳的向上的力则随着 β 角的增大而增大,随 β 角的减小而减小。随着 β 角的增大,竖向撑杆的长度增加,结构的极限承载能力得到明显的提高;节点最大竖向变形有小幅的增大,但不明显;而节点的初始位移则变化很小。不同撑杆长度条件下,弦支穹顶结构在屈曲前都有一段线性或接近线性的阶段,并且随着撑杆长度的增大,线性阶段有所增长,最终使得弦支穹顶结构在小幅增加极限位移的情况下大幅的提高极限承载力,这一点与预应力增大对弦支穹顶的影响是类似的。

3)初始缺陷对弦支穹顶结构稳定性能的影响

实际结构必然存在这样或那样的初始缺陷,对于单层球面网壳等缺陷敏感性结构,其临界荷载可能会因极小的初始缺陷而大大降低。因此,结构稳定性对初始缺陷的敏感程度,是评价结构稳定性的重要因素。初始缺陷包括结构的几何偏差、杆件的初应力、材料缺陷及荷载偏心等。采用一致缺陷模态法对弦支穹顶结构及相应的单层球面网壳进行简要的初始缺陷分析,可得出随着初始缺陷的增大,结构的临界荷载值下降得很快。但是,弦支穹顶对初始缺陷的敏感度要远远低于单层网壳。

4)矢跨比对弦支穹顶结构稳定性能的影响

在适当的范围内,单层球面网壳的矢跨比增大,结构的稳定承载力会提高,而且影响的幅度较大,即结构的稳定承载力对矢跨比较敏感。随着矢跨比的增大,弦支穹顶结构的稳定承载能力是上升的,而且提高幅度相当的明显,而结构发生失稳时的位移只有小幅的提升,并没有太大的波动。与环索预拉力及撑杆长度这两个影响因素一样,弦支穹顶与同矢跨比的单层网壳相比,在屈曲前存在明显的线性阶段,并且在矢跨比较小时,荷载 – 位移的线性阶段更长更明显,而随着矢跨比的增加,结构的稳定承载能力提高的幅度却是明显下降的。

5)拉索布置对弦支穹顶结构稳定性能的影响

在对弦支穹顶结构稳定性能影响的分析时,可以看到,在下部张拉体系中,环向拉索由于施加了预应力,是主要的受力构件,对弦支穹顶结构稳定能力起着重要的影响作用。同时也可以观察到,最外圈的环索在受外荷载作用之后,拉力都在增加,而里圈环索的拉力都有不同程度的降低,这说明各圈环索对弦支穹顶结构的作用并不是均等的,外圈要强,里圈要弱。研究拉索布置对弦支穹顶结构稳定性能的影响,可得出布置最外圈一、二道拉索的弦支穹顶的极限承载能力较全部布置拉索的情况丝毫没有降低,反而略有提高,发生在第二圈主肋节点上的最大节点位移没有太大的变化,拉索完全布置时略有增大。

从另一个角度可以想到,由于网壳主要是在靠近外圈的第二圈主肋节点处发生屈曲,因此在此处布置一到两圈张拉体系,施以合适的预应力,将能最直接有效的提高结构的稳定性能。而弦支穹顶内部,就如同一个更小跨度的单层网壳,此网壳与原来没有布置一到两圈张拉体系的单层网壳相比,自然稳定性能更好。因此,在内圈布置拉索及撑杆,已无太大的实际意义,只能局部调整内部网壳杆件的受力和节点的竖向变形,对结构稳定性能的贡献已不大。

6)节点刚度对弦支穹顶结构稳定性能的影响

螺栓球节点和焊接空心球节点是圆钢管杆件相连的两种主要节点形式。螺栓球节点通过螺栓、套筒等零件将杆件与实心球连接起来,只能传递杆端轴向力,在理论分析中只能按铰接节点计算。焊接空心球节点由两个热压成半球后再对焊而成空心球,采用对接焊缝或角焊缝将杆件焊在球面上。由于其可以传递一定的杆端弯矩,因而理论分析中按刚接节点计算。

刚接弦支穹顶和单层网壳的失稳都发生在靠外圈的节点上。略有不同的是,弦支穹顶发生的是环状失稳。而单层球面网壳则是先在某些点发生失稳,进而引发周围节点相继发生失稳。

相同矢跨比条件下,节点刚接时,弦支穹顶的稳定承载力远大于节点铰接,前者一般为后者的 5 倍以上。一方面,这是由于节点刚接使相应的单层球面网壳的曲面外刚度有了较大的提高;另一方面,节点刚接的弦支穹顶相对单层网壳来说,稳定承载力有了更大的提高,前者承载力一般都为后者的 2 倍以上。

刚接弦支穹顶在改变预应力大小比例以后,其承载力并没有显著的提高。这与铰接弦支穹顶有很大的不同,归根结底是由于预应力拉索在不同节点形式下的表现不同而造成的。

7)边界条件对弦支穹顶结构稳定性能的影响

弦支穹顶和相应的单层球面网壳作为屋盖结构体系,一般都搁置在柱顶、圈梁等下部支撑结构上。一般工程中,采用固接和三向铰接两种形式,也有采用径向放松、其余两向铰接的两向铰支承支座边界条件。

当杆件节点铰接时,加强支座约束并不能提高结构的稳定承载能力,这主要是由于铰接模型的曲面外刚度太小,而且失稳主要出现在靠近内侧的节点上,与边界条件关系不大。对于节点刚接的弦支穹顶,随着边界约束的增强,结构稳定承载能力依次增强;同时两向铰支承与三向支承的边界条件相比,稳定承载力有较大的差距。

8)半跨荷载作用下对弦支穹顶结构稳定性分析

在结构设计中,要采取多种荷载组合进行计算,尽可能考虑到实际中会出现的各种情况对结构的影响。在实际中,结构承受的荷载可能有好多种,比如恒荷载、活荷载、风荷载以及雪荷载等。在降雪较多的地区,雪荷载对结构影响很大。1963 年,布加勒斯特一个 93.5 m 跨度的单层穹顶网壳屋盖在一场大雪后发生坍塌。一般的稳定性分析,考虑的都是均布荷载,积雪荷载也可以看作是一种均布荷载。但是有一种情况,屋盖由于一面向阳、一面背阳,可能导致屋盖上的积雪一半已经融化,一半仍然堆积,因此分析半跨荷载作用下弦支穹顶的稳定具有一定的意义。

对半跨荷载作用下弦支穹顶进行稳定性分析,在承受荷载的半跨结构变形较大,在未承受外荷载的半跨变形相对小得多。通过分析结构在临界状态下杆件的受力情况,发现部分的索单元已经完全丧失了预拉力,从而使整个结构刚度矩阵发生变化,结构的失稳并不是因为节点位移增大所致,而是因为结构中索单元刚度的丧失而导致结构的失稳。

9)改进措施

(1)环索的预应力对弦支穹顶结构的稳定承载力有较大的影响。结构的承载力随预应力的增加有较大幅度的提高,但是对弦支穹顶结构施加的预应力也不是越大越好。虽然穹顶的极限承载力总是高于对应的单层网壳的极限承载力,但当荷载较小时,弦支穹顶结构的荷载 – 位移曲线斜率虽然比单层网壳的荷载位移曲线斜率要大,但由于初始位移的存在,相同荷载作用下,弦支穹顶的位移反而大于对应的单层网壳;当荷载超过一定值时,相同荷载作用下,弦支穹顶的位移小于对应的单层网壳,随着荷载的增加,这个差值会越来越大。但是,随着拉索预应力的增加,分界点的值也跟着增大。从这个角度讲,并不能一味单纯增大预应力。另外,过大的预应力也将是上部环向杆件承受过大的压力,必定需要采用更大规格的截面,这将为网壳节点的制作带来麻烦,自然也不经济。应当根据工程的需要,按实际的荷载计算结构的内力和变形,合理、经济地选取结构所需的预应力的大小。

（2）增大撑杆长度能有效地增加结构的稳定承载力，在建筑空间允许的前提下，可适当增大撑杆长度，使结构获得更好的稳定性和更大的承载能力。

（3）矢跨比越小，即网壳越扁，其稳定性将会很差，承载力低。弦支穹顶能有效地提高扁网壳的稳定性能，使其能更广泛地应用于工程实际当中。

（4）无论何种预应力施加原则，对于弦支穹顶结构稳定性能起控制作用的都是外圈的一到两圈环索；在实际工程中可以根据实际情况，对外圈拉索施加合适的预应力而省去内圈的张拉部分。这样，既能达到设计目的，又能减少材料、施工投入，起到较好的经济效果。

（5）在弦支穹顶这种索杆单元组成的结构中，索拉力的存在，加强了结构的整体刚度，从而提高了整体结构的稳定性，一旦索拉力丧失，就会导致索退出整个结构，从而发生失稳。所以，在弦支穹顶的设计中，一定要考虑多种荷载组合情况，必要时加大索的预拉力，以避免索拉力的丧失。

第7章 大跨建筑结构施工

建筑结构施工是指工程建设实施阶段的生产活动,是各类建筑物的建造过程,也可以说是把设计图纸上的各种线条在指定的地点变成实物的过程。它包括基础工程施工、主体结构施工、屋面工程施工、装饰工程施工等。钢结构施工就是将加工制作好的构件,按照一定的次序,吊装、拼装到设计预定的位置,然后进行测量校正、连接固定,逐件逐单元地集成并最终形成结构体系的过程,包括工厂制作和现场安装两个过程,其安装工艺方法根据钢结构工程类型现场决定。本章主要讲述网架和网壳结构、钢管桁架结构、弦支结构等大跨建筑结构的制作和安装方法以及钢结构的防腐与防火保护。

7.1 网架与网壳结构

7.1.1 制作

网架和网壳结构的制作一般均在工厂进行,共分三个步骤。

1. 准备工作

准备工作如下:

(1)根据网架与网壳的设计图纸编制零部件加工图;

(2)制订零部件制作的工艺流程;

(3)对进厂材料进行复验,包括对钢材及连接材料的出厂合格证、钢材进行二次复验等。

2. 零部件加工

根据节点类型不同,其加工工艺也不同。

1)焊接球节点

采用焊接球节点的网架和网壳结构主要部件有杆件和空心球。

Ⅰ. 杆件的加工工艺

采购钢管——下料——坡口加工。

如图 7 - 1 所示,杆件的下料长度:

$$L_0 = L_1 - \frac{D_1}{2} - \frac{D_2}{2} + B_1 + B_2 + \Delta \tag{7-1}$$

式中 L_0——杆件下料长度;

L_1——杆件几何长度(轴线长度);

D_1、D_2——与杆件相连的钢球的外直径;

B_1、B_2——钢管与钢球的相贯量;

Δ——焊缝收缩量,根据经验和现场加工情况,通过试验确定,一般取 1.5 ~ 3.5 mm。

若钢管壁厚较薄($t \leqslant 4$ mm),一般不做坡口即可保证焊缝焊透;若壁厚 $t > 4$ mm,并要求等强连接时,一般均要求做坡口。

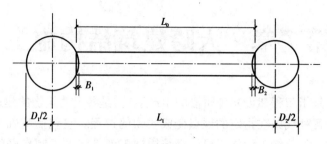

图7-1 杆件下料长度

Ⅱ.空心球的加工工艺

　　下料──→圆钢板加热──→冲压──→切边──→对装──→焊接──→整形

　　　　　　　　　　　　　　　　　　　　　　　　　↑
　　肋板下料──→挖孔────────────┘

　　下料直径 D_1 可按下式确定：

$$D_1 = 1.414D + C \tag{7-2}$$

式中　D_1──下料直径；

　　　　D──钢球中径；

　　　　C──加工坡口余量,一般 $C = 3$ mm。

图7-2所示为钢球轧制过程,轧成的半球的壁厚不均匀情况如图7-3所示。

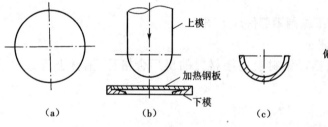

图7-2 半球轧制过程示意图

（a）下料的圆钢板；（b）加热后的圈钢板置于胎模上；
（c）轧成的半圈球

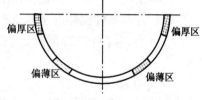

图7-3 半球壁厚不均匀分布情况

2）螺栓球节点

采用螺栓球节点的网架和网壳结构的零部件主要有杆件（包括锥头或封板、高强螺栓）、钢球及套筒等。

Ⅰ.杆件的加工工艺

采购钢管──→下料,倒坡口──→与锥头或封板组装──→点焊──→焊接。

Ⅱ.钢球的加工工艺

圆钢加热──→锻造毛坯──→正火处理──→加工定位螺栓孔及平面──→加工各螺栓孔及平面。

螺栓孔及其平面加工宜采用加工中心机床,其转角误差不得大于 $10'$。

Ⅲ.锥头和封板的加工工艺

锥头：钢材下料──→胎模锻造毛坯──→正火处理──→机械加工。

封板：圆钢下料──→正火处理──→机械加工。

Ⅳ. 套筒的加工工艺

成品钢材下料——胎模锻造毛坯——正火处理——机械加工。

3. 零部件的质量检验

网架与网壳的零部件都必须进行加工质量和几何尺寸检查,检验按《钢结构工程施工质量验收规范》(GB 50205)进行。

7.1.2　安装

网架或网壳的安装是指将工厂加工好的零部件运至施工现场并利用各种施工方法将网架或网壳搁置在设计位置上的过程。

网架和网壳安装前应做到以下几点:

(1)查验各节点、杆件、连接件和焊接材料的出厂合格证和复验报表;

(2)根据定位轴线和标高基准点复核和验收支座预埋件、预埋螺栓的平面位置和标高;

(3)对网架和网壳施工图与实际网架和网壳进行复检,检查有无差错。

网架和网壳结构的安装方法,应根据结构的类型、受力和构造特点,在确保质量、安全的前提下,结合进度、经济及施工现场技术综合确定。网架和网壳的安装方法随拼装方法和安装机具的选用不同,主要有高空散装法、分条或分块安装法、高空滑移法、整体吊装法、整体提升法、整体顶升法、整体折升法等,现分述如下。

1. 高空散装法

高空散装法是将小拼单元或散件(杆件和节点)直接在设计位置进行总拼的方法。

高空散装法有全支架(即满堂脚手架)法和悬挑法两种。全支架法多用于散件拼装,而悬挑法则多用于小拼单元在高空总拼装或者球面网壳三角形网片的拼装。

全支架拼装网架或网壳时,支架顶部常用木板或竹脚手板满铺。作为操作平台,这类铺板易燃,故如为焊接连接的网架或网壳结构,全部焊接工作均在此高空平台上完成,必须注意防火。

由于散件在高空拼装,垂直运输就无须起重机或无须大型起重机,但却需要搭设大规模的拼装支架,耗用大量材料。

全支架法更适用于螺栓连接的网架或网壳,适用于起重运输困难的地区,也适用于小拼单元用起重机吊至设计位置的拼装方法。

悬挑法拼装网架或网壳时,需要预先制作好小拼单元,再用起重机将小拼单元吊至设计标高就位拼装。悬挑法拼装可以少搭支架,节省材料。但悬挑部分的网架或网壳必须具有足够的刚度,而且几何不变。

采用高空散装法应注意以下几个问题。

1)确定合理的拼装顺序

拼装时可从脊线开始,或从中间向两边发展,以减少积累偏差和便于控制标高,具体方案需根据各个建筑的具体情况而定。

2)控制好标高及轴线位置

如为折线形起拱,可控制脊线标高;当采用圆弧线起拱时,应逐个节点进行测量。在拼装过程中,应随时对标高和轴线进行测量并依次调整,使结构总拼后纵横向总长度偏差、支座中心偏移、相邻支座高差、最低最高支座差等指标均符合《空间网格结构技术规程》(JGJ 7)要求。

3）拼装支架应具有可靠性

高空散装法的拼装支架应进行设计,对于重要的或大型工程,还应进行试压,以检验其使用的可靠性,拼装支架必须满足以下要求。

(1)具有足够的强度和刚度。拼装支架应通过验算,除满足强度要求外,还应满足单肢及整体稳定要求,如图7-4所示为支架单肢失稳和整体失稳的示意图。对于高宽比比较大的拼装支架还应进行抗倾覆验算。

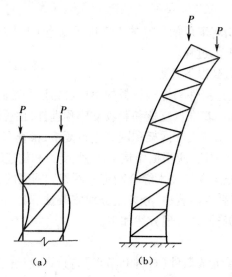

图7-4　拼装支架失稳示意图

(a)单肢失稳;(b)整体失稳

(2)具有稳定的沉降量。支架的沉降往往由于支架本身的弹性压缩、接头的压缩变形以及地基沉降等因素造成。支架在承受荷载后必然产生沉降,但要求支架的沉降量在拼装过程中趋于稳定。必要时用千斤顶进行调整,如发现支架不稳定下沉,应立即研究解决。由于拼装支架容易产生水平位移和沉降,在拼装过程中应经常观察支架变形情况并及时调整,避免由于拼装支架的变形而影响结构的拼装精度。

(3)支承点的拆除。结构拼装完成后,拼装支架各支承点不能乱拆,以免个别支承点集中受力而不易拆除,严重者会造成杆件受力变号屈曲。支承点拆除时,可根据结构自重挠度曲线分区、分阶段按比例下降或用每步不大于10 mm的等步下降法拆除支承点。对于小型网架或网壳可简化为一次同时拆除,但必须速度一致。

2. 分条或分块安装法

分条或分块安装法,就是指结构从平面分割成若干条状或块状单元,分别用起重机吊装至高空设计位置拼装成整体的安装方法。该方法适用于分割成条(块)单元后其刚度和受力改变较小的结构。所谓条状,是指结构沿长跨方向分割为若干区段,而每个区段的宽度可以是1~3个网格,其长度则为短跨的跨度。所谓块状,是指结构沿纵横方向分割后的单元形状为矩形或正方形,分条或分块的大小应根据现有起重机的负荷能力而定。

这种方法具有如下特点:首先,大部分焊接、拼装工作在地面进行,有利于提高工程质量,并可省去大部分拼装支架;其次,由于分条(块)单元的重量与现场现有起重设备相适应,可利用现有起重设备吊装网架或网壳,有利于降低成本。此法易于在中小型网架或网壳结构中推广,但仍有一定的高空作业量。

当采用分条吊装法时,正放类网架一般来说在自重作用下自身能形成稳定体系,可不考虑加固措施,比较经济。斜放类网架分成条状单元后需要大量的临时加固杆件,不够经济。当采用分块吊装法时,斜放类网架只需在单元周边加设临时杆件,加固杆件较少。

网架分条分块单元的划分,主要根据起重机的负荷能力和网架的结构特点而定,其划分方法有下列几种。

(1)网架单元相互靠紧,可将下弦双角钢分开在两个单元上。此法可用于正放四角锥等网架,如图7-5所示。

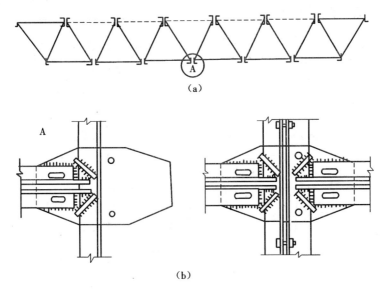

(a)

(b)

图7-5　正放四角锥网架条状单元划分方法示例
(a)网架条状单元;(b)剖分式安装节点

(2)网架单元相互靠紧,单元间上弦用剖分式安装节点连接。此法可用于斜放四角锥等网架,如图7-6所示。

(3)单元之间空一节间,该节间在网架单元吊装后再在高空拼装(图7-7),可用于两向正交正放等网架。如图7-8所示为斜放四角锥网架块状单元划分方法工程实例,图中虚线部分为临时加固的杆件。

3.高空滑移法

高空滑移法是指分条的结构单元在事先设置的滑轨上单条滑移到设计位置拼接成整体的安装方法。此条状单元可以在地面拼成后用起重机吊至支架上,在设备能力不足或有其他因素时,也可用小拼单元甚至散件在高空拼装平台上拼成条状单元。高空支架一般设在建筑物的一端,滑移时条状单元由一端滑向另一端。高空滑移法可从以下不同角度分类。

1)按滑移方式分类

高空滑移法按滑移方式可分为以下几类。

(1)单条滑移法。如图7-9(a)所示,将条状单元一条一条地分别从一端滑移到另一端就位安装,各条之间分别在高空再连接,即逐条滑移,逐条连成整体。

(2)逐条积累滑移法。如图7-9(b)所示,先将条状单元滑移一段距离后(能连接上第二单元的宽度即可),连接好第二条单元后,两条一起再滑移一段距离(宽度同上),再连接

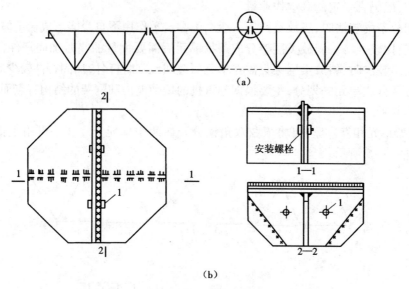

图7-6　斜放四角锥网架条状单元划分方法示例

(a)网架条状单元;(b)剖分式安装节点

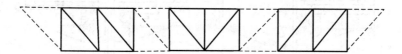

图7-7　两向正交正放网架条状单元划分方法示例

注:实线部分为条状单元,虚线部分为在高空后拼的杆件。

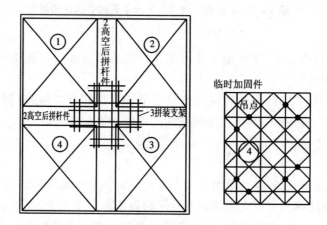

图7-8　斜放四角锥网架块状单元划分方法示例

第三条,三条又一起滑移一段距离,如此循环操作直至接上最后一条单元为止。

(3)滑架法。滑架平台底面装有滑轮,通过滑轮移动实现施工平台的移动。操作架上将结构单元直接安装就位,等一个单元安装完毕后,滑移操作架在牵引设备的带动下滑向下一个安装单元,然后在滑移操作架上组装第二个单元的结构,按此类推,逐步安装完所有结构。

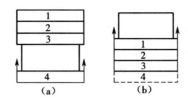

图7－9　高空滑移法分类

(a)单条滑移法;(b)逐条积累滑移法

2)按滑移坡度分类

高空滑移法按滑移坡度可分为水平滑移、下坡滑移及上坡滑移三类。

如建筑平面为矩形,可采用水平滑移或下坡滑移;当建筑平面为梯形时,短边高、长边低、上弦节点支承式网架,则应采用上坡滑移;当短边低、长边高或下弦节点支承式网架时,则可采用下坡滑移,因下坡滑移可节省动力。

3)按滑移时力的作用方向分类

高空滑移法按滑移时力的作用方向可分为牵引法和顶推法两类。

牵引法即将钢丝绳钩扎于结构前方,用卷扬机或手拉葫芦拉动钢丝绳,牵引结构前进,作用点受拉力。顶推法即用千斤顶顶推网架后方,使结构前进,作用点受压力。

高空滑移法具有如下特点:由于在土建完成框架、圈梁以后进行,而且网架和网壳是架空作业的,对建筑物内部施工没有影响,安装与下部土建施工可以平行立体作业,大大缩短了工期。此外,高空滑移法对起重设备、牵引设备要求不高,可用小型起重机或卷扬机,甚至不用,而只需搭设局部的拼装支架。工程中常用的几种滑轨形式如图7－10所示。

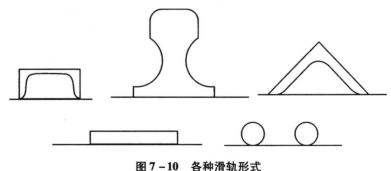

图7－10　各种滑轨形式

4.整体吊装法

整体吊装法是指结构在地面总拼后,采用单根或多根拔杆、一台或多台起重机进行吊装就位的施工方法。

这种安装方法的特点是:结构在地面的总拼可以就地或在场外进行,与柱错位。当就地与柱错位总拼时,结构起升后在空中需要平移或转动1.0~2.0 m再下降就位,由于柱是穿在网架或网壳结构的网格中的,因此凡与柱相连接的梁均应断开,即在结构吊装完成后再吊装施工框架梁。而且建筑物在地面以上的结构必须等网架或网壳制作安装完成后才能进行,不能平行施工。因此,场地允许时,可在场外地面总拼网架或网壳,然后用起重机抬吊至建筑物上就位,这时虽解决了室内结构拖延工期的问题,但起重机必须负重行驶较长距离。就地与柱错位总拼的方案适用于用拔杆吊装,场外总拼方案适用于履带式、塔式起重机吊装,如用拔杆抬吊就应结合滑移法安装。

采用多根拔杆吊装网架时,网架或网壳结构在空中移位的力学分析计算简图如图 7-11 所示。提升时(图 7-11(a)),每根拔杆两侧滑轮组夹角相等,上升速度一致,两侧滑轮组受力相等($F_{t1} = F_{t2}$),其水平分力也将相等($H_1 = H_2$),网架或网壳结构只是垂直上升,不会水平移动,此时滑轮组的拉力

$$F_{t1} = F_{t2} = \frac{G_1}{2\sin \alpha_1} \tag{7-3}$$

式中 G_1——每根拔杆所担负的网架、索具等荷载;

  F_{t1}、F_{t2}——拔杆两侧起重滑轮组的拉力;

  α_1——起重滑轮组与水平面的夹角。

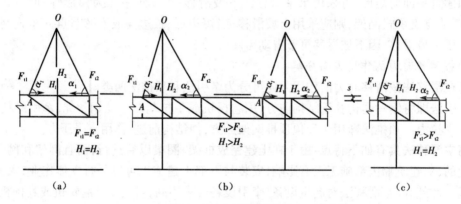

图 7-11 网架空中移位
(a)提升时平衡状态;(b)移位时不平衡状态;(c)移位恢复平衡状态
注:s—移位时下降距离

网架或网壳在空中移位时(图 7-11(b)),每根拔杆的同一侧(如同为左侧或右侧)滑轮组钢丝绳徐徐放松,而另一侧滑轮组不动。此时放松一侧的钢丝绳因松弛而拉力 F_{t2} 变小,另一侧 F_{t1} 则由于网架重力而增大,因此导致两边的水平分力不等(即 $H_1 > H_2$),而推动网架网壳结构移动或转动。

网架或网壳结构就位(图 7-11(c)),即当网架或网壳移动至设计位置上空时,一侧滑轮组停止放松钢丝绳而重新处于拉紧状态,则 $H_1 = H_2$,结构恢复平衡。此时滑轮组拉力

$$\left.\begin{array}{l} F_{t1} \sin \alpha_1 + F_{t2} \sin \alpha_2 = G_1 \\ F_{t1} \sin \alpha_1 = F_{t2} \sin \alpha_2 \end{array}\right\} \tag{7-4}$$

式中 α_2——起重滑轮组与水平面的夹角。

5.整体提升法

整体提升法是指在结构柱上安装提升设备进行提升,或在提升的同时进行柱子滑模的施工方法,此时结构可作为操作平台。网架的整体提升法分为以下三类。

1)单提网架法

网架在设计位置就地总拼后,利用安装在柱子上的小型设备(如升板机、滑模千斤顶等)将其整体提升到设计标高上然后下降、就位、固定。

此法又分为两类:一类为利用结构柱,网架支座位于两柱中间,在柱顶需搭设专用提升框架,升板机安置在此提升框架梁中央,直接提升网架支座,当用滑模液压千斤顶提升时,网

架支座可用套箍式节点抱在柱上,这时网架支座中心与柱中心重合;另一类是设置专用的提升柱,可减少提升设备数量,但此法网架周边杆件需在设计位置另行拼装。

2)升梁抬网法

网架在设计位置就地总拼,同时安装好支承网架的装配式圈梁(提升前圈梁与柱断开,提升网架完成后再与柱连成整体),把网架支座搁置于此圈梁中部,在每个柱顶上安装好提升设备,此提升设备在升梁的同时,抬着网架升至设计标高。

3)升网滑模法

网架在设计位置就地总拼,柱是用滑模施工。网架的提升是利用安装在柱内钢筋上的滑模用液压千斤顶或劲性配筋上的升板机,一面提升网架,一面滑升模板浇筑混凝土柱。

整体提升法的主要特点如下。

(1)网架整体提升法使用的提升设备一般较小,如升板机、液压滑模千斤顶等,利用小机群安装大网架,起重设备小,成本比较低。

(2)提升阶段网架支承情况不变,除用专用支架外,其他提升方法均利用结构柱,提升阶段网架的支承情况与使用阶段相同,不需考虑提升阶段而加固等措施,因此较整体吊装、高空滑移法经济。

(3)由于提升设备能力较大,可以将网架的屋面板、防水层、天棚、采暖通风及电气设备等全部在地面及最有利的高度进行施工,从而大大节省施工费用。在提升设备验算中,即使不能全部带上屋面结构,也应尽可能多安装屋面结构后再提升,以减少高空作业量,降低成本。

(4)升梁抬网法网架支座应搁置在圈梁中部,升网滑模法网架支座应搁置在柱顶上,单提网架法网架支座可搁置在圈梁中部或柱顶上。

(5)网架整体提升法只能在设计位置垂直上升,不能将网架移动或转动,适用于施工场地狭窄时。

6. 整体顶升法

整体顶升法是把网架网壳在设计位置的地面拼装成整体,然后用千斤顶将结构整体顶升到设计标高。

网架整体顶升法可以利用原有结构柱作为顶升支架,也可另设专门的支架或枕木垛垫高。

网架整体顶升法的特点与整体提升法类似。首先,顶升法一般用液压千斤顶顶升,设备较小,当少支柱的大型网架采用顶升法施工时,也用专用的大型千斤顶。其次,除用专用支架外,顶升时网架支承情况与使用阶段基本一致。再次,为了充分利用千斤顶的起重能力,可将全部屋面结构及电气通风设备在地面安装完毕,一并顶升至设计标高,以便最大限度地扩大地面作业量,降低施工费用。

顶升法的千斤顶是安置在网架的下面,而提升法的提升设备是安置在网架上面,是通过吊杆“拉着”网架等上升的,两者作用原理相反。由此带来下列不同的特点。

(1)采用提升法时,只要提升设备安装垂直,网架基本能保证较垂直上升。顶升法顶升过程中如无导向措施,则极易发生网架偏转。

(2)提升法适用于周边支承的网架安装,顶升法则适用于点支承的网架。

两者共同的特点为安装过程中网架只能垂直地上升,不能或不允许平移或转动。

7. 整体折升法

整体折升法最早是由日本政法大学川口卫教授提出,原名为 Pantadome,后译成攀达穹顶,即整体折升法。其核心思想是通过临时去掉一些杆件并在结构中设置单轴铰使结构在施工阶段暂时变为一个机构,可以趴伏在地面上完成大部分施工工作。之后顶升到预定高度就位装上先前临时去掉的杆件,使之恢复为一个结构。在设计分析时,不仅要考虑穹顶建成后的受力状态,还要考虑顶升中各阶段的受力情况,两者都对构件截面的选取起到控制作用。采用整体折升法进行穹顶的安装过程可分为以下几个阶段。

(1)地面组装阶段,施工过程中应保证安装精度,特别是铰线附近构件的进度。

(2)顶升阶段,应根据支柱反力、位移和杆件应力的理论值和观测值的比较控制顶升,对于顶升支柱要进行稳定计算。

(3)高空安装阶段。

(4)完成阶段,各支柱的下降要缓慢、同步,应随时间观测支柱反力、杆件应力。

以西班牙巴塞罗那 1992 年奥运会建造的主体育馆为例。它是一个特别的穹顶网壳(图 7 - 12),平面尺寸 105.6 m×127.8 m,中央有一个 80 m×57.6 m 的抛物线形穹顶叠在看台上面的环形网壳上,整个结构只有一个对称轴,网壳节点采用了正反螺纹的实心球节点。设计时考虑用顶升法块件组合而成,因此把中央处的穹顶连同其覆盖屋面和悬挂在穹顶上的走道等作为一个单元,使它与周围环形网壳用铰链相连;周边的支柱是不可移动的,但利用柱底的铰链可仅在一个平面内转动,从而形成了一个大型的空间机构。整体设计和施工均由计算机控制,安装时用千斤顶把临时支柱顶升到设计位置后再进行最后固定。

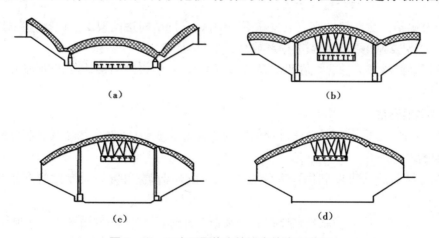

(a)　　　　　　　　　　　　(b)

(c)　　　　　　　　　　　　(d)

图 7 - 12　巴塞罗那体育馆网壳的施工方法
(a)安装阶段;(b)顶升阶段一;(c)顶升阶段二;(d)完成阶段

使用此法安装的著名网壳还有日本神户的世界纪念体育馆,它的安装流程如图 7 - 13 所示。

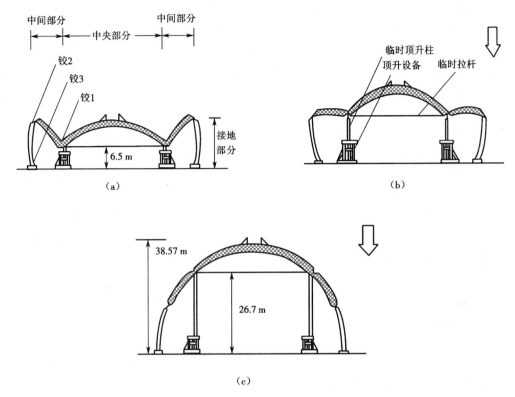

图 7 - 13　日本神户世界纪念体育馆网壳的施工方法
(a)安装阶段;(b)顶升阶段;(c)完成阶段

7.1.3　验收

1. 验收文件

网架和网壳结构属土建工程的分部工程,开工前必须编制施工组织设计,并作为竣工验收、工程质量评定必须具备的文件之一。在施工组织设计中应包括网架和网壳制作与安装的施工方法,保证质量和安全的技术措施,对施工阶段网架及支承柱的验算、对拼装支架及起重设备的验算等的计算书,施工设计图纸,劳动力、工具设备、材料需要量计划,工程日程进度计划,施工总平面图等。为验证施工验算正确性所进行的试验报告,也应附在后面。

验收时必备的文件有:施工图、竣工图、设计更改文件、所用钢材及其他材料的质量证明书和试验报告;网架和网壳的零部件产品合格证书和试验报告、网架和网壳的制作拼装各工序的验收记录、焊工考试合格证明、焊缝质量和高强螺栓质量检验资料、总拼就位后几何尺寸偏差和挠度记录。

2. 几何尺寸的检测

几何尺寸的检测包括施工期间各工序间的尺寸检测和安装完毕后竣工验收两部分。各工序间的尺寸检测可参考空间网格结构技术规程中有关章节的规定进行。其中包括节点、杆件的制作偏差,小拼及中拼单元尺寸偏差,网架和网壳定位放线偏差,地面拼装后的尺寸偏差及吊装至设计位置后的尺寸偏差,支座处柱或圈梁上预埋件位置的偏差等。网架和网壳结构在未形成整体结构前的各施工阶段的几何尺寸的检查,均属工序间的检查验收。

网架和网壳结构在设计位置形成整体后,进行竣工验收时,对网架和网壳结构应进行总体几何尺寸的检测。除检查纵横向长度偏差外,还应对各个支座位置测量其中心偏移值,中心偏移定义为以理论设计中心为圆心,以允许偏移值为半径画圆,凡是落入该圆中的各支座中心点均属合格。中心允许偏移值对于各种安装方法均为 1/3 000 边长,且不大于 30 mm。支座中心偏移值不能过大,主要考虑到支承结构的下部结构(柱或圈梁等)不宜承受过大的偏心荷载。

纵横向边长允许偏差为长度的 1/2 000,且不应大于 30 mm。即边长在 60 m 以上的大中型网架不应大于 30 mm,而边长小于 60 m 的则以 1/2 000 控制。

对周边支承的网架和网壳结构,相邻点间支座高差允许值为 1/400 支座间距,且不应大于 15 mm,最高与最低点间为 30 mm。

对点支承的网架和网壳结构,允许高差为 1/800 支座间距,且不应大于 30 mm。这是由于点支承柱较柔,间距均为 12 m 以上,不允许有较大支座高差。

网架和网壳结构安装中发生的支座与柱顶或圈梁面预埋件之间的偏差,质量检评时亦以设计尺寸为准。如支座标高有偏差,可用钢板垫实。如支座轴线或标高超出允许偏差值时,严禁用倒链等强行就位,应由设计、施工、建设单位共同研究解决。

3. 挠度控制

结构的挠度控制是设计和施工质量的综合反映,必须认真做好此项工作。网架和网壳结构的挠度应包括结构的自重挠度,屋面结构全部安装完毕后的恒载挠度及网架和网壳分条(分块)、高空滑移等施工时出现的挠度,分别将这些挠度值资料存档备查。重要建筑还应建立长期观测挠度制度,以监测建筑物使用阶段结构的工作性能。所测得的挠度平均值,不应超过设计值的 1.15 倍。

挠度观测点的设置如下:对设计无要求时,对跨度为 24 m 及以下的情况,设在跨中位置;对于跨度为 24 m 以上的情况,可设 5 点,即下弦中央 1 点,两向下弦跨度四分点各设 2点,三向网架每向跨度 3 个四分点均应设观测点。如工程需要,还可根据实际情况增设,但不能过少。

7.2   钢管桁架结构

由于钢管桁架结构直接采用相贯节点,所以其制作过程主要是杆件的加工,弦杆的加工主要是下料和弯曲,而腹杆与弦杆之间的连接节点为相贯节点,因此腹杆的加工过程就是用相贯线切割机进行下料和切割。下料后的杆件的长度、角度和坡口尺寸必须满足设计要求,工程用所有不同编号管件应进行 100% 检验。

随着施工技术的发展,管桁架的吊装技术也在不断地创新和改进,从结构构件的安装来看,主要有高空散装法、整体安装法、滑移施工法、单元拼装法。

7.2.1   高空散装法

高空散装法即杆件在工厂加工完成后,所有的组装、拼装工作全部在高空完成或者在地面形成小拼装单元,用人力或小型吊装设备吊至高空安装。施工时有满堂脚手架法和悬挑法两种,后者国外施工多用,并曾用于混凝土薄壳的施工;前者广泛应用于网架、网壳的施工,尤其适用于螺栓球节点网架的施工。高空散装法单件质量轻,垂直运输无须大型起重设备,但需要搭设拼装胎架,占用大量材料。

高空散装法主要技术问题如下。

(1)应根据结构具体情况,确定合理的拼装顺序,可从脊线开始,或从中间向两端施工,以便于控制标高和减小积累误差。

(2)控制好标高和轴线位置,拼装过程中随时测量调整,保证结构总拼后的各项偏差指标符合标准。悬挑法施工时必须保证已施工部分的刚度和稳定性。拼装胎架要求有足够的强度、刚度,沉降量稳定,避免因支架变形而影响拼装精度。

高空散装在网架的安装施工中采用比较多,但在钢管桁架的安装施工中由于安装效率低,只有在特殊场合或者小型的工程才会采用。当桁架结构刚度较低,不能通过自身承受已安装结构造成的变形时,一般在安装区域搭设满堂脚手架进行施工,由于散件在高空拼装,无须用大型的起重设备,但由于搭设大规模的拼装支架,需用大量的脚手材料。

当桁架结构刚度较高,能通过自身承受已安装结构造成的变形时,可以在地面组装成小拼单元在高空采用悬挑法进行施工。

7.2.2 整体安装法

整体安装法(整体吊装、整体顶升、整体提升)就是将整个结构件在地面上进行组装,然后整体一次性地将结构安装就位。随着科学技术的发展,整体安装技术正在被广泛地应用在钢结构的安装工程中。由于整体安装将拼装的环节全部放在地面进行,因此其施工质量能够得到很好的控制,同时施工进度得以大大提高。

1.整体吊装法

整体吊装法最大限度地减少了高空作业,但建筑物地面以上的结构往往需待吊装完成后施工,不能平行施工,对工期会有一定的影响,而且对起重设备的性能要求相对较高。

2.整体提升法

钢管桁架杆件的加工精度要求很高,既要求保证弦杆的连接贯通,更要保证主管与支管汇交处空间相贯曲线的准确性,因此杆件多在工厂采用数控等离子相贯线切割机进行加工制作。

拼装是把制备完成的半成品和零件按图纸规定的运输单元,装成构件或其部件,然后连接成整体。图纸和工艺规程是整个装配工作的主要依据,因此拼装前应了解如下问题。

(1)了解产品的用途结构特点,以便提出装配的支承与夹紧等措施。

(2)了解各零件的相互配合关系、使用材料及其特性,以便确定装配方法。

(3)了解装配工艺规程和技术要求,以便确定控制程序、控制基准及主要控制数值。

大跨度钢管桁架因尺寸较大而不便于整体运输,因此通常是由厂家加工好杆件后,将散件运至施工现场,由施工单位拼装成完整的桁架结构。

桁架拼装一般应注意下述事项。

(1)无论弦杆、腹杆,应先单肢拼配焊接矫正,然后进行大拼装。

(2)支座、与钢柱相连接的节点板等,应先小件组焊,矫平后再定位大拼装。

(3)放拼装胎时放出收缩量,一般放至上限($L \leqslant 24$ m 时放 5 mm,$L > 24$ m 时放 8 mm)。

(4)按设计规范规定,三角形屋架跨度 15 m 以上,梯形屋架和平行弦桁架跨度 24 m 以上,当下弦无曲折时应起拱(1/500)。但小于上述跨度者,由于上弦焊缝较多,可以少量起拱(10 mm 左右),以防下挠。

整体提升吊装时应注意下述事项。

(1)吊装过程各个吊点的同步性。

(2)吊装过程中的水平晃动控制。

(3)由于吊装过程中杆件的应力可能与使用时不同,应对结构做吊装状况下的应力分析,保证吊装过程结构的安全。

(4)吊装测量,在吊装过程中应随时对吊装速度、吊装高度、吊点同步性、吊绳应力进行测量,必要时还应对重要部位进行应力监测;同时还要考虑吊装过程中其他的安全问题。

3. 整体顶升法

整体顶升法是在地面拼装结构,然后顶升至设计标高的施工方法。此法与整体提升法类似,但提升法的提升设备是安置在结构上面,通过吊杆、钢绞线等拉着结构上升;而顶升法是将千斤顶安放在结构下面,通过垫块等一步步顶升结构,两者正好相反。顶升法施工若无导向措施,顶升过程中易发生结构的偏转,因此设置导轨是重要的保证措施。另外,一般可用千斤顶倾斜支顶或水平向千斤顶支顶进行纠偏。

7.2.3　滑移施工法

高空滑移施工法是指将某个平面单元或分为条段的结构单元在事先设置的滑轨上滑移到设计位置拼接成整体的安装方法,此平面单元可以是在地面拼装后吊装至滑移起始位置,也可以是分段、小拼单元甚至散件在高空拼装平台上拼成滑移单元,拼装胎架一般设在建筑物的一端,以便于滑移。

根据滑移过程方式的不同,可以分为单条滑移法和逐条累积移法。前者是指将待滑移单元一条一条地分别从拼装胎架的一端滑移到另一端就位安装,各条之间分别在高空再进行连接,即逐条逐单元滑移。后者是指先将一个单元滑移一段距离后(能空出第二单元的拼装位置即可),再连接好第二条单元,两段单元一起滑移一段距离(滑至空出第三单元的拼装位置),再连接第三条单元,三段又一起滑移一段距离,如此循环操作直至接上最后一条单元为止。

当结构的纵向尺寸较长时,也可以以上两种方式结合使用。如平面桁架采用滑移法,由于单榀桁架稳定性差,可先采用累积滑移法,将若干榀桁架组成一个稳定性较好的滑移单元,再依次滑移到设计位置。

按滑移法过程中移动对象的不同,可分为胎架滑移法和结构主体滑移法。胎架滑移法是指在结构的拼装胎架下安设滑轨,每次拼装完毕后,滑移至下一结构位置组拼,类似于平台移动式脚手架。主体滑移是指拼装胎架位置固定不动,每次主体结构拼装完毕后,将拼装单元滑移至设计位置,再进行下一单元的组拼。滑移法是网架、空间桁架等大跨度结构施工常用的一种方法。

近几年来,几个跨度较大的钢管桁架结构均采用滑移法施工,如首都国际机场新航站楼钢屋盖、深圳机场航站楼钢屋盖、沈阳桃仙机场航站楼等,这些建筑具有以下共同的特点。

(1)结构形式采用倒三角形或倒梯形截面的钢管格构式空间桁架,这种平面形式不适宜提升、顶升等方法,且为了表现建筑造型,空间桁架往往为曲线形式,为拼装带来一定的困难。

(2)建筑不但跨度较大,且其纵向尺寸也较长,跨度大使得每榀桁架必须分段吊装,纵向尺寸长要求投入的起重设备较多,吊装工作繁重,组织工艺复杂。

（3）空间桁架的支座形式往往为伞形钢管支承，在桁架未安装的情况下，伞形支承的安装定位不易施工，这样即使采用整体吊装法吊装结构，也无法直接搁置在支座上，仍然需要搭设临时支承措施。

（4）若全部结构采用分段吊装法，需在每榀桁架下分段处搭设支承胎架，材料占用较多，同样存在起重设施工作能力不足的问题。当采用滑移法施工时，则可以克服以上缺点。

（5）无须大量拼装胎架，只需较少数量单元的拼装胎架即可，节省材料费用。

（6）对起重设备性能要求相对较低，起重设备投入相对较少，吊装工作程序简单。

（7）适合建筑物纵向长距离施工，施工顺序较为合理，不会引起工期的拖延。

（8）但需要设置牵引设施，并进行构件临时加固等措施以保证滑移过程的完成。

7.2.4 单元安装法

单元安装法即将整个桁架结构分成若干具有独立性的单元件，先在工厂或现场的地面上分别组装，然后逐一吊至高空进行安装。例如桁架结构跨度较大，无法一次整体吊装时，需将其分成若干段。这种方法的特点是大部分焊接、拼装工作在地面进行，有利于控制质量，并可省去大量拼装支架，分段分单元后的构件质量与起重设备起重能力相适应，但结构分段后需要考虑临时加固措施，后拼杆件、单元接头处仍然需要搭设拼装胎架。

单元安装法主要技术问题如下。

（1）结构单元的划分，要根据起重机的负荷能力和结构形式的特点来确定。

（2）单元拼装的尺寸、定位要求准确，以保证高空总拼时钢管桁架结构安装节点吻合并减小偏差，一般可以采用预拼装的办法进行尺寸控制。

单元安装法大部分的焊接和拼接工作在地面进行，有利于提高工程质量，并可节省大部分拼装支架。由于分割单元时已考虑现场现有起重设备能力，可充分利用工地现有设备，减少起重设备的租赁费和大型设备进出场费，有利于降低成本。

7.3 弦支结构

7.3.1 平面弦支结构

1. 平面弦支结构的节点制作

平面弦支结构的主要节点包括：支座节点、撑杆与下弦拉索节点、撑杆与上弦构件节点。以下结合目前已建工程，介绍以上三类节点的构造。

1）支座节点

为保证结构的预应力自平衡和释放部分温度应力，平面弦支结构的两端支座通常设计成一端固定、一端水平滑动的简支梁做法。通常平面弦支结构两端支座都支承于周边构件上，但对于水平滑动支座也有通过下设人字形摇摆柱来实现的做法，譬如黑龙江省国际会议展览体育中心主馆的平面弦支结构便属此类。

对于跨度较大的平面弦支结构支座节点，由于其受力大、杆件多、构造复杂，因此较多地采用铸钢节点以保证节点的空间角度和尺寸的精度，免去了相贯线切割和复杂的焊接工序，也避免了产生复杂的焊接温度应力。广州国际会展中心张弦立体桁架的下弦索锚固在支座节点上，其铸钢节点构造如图7-14所示。

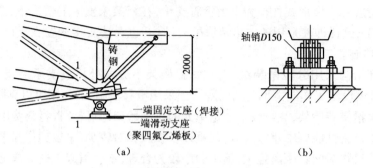

图 7-14　广州国际会展中心支座节点构造图

(a)节点详图;(b)1—1 剖面图

　　但是铸钢支座节点制作加工复杂且质量较大,以该工程为例,其上端固定铰支座的质量为 4.5 t,而下端滑动铰支座质量达 6.5 t,因此成本较高。对于中小跨度的平面弦支结构可采用预应力网格结构中的拉索节点,如华南农业大学风雨操场平面弦支结构的支座节点采用的是普通网格结构的空心焊接球支座节点,其拉索直接锚固在焊接球上,张拉完毕后在焊接球内灌高标号水泥砂浆。

　　2)撑杆与下弦拉索节点

　　撑杆与下弦拉索之间的节点构造必须严格按照计算分析简图进行设计。对于只存在竖向撑杆的平面弦支结构,其下弦拉索和撑杆之间必须固定,因此其节点构造应保证将索夹紧,不能滑动。目前大多工程是采用由两个实心半球组成的索球节点来扣紧下弦拉索,上海浦东国际机场的平面弦支结构中该节点的构造是将索球扣在撑杆的槽内(图 7-15(a));而广州国际会展中心的构造是利用一个锻钢球节点将索球和撑杆相连(图 7-15(b))。

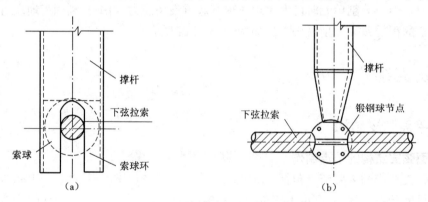

图 7-15　撑杆与下弦拉索节点构造图

(a)上海浦东国际机场;(b)广州国际会展中心

　　3)撑杆与上弦构件节点

　　下弦索平面外没有支承,因此撑杆与上弦构件的节点通常设计为平面内可以转动、平面外限制转动的节点构造形式。上海浦东国际机场的平面弦支结构该节点的具体构造如图 7-16(a)所示,而广州国际会展中心采用的是锻钢节点具体如图 7-16(b)所示。

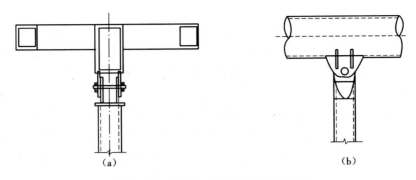

图 7 - 16　撑杆与上弦构件节点构造图
(a)上海浦东国际机场;(b)广州国际会展中心

2. 平面弦支结构的施工过程

平面弦支结构的制作和施工通常分为如下几个阶段。

1)构件的工厂制作

平面弦支结构上弦构件应该根据设计提供的零状态放样几何在工厂加工。考虑到运输条件限制,对于实腹式、格构式构件通常分段加工;如果为相贯焊接的管桁架,一般将其上、下弦及腹杆分别制作,并采用数控切割机进行相贯线加工。

2)上弦构件的现场分段拼装

工厂里制作好的上弦分段构件运送到工地后,一般按照吊装位胎架节间的距离拼装成长段。拼装的方式通常采用卧式拼装法,以节省拼装胎架材料,提高焊机、吊机等设备的利用率。拼装过程中,用水准仪测定各点的标高,构件的纵向节点可采用全站仪来确定,并结合测定误差进行调整,保证拼装精度。

3)吊装位整体组装

上弦构件分段拼装完成后,通过吊机安装到吊装位台架上进行组装。吊装位台架可根据现场条件设置,但应该满足如下两个条件:支架的距离必须保证整体刚度未形成的屋架上弦在相邻支架间的强度和刚度要求,同时支架必须满足自身的强度、刚度和稳定条件。整体组装通常从中间向两边对称进行,每一段安装时都应该采用全站仪测量,保证节点标高和构件的垂直度。

上弦构件安装完毕后,进行撑杆和拉索的安装。在固定拉索之前,应该复核拉索各段理论松弛长度。

4)张拉

结构在整体组装完成后即可以利用千斤顶在端部进行张拉,张拉过程要确保索中施加的张力值和设计值一致,并将结构的几何位置控制在设计值的误差范围内,即采用索力和结构尺寸双控制。张拉过程中应该对一些受力较大杆件的内力、控制点的节点位移、索中的张力值进行监控。

结构在实际建成后其平面外有较强的支承系统来保证其平面外的稳定性,但是在张拉阶段这些支承并不存在,因此在设计的时候需要对该阶段进行平面外的稳定性校核。结构平面外的位移对于施工阶段结构的平面外稳定极为不利,其大小与端部支座处的平面外位移密切相关,因而在张拉过程中应注意端部支座的平整程度以及通过两端等速张拉来控制平面外位移。

5）吊装

平面弦支张拉完毕,并经检验合格后,即可吊装就位。起吊吊点需要根据实际情况设置并要保证各吊点的同步作用。由于起吊阶段的吊点设置可能和使用阶段的支座位置不一致,因此在设计时也要进行起吊阶段结构的强度和稳定性校核。

6）滑移法施工

对于矩形平面的平面弦支结构,通常可以采用柱顶滑移法施工。平面弦支结构的柱顶滑移通常采用分区段编组滑移的方法,即将吊装完毕的几榀为一组,先将每榀之间的屋面支承系统安装完毕后,再整组滑移。这主要是为保证滑移过程中结构的整体稳定性考虑。

7）安装屋面系统

完成屋面支承系统的安装后,安装屋面系统。

7.3.2　弦支穹顶

1. 施工方法

结合结构特点及施工经验,弦支穹顶钢屋盖总体安装顺序确定如下:双层网壳分区块安装,拉索和撑杆的安装穿插其中;网壳合拢;拆除屋盖外围支架;拉索张拉;拆除屋盖中心区域顶升支架。

常见的钢结构的吊装方法有高空散装法、分条或分块安装法、高空滑移法、整体吊装法、整体提升法、整体顶升法等方法,它们各自的特点可见7.1.2节。

2. 弦支穹顶预应力张拉方案的确定

对大部分工程而言,拉索体量大、分布面广,径向索、环向索及撑杆组成整体张拉索杆结构体系。由于整体张拉索杆结构体系,径向索、环向索及撑杆为一有机整体,索力与撑杆内力相互影响、互为依托。不同的张拉方法、张拉顺序对结构内力分布及变形有较大的影响。为在结构中建立有效的预应力,并尽量缩短或少占用工期,应确定合理的张拉力、张拉方法和张拉顺序。首先,拉索施工应穿插于双层网壳结构的施工中,与普通钢结构的施工顺序、方法和工艺密切相关;其次,弦支穹顶屋盖预应力的建立方法不同于普通预应力钢结构,采用顶升撑杆间接施加预应力。

根据钢结构施工与预应力张拉施工两者先后顺序,分别有拉索在屋盖成型过程中张拉和拉索在屋盖成型后张拉。

1）拉索在屋盖成型过程中张拉

钢结构安装方案为中心区域采用顶升和悬拼安装,外围区域采用分块拼接,两者之间的钢构件采用高空散拼。因此拉索在屋盖成型过程中张拉也就是中心区域安装完成后,张拉内环拉索;外围区域安装完成后,张拉外环拉索;两区域连成整体后,张拉中环的拉索。

该张拉方案的优点有:内环拉索在顶升过程中张拉,操作面离地面较低,便于拉索安装张拉施工,工人自身安全得到保证;内环和外环拉索各自独立张拉,中环拉索待屋盖合拢后张拉,拉索张拉穿插在钢结构安装中,可大大缩短工期。其缺点是:内环和外环拉索张拉时屋盖未形成整体结构,各部分为独立的子结构,没有在整体结构中建立预应力,其受力状态与设计状态差别较大;中心顶升区域提前张拉,使该区域四周悬挑部分不利变形加大,钢构件不利应力状况加剧,增加了屋盖合拢难度。

2）拉索在屋盖成型后张拉

拉索在屋盖成型后张拉也就是在屋盖钢网壳安装合拢、形成整体后,再张拉拉索。该张拉方案的优点是屋盖成型后张拉可以降低钢网壳合拢难度;屋盖钢网壳形成整体结构,再进行拉索张拉,保证在整体结构中建立预应力,符合设计状况,便于施工控制。其缺点是屋盖成型后张拉需搭设可靠的张拉操作平台,增加了施工难度;拉索张拉未能穿插于钢网壳安装过程中,因此将延长施工工期。

3. 拉索应力及结构变形的监测

拉索张拉采用控制索力和结构变形的双控原则,其中以控制索力为主。因此,在拉索张拉施工过程中需要对拉索索力与结构变形进行监测。

张拉阶段应力及变形的测试结果是判别结构有效预应力建立、预应力张拉对相邻结构构件影响的主要依据。测试方法需要先进、精确,同时要考虑现场的可操作性。监测内容包括拉索索力、结构关键点位移等。

7.4　防腐与防火

7.4.1　钢结构的防腐

钢结构耐锈蚀性较差,裸露的钢结构在大气作用下会产生锈蚀。若使用环境湿度高、有腐蚀性介质存在,则锈蚀速度将更快。钢结构产生锈蚀后,会使构件截面减小,降低承载能力,影响结构的使用寿命,因此必须采取防腐措施。

钢结构腐蚀分为化学腐蚀和电化学腐蚀两种。

化学腐蚀是干燥气体及非电解质液体作用于金属表面而产生的,这种腐蚀常发生于化工厂及其附近的建筑,其腐蚀源来自化工厂的跑、冒、滴、漏等。但这种腐蚀在干燥的环境中(如相对湿度小于 50%)进展缓慢,在潮湿的环境中腐蚀速度很快。这种腐蚀也可由空气中的 CO_2、SO_2 的作用而产生 FeO 或 FeS,腐蚀程度随时间而逐步加深。

电化学腐蚀是钢材表面与电解质溶液产生腐蚀电流,使钢材产生腐蚀的现象。产生这种腐蚀的条件是水和氧气共同存在。

钢结构的防腐方法有三种:一是改变金属结构的组织,在钢材冶炼过程中增加铜、铬和镍等合金元素以提高钢材的抗锈能力,如采用不锈钢材制成网架;二是在钢材表面用金属镀层保护,如电镀或热浸镀锌等方法;三是在钢材表面涂以非金属保护层,即用涂料将钢材表面保护起来使之不受大气中有害介质的侵蚀。

在三种防腐方法中,第一种防腐方法造价最高,一般用于小跨度装饰性网架与网壳中。最常用的是采用非金属涂料的防腐方法,这种方法价格低廉、效果好、选择范围广、适用性强,采用涂料法防腐需要经过前期的表面处理和涂料施工两道工序。

1. 表面除锈方法

钢构件在轧制、运输和加工过程中表面会有氧化皮、铁锈、焊渣、毛刺、油污以及其他的附着物,如不认真清理这些,会影响涂料的附着力和涂装的使用寿命。表面处理的目的就是彻底清除构件表面的毛刺、铁锈、油污以及其他附着物,使构件表面露出银灰色,增加涂层与构件表面的黏合和附着力,而使防护层不会因锈蚀而脱落。

钢材及钢构件的表面处理应严格按设计规定的除锈方法进行,并达到规定的除锈等级。对于保养漆,可根据具体情况进行处理,一般双组分固化保养漆,如涂层完好,可用砂布、钢丝绒打毛,经清理后,可直接涂底漆;但涂层损坏的,会影响下一道漆的附着力,则必须全部清除掉。

表面处理的手段大体分为手工处理、机械处理、化学处理等。

1)手工处理

用刮刀、钢丝刷、砂纸或电动砂轮等简单工具,手工将钢材表面的氧化铁、铁锈、油污等除去,这种方法操作比较简单、施工方便。其他常用工具还有气动端型平面砂磨机、气动角向平面砂磨机、电动角向平面砂磨机、直柄砂轮机、风动钢丝刷、风动打锈锤、风动齿形旋转式除锈器、风动气铲等。

2)机械处理

机械方法适用于大型金属表面的处理,它有喷砂(丸)法、抛丸法、滚磨法和高压水流除锈法等。

Ⅰ.喷砂(丸)法

喷砂(丸)除锈是利用压缩空气将石英砂(钢丸)带入并通过喷嘴以高速喷向钢材表面,靠石英砂(钢丸)的冲击和摩擦力将氧化铁皮、铁锈及污物等除掉,同时使表面获得一定的粗糙度。石英砂的来源主要有河砂、海砂及人造砂。

喷丸容易使薄板工件变形,且无法彻底清除油污,清理效果最佳的还应是喷砂,适用于工件表面要求较高的清理。

目前常用的方法有干喷砂法、湿喷砂法和无尘喷砂法。

(1)干喷砂法是目前广泛采用的方法。用于清除物件表面的锈蚀、氧化皮及各种污物,使金属表面呈现一层较均匀而粗糙的表面,以增加漆膜的附着力。干喷砂法的主要优点是效率高、质量好、设备简单。但操作时灰尘弥漫,劳动条件差,严重影响工人的健康,且影响到喷砂区附近机械设备的生产和保养。

(2)湿喷砂法分为水砂混合压出式和水砂分路混合压出式。湿喷砂法的主要特点是灰尘很少,但效率及质量均比干喷砂法差,且湿砂回收困难。

(3)无尘喷砂法是一种新的喷砂除锈方法。其特点是使加砂、喷砂、集砂(回收)等操作过程连续化,使砂流在一密闭系统里循环不断流动,从而避免了粉尘的飞扬。无尘喷砂法特点是设备复杂、投资高,但由于操作条件好、劳动强度低,仍是一种有发展前途的机械喷砂法。

喷射除锈效率高、质量好,但要有一定的设备和喷射用磨料,费用较高。目前世界上工业发达国家,为保证涂装质量,普遍采用喷砂除锈法。

Ⅱ.抛丸法

抛丸法是利用高速旋转(2 000 r/min)的抛丸器的叶轮抛出的铁丸(粒径为0.3~3 mm的铁砂),以一定角度冲撞被处理的物件表面。此法特点是质量高,但只适用于较厚的、不怕碰撞的工件。与采用传统的手工除锈、喷砂除锈相比,具有钢结构抗腐蚀年限更长、改善构件应力状态的特点。但抛丸受场地限制,在工件内表面易产生清理不到的死角,设备结构复杂,叶片等零件磨损快,一次性投入费用高。

Ⅲ.滚磨法

滚磨法是将构件连同磨料和润滑液一起倒入滚磨器中,经过一定时间的滚磨就能去除表面的铁锈、毛刺等,适用于成批小零件的除锈。

Ⅳ.高压水流法

高压水流法是采用压力为10~15 MPa的高压水流,在水流喷出过程中掺入少量石英砂

（粒径最大为 2 mm 左右），水与砂的比例为 1:1，形成含砂高速射流，冲击物件表面进行除锈，此法是一种新的大面积高效除锈方法。

3）化学处理

化学处理主要是利用化学原理，采用有机溶液、碱性或酸性溶液，使工件表面的油污及氧化物溶解在溶液中，以达到去除工件表面氧化皮、锈迹及油污的目的。化学处理主要有以下几种方法。

Ⅰ.有机溶剂清洗除油

用某些溶解力较强的溶剂，把物件表面的油污清除掉，称为有机溶剂除油法。对溶剂的要求有溶解能力强、挥发性能好、毒性小、不易着火、对构件无腐蚀性、价格低廉等。通常使用的溶剂有 200 号工业汽油、松节油、甲苯、二甲苯、二氯化烷等，方法有浸洗法、擦洗法和蒸汽法。

Ⅱ.碱液除油

一般用 $NaOH$、Na_3PO_4、Na_2CO_3、Na_2SiO_3 等溶液，采用槽内浸渍、喷射清洗、刷洗等方法；或者将除油构件置于碱液的阴极或阳极上进行短时通电，利用电解作用，使油脂脱离构件，达到除油目的，此方法也称为电化学除油。

Ⅲ.碱液除漆

将碱液与旧漆面接触，发生作用后使涂层松软膨胀，达到除旧漆的目的。常用的碱液配方是磷酸三钠 6 份、磷酸二氢钠 8 份、碳酸钠 3 份、钾皂 0.5 份、硅酸钠 3 份、水 1 000 份。碱液脱漆以浸渍法最为普遍，适用于中、小型构件。对于大型构件或构件的局部除漆，只能采用刷涂法。或涂敷除漆膏，其配方是碳酸钠 4～6 份、生石灰 12～15 份，加入水 80 份，调匀，最后加入 6～10 份碳酸钠调成糊状即可。

Ⅳ.酸洗除锈

酸洗除锈亦称化学除锈，其原理是利用酸洗液中的酸与金属氧化物进行化学反应，使金属氧化物溶解，生成金属盐并溶于酸液中，而除去钢材表面上的氧化物及锈。酸洗除锈质量比手工和动力机械的除锈好，与喷射除锈质量相当。但酸洗后钢材表面不能造成喷射除锈那样的粗糙度。在酸洗过程中产生的酸雾对人和建筑物有害。酸洗除锈一次性投资较大，工业过程也较多，最后一道清洗工序不彻底，将对涂层质量有严重的影响。在酸洗除锈后一定要用大量清水清洗并进行钝化处理，它所形成的大量废水、废酸、酸雾造成环境污染。如果处理不当还会造成金属表面过蚀，形成麻点，目前很少采用。

钢材酸洗除锈中，酸洗液的性能是影响其质量的主要因素。酸洗液一般由酸、缓蚀剂和表面活性剂等组成。

（1）酸的选择。除锈用酸有无机酸和有机酸两大类。无机酸有硫酸、盐酸、硝酸和磷酸等；有机酸有醋酸和柠檬酸等。目前国内对大型钢结构的酸洗，主要用硫酸和盐酸，也有用磷酸的。

（2）缓蚀剂。缓蚀剂是酸洗液中不可缺少的重要组成部分。大部分缓蚀剂是有机物，在酸洗液中加入适量的缓蚀剂，可以防止或减少在酸洗过程中的"过蚀"或"氢脆"现象，同时也减少了酸雾。不同缓蚀剂在不同酸液中，缓蚀的效率也不一样。因此，要根据不同酸液选择合适的缓蚀剂。

（3）表面活性剂。由于酸洗除锈技术的发展，现代酸洗液配方中，一般都加入表面活性剂。它是由亲油性基和亲水性基两个部分所组成的化合物，具有润湿、渗透、乳化、分散、增溶和去污等作用。在酸洗液中加入表面活性剂,能改变酸洗工艺,提高酸洗效率。酸洗液中常用的表面活性剂有平平加 OS – 10(聚氧乙烯脂肪醇醚)、乳化剂 OP – 10(聚氧化烯醚烷基酚)、净洗剂 TX – 10(聚氧乙烯醚烷基酚)、烷基磺酸钠 As(又称石油磺酸钠)。具体可根据产品说明和要求选配使用。

钢材经酸洗除锈后,在空气中很容易被氧化,而重新返锈,为了延长返锈时间,一般常采用钝化处理方法,使钢材表面形成一种保护膜,提高防锈能力。根据具体条件可采用以下方法。

(1)钢材酸洗后,立即用热水冲洗至中性,然后进行钝化。

(2)钢材酸洗后,立即用水冲洗,然后用 5% 碳酸钠水溶液进行中和处理,再用水冲洗以洗净碱液,最后进行钝化处理。

选择除锈方法时,除要根据各种方法的特点和防护效果外,还要根据涂装的对象、目的、钢材表面的原始状态、要求达到的除锈等级、现有的施工设备和条件、施工费用等,进行综合比较,最后才能确定。

2. 钢材表面锈蚀和除锈等级标准

国家标准《涂装前钢材表面锈蚀等级和除锈等级》(GB/T 8923)把钢材表面分成 A、B、C、D 四个锈蚀等级:

A——全面地覆盖着氧化皮,而几乎没有铁锈;

B——已发生锈蚀,并有部分氧化皮剥落;

C——氧化皮因锈蚀而剥落,或者可以刮除,并有少量点蚀;

D——氧化皮因锈蚀而全面剥落,并普遍发生点蚀。

标准将除锈等级分成喷射或抛射除锈、手工和动力工具除锈、火焰除锈三种类型。

(1)喷射或抛射除锈,用字母"Sa"表示,分四个等级。

Sa1 轻度地喷射或抛射除锈。钢材表面应无可见的油脂或污垢,没有附着不牢的氧化皮、铁锈和油漆涂层等附着物。

Sa2 彻底地喷射或抛射除锈。钢材表面无可见的油脂和污垢,氧化皮、铁锈等附着物已基本清除,其残留物应是牢固附着的。

Sa2 $\frac{1}{2}$ 非常彻底地喷射或抛射除锈。钢材表面无可见的油脂、污垢、氧化皮和油漆涂层等附着物,任何残留的痕迹应仅是点状或条状的轻微色斑。

Sa3 使钢材表观洁净的喷射或抛射除锈。钢材表面无可见的油脂、污垢、氧化皮、铁锈和油漆等附着物,该表面应显示均匀的金属光泽。

(2)手工和动力工具除锈,以字母"St"表示,只有两个等级。

St2 彻底地手工和动力工具除锈。钢材表面无可见的油脂和污垢,没有附着不牢的氧化皮、铁锈和油漆涂层等附着物。

St3 非常彻底地手工和动力工具除锈。钢材表面应无可见的油脂和污垢,并且没有附着不牢的氧化皮、铁锈和油漆涂层等附着物。除锈应比 St2 更为彻底,底材显露部分的表面应具有金属光泽。

(3)火焰除锈,以字母"F1"表示,它包括在火焰加热作业后,以动力钢丝刷清除加热后附着在钢材表面的产物,只有一个等级。

F1 钢材表面应无氧化皮、铁锈和油漆层等附着物,任何残留的痕迹应仅为表面变色(不同颜色的暗影)。

评定钢材表面锈蚀等级和除锈等级,应在良好的散射日光下或在照度相当的人工照明条件下进行。检查人员应具有正常的视力,把待检查的钢材表面与相应的照片进行目视比较。评定锈蚀等级时,以相应锈蚀较严重的等级照片所标示的锈蚀等级作为评定结果。评定除锈等级时,以相应锈蚀较严重的等级照片所标示的锈蚀等级作为评定结果。评定除锈等级时,以与钢材表面外观最接近的照片所示的除锈等级作为评定结果。

3. 防腐涂料施工

防腐涂料施工涂料施工主要是根据钢材表面处理的情况确定除锈质量等级,正确、合理地选择涂料品种,设计涂层结构和涂层厚度,最后在钢材表面形成一层坚固的薄膜,保护钢材不受周围侵蚀介质作用,达到防腐蚀的目的。

1)除锈等级的确定

钢材表面处理除锈等级的确定,是涂装设计的主要内容。确定等级过高,会造成人力、财力的浪费;过低会降低涂层质量,起不到应有的防护作用,反而是更大的浪费。单纯从除锈等级标准来看,Sa3 级标准质量最高,但它需要的条件和费用也最高。据文献报道,达到 Sa3 级的除锈质量,只能在相对湿度小于 55% 的条件下才能实现。瑞典除锈标准说明中指出:钢材除锈质量达 Sa3 时,表面清洁度为 100%,达到 $Sa2\frac{1}{2}$ 级时,则为 95%。按消耗工时计算,若以 Sa2 级为 100%,$Sa2\frac{1}{2}$ 级则为 130%,Sa3 级则为 200%。因此不能盲目要求过高的标准,而要根据实际需要来确定除锈等级。

除锈等级一般应根据钢材表面原始状态、可能选用的底漆、可能采用的除锈方法、工程造价与要求的涂装维护周期等来确定,由于各种涂料的性能不同,涂料对钢材的附着力也不同。各种底漆与相适应的除锈等级关系如表 7-1 所示。

表 7-1　各种底漆与相适应的除锈等级

各种底漆	喷射或抛射除锈			手工除锈		酸洗除锈
	Sa3	$Sa2\frac{1}{2}$	Sa2	St3	Sa2	SP-8
油基漆	1	1	1	2	3	1
酚醛漆	1	1	1	2	3	1
醇酸漆	1	1	1	2	3	1
磷化底漆	1	1	1	2	4	1
沥青漆	1	1	1	2	3	1
聚氨酯漆	1	1	2	3	4	2
氯化橡胶漆	1	1	2	3	4	2
氯磺化聚乙烯漆	1	1	2	3	4	2
环氧漆	1	1	1	2	3	1
环氧煤焦油	1	1	1	2	3	1
有机富锌漆	1	1	2	3	4	3
无机富锌漆	1	1	2	4	4	4
无机硅底漆	1	2	3	4	4	2

注:1 为好;2 为较好;3 为可用;4 为不可用。

2）涂料品种的选择

涂料选用正确与否,对涂层的防护效果影响很大。涂料选用得当,其耐久性长,防护效果好;相反,则防护时间短,防护效果差。涂料品种的选择取决于对涂料性能的了解程度和预测环境对钢结构及其涂层的腐蚀情况和工程造价。

涂料种类很多,性能各异。在进行涂层设计时,应了解和掌握各类涂层的基本特性和适用条件,才能大致确定选用哪一类涂料。每一类涂料都有许多品种,每一品种的性能又各不相同,所以又必须了解每一品种的性能才能确定涂料品种。

新制订的《钢结构工程施工质量验收规范》(GB 50205)对各种涂料要求最低的除锈等级作了规定,如表7-2所示。

表7-2　各种底漆或防锈漆要求最低的除锈等级

涂料品种	除锈等级
油性酚醛、醇酸等底漆或防锈或防锈漆	St2
高氯化聚乙烯、氯化橡胶、氯磺化聚乙烯、环氧树脂、聚氨酯等底漆或防锈漆	Sa2
无机富锌、有机硅、过氯乙烯等底漆	$Sa2\frac{1}{2}$

涂料在钢构件上成膜后,要受到大气和环境介质的作用,使其逐步老化以致损坏。为此对各种涂料抵抗环境条件的作用情况必须了解,如表7-3所示。

表7-3　与各种大气适应的涂料种类

	城镇大气	工业大气	化工大气	海洋大气	高温大气
酚醛漆	△				
醇酸漆	√	√			
沥青漆			√		
环氧树脂漆			√	△	△
过氯乙烯漆			√	△	
丙烯酸漆		√	√	√	
氯化橡胶漆		√	√	△	
氯磺化聚乙烯漆		√	√	√	
有机硅漆					√
聚氨酯漆		√	√	√	△

注:√为可用;△为尚可用。

3）涂层结构与涂层厚度

涂层结构的形式有:底漆-中漆-面漆,底漆-面漆,底漆和面漆是同一种漆。

涂层的配套性包括作用配套、性能配套、硬度配套、烘干温度配套等。涂层中的底漆主要起附着和防锈作用,面漆主要起防腐蚀、耐老化作用;中漆的作用是介于底、面漆两者之间,并能增加漆膜总厚度。所以,它们不能单独使用,只有配套使用,才能发挥最佳的作用,并获得最佳的效果。在使用时,各层漆之间不能发生互溶或"咬底"的现象。如用油基性的底漆,则不能用强溶剂型的中间漆或面漆。硬度要基本一致,若面漆的硬度过高,容易开裂;烘干温度也要基本一致,否则有的层次会出现过烘干的现象。

确定涂层厚度的主要因素:钢材表面原始粗糙度、钢材除锈后的表面粗糙度、选用的涂料品种、钢结构使用环境对涂层的腐蚀程度、涂层维护的周期等。

涂层厚度一般是由基本涂层厚度、防护涂层厚度和附加涂层厚度组成。基本涂层厚度是指涂料在钢材表面上形成均匀、致密、连续的膜所需的厚度。防护涂层厚度是指涂层在使用环境中,在维护周期内受到腐蚀、粉化、磨损等所需的厚度。附加涂层厚度是指涂层维修困难和留有安全系数所需的厚度。

涂层厚度要适当。过厚,虽然可增强防护能力,但附着力和力学性能都要降低,而且要增加费用;过薄,易产生肉眼看不见的针孔和其他缺陷,起不到隔离环境的作用。根据有关文献,钢结构涂层厚度可参考表 7 - 4。

表 7 - 4　钢结构涂装涂层厚度　　　　　　　　　　　　　　μm

	基本涂层和防护涂层					附加涂层
	城镇大气	工业大气	海洋大气	化工大气	高温大气	
醇酸漆	100 ~ 150	125 ~ 175				25 ~ 50
沥青漆			180 ~ 240	150 ~ 210		30 ~ 60
环氧漆			175 ~ 225	150 ~ 200	150 ~ 200	20 ~ 40
过氯乙烯漆				160 ~ 200		20 ~ 40
丙烯酸漆		100 ~ 140	140 ~ 180	120 ~ 160		20 ~ 40
聚氨酯漆		100 ~ 140	140 ~ 180	120 ~ 160		20 ~ 40
氯化橡胶漆		120 ~ 160	160 ~ 200	140 ~ 180		20 ~ 40
氯磺化聚乙烯漆		120 ~ 160	160 ~ 200	140 ~ 180	120 ~ 160	20 ~ 40
有机硅漆					100 ~ 140	20 ~ 40

4.构造措施

为了防止钢结构在局部区段防锈处理不当,降低结构防腐能力,结构应满足如下构造要求。

(1)结构的设计应便于进行防锈处理,构造上应尽量避免出现难以油漆及能积留湿气和大量灰尘的死角或凹槽,闭口截面应将杆件两端部焊接封闭。

(2)采用螺栓球节点连接时,在拧紧螺栓后,应将多余的螺孔封口,并应用油腻子将所有接缝处嵌密,补刷防腐漆两道。

(3)现场施工焊缝施焊完毕后,必须进行表面清理和补漆。

(4)在结构全部安装完成之后,必须进行全面认真的检查,对漏漆或损伤部分,应进行补涂和修复,防止存在防腐上的弱点。

7.4.2　钢结构的防火

钢材是一种不燃烧材料,但耐火性能差,它的力学性能,诸如屈服点、抗拉强度以及弹性模量,随温度的升高而降低,因而出现强度下降、变形加大等问题。试验研究表明,低碳钢在200 ℃以下时拉伸性能变化不大,但在200 ℃以上时弹性模量开始明显减少,500 ℃时弹性模量值为常温的50%,近700 ℃时则仅为常温的20%。屈服强度的变化大体与弹性模量的变化相似,超过300 ℃以后,应力 - 应变关系曲线就没有明显的屈服台阶,在400 ~ 500 ℃时钢材内部再结晶,使强度下降明显加快,到700 ℃时屈服强度已所剩无几。所以,钢材在500 ℃时尚有一定的承载力,而到700 ℃时则基本失去承载力,故700 ℃被认为是低碳钢失去强度的临界温度。

钢结构广泛应用于公用建筑、工业厂房中,对于建造在具有防火要求的建筑中的钢结构,必须采取防火措施,以达到防火要求。它的防火要求应根据建筑物的耐火等级确定耐火极限。

钢结构的耐火极限,主要取决于钢材的耐火极限。使钢材失去承载能力的温度称为临界温度。结构构件要达到临界温度前需经历一定时间,我们把从受到火的作用起到构件达到临界温度为止所需时间称为耐火极限。它与构件吸热程度、传热速度和传热表面积大小等有关。无保护的钢结构构件,其耐火极限一般仅为0.25 h。

钢结构的防火措施主要是喷涂防火涂料、采用水喷淋系统以及加隔热层进行防护。采用喷淋系统是一种最有效的防火措施,但是造价太贵,一般情况下不能使用;当钢结构的表面长期受辐射热达150 ℃以上,应加隔热层或采用其他的有效防火措施。目前使用最多的防火措施就是喷涂防火涂料。

1. 防火涂料的种类

防火涂料是专门用于喷涂钢结构构件表面,能形成耐火隔热保护层,以提高钢结构耐火极限的一种耐火材料。

钢结构防火涂料按所用黏结剂的不同可分为有机类型防火涂料和无机类型防火涂料两大类。其分类如图7 – 17所示。

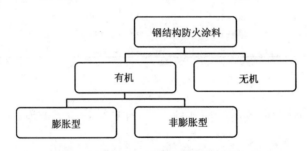

图7 – 17　钢结构防火涂料

钢结构防火涂料按涂层的厚度来划分,可分类如下。

1)超薄型钢结构防火涂料

超薄型钢结构防火涂料是指涂层厚度3 mm(含3 mm)以内、装饰效果较好、高温时能膨胀发泡、耐火极限一般在2 h以内的钢结构防火涂料。该类钢结构防火涂料一般为溶剂型体系,具有优越的黏结强度、耐火耐水性好、流平性好、装饰性好等特点;在受火时缓慢膨胀发泡形成致密坚硬的防火隔热层,该防火层具有很强的耐火冲击性,延缓了钢材的温升,有效保护钢构件。

超薄膨胀型钢结构防火涂料施工可采用喷涂、刷涂或辊涂,一般使用在耐火极限要求在2 h以内的建筑钢结构上。各种轻钢结构、网架等多采用该类型防火涂料进行防火保护。由于该类防火涂料涂层超薄,使得使用量较厚型、薄型钢结构防火涂料大大减少,从而降低了工程总费用,又使钢结构得到了有效的防火保护,防火效果很好。

2)薄涂型钢结构防火涂料(B类)

薄涂型钢结构防火涂料涂层厚度一般为2~7 mm,有一定装饰效果,高温时涂层膨胀增厚,具有耐火隔热作用,耐火极限可达0.5~2 h,故又称钢结构膨胀防火涂料。这类钢结构防火涂料一般是用合适的水性聚合物作基料,再配以阻燃剂复合体系、防火添加剂、耐火纤维等组成,其防火原理同超薄型。

它一般分为底涂、中涂和面涂(装饰层)涂料,采用喷涂施工。在一个时期占有很大的比例,但随着超薄型钢结构防火涂料的出现,其市场份额逐渐被替代。

3)厚涂型钢结构防火涂料(H 类)

厚涂型钢结构防火涂料涂层厚度一般为8~50 mm,粒状表面,密度较小,热导率低,耐火极限可达0.5~3 h,又称为钢结构防火隔热涂料。

由于厚型防火涂料的成分多为无机材料,因此其防火性能稳定,长期使用效果较好,但其涂料组分的颗粒较大,涂层外观不平整,影响建筑的整体美观,因此大多用于结构隐蔽工程。

施工常采用喷涂,适用于耐火极限要求在2 h 以上的室内外隐蔽钢结构、高层全钢结构及多层厂房钢结构。如高层民用建筑的柱、一般工业与民用建筑中支承多层的柱的耐火极限均应达到3 h,需采用该厚型防火涂料保护。

2.防火机理

厚型钢结构防火涂料又称非膨胀型防火涂料,主要成分为无机绝热材料,呈现粒状面,密度较小,涂层受热不膨胀,由于其自身具有良好的隔热性,因而也叫隔热性防火涂料。其防火机理是利用涂层固有的良好绝热性,阻止火灾热量向钢材传递,并且在高温下形成一种结构致密的釉状物,能有效隔绝氧气并具有反射热量作用,延缓钢结构温升,起到防火保护作用。

薄型和超薄型钢结构防火涂料又称膨胀型防火涂料,主要由基料、脱水剂、成碳剂和发泡剂等组成,当温度升高到一定程度的时候,脱水剂促使多羟基化合物脱水碳化,在发泡剂分解释放出的大量气体作用下,涂层发生膨胀,膨胀倍数可达十几倍甚至几十倍,形成致密的泡沫状炭化隔热层,从而阻止热量向钢结构传递,起到防火保护作用。

3.涂料的选用

(1)钢结构防火涂料必须有国家检测机构的耐火性能检测报告和理化性能检测报告以及有消防监督机关颁发的生产许可证,方可选用。选用的防火涂料质量应符合国家有关标准的规定,有生产厂方的合格证,并应附有涂料品名、技术性能、制造批号、贮存期限和使用说明等。

(2)室内裸露钢结构,轻型屋盖钢结构及有装饰要求的钢结构,当规定其耐火极限在1.5 h 及以下时,宜选用薄涂型钢结构防火涂料。

(3)室内隐蔽钢结构,高层全钢结构及多层厂房钢结构,当规定其耐火极限在2.0 h 及以上时,应选用厚涂型钢结构防火涂料。

(4)露天钢结构,石油化工企业,油(汽)罐支承,石油钻井平台等钢结构,应选用符合室外钢结构防火涂料产品规定的厚涂型或薄型钢结构防火涂料。

(5)对不同厂家的同类产品进行比较选择时,宜查看近两年内产品的耐火性能和理化性能检测报告,产品定型鉴定意见,产品在工程中应用情况和典型实例,并了解厂方技术力量、生产能力及质量保证条件等。

(6)选用涂料时,应注意下列几点。

①不要把饰面型防火涂料用于钢结构,饰面型防火涂料是保护木结构等可燃基材的阻

燃涂料,薄薄的涂膜达不到提高钢结构耐火极限的目的。

②不应把薄涂型钢结构膨胀防火涂料用于保护耐火极限在 2 h 以上的钢结构。薄涂型膨胀防火涂料之所以耐火极限不太长,是由自身的原材料和防火原理决定的。这类涂料含较多有机成分,涂层在高温下物理、化学变化,形成炭质泡膜后起到隔热作用。膨胀泡膜强度有限,易开裂、脱落,炭质在 1 000 ℃ 高温下会逐渐灰化掉。要求耐火极限达 2 h 以上的钢结构,必须选用厚涂型钢结构防火隔热涂料。

③不得将室内钢结构防火涂料,未加改进和采取有效的防水措施,直接用于喷涂保护室外的钢结构。露天钢结构环境条件比室内苛刻得多,完全暴露于阳光与大气之中,日晒雨淋,风吹雪盖。露天钢结构必须选用耐水、耐冻融循环、耐老化,并能经受酸、碱、盐等化学腐蚀的室外钢结构防火涂料进行喷涂保护。

④在一般情况下,室内钢结构防火保护不要选择室外钢结构防火涂料,为了确保室外钢结构防火涂料优异的性能,其原材料要求严格,并需应用一些特殊材料,因而其价格要比室内用钢结构防火涂料贵得多。但对于半露天或某些潮湿环境的钢结构,则宜选用室外钢结构防火涂料保护。

⑤厚涂型防火涂料基本上由无机质材料构成,涂层稳定,老化速度慢,只要涂层不脱落,防火性能就有保障。从耐久性和防火性考虑,宜选用厚涂型防火涂料。

4.涂层外观及喷涂方式

(1)建筑物中的隐蔽钢结构,只需保证厚度,不要求涂层外观与颜色;保护裸露钢结构以及露天钢结构的防火涂层,特别是 4 mm 以下的钢结构,可以规定出外观平整度和颜色装饰要求,以便订货和施工时加以保证,并以此要求进行验收。

(2)为确保钢结构的安全,防火涂层的质量要计算在结构荷载内。对于轻钢屋架,采用厚涂型防火涂料保护时,有可能超过允许的荷载规定,而采用薄涂型防火涂料时,增加的荷载一般都在允许范围内。

(3)建(构)筑的钢结构是全喷还是部分喷涂,需明确规定。为满足规范规定的耐火极限要求,建筑物中承重钢结构的各受火部位,均应喷涂,且各个面的保护层应有相同的厚度。

(4)石化企业中的露天钢结构,当使用的钢结构防火涂料与防腐装饰涂料能配套,不会发生化学变化时,可以在涂完防锈底漆后就直接喷涂防火涂料,最后再涂防腐装饰涂料。这样有利于保证涂层外观颜色协调,且增强了涂层抵御化工环境大气腐蚀的能力,又由于代替了防火面涂料可节约部分经费。

(5)目前,钢结构防锈漆采用普通铁红防锈。这种漆耐温性仅为 70 ~ 80 ℃,不利于防火涂层在火焰中与钢结构的黏结力,应使用耐温性能在 500 ℃ 左右的高温防锈漆。

附　　录

附录一　铝合金、不锈钢等材料

1. 铝合金材料与钢材的性能比较

铝合金密度约为钢材的 1/3，可大大降低结构自重；铝的弹性模量小，仅为钢材的 1/3 左右。由于其弹性模量低，使其在疲劳方面有很大优越性，还可减小固定结构的热应力，在同样条件下，铝合金的热应力仅为钢材的 2/3。但在空间结构，尤其是在单层网壳的设计计算中，必须考虑结构的弹性稳定问题，这只与材料的弹性模量及剪切弹性模量有关。弹性模量小，势必造成其极限荷载降低，因此必须对铝合金网壳进行稳定性计算。铝合金与钢材物理性能如表 1 所示。

表 1　铝合金与钢材物理性能比较

性能	密度/(kg/m³)	弹性模量 E/MPa	热膨胀系数 α/(1/℃)	导热系数/(W/(m·K))
铝合金	2 700	70 000	23.5×10^{-6}	0.52
钢材	7 850	210 000	12.1×10^{-6}	0.062

在力学性能方面，铝合金与钢材差异也比较大，主要反映在拉伸曲线上，如图 1 所示。铝合金材料在拉伸过程中，σ 没有明显的流动阶段，无上、下屈服点。

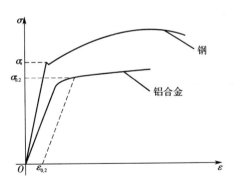

图 1　钢材与铝合金的拉伸曲线

在各铝合金系中，4000 ~ 7000 合金系列（日本牌号）强度高、耐腐蚀能力强、焊接性及塑性均较为理想，可作为结构材料。目前，在建筑结构中，多采用 6061 和 6063 铝合金（相当于我国的 LD30 和 LD31）作为结构材料，它们的力学性能参数可参看表 2。

表 2　力学性能参数比较

合金牌号	E/MPa	μ	σ_{10}/%	$\sigma_{0.2}$/MPa	σ_u/MPa
Q235 钢	2.06×10^5	0.3	≥22	≥235	370 ~ 500

续表

合金牌号	E/MPa	μ	$\sigma_{10}/\%$	$\sigma_{0.2}/MPa$	σ_u/MPa
6061 – T4	7.0×10^4	0.3	25	148	246
6061 – T6	7.0×10^4	0.3	17	281	318
6063 – T4	7.0×10^4	0.3	22	91	176
6063 – T6	7.0×10^4	0.3	12	218	246

2. 不锈钢材料的性能

不锈钢具有很好的耐腐蚀性和抗氧化性,除此之外还具有良好的力学性能。以下为应用最为广泛的奥氏体不锈钢的力学性能。

1）室温下的拉伸性能

奥氏体不锈钢的力学性能如表 3 所示。可以看出钢材的屈服强度变化范围较大,这主要取决于钢材的化学成分,材料的伸长率较大,具有良好的塑性。

表3　奥氏体不锈钢的力学性能

GB 牌号	相当于美国 AISI 型号	屈服强度 $\sigma_{0.2}/MPa$ ≥	抗拉强度 σ_b/MPa ≥	伸长率 $\delta_5/\%$ ≥	截面收缩率 $\psi/\%$ ≥
1Cr17Mn6Ni5N	201	275	520	40	45
1Cr18MnNi5N	202	275	520	40	45
1Cr17Ni7	301	206	520	40	60
1Cr18Ni9	302	206	520	40	60
Y1Cr18Ni9	303	206	520	40	50
0Cr19Ni9	304	206	520	40	60
00Cr19Ni11	304L	177	481	40	60
0Cr19Ni9N	304N	275	549	35	50
1Cr18Ni12	305	177	481	40	60
0Cr25Ni20	310S	206	520	40	60
0Cr17Ni12M02	316	210	539	40	55
0Cr17Ni12M02Ti	316Ti	177	481	40	60
0Cr18Ni11Ti	321	206	520	40	50

2）韧性

奥氏体不锈钢具有良好的缺口冲击抗力,低温对缺口韧性影响不大。

3）温度对力学性能的影响

温度对不锈钢的屈服强度、抗拉强度和弹性模量均有不同程度的影响。表 4 和表 5 为奥氏体不锈钢 0Cr19Ni9（即 AISl304 型）在不同温度下的力学性能。

表4　不同温度下 0Cr19Ni9 钢的弹性模量　　　　　　　　　　　　GPa

温度	$^\circ F$	200	300	400	500	600	700	800	900	1 000	1 100	1 200	1 300
	$^\circ C$	93	149	204	260	316	371	427	382	538	593	649	704
模量 E		192.4	186.9	183.4	179.3	176.5	170.3	166.2	160	155.1	150.3	145.5	140.7

表5　不同温度下 0Cr19Ni9 钢的屈服强度和抗拉强度　　　　　MPa

温度		屈服强度 $\sigma_{0.2}$/MPa	$\sigma_{0.2}$/室温 $\sigma_{0.2}$	抗拉强度 σ_b/MPa	σ_b/室温 σ_b
℃	℉				
24	35	254.4	1.00	578.5	1.00
38	100	244.1	0.96	561.3	0.97
93	200	211.0	0.83	497.1	0.86
149	300	191.0	0.75	462.6	0.80
204	400	175.8	0.69	450.9	0.78
260	500	165.5	0.65	445.4	0.77
316	600	155.5	0.61	445.4	0.77
371	700	150.3	0.59	445.4	0.77
427	800	142.7	0.56	439.9	0.76
482	900	137.2	0.54	428.2	0.74
538	1 000	132.02	0.52	404.7	0.70
593	1 100	124.8	0.49	364.7	0.63
649	1 200	119.3	0.47	317.9	0.55
704	1 300	111.7	0.44	266.1	0.46
760	1 400	99.2	0.39	202.7	0.35
816	1 500	78.6	0.31	144.8	0.25
871	1 600	51.0	0.21		

附录二　碳素结构钢的牌号和化学成分(熔炼分析)

牌号	等级	厚度(直径)/mm	化学成分/%					脱氧方法
			C	Mn	Si	S	P	
			≤					
Q195	—	—	0.12	0.50	0.30	0.040	0.035	F、Z
Q215	A	—	0.15	1.20	0.35	0.050	0.045	F、Z
	B					0.045		
Q235	A	—	0.22	1.40	0.35	0.050	0.045	F、Z
	B		0.20			0.045		
	C	0.17				0.040	0.040	Z
	D					0.035	0.035	TZ
Q275	A	—	0.24	1.50	0.35	0.050	0.045	F、Z
	B	≤40	0.21			0.045	0.045	Z
		>40	0.22					
	C	—	0.20			0.040	0.040	Z
	D					0.040	0.035	TZ

附录三　碳素结构钢拉伸试验要求

牌号	等级	拉 伸 试 验												冲击试验	
		屈服强度 $R_{eH}/(N/mm^2)$, ≥						抗拉强度 $R_m/$ (N/mm^2)	断后伸长率 $A/\%$, ≥					温度 /℃	V型冲击功纵向 /J
		厚度(直径)/mm							钢材厚度(直径)/mm						
		≤16	>16 ~40	>40 ~60	>60 ~100	>100 ~150	>150 ~200		≤40	>40 ~60	>40 ~100	>100 ~150	>150 ~200		
		≥							≥					≥	
Q195	—	195	185	—	—	—	—	315~430	33	32	—	—	—	—	—
Q215	A	215	205	195	185	175	165	335~450	31	30	29	27	26	—	—
	B													+20	27
Q235	A	235	225	215	215	195	185	370~500	26	25	24	22	21	—	27
	B													+20	
	C													0	
	D													-20	
Q275	A	275	265	255	245	225	215	410~540	22	21	20	18	17	—	27
	B													+20	
	C													0	
	D													-20	

附录四　碳素结构钢冷弯试验要求

牌　号	试样方向	冷弯试验　$B=2a$　180°	
		钢材厚度(直径)/mm	
		≤60	>60~100
		弯心直径 d	
Q195	纵	0	—
	横	0.5a	
Q215	纵	0.5a	1.5a
	横	a	2a
Q235	纵	a	2a
	横	1.5a	2.5a
Q275	纵	1.5a	2.5a
	横	3a	3a

注:B 为试样宽度;a 为钢材厚度(直径);钢材厚度(或直径)大于 100 mm 时,冷弯试验由双方协商确定。

附录五　低合金高强度结构钢的化学成分

牌号	质量等级	化学成分/%														
		C≤	Mn≤	Si≤	P≤	S≤	V≤	Nb≤	Ti≤	Al≥	Cr≤	Ni≤	Cu≤	N≤	Mo≤	B≤
Q345	A	0.20			0.035	0.035				—						
	B	0.20			0.035	0.035				—						
	C	0.20	1.70	0.50	0.030	0.030	0.15	0.07	0.20	0.015	0.30	0.50	0.30	0.012	0.10	—
	D	0.18			0.030	0.025				0.015						
	E	0.18			0.025	0.020				0.015						
Q390	A				0.035	0.035				—						
	B				0.035	0.035				—						
	C	0.20	1.70	0.50	0.030	0.030	0.20	0.07	0.20	0.015	0.30	0.50	0.30	0.015	0.10	—
	D				0.030	0.025				0.015						
	E				0.025	0.020				0.015						
Q420	A				0.035	0.035				—						
	B				0.035	0.035				—						
	C	0.20	1.70	0.50	0.030	0.030	0.20	0.07	0.20	0.015	0.30	0.80	0.30	0.015	0.20	—
	D				0.030	0.025				0.015						
	E				0.025	0.020				0.015						
Q460	C				0.030	0.030				0.015						
	D	0.20	1.80	0.60	0.030	0.025	0.20	0.11	0.20	0.015	0.30	0.80	0.55	0.015	0.20	0.004
	E				0.025	0.020				0.015						

注:1. 型材及棒材 P、S 含量可提高0.005%,其中 A 级钢上限可为0.045%。

　　2. 当细化晶粒元素组合加入时,20(Nb + V + Ti)≤0.22%,20(Mo + Cr)≤0.30%。

附录六　低合金高强度结构钢的力学性能

牌号	质量等级	屈服点 σ_s/MPa					抗拉强度 σ_b/MPa	冲击功 A_{kV}(纵向)/J				180°弯曲试验 d = 弯心直径/mm a = 试样厚度/mm	
		厚度(直径、边长)/mm						+20 ℃	0 ℃	-20 ℃	-40 ℃	钢材厚度/mm	
		≤16	>16 ~40	>40 ~63	>63 ~80	>80 ~100						≤16	>16 ~ 100
		≥						≥					
Q345	A	345	335	325	315	305	470 ~ 630					$d = 2a$	$d = 3a$
	B							34				$d = 2a$	$d = 3a$
	C								34			$d = 2a$	$d = 3a$
	D									34		$d = 2a$	$d = 3a$
	E										34	$d = 2a$	$d = 3a$
Q390	A	390	370	350	330	330	490 ~ 650					$d = 2a$	$d = 3a$
	B							34				$d = 2a$	$d = 3a$
	C								34			$d = 2a$	$d = 3a$
	D									34		$d = 2a$	$d = 3a$
	E										34	$d = 2a$	$d = 3a$

续表

牌号	质量等级	屈服点 σ_s/MPa					抗拉强度 σ_b /MPa	冲击功 A_{kV}（纵向）/J				180°弯曲试验 d = 弯心直径/mm a = 试样厚度/mm 钢材厚度/mm	
		厚度（直径、边长）/mm						+20 ℃	0 ℃	-20 ℃	-40 ℃	≤16	>16~100
		≤16	>16 ~40	>40 ~63	>63 ~80	>80 ~100							
		≥						≥					
Q420	A	420	400	380	360	360	520~680					$d=2a$	$d=3a$
	B						520~680	34				$d=2a$	$d=3a$
	C						520~680		34			$d=2a$	$d=3a$
	D						520~680			34		$d=2a$	$d=3a$
	E						520~680				34	$d=2a$	$d=3a$
Q460	C	460	440	420	400	400	550~720		34			$d=2a$	$d=3a$
	D						550~720			34		$d=2a$	$d=3a$
	E						550~720				34	$d=2a$	$d=3a$

附录七　建筑用优质碳素结构钢化学成分（熔炼分析）

统一数字代号	牌号	化学成分/%							
		C	Si	Mn	Cr	Ni	Cu	P	S
					≤				
U20152	15	0.12~0.18	0.17~0.37	0.35~0.65	0.25	0.30	0.25	0.350	0.035
U20202	20	0.17~0.23	0.17~0.37	0.35~0.65	0.25	0.30	0.25	0.350	0.350
U21152	15Mn	0.12~0.18	0.17~0.37	0.70~1.00	0.25	0.30	0.25	0.350	0.350
U21202	20Mn	0.17~0.23	0.17~0.37	0.70~1.00	0.25	0.30	0.25	0.350	0.350

附录八　建筑用优质碳素结构钢力学性能

牌号	力学性能			
	σ_b/MPa	σ_s/MPa	δ_5/%	ψ/%
15	375	225	27	55
20	410	245	25	55
15Mn	410	245	26	55
20Mn	450	275	24	50

附录九　钢管规格及截面特性

热轧无缝钢管(按 GB/T 8162—2008 计算)

I—截面惯性矩

W—截面抵抗矩

i—截面回转半径

尺寸/mm		截面面积 A /cm²	每米质量/ (kg/m)	截面特性			尺寸/mm		截面面积 A /cm²	每米质量/ (kg/m)	截面特性		
d	t			I cm⁴	W cm³	i cm	d	t			I cm⁴	W cm³	i cm
32	2.5	2.32	1.82	3.54	1.59	1.05	60	3.0	5.37	4.22	21.88	7.29	2.02
	3.0	2.73	2.15	2.90	1.82	1.03		3.5	6.21	4.88	24.88	8.29	2.00
	3.5	3.13	2.46	3.23	2.02	1.02		4.0	7.04	5.52	27.73	9.24	1.98
	4.0	3.52	2.76	3.52	2.20	1.00		4.5	7.85	6.16	30.41	10.14	1.97
38	2.5	2.79	2.19	4.41	2.32	1.26		5.0	8.64	6.78	32.94	10.98	1.95
	3.0	3.30	2.59	5.09	2.68	1.24		5.5	9.42	7.39	35.32	11.77	1.94
	3.5	3.79	2.98	5.70	3.00	1.23		6.0	10.18	7.99	37.56	12.52	1.92
	4.0	4.27	3.35	6.26	3.29	1.21	63.5	3.0	5.70	4.48	26.15	8.24	2.14
42	2.5	3.10	2.44	6.07	2.89	1.40		3.5	6.60	5.18	29.79	9.38	2.12
	3.0	3.68	2.89	7.03	3.35	1.38		4.0	7.48	5.87	33.24	10.47	2.11
	3.5	4.23	3.32	7.91	3.77	1.37		4.5	8.34	6.55	36.50	11.50	2.09
	4.0	4.78	3.75	8.71	4.15	1.35		5.0	9.19	7.21	39.60	12.47	2.08
45	2.5	3.34	2.62	7.56	3.36	1.51		5.5	10.02	7.87	42.52	13.39	2.06
	3.0	3.96	3.11	8.77	3.90	1.49		6.0	10.84	8.51	45.28	14.26	2.04
	3.5	4.56	3.58	9.89	4.40	1.47	68	3.0	6.13	4.81	32.42	9.54	2.30
	4.0	5.51	4.04	10.93	4.86	1.46		3.5	7.09	5.57	36.99	10.88	2.28
50	2.5	3.73	2.93	10.55	4.22	1.68		4.0	8.04	6.31	41.34	12.16	2.27
	3.0	4.43	3.48	12.28	4.91	1.67		4.5	8.98	7.05	45.47	13.37	2.25
	3.5	5.11	4.01	13.90	5.56	1.65		5.0	9.90	7.77	49.41	14.53	2.23
	4.0	5.78	4.54	15.41	6.61	1.63		5.5	10.80	8.48	53.14	15.63	2.22
	4.5	6.43	5.05	16.81	6.72	1.62		6.0	11.69	9.17	56.68	16.67	2.20
	5.0	7.07	5.55	18.11	7.25	1.60	70	3.0	6.31	4.96	35.50	10.14	2.37
54	3.0	4.81	3.77	15.68	5.81	1.81		3.5	7.31	5.74	40.53	11.58	2.35
	3.5	5.55	4.36	17.79	6.59	1.79		4.0	8.29	6.51	45.33	12.95	2.34
	4.0	6.28	4.93	19.76	7.32	1.77		4.5	9.26	7.27	49.89	14.26	2.32
	4.5	7.00	5.49	21.61	8.00	1.76		5.0	10.21	8.01	54.24	15.50	2.30
	5.0	7.70	6.04	23.34	8.64	1.74		5.5	11.14	8.75	58.38	16.68	2.29
	5.5	8.38	6.58	24.96	9.24	1.73		6.0	12.06	9.47	62.31	17.80	2.27
	6.0	9.05	7.10	26.46	9.80	1.71	73	3.0	6.60	5.18	40.48	11.09	2.48
57	3.0	5.09	4.00	18.61	6.53	1.91		3.5	7.64	6.00	46.26	12.67	2.46
	3.5	5.88	4.62	21.14	7.42	1.90		4.0	8.67	6.81	51.78	14.19	2.44
	4.0	6.66	5.23	23.52	8.25	1.88		4.5	9.68	7.60	57.04	15.63	2.43
	4.5	7.42	5.83	25.76	9.04	1.86		5.0	10.68	8.38	62.07	17.01	2.41
	5.0	8.17	6.41	27.86	9.78	1.85		5.5	11.66	9.16	66.87	18.32	2.39
	5.5	8.90	6.99	29.84	10.47	1.83		6.0	12.63	9.91	71.43	19.57	2.38
	6.0	9.61	7.55	31.69	11.12	1.82							

尺寸/mm d	t	截面面积A /cm²	每米质量/ (kg/m)	I cm⁴	W cm³	i cm	尺寸/mm d	t	截面面积A /cm²	每米质量/ (kg/m)	I cm⁴	W cm³	i cm
76	3.0	6.88	5.40	49.91	12.08	2.58	114	4.0	13.82	10.85	209.35	36.73	3.89
	3.5	7.97	6.26	52.50	13.82	2.57		4.5	15.48	12.15	232.41	40.77	3.87
	4.0	9.05	7.10	58.81	15.48	2.55		5.0	17.12	13.44	254.81	44.70	3.86
	4.5	10.11	7.93	64.85	17.07	2.53		5.5	18.75	14.72	276.58	48.52	3.84
	5.0	11.15	8.75	70.62	18.59	2.52		6.0	20.36	15.98	297.73	52.23	3.82
	5.5	12.18	9.56	76.14	20.04	2.50		6.5	21.95	17.23	318.26	55.84	3.81
	6.0	13.19	10.36	81.41	21.42	2.48		7.0	23.53	18.47	338.19	59.33	3.79
83	3.5	8.74	6.86	69.19	16.67	2.81		7.5	25.09	19.70	357.58	62.73	3.77
	4.0	9.93	7.79	77.64	18.71	2.80		8.0	26.64	20.91	376.30	66.02	3.76
	4.5	11.10	8.71	85.76	20.67	2.78	121	4.0	14.70	11.54	251.87	41.63	4.14
	5.0	12.25	9.62	93.56	22.54	2.76		4.5	16.47	12.93	279.83	46.25	4.12
	5.5	13.39	10.51	101.04	24.35	2.75		5.0	18.22	14.30	307.05	50.75	4.11
	6.0	14.51	11.39	108.22	26.08	2.73		5.5	19.96	15.67	333.54	55.13	4.09
	6.5	15.62	12.26	115.10	27.74	2.71		6.0	21.68	17.02	359.32	59.39	4.07
	7.0	16.71	13.12	121.69	29.32	2.70		6.5	23.38	18.35	384.40	63.54	4.05
89	3.5	9.40	7.38	86.05	19.34	3.03		7.0	25.07	19.68	408.80	67.57	4.04
	4.0	10.68	8.38	96.68	21.73	3.01		7.5	26.74	20.99	432.51	71.49	4.02
	4.5	11.95	9.38	106.92	24.03	2.99		8.0	28.40	22.29	455.57	75.30	4.01
	5.0	13.19	10.36	116.79	26.24	2.98	127	4.0	15.46	12.13	292.61	46.08	4.35
	5.5	14.43	11.33	126.29	28.38	2.96		4.5	17.32	13.59	325.29	51.23	4.33
	6.0	15.65	12.28	135.43	30.43	2.94		5.0	19.16	15.04	357.14	56.23	4.32
	6.5	16.85	13.22	144.22	32.41	2.93		5.5	20.99	16.48	388.19	61.13	4.30
	7.0	18.03	14.16	152.67	34.31	2.91		6.0	22.81	17.90	418.44	65.90	4.28
95	3.5	10.06	7.90	105.45	22.20	3.24		6.5	24.61	19.32	447.92	70.54	4.27
	4.0	11.44	8.98	118.60	24.97	3.22		7.0	26.39	20.72	476.63	75.06	4.25
	4.5	12.79	10.04	131.31	27.64	3.20		7.5	28.16	22.10	504.58	79.46	4.23
	5.0	14.14	11.10	143.58	30.23	3.19		8.0	29.91	23.48	531.80	83.75	4.22
	5.5	15.46	12.14	155.43	32.72	3.17	133	4.0	16.21	12.73	337.53	50.76	4.56
	6.0	16.78	13.17	166.68	35.13	3.15		4.5	18.17	14.26	375.42	56.45	4.55
	6.5	18.07	14.19	177.89	37.45	3.14		5.0	20.11	15.78	412.40	62.02	4.53
	7.0	19.35	15.19	188.51	39.69	3.12		5.5	22.03	17.29	448.50	67.44	4.51
102	3.5	10.83	8.50	131.52	25.79	3.48		6.0	23.94	18.79	483.72	72.74	4.50
	4.0	12.32	9.67	148.09	29.04	3.47		6.5	25.83	20.28	518.07	77.91	4.48
	4.5	13.78	10.82	164.14	32.18	3.45		7.0	27.71	21.75	551.58	82.94	4.46
	5.0	15.24	11.96	179.68	35.23	3.43		7.5	29.57	23.21	584.25	87.86	4.45
	5.5	16.67	13.09	194.27	38.18	3.42		8.0	31.42	24.66	616.11	92.65	4.43
	6.0	18.10	14.21	209.28	41.03	3.40							
	6.5	19.50	15.31	223.35	43.79	3.38							
	7.0	20.89	16.40	236.96	46.46	3.37							

尺寸/mm		截面面积A /cm²	每米质量/(kg/m)	截面特性			尺寸/mm		截面面积A /cm²	每米质量/(kg/m)	截面特性		
d	t			I cm⁴	W cm³	i cm	d	t			I cm⁴	W cm³	i cm
140	4.5	19.16	15.04	440.12	62.87	4.79	168	4.5	23.11	18.14	772.96	92.02	5.78
	5.0	21.21	16.65	483.76	69.11	4.78		5.0	25.60	20.10	851.14	101.33	5.77
	5.5	23.24	18.24	526.40	75.20	4.76		5.5	28.08	22.04	927.85	110.46	5.75
	6.0	25.26	19.83	568.06	81.15	4.74		6.0	30.54	23.97	1 003.12	119.42	5.73
	6.5	27.26	21.40	608.76	86.97	4.73		6.5	32.98	25.89	1 076.95	128.21	5.71
	7.0	29.25	22.96	648.51	92.64	4.71		7.0	35.41	27.79	1 149.36	136.83	5.70
	7.5	31.22	24.51	687.32	98.19	4.69		7.5	37.82	29.69	1 220.38	145.28	5.68
	8.0	33.18	26.04	725.21	103.60	4.68		8.0	40.21	31.57	1 290.01	153.57	5.66
	9.0	37.04	29.08	798.29	114.04	4.64		9.0	44.96	35.29	1 425.22	169.67	5.63
	10.0	40.84	32.06	867.86	123.98	4.61		10.0	49.64	38.97	1 555.13	185.13	5.60
146	4.5	20.00	15.70	501.16	68.65	5.01	180	5.0	27.49	21.58	1 053.17	117.02	6.19
	5.0	22.15	17.39	551.10	75.49	4.99		5.5	30.15	23.67	1 148.79	127.64	6.17
	5.5	24.28	19.06	599.95	82.19	4.97		6.0	32.80	25.75	1 242.72	138.08	6.16
	6.0	26.39	20.72	647.73	88.73	4.95		6.5	35.43	27.81	1 335.00	148.33	6.14
	6.5	28.49	22.36	694.44	95.13	4.94		7.0	38.04	29.87	1 425.63	158.40	6.12
	7.0	30.57	24.00	740.12	101.39	4.92		7.5	40.64	31.91	1 514.64	168.29	6.10
	7.5	32.63	25.62	784.77	107.50	4.90		8.0	43.23	33.93	1 602.04	178.00	6.09
	8.0	34.68	27.23	828.41	113.48	4.89		9.0	48.25	37.95	1 772.12	196.90	6.05
	9.0	38.74	30.41	912.71	125.03	4.85		10.0	53.41	41.92	1 936.01	215.11	6.02
	10.0	42.73	33.54	993.16	136.05	4.82		12.0	63.33	49.72	2 245.84	249.54	5.95
152	4.5	20.85	16.37	567.16	74.69	5.22	194	5.0	29.69	23.31	1 326.54	136.76	6.68
	5.0	23.09	18.13	624.43	82.16	5.20		5.5	32.57	25.57	1 447.86	149.26	6.67
	5.5	25.31	19.87	680.06	89.48	5.18		6.0	35.44	27.82	1 567.21	161.57	6.65
	6.0	27.52	21.60	734.52	96.65	5.17		6.5	38.29	30.06	1 684.16	173.67	6.63
	6.5	29.71	23.32	787.82	103.66	5.15		7.0	41.12	32.28	1 800.08	185.57	6.62
	7.0	31.89	25.03	839.99	110.52	5.13		7.5	43.94	34.50	1 913.64	197.28	6.60
	7.5	34.05	26.73	891.03	117.24	5.12		8.0	46.57	36.70	2 025.31	208.79	6.58
	8.0	36.19	28.41	940.97	123.81	5.10		9.0	52.31	41.06	2 243.08	231.25	6.55
	9.0	40.43	31.74	1103.59	136.53	5.07		10.0	57.81	45.38	2 453.55	252.94	6.51
	10.0	44.61	35.02	1129.99	148.68	5.03		12.0	68.61	53.68	2 853.25	294.15	6.45
159	4.5	21.84	17.15	652.27	82.05	5.46	203	6.0	37.13	29.15	1 803.07	177.64	6.97
	5.0	24.19	18.99	717.88	90.30	5.45		6.5	40.13	31.50	1 938.81	191.02	6.95
	5.5	26.52	20.82	782.18	98.39	5.43		7.0	43.10	33.84	2 072.43	204.18	6.93
	6.0	28.84	22.64	845.19	106.31	5.41		7.5	46.06	36.16	2 203.94	217.14	6.92
	6.5	31.14	24.45	906.92	114.08	5.40		8.0	49.01	38.47	2 333.37	229.89	6.90
	7.0	33.43	26.24	967.41	121.69	5.38		9.0	54.85	43.06	2 586.08	254.79	6.87
	7.5	35.70	28.02	1026.65	129.14	5.36		10.0	60.63	47.60	2 830.72	278.89	6.83
	8.0	37.95	29.79	1084.67	136.44	5.35		12.0	72.01	56.52	3 296.49	324.78	6.77
	9.0	42.41	33.29	1197.12	150.58	5.31		14.0	83.13	65.25	3 732.07	367.69	6.70
	10.0	46.81	36.75	1304.88	164.14	5.28		15.0	94.00	73.79	4 138.78	407.76	6.64

续表

尺寸/mm		截面面积A /cm²	每米质量/(kg/m)	截面特性			尺寸/mm		截面面积A /cm²	每米质量/(kg/m)	截面特性		
				I cm⁴	W cm³	i cm					I cm⁴	W cm³	i cm
d	t						d	t					
219	6.0	40.15	31.52	2 278.74	208.10	7.53	299	7.5	68.68	53.92	7 300.02	488.30	10.31
	6.5	43.39	34.06	2 451.64	223.89	7.52		8.0	73.14	57.41	7 747.42	518.22	10.29
	7.0	46.62	36.60	2 622.04	239.46	7.50		9.0	82.00	64.37	8 628.09	577.13	10.26
	7.5	49.83	39.12	2 789.96	254.79	7.48		10	90.79	71.27	9 490.15	634.79	10.22
	8.0	53.03	41.63	2 955.43	269.90	7.47		12.0	108.20	84.93	11 159.52	746.46	10.16
	9.0	59.38	46.61	3 279.12	299.46	7.43		14.0	125.35	98.40	12 757.61	853.35	10.09
	10.0	65.55	51.54	3 593.29	328.15	7.40		16.0	142.25	111.67	14 286.48	955.62	10.02
	12.0	78.04	61.26	4 193.81	383.00	7.33	325	7.5	74.81	58.73	9 431.80	580.42	11.23
	14.0	90.16	70.78	4 758.50	434.57	7.26		8.0	79.67	62.54	10 013.92	616.24	11.21
	16.0	102.04	80.10	5 288.81	483.00	7.20		9.0	89.35	70.14	11 161.33	686.85	11.18
245	6.5	48.70	38.23	3 465.46	282.89	8.44		10.0	98.96	77.68	12 286.52	756.09	11.14
	7.0	52.34	41.08	3 709.06	302.78	8.42		12.0	118.00	92.63	14 471.45	890.55	11.07
	7.5	55.96	43.93	3 949.52	322.41	8.40		14.0	136.78	107.38	16 570.98	1 019.75	11.01
	8.0	59.56	46.76	4 186.87	341.79	8.38		16.0	155.32	121.93	18 587.38	1 143.84	10.94
	9.0	66.73	52.38	4 652.32	379.78	8.35	351	8.0	86.21	67.67	12 684.36	722.76	12.13
	10.0	73.83	57.95	5 105.63	416.79	8.32		9.0	96.70	75.91	14 147.55	806.13	12.10
	12.0	87.84	68.95	5 976.67	487.89	8.25		10.0	107.13	84.10	15 584.62	888.01	12.06
	14.0	101.60	79.76	6 801.68	555.24	8.12		12.0	127.80	100.32	18 381.63	1 047.39	11.99
	16.0	115.11	90.36	7 582.30	618.96	8.12		14.0	148.22	116.35	21 077.86	1 201.02	11.93
273	6.5	54.42	42.72	4 834.18	354.15	9.42		16.0	168.39	132.19	23 675.75	1 349.05	11.86
	7.0	58.50	45.92	5 177.30	379.29	9.41							
	7.5	62.56	49.11	5 516.47	404.16	9.39							
	8.0	66.60	52.28	5 851.61	428.70	9.37							
	9.0	74.46	58.60	6 510.56	476.96	9.34							
	10.0	82.62	64.86	7 154.09	524.11	9.31							
	12.0	98.39	77.24	8 396.14	615.10	9.24							
	14.0	113.91	89.42	9 579.75	701.81	9.17							
	16.0	129.18	101.41	10 706.79	784.38	9.10							

注:热轧无缝钢管的通常长度为 3～12 m。

电焊钢管(按 YB 242—263 计算)

I—截面惯性矩

W—截面抵抗矩

i—截面回转半径

尺寸/mm		截面面积 A /cm²	每米质量/(kg/m)	截面特性			尺寸/mm		截面面积 A /cm²	每米质量/(kg/m)	截面特性		
				I cm⁴	*W* cm³	*i* cm					*I* cm⁴	*W* cm³	*i* cm
d	*t*						*d*	*t*					
32	2.0	1.88	1.48	2.13	1.33	1.06		2.0	5.09	4.00	41.76	10.06	2.86
	2.5	2.32	1.82	2.54	1.59	1.05		2.5	6.32	4.96	51.26	12.35	2.85
28	2.0	2.26	1.78	3.68	1.93	1.27	83	3.0	7.54	5.92	60.40	14.56	2.83
	2.5	2.79	2.19	4.41	2.32	1.26		3.5	8.74	6.86	69.19	16.67	2.81
40	2.0	2.39	1.87	4.32	2.16	1.35		4.0	9.93	7.79	77.64	18.71	2.80
	2.5	2.95	2.31	5.20	2.60	1.33		4.5	11.10	8.71	85.76	20.67	2.78
42	2.0	2.51	1.97	5.04	2.40	1.42		2.0	5.47	4.29	51.75	11.63	3.08
	2.5	3.10	2.44	6.07	2.89	1.40		2.5	6.79	5.33	63.59	14.29	3.06
45	2.0	2.70	2.12	6.26	2.78	1.52	89	3.0	8.11	6.36	75.02	16.86	3.04
	2.5	3.34	2.62	7.56	3.36	1.51		3.5	9.40	7.38	86.05	19.34	3.03
	3.0	3.96	3.11	8.77	3.90	1.49		4.0	10.68	8.38	96.68	21.73	3.01
51	2.0	3.08	2.42	9.26	3.63	1.73		4.5	11.95	9.38	106.92	24.03	2.99
	2.5	3.81	2.99	11.23	4.40	1.72		2.0	5.84	4.59	63.20	13.31	3.29
	3.0	4.52	3.55	13.08	5.13	1.70		2.5	7.26	5.70	77.76	16.37	3.27
	3.5	5.22	4.10	14.81	5.81	1.68	95	3.0	8.67	6.81	91.83	19.33	3.25
53	2.0	3.20	2.52	10.43	3.94	1.80		3.5	10.06	7.90	105.45	22.20	3.24
	2.5	3.97	3.11	12.67	4.78	1.79		2.0	6.28	4.93	78.57	15.41	3.54
	3.0	4.71	3.70	14.78	5.58	1.77		2.5	7.81	6.13	96.77	18.97	3.52
	3.5	5.44	4.27	16.75	6.32	1.75		3.0	9.33	7.32	114.42	22.43	3.50
57	2.0	3.46	2.71	13.08	4.59	1.95	102	3.5	10.83	8.50	131.52	25.79	3.48
	2.5	4.28	3.36	15.93	5.59	1.93		4.0	12.32	9.67	148.09	29.04	3.47
	3.0	5.09	4.00	18.61	6.53	1.91		4.5	13.78	10.82	164.14	32.18	3.45
	3.5	5.88	4.62	21.14	7.42	1.90		5.0	15.24	11.96	179.68	35.23	3.43
60	2.0	3.64	2.86	15.34	5.11	2.05		3.0	9.90	7.77	136.49	25.28	3.71
	2.5	4.52	3.55	18.70	6.23	2.03	108	3.5	11.49	9.02	157.02	29.08	3.70
	3.0	5.37	4.22	21.88	7.29	2.02		4.0	13.07	10.26	176.95	32.77	3.68
	3.5	6.21	4.88	24.88	8.29	2.00		3.0	10.46	8.21	161.24	28.29	3.93
63.5	2.0	3.86	3.03	18.29	5.76	2.18		3.5	12.15	9.54	185.36	32.57	3.91
	2.5	4.79	3.76	22.32	7.03	2.16	114	4.0	13.82	10.85	209.35	36.73	3.89
	3.0	5.70	4.48	26.15	8.24	2.14		4.5	15.48	12.15	232.41	40.77	3.87
	3.5	6.60	5.18	29.79	9.38	2.12		5.0	17.12	13.44	254.81	44.70	3.86
70	2.0	4.27	3.35	24.72	7.06	2.41		3.0	11.12	8.73	193.69	32.01	4.17
	2.5	5.30	4.16	30.23	8.64	2.39	121	3.5	12.92	10.14	223.17	36.89	4.16
	3.0	6.31	4.96	35.50	10.14	2.37		4.0	14.70	11.54	251.87	41.63	4.14
	3.5	7.31	5.74	40.53	11.58	2.35		3.0	11.69	9.17	224.75	35.39	4.39
	4.5	9.26	7.27	49.89	12.26	2.32		3.5	13.58	10.66	259.11	40.80	4.37
76	2.0	4.65	3.65	31.85	8.38	2.62	127	4.0	15.46	12.13	292.61	46.08	4.35
	2.5	5.77	4.53	39.03	10.27	2.60		4.5	17.32	13.95	325.29	51.23	4.33
	3.0	6.88	5.40	45.91	12.08	2.58		5.0	19.16	15.04	357.14	56.24	4.32
	3.5	7.97	6.26	52.50	13.82	2.57		3.5	14.24	11.18	298.71	44.92	4.58
	4.0	9.05	7.10	58.81	15.48	2.55	133	4.0	16.21	12.73	337.53	50.76	4.56
	4.5	10.11	7.93	64.85	17.07	2.53		4.5	18.17	14.26	375.42	56.45	4.55
								5.0	20.11	15.78	412.40	62.02	4.53

续表

尺寸 /mm		截面面积 A /cm²	每米质量/ (kg/m)	截面特性			尺寸 /mm		截面面积 A /cm²	每米质量/ (kg/m)	截面特性		
d	t			I cm⁴	W cm³	i cm	d	t			I cm⁴	W cm³	i cm
140	3.5	15.01	11.78	349.79	49.97	4.83	153	3.5	16.33	12.82	450.35	59.26	5.25
	4.0	17.09	13.42	395.47	56.50	4.81		4.0	18.60	14.60	509.59	67.05	5.23
	4.5	19.16	15.04	440.12	62.87	4.79		4.5	20.85	16.37	567.61	74.69	5.22
	5.0	21.21	16.65	483.76	69.11	4.78		5.0	23.09	18.13	624.43	82.16	5.20
	5.5	23.24	18.24	526.40	75.20	4.76		5.5	25.31	19.87	680.06	89.48	5.18

注:电焊钢管的通常长度,当 $d = 32 \sim 70$ mm 时,为 $3 \sim 10$ m;当 $d = 76 \sim 152$ mm 时,为 $4 \sim 10$ m。

附录十　冷弯薄壁方钢管的规格及截面特性

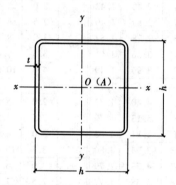

尺 寸/mm		截面面积 /cm²	每米质量/ (kg/m)	I_x/ cm⁴	i_x/ cm	W_x/ cm³
h	t					
25	1.5	1.31	1.03	1.16	0.94	0.92
30	1.5	1.61	1.27	2.11	1.14	1.40
40	1.5	2.21	1.74	5.33	1.55	2.67
40	2.0	2.87	2.25	6.66	1.52	3.33
50	1.5	2.81	2.21	10.82	1.96	4.33
50	2.0	3.67	2.88	13.71	1.93	5.48
60	2.0	4.47	3.51	24.51	2.34	8.17
60	2.5	5.48	4.30	29.36	2.31	9.79
80	2.0	6.07	4.76	60.58	3.16	15.15
80	2.5	7.48	5.87	73.401	3.13	18.35
100	2.5	9.48	7.44	147.91	3.95	29.58
100	3.0	11.25	8.83	173.12	3.92	34.62
120	2.5	11.48	9.01	260.88	4.77	43.48
120	3.0	13.65	10.72	306.71	4.74	51.12
140	3.0	16.05	12.60	495.68	5.56	70.81
140	3.5	18.58	14.59	568.22	5.53	81.17
140	4.0	21.07	16.44	637.97	5.50	91.14
160	3.0	18.45	14.49	749.64	6.37	93.71
160	3.5	21.38	16.77	861.34	6.35	107.67
160	4.0	24.27	19.05	969.35	6.32	121.17
160	4.5	27.12	21.05	1 073.66	6.29	134.21
160	5.0	29.93	23.35	1 174.44	6.26	146.81

附录十一　冷弯薄壁矩形钢管的规格及截面特性

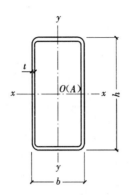

尺寸/mm			截面面积/	每米质量/	x—x			y—y		
h	b	t	/cm²	(kg/m)	I_x/cm⁴	i_x/cm	W_x/cm³	I_y/cm⁴	i_y/cm	W_x/cm³
30	15	1.5	1.20	0.95	1.28	1.02	0.85	0.42	0.59	0.57
40	20	1.6	1.75	1.37	3.43	1.40	1.72	1.15	0.81	1.15
40	20	2.0	2.14	1.68	4.05	1.38	2.02	1.34	0.79	1.34
50	30	1.6	2.39	1.88	7.96	1.82	3.18	3.60	1.23	2.40
50	30	2.0	2.94	2.31	9.54	1.80	3.81	4.29	1.21	2.86
60	30	2.5	4.09	3.21	17.93	2.09	5.80	6.00	1.21	4.00
60	30	3.0	4.81	3.77	20.50	2.06	6.83	6.79	1.19	4.53
60	40	2.0	3.74	2.94	18.41	2.22	6.14	9.83	1.62	4.92
60	40	3.0	5.41	4.25	25.37	2.17	8.46	13.44	1.58	6.72
70	50	2.5	5.59	4.20	38.01	2.61	10.86	22.59	2.01	9.04
70	50	3.0	6.61	5.19	44.05	2.58	12.58	26.10	1.99	10.44
80	40	2.0	4.54	3.56	37.36	2.87	9.34	12.72	1.67	6.36
80	40	3.0	6.61	5.19	52.25	2.81	13.06	17.55	1.63	8.78
90	40	2.5	6.09	4.79	60.69	3.16	13.49	17.02	1.67	8.51
90	50	2.0	5.34	4.19	57.88	3.29	12.86	23.37	2.09	9.35
90	50	3.0	7.81	6.13	81.85	2.24	18.19	32.74	2.05	13.09
100	50	3.0	8.41	6.60	106.45	3.56	21.29	36.05	2.07	14.42
100	60	2.6	7.88	6.19	106.66	3.68	21.33	48.47	2.48	16.16
120	60	2.0	6.94	5.45	131.92	4.36	21.99	45.33	2.56	15.11
120	60	3.2	10.85	8.52	199.88	4.29	33.31	67.94	2.50	22.65
120	60	4.0	13.35	10.48	240.72	4.25	40.12	81.24	2.47	27.08
120	80	3.2	12.13	9.53	243.54	4.48	40.59	130.48	3.28	32.62
120	80	4.0	14.95	11.73	294.57	4.44	49.09	157.28	3.24	39.32
120	80	5.0	18.36	14.41	353.11	4.39	58.85	187.75	3.20	46.94
120	80	6.0	21.63	16.98	406.00	4.33	67.67	214.98	3.15	53.74
140	90	3.2	14.05	11.04	384.01	5.23	54.86	194.80	3.72	43.29
140	90	4.0	17.35	13.63	466.59	5.19	66.66	235.92	3.69	52.43
140	90	5.0	21.36	16.78	562.61	5.13	80.37	283.32	3.64	62.96
150	100	3.2	15.33	12.04	488.18	6.64	65.09	262.26	4.14	52.45

附录十二　冷弯薄壁等边角钢的规格及截面特性

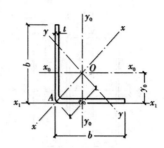

尺寸/mm		截面面积/cm²	每米质量/(kg/m)	y_0/cm	x_0—x_0				x—x		y—y		x_1—x_1	e_0/cm	I_t/cm⁴	U_y/cm⁵
b	t				I_{x_0}/cm⁴	i_{x_0}/cm	W_{x_0max}/cm³	W_{x_0min}/cm³	I_x/cm⁴	i_x/cm	I_y/cm⁴	i_y/cm	I_{x_1}/cm⁴			
30	1.5	0.85	0.67	0.828	0.77	0.95	0.93	0.35	1.25	1.21	0.29	0.58	1.35	1.07	0.006 4	0.613
30	2.0	1.12	0.88	0.855	0.99	0.94	1.16	0.46	1.63	1.21	0.36	0.57	1.81	1.07	0.014 9	0.775
40	2.0	1.52	1.19	1.105	2.43	1.27	2.20	0.84	3.95	1.61	0.90	0.77	4.28	1.42	0.020 8	2.585
40	2.5	1.87	1.47	1.132	2.96	1.26	2.62	1.03	4.85	1.61	1.07	0.76	5.36	1.42	0.039 0	3.104
50	2.5	2.37	1.86	1.381	5.93	1.58	4.29	1.64	9.65	2.02	2.20	0.96	10.44	1.78	0.049 4	7.890
50	3.0	2.81	2.21	1.408	6.97	1.57	4.95	1.94	11.40	2.01	2.54	0.95	12.55	1.78	0.084 3	9.169
60	2.5	2.87	2.25	1.630	10.41	1.90	6.38	2.38	16.90	2.43	3.91	1.17	18.03	2.13	0.059 8	16.80
60	3.0	3.41	2.68	1.657	12.29	1.90	7.42	2.83	20.02	2.42	4.56	1.16	21.66	2.13	0.102 3	19.63
75	2.5	3.62	2.84	2.005	20.65	2.39	10.30	3.76	33.43	3.04	7.87	1.48	35.20	2.66	0.075 5	42.09
75	3.0	4.31	3.39	2.031	24.47	2.38	12.05	4.47	39.70	3.03	9.23	1.46	42.26	2.66	0.120 3	49.47

附录十三　冷弯薄壁卷边等边角钢的规格及截面特性

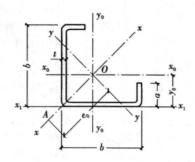

尺寸/mm			截面面积/cm²	每米质量/(kg/m)	y_0/cm	x_0—x_0				x—x		y—y		x_1—x_1	e_0/cm	I_t/cm⁴	I_w/cm⁶	U_y/cm⁵
b	a	t				I_{x_0}/cm⁴	i_{x_0}/cm	W_{x_0max}/cm³	W_{x_0min}/cm³	I_{x_0}/cm⁴	i_{x_0}/cm	I_y/cm⁴	i_y/cm	I_{x_1}/cm⁴				
40	15	2.0	1.53	1.53	1.404	3.93	1.42	2.80	1.51	5.74	1.72	2.12	1.01	7.78	2.37	0.026 0	3.88	3.747
60	20	2.0	2.32	2.026	2.026	13.83	2.17	6.83	3.48	20.56	2.64	7.11	1.55	25.94	3.38	0.039 4	22.64	21.01
75	20	2.0	3.55	2.396	2.396	25.60	2.69	10.68	5.02	39.01	3.31	12.19	1.85	45.99	3.82	0.047 3	36.55	51.84
75	20	2.5	4.36	2.401	2.401	30.76	2.66	12.81	6.03	46.91	3.28	14.60	1.83	55.90	3.80	0.090 9	43.33	61.93

附录十四　冷弯薄壁槽钢的规格及截面特性

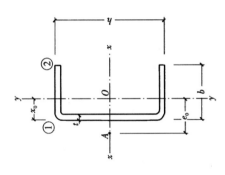

| 尺寸/mm | | | 截面面积 /cm² | 每米质量/ (kg/m) | x_0 /cm | $x-x$ | | | $y-y$ | | | | y_1-y_1 | e_0 /cm | I_t /cm⁴ | I_w /cm⁶ | k /cm⁻¹ | W_{w1} /cm⁴ | W_{w2} /cm⁴ | U_y /cm⁵ |
h	b	t				I_x /cm⁴	i_x /cm	W_x /cm³	I_y /cm⁴	i_y /cm	W_{ymax} /cm³	W_{ymin} /cm³	I_{y1} /cm⁴							
40	20	2.5	1.763	1.384	0.629	3.914	1.489	1.957	0.651	0.607	1.034	0.475	1.350	1.255	0.036 7	1.332	0.102 95	1.360	0.671	1.440
50	30	2.5	2.513	1.972	0.951	9.574	1.951	3.829	2.245	0.945	2.359	0.475	4.521	2.013	0.052 3	7.945	0.050 34	3.550	2.045	5.259
60	30	2.5	2.74	2.15	0.883	14.38	2.31	4.89	2.40	0.94	2.71	1.096	4.53	1.88	0.057 1	12.21	0.042 5	4.72	2.51	7.942
70	40	2.5	3.496	2.74	1.202	26.703	2.763	7.629	5.639	1.269	4.688	1.13	10.697	2.653	0.072 8	41.31	0.026 04	9.499	5.439	19.429
80	40	2.5	3.74	2.94	1.132	36.70	3.13	9.18	5.92	1.26	2.23	2.015	10.71	2.51	0.077 9	57.36	0.022 9	11.61	6.37	26.089
80	40	3.0	4.43	3.48	1.159	42.66	3.10	10.67	6.93	1.25	5.98	2.06	12.87	2.51	0.132 8	64.58	0.028 2	13.64	7.34	30.575
100	40	2.5	4.24	3.33	1.013	62.07	3.83	12.41	6.37	1.23	6.29	2.13	10.72	2.30	0.088 4	99.70	0.018 5	17.07	8.44	42.672
100	40	3.0	5.03	3.95	1.039	72.44	3.80	14.49	7.47	1.22	7.19	2.52	12.89	2.30	0.150 8	113.23	0.022 7	20.20	9.79	50.247
120	40	2.5	4.74	3.72	0.919	95.92	4.50	15.99	6.72	1.19	7.32	2.18	10.73	2.13	0.098 8	156.19	0.015 6	23.62	10.59	63.644
120	40	3.0	5.63	4.42	0.944	112.28	4.47	18.71	7.90	1.19	8.37	2.58	12.91	2.12	0.168 8	178.49	0.019 1	28.13	12.33	75.140
140	50	3.0	6.83	5.36	1.187	191.53	5.30	27.36	15.52	1.51	12.08	4.07	25.13	2.75	0.204 8	487.60	0.012 8	48.99	22.93	160.572

续表

尺寸/mm			截面面积/cm²	每米质量/(kg/m)	x_0/cm	x—x			y—y				y_1—y_1	e_0/cm	I_t/cm⁴	I_w/cm⁶	k/cm⁻¹	W_{w_1}/cm⁴	W_{w_2}/cm⁴	U_y/cm⁵
h	b	t				I_x/cm⁴	i_x/cm	W_x/cm³	I_y/cm⁴	i_y/cm	W_{ymax}/cm³	W_{ymin}/cm³	I_{y1}/cm⁴							
140	50	3.5	7.89	6.20	1.211	218.88	5.27	31.27	17.79	1.50	14.69	4.70	29.37	2.74	0.322 3	546.44	0.015 1	56.72	26.09	184.730
160	60	3.0	8.03	6.30	1.432	300.87	6.12	37.61	26.90	1.83	18.79	5.89	43.35	3.37	0.240 8	1 119.78	0.009 1	78.25	38.21	303.617
160	60	3.5	9.29	7.29	1.456	344.94	6.09	43.12	30.92	1.82	21.23	6.81	50.63	3.37	0.379 4	1 264.16	0.010 8	90.71	43.68	349.963
180	60	4.0	11.350	8.910	1.390	510.374	6.705	56.708	35.956	1.779	25.856	7.800	57.908	3.217	0.605 3	1 872.165	0.011 15	135.194	57.111	511.702
180	60	5.0	13.985	10.978	1.440	616.044	6.636	68.449	43.601	1.765	30.274	9.562	72.611	3.217	1.165 4	2 190.181	0.014 30	170.048	68.632	625.549
200	60	4.0	12.150	9.538	1.312	658.605	7.362	65.860	37.016	1.745	28.208	7.896	57.940	3.026	0.648 0	2 424.951	0.010 13	165.206	65.012	644.574
200	60	5.0	14.985	14.985	1.360	796.658	7.291	79.665	44.923	1.731	33.012	9.683	72.674	3.026	1.248 8	2 849.111	0.012 98	209.464	78.322	789.191

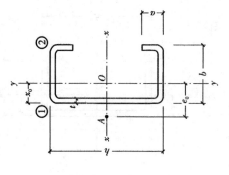

附录十五　冷弯薄壁卷边槽钢的规格及截面特性

| 尺寸/mm | | | | 截面面积 /cm² | 每米质量/ (kg/m) | x_0 /cm | $x-x$ | | | $y-y$ | | | | y_1-y_1 | e_0 /cm | I_t /cm⁴ | I_w /cm⁶ | k /cm⁻¹ | W_{w_1} /cm⁴ | W_{w_2} /cm⁴ |
h	b	a	t				I_x /cm⁴	i_x /cm	W_x /cm³	I_y /cm⁴	i_y /cm	$W_{y\max}$ /cm³	$W_{y\min}$ /cm³	I_{y1} /cm⁴						
80	40	15	2.0	3.47	2.72	1.452	34.16	3.14	8.54	7.79	1.50	5.36	3.06	15.10	3.36	0.046 2	112.9	0.012 6	16.03	15.74
100	50	15	2.5	5.23	4.11	1.706	81.34	3.94	16.27	17.19	1.81	10.08	5.22	32.41	3.94	0.109 0	352.8	0.010 9	34.47	29.41
120	50	20	2.5	5.98	4.70	1.706	129.40	4.65	21.57	20.96	1.87	12.28	6.36	38.36	4.08	0.124 6	660.9	0.008 5	51.04	48.36
120	60	20	3.0	7.65	6.01	2.106	170.68	4.72	28.45	37.36	2.21	17.74	9.59	71.31	4.87	0.229 6	1153.2	0.008 7	75.68	68.84
140	50	20	2.0	5.27	4.14	1.59	154.03	5.41	22.00	18.56	1.88	11.68	5.44	31.86	3.87	0.070 3	794.79	0.005 8	51.44	52.22
140	50	20	2.2	5.76	4.52	1.59	167.40	5.39	23.91	20.03	1.87	12.62	5.87	34.53	3.84	0.092 9	852.46	0.006 5	55.98	56.84
140	50	20	2.5	6.48	5.09	1.58	186.78	5.39	26.68	22.11	1.85	13.96	6.47	38.38	3.80	0.135 1	931.89	0.007 5	52.56	63.56
140	60	20	3.0	8.25	6.48	1.96	245.42	5.45	35.06	39.49	2.19	20.11	9.79	71.33	4.61	0.247 6	1 589.8	0.007 8	92.69	79.00
160	60	20	2.0	6.07	4.76	1.85	236.59	6.24	29.57	29.99	2.22	16.19	7.23	50.83	4.52	0.060 9	1 596.28	0.004 4	76.92	71.30
160	60	20	2.2	6.64	5.21	1.85	257.57	6.23	32.20	32.45	2.21	17.53	7.82	55.19	4.50	0.107 1	1 717.82	0.004 9	83.82	77.55
160	60	20	2.5	7.48	5.87	1.85	288.13	6.21	36.02	35.96	2.19	19.47	8.66	61.49	4.45	0.155 9	1 877.71	0.005 6	93.87	86.63
160	60	20	3.0	9.45	7.42	2.224	373.64	6.29	46.71	60.42	2.53	27.17	12.65	107.20	5.25	0.283 6	3 070.50	0.006 0	135.49	109.92
180	70	20	2.0	6.87	5.39	2.11	343.93	7.08	38.21	45.18	2.57	21.37	9.25	75.87	5.17	0.091 6	2 934.34	0.003 5	109.50	95.22
180	70	20	2.2	7.52	5.90	2.11	349.07	7.06	41.66	48.97	2.55	23.19	10.02	82.49	5.14	0.121 3	3 165.62	0.003 8	119.44	103.58
180	70	20	2.5	8.48	6.66	2.11	420.20	7.04	46.69	54.42	2.53	25.82	11.12	92.08	5.10	0.176 7	3 492.15	0.004 4	133.99	115.73
200	70	20	2.0	7.27	5.71	2.00	440.04	7.78	44.00	46.71	2.54	23.32	9.35	75.88	4.96	0.096 9	3 672.33	0.003 2	126.74	106.15
200	70	20	2.2	7.96	6.25	2.00	479.87	7.77	47.99	50.64	2.52	25.31	10.13	82.49	4.93	0.128 4	3 963.82	0.003 5	138.26	115.74
200	70	20	2.5	8.98	7.05	2.00	538.21	7.74	53.82	56.27	2.50	28.18	11.25	92.09	4.89	0.187 1	4 376.18	0.004 1	155.14	129.75
220	75	20	2.0	7.87	6.18	2.08	574.45	8.54	52.22	56.88	2.69	27.35	10.50	90.93	5.18	0.104 9	5 313.52	0.002 8	158.43	127.32
220	75	20	2.2	8.62	6.77	2.08	626.85	8.53	56.99	61.71	2.68	29.70	11.38	98.91	5.15	0.139 1	5 742.07	0.003 1	172.92	138.93
220	75	20	2.5	9.73	7.64	2.07	703.76	8.50	63.98	68.66	2.66	33.11	12.65	110.51	5.11	0.202 8	6 351.05	0.003 5	194.18	155.94

附录十六　冷弯薄壁卷边 Z 型钢的规格及截面尺寸

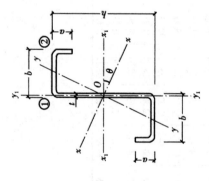

尺寸/mm h	b	a	t	截面面积/cm²	每米质量/(kg/m)	θ	I_{x1}/cm⁴	i_{x1}/cm	W_{x1}/cm³	I_{y1}/cm⁴	i_{y1}/cm	W_{y1}/cm³	I_x/cm⁴	i_x/cm	W_{x1}/cm³	W_{x2}/cm³	I_y/cm⁴	i_y/cm	W_{y1}/cm³	W_{y2}/cm³	I_{x1y1}/cm⁴	I_t/cm⁴	I_w/cm⁶	k/cm⁻¹	W_{x1}/cm⁴	W_{x2}/cm⁴
100	40	20	2.0	4.07	3.19	24°1′	66.04	3.84	12.01	17.02	2.05	4.36	70.70	4.17	15.93	11.94	6.36	1.25	3.36	4.42	23.93	0.054 2	325.0	0.008 1	49.97	29.16
100	40	20	2.5	4.98	3.91	23°46′	72.10	3.80	14.42	20.02	2.00	5.17	84.63	4.12	19.18	14.47	7.49	1.23	4.07	5.28	28.45	0.103 8	381.9	0.010 2	62.25	35.03
120	50	20	2.0	4.87	3.82	24°3′	106.97	4.69	17.83	30.23	2.49	6.17	126.06	5.09	23.55	17.40	11.14	1.51	4.83	5.74	42.77	0.064 9	785.2	0.005 7	84.05	43.96
120	50	20	2.5	5.98	4.70	23°50′	129.39	4.65	21.57	35.91	2.45	7.37	152.05	5.04	28.55	21.21	13.25	1.49	5.89	6.89	51.30	0.124 6	930.9	0.007 2	104.68	52.94
120	50	20	3.0	7.05	5.54	23°36′	150.14	4.61	25.02	40.88	2.41	8.43	175.92	4.99	33.18	24.80	15.11	1.46	6.89	7.92	58.99	0.211 6	1 058.9	0.008 7	125.37	61.22
140	50	20	2.5	6.48	5.09	19°25′	186.77	5.37	26.68	35.91	2.35	7.37	209.19	5.67	32.55	26.34	14.48	1.49	6.69	6.78	60.75	0.135 0	1 289.0	0.006 4	137.04	60.03
140	50	20	3.0	7.65	6.01	19°12′	217.26	5.33	31.04	40.83	2.31	8.43	241.62	5.62	37.76	30.70	16.52	1.47	7.84	7.81	69.93	0.229 6	1 468.2	0.007 7	164.94	69.51
160	60	20	2.5	7.48	5.87	19°59′	288.12	6.21	36.01	58.15	2.79	9.90	323.13	6.57	44.00	34.95	23.14	1.76	9.00	8.71	96.32	0.155 9	2 634.3	0.004 8	205.98	86.28
160	60	20	3.0	8.85	6.95	19°47′	336.66	6.17	42.08	66.66	2.74	11.39	376.76	6.52	51.48	41.08	26.56	1.73	10.58	10.07	111.51	0.265 6	3 019.4	0.005 5	247.41	100.15
160	70	20	2.5	7.98	6.27	23°46′	319.13	6.32	39.89	87.74	3.32	12.76	374.76	6.85	52.35	38.23	32.11	2.01	10.53	10.86	126.37	0.166 3	3 793.3	0.004 1	238.87	106.91
160	70	20	3.0	9.45	7.42	23°34′	373.64	6.29	46.71	101.10	3.27	14.76	437.72	6.80	61.33	45.01	37.03	1.98	12.39	12.58	146.86	0.283 6	4 365.0	0.005 0	285.78	124.26
180	70	20	2.5	8.48	6.66	20°22′	420.18	7.04	46.69	187.74	3.22	12.76	473.34	7.47	57.27	44.88	34.58	2.02	11.66	10.86	143.18	0.176 7	4 907.9	0.003 7	294.53	119.41
180	70	20	3.0	10.05	7.89	20°11′	492.61	7.00	54.73	101.11	3.17	14.76	533.83	7.42	67.22	52.89	39.89	1.99	13.72	12.59	166.47	0.301 6	5 652.2	0.004 5	353.32	138.92

附录十七　冷弯薄壁斜卷边 Z 型钢的规格及截面尺寸

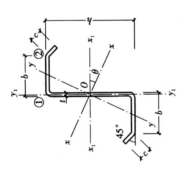

序号	截面代号	h	b	c	t	A/cm²	g/(kg/m)	θ/(°)	I_{x_1}/cm⁴	i_{x_1}/cm	W_{x_1}/cm³	I_{y_1}/cm⁴	i_{y_1}/cm	W_{y_1}/cm³	I_x/cm⁴	i_{x_1}/cm	W_{x_1}/cm³	W_{x_2}/cm³	I_y/cm⁴	i_y/cm	W_{y_1}/cm³	W_{y_2}/cm³	$I_{x_1y_1}$/cm⁴	I_t/cm⁴	I_w/cm⁶	k/cm⁻¹	W_{x_1}/cm⁴	W_{x_2}/cm⁴
1	Z140×2.0	140	50	20	2.0	5.392	4.233	21.99	162.07	5.48	23.15	39.37	2.70	6.23	185.96	5.87	29.26	27.67	15.47	1.69	6.22	8.03	59.19	0.0719	968.9	0.0053	53.36	67.41
2	Z140×2.2	140	50	20	2.2	5.909	4.638	22.00	176.81	5.47	25.26	42.93	2.70	6.81	202.93	5.86	32.00	30.09	16.81	1.69	6.80	9.04	64.64	0.0553	1050.3	0.0059	58.34	73.57
3	Z140×2.5	140	50	20	2.5	6.676	5.240	22.02	198.45	5.45	28.35	48.15	2.69	7.66	227.83	5.84	36.04	33.61	18.77	1.68	7.65	10.68	72.66	0.1091	1167.2	0.0068	65.68	82.60
4	Z160×2.0	160	60	20	2.0	6.192	4.861	22.10	246.83	6.31	30.85	60.27	3.12	8.24	283.68	6.77	38.98	37.11	23.42	1.95	8.15	10.11	90.73	0.0826	1900.7	0.0041	78.75	90.38
5	Z160×2.2	160	60	20	2.2	6.789	5.329	22.11	289.39	6.30	33.70	65.80	3.11	9.01	309.89	6.76	42.66	40.42	25.50	1.94	8.91	11.34	99.18	0.1095	2064.7	0.0045	86.18	98.70
6	Z160×2.5	160	60	20	2.5	7.676	6.025	22.13	303.09	6.28	37.89	73.93	3.10	10.14	348.49	6.47	48.11	45.25	28.54	1.93	10.04	13.29	111.64	0.1593	2301.9	0.0052	97.16	110.91
7	Z180×2.0	180	70	20	2.0	6.992	5.489	22.19	356.62	7.14	39.62	87.42	3.54	10.51	410.32	7.66	50.04	47.90	33.72	2.20	10.34	12.46	131.67	0.0993	3437.7	0.0032	111.10	119.13
8	Z180×2.2	180	70	20	2.2	7.669	6.020	22.19	389.84	7.13	43.32	95.52	3.53	11.50	448.59	7.65	54.80	52.22	36.76	2.19	11.31	13.94	144.03	0.1237	3740.3	0.0036	121.66	130.18
9	Z180×2.5	180	70	20	2.5	8.676	6.810	22.21	438.84	7.11	48.76	107.46	3.52	12.96	505.09	7.63	61.86	58.57	41.21	2.18	12.76	16.25	162.31	0.1807	4179.8	0.0041	137.30	146.42
10	Z200×2.0	200	70	20	2.0	7.392	5.803	19.31	455.43	7.85	45.54	87.42	3.44	10.51	506.90	8.28	54.52	52.61	35.94	2.21	11.32	13.81	146.94	0.0986	4348.7	0.0029	132.47	129.17
11	Z200×2.2	200	70	20	2.2	8.109	6.365	19.31	498.02	7.84	49.80	95.52	3.43	11.50	554.35	8.27	59.92	57.41	39.20	2.20	12.39	15.48	160.76	0.1308	4733.4	0.0033	145.15	141.17
12	Z200×2.5	200	70	20	2.5	9.176	7.203	19.31	560.92	7.82	56.09	107.46	3.42	12.96	624.42	8.25	67.42	64.47	43.96	2.19	13.98	18.11	181.18	0.1912	5293.3	0.0037	163.95	158.85
13	Z220×2.0	220	75	20	2.0	7.992	6.274	18.30	592.79	8.61	53.89	103.58	3.60	11.75	652.87	9.04	63.38	61.42	43.50	2.33	13.08	15.84	181.66	0.1065	6260.3	0.0026	166.31	152.62
14	Z220×2.2	220	75	20	2.2	8.769	6.884	18.30	648.52	8.60	58.96	113.22	3.59	12.86	714.28	9.03	69.44	67.08	47.47	2.33	14.32	17.73	198.80	0.1415	6819.4	0.0028	182.31	166.86
15	Z220×2.5	220	75	20	2.5	9.926	7.792	18.31	730.93	8.58	66.45	127.44	3.58	14.50	805.09	9.01	78.43	75.41	53.28	2.32	16.17	20.72	224.18	0.2068	7635.0	0.0032	206.07	187.86

附录十八　热轧 H 型钢的规格及截面特性

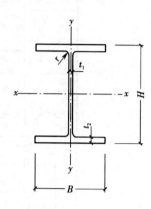

类别	型号（高度×宽度）	截面尺寸/mm				截面面积/cm²	每米质量/(kg/m)	截面特性参数					
		$H \times B$	t_1	t_2	r			惯性矩 /cm⁴		回转半径 /cm		截面模量 /cm³	
								I_x	I_y	i_x	i_y	W_x	W_y
HW	100×100	100×100	6	8	10	21.9	17.2	383	134	4.18	2.47	76.5	26.7
	125×125	125×125	6.5	9	10	30.31	23.8	847	294	5.29	3.11	136	47
	150×150	150×150	7	10	13	40.55	31.9	1 660	564	6.39	3.73	221	75.1
	175×175	175×175	7.5	11	13	51.43	40.3	2 900	984	7.5	4.37	331	112
	200×200	200×200	8	12	16	64.28	50.5	4 770	1 600	8.61	4.99	477	160
		#200×204	12	12	16	72.28	56.7	5 030	1 700	8.35	4.85	503	167
	250×250	250×250	9	14	16	92.18	72.4	10 800	3 650	10.8	6.29	867	292
		#250×255	14	14	16	104.7	82.2	11 500	3 880	10.5	6.09	919	304
	300×300	#294×302	12	12	20	108.3	85	17 000	5 520	12.5	7.14	1 160	365
		300×300	10	15	20	120.4	94.5	20 500	6 760	13.1	7.49	1 370	450
		300×305	15	15	20	135.4	106	21 600	7 100	12.6	7.24	1 440	466
	350×350	#344×348	10	16	20	146	115	33 300	11 200	15.1	8.78	1 940	646
		350×350	12	19	20	173.9	137	40 300	13 600	15.2	8.84	2 300	776
	400×400	#388×402	15	15	24	179.2	141	49 200	16 300	16.6	9.52	2 540	809
		#394×398	11	18	24	187.6	147	56 400	18 900	17.3	10	2 860	951
		400×400	13	21	24	219.5	172	66 900	22 400	17.5	10.1	3 340	1 120
		#400×408	21	21	24	251.5	197	71 100	23 800	16.8	9.73	3 560	1 170
		#414×405	18	28	24	296.2	233	93 000	31 000	17.7	10.2	4 490	1 530
		#428×407	20	35	24	361.4	284	119 000	39 400	18.2	10.4	5 580	1 930
		#458×417	30	50	24	529.3	415	187 000	60 500	18.8	10.7	8 180	2 900
		#498×432	45	70	24	770.8	605	298 000	94 400	19.7	11.1	12 000	4 370

类别	型号（高度×宽度）	截面尺寸/mm				截面面积/cm²	每米质量/(kg/m)	截面特性参数					
								惯性矩/cm⁴		回转半径/cm		截面模量/cm³	
		$H \times B$	t_1	t_2	r			I_x	I_y	i_x	i_y	W_x	W_y
HM	150×100	148×100	6	9	13	27.25	21.4	1 040	151	6.17	2.35	140	30.2
	200×150	194×150	6	9	16	39.76	31.2	2 740	508	8.3	3.57	283	67.7
	250×175	244×175	7	11	16	56.24	44.1	6 120	985	10.4	4.18	502	113
	300×200	294×200	8	12	20	73.03	57.3	11 400	1 600	12.5	4.69	779	160
	350×350	340×250	9	14	20	101.5	79.7	21 700	3 650	14.6	6	1 280	292
	400×300	390×300	10	16	24	136.7	107	38 900	7 210	16.9	7.26	2 000	481
	450×300	440×300	11	18	24	157.4	124	56 100	8 110	18.9	7.18	2 550	541
	500×300	482×300	11	15	28	146.4	115	60 800	6 770	20.4	6.8	2 520	451
		488×300	11	18	28	164.4	129	71 400	8 120	20.8	7.03	2 930	541
	600×300	582×300	12	17	28	174.5	137	103 000	7 670	24.3	6.63	3 530	511
		588×300	12	20	28	192.5	151	118 000	902	24.8	6.85	4 020	601
HN	100×50	100×50	5	7	10	12.16	9.54	192	14.9	3.98	1.11	38.5	5.96
	125×60	125×60	6	8	10	17.01	13.3	417	29.3	4.95	1.31	66.8	9.75
	150×75	150×75	5	7	10	18.16	14.3	6 679	49.6	6.12	1.65	90.6	13.2
	175×90	175×90	5	8	10	23.21	18.2	1 220	97.6	7.26	2.05	140	21.7
	200×100	198×99	4.5	7	13	23.59	18.5	1 610	114	8.27	2.2	163	23
		200×100	5.5	8	13	27.57	21.7	1 880	134	8.25	2.21	188	26.8
	250×125	248×124	5	8	13	32.89	25.8	3 560	255	10.4	2.78	287	41.1
		250×125	6	9	13	37.87	29.7	4 080	294	10.4	2.79	326	47
	300×150	298×149	5.5	8	16	41.55	32.6	6 460	443	12.4	3.26	433	59.4
		300×150	6.5	9	16	47.53	37.3	7 350	508	12.4	3.27	490	67.7
	350×175	346×174	6	9	16	53.19	41.8	11 200	792	14.5	3.86	649	91
		350×175	7	11	16	63.66	50	13 700	985	14.7	3.93	782	113
	#400×150	#400×150	8	13	16	71.12	55.8	18 800	734	16.3	3.21	942	97.9
	400×200	396×199	7	11	16	72.16	56.7	2 000	1 450	16.7	4.48	1 010	145
		400×200	8	13	16	84.12	66	23 700	1 740	16.8	4.54	1 190	174
	450×150	#450×150	9	14	20	83.41	65.5	27 100	793	18	3.08	1 200	106
	#450×200	446×199	8	12	20	84.95	66.7	29 000	1 580	18.5	4.31	1 300	159
		450×200	9	14	20	97.41	76.5	33 700	1 870	18.6	4.38	1 500	187
	#500×150	#500×150	10	16	20	98.23	77.1	38 500	907	19.8	3.04	1 540	121

续表

类别	型号（高度×宽度）	截面尺寸/mm				截面面积/cm²	每米质量/(kg/m)	截面特性参数					
								惯性矩/cm⁴		回转半径/cm		截面模量/cm³	
		$H \times B$	t_1	t_2	r			I_x	I_y	i_x	i_y	W_x	W_y
HN	500×200	496×199	9	14	20	101.3	79.5	41 900	1 840	20.3	4.27	1 690	185
		500×200	10	16	20	114.2	89.6	47 800	2 140	20.5	4.33	1 910	214
		#506×201	11	19	20	131.3	103	56 500	2 580	20.8	4.43	2 230	257
	600×200	596×199	10	15	24	121.2	95.1	69 300	1 980	23.9	4.04	2 330	199
		600×200	11	17	24	135.2	106	78 200	2 280	24.1	4.11	2 610	228
		#606×201	12	20	24	153.3	120	91 000	2 720	24.4	4.21	3 000	271
	700×300	#692×300	13	20	28	211.5	166	172 000	9 020	28.6	6.53	4 980	602
		#700×300	13	24	28	235.5	185	201 000	10 800	29.3	6.78	5 760	722
	*800×300	*792×300	14	22	28	243.4	191	254 000	9 930	32.3	6.39	6 400	662
		*800×300	14	26	28	267.4	210	292 000	11 700	33	6.62	7 290	782
	*900×300	*890×299	15	23	28	270.9	213	345 000	10 300	35.7	6.16	7 760	688
		*900×300	16	28	28	309.8	243	411 000	12 600	36.4	6.39	9 140	843
		*912×302	18	34	28	364	286	498 000	15 700	37	6.56	10 900	1 040

注:1.#表示的规格为非常用规格。

2. *表示的规格,目前国内尚未生产。

3. 型号属同一范围的产品,其内侧尺寸高度相同。

4. 截面面积计算公式为 $t_1(H - 2t_2) + 2Bt_2 + 0.858r^2$。

附录十九 结构用高频焊接薄壁 H 型钢

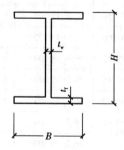

序号	产品规格/mm				截面面积/cm²	每米质量/(kg/m)	I_x/cm⁴	W_x/cm³	i_x/cm	I_y/cm⁴	W_y/cm³	i_y/cm
	H	B	t_w	t_f								
1	100	50	2.3	3.2	5.35	4.20	90.71	18.14	4.12	6.68	2.67	1.12
2	100	50	3.2	4.5	7.41	5.82	122.77	24.55	4.07	9.4	3.76	1.13
3	100	100	4.5	6	15.96	12.53	291	58.2	4.27	100.07	20.01	2.5

续表

序号	产品规格/mm				截面面积 /cm²	每米质量 /(kg/m)	I_x /cm⁴	W_x /cm³	i_x /cm	I_y /cm⁴	W_y /cm³	i_y /cm
	H	B	t_w	t_f								
4	100	100	6.0	8	21.04	16.52	369.05	73.81	4.19	133.48	26.7	2.52
5	120	120	3.2	4.5	14.35	11.27	396.84	66.14	5.26	129.63	21.61	3.01
6	120	120	4.5	6	19.26	15.12	515.53	85.92	5.17	172.88	28.81	3
7	150	75	3.2	4.5	11.26	8.84	432.11	57.62	6.19	31.68	8.45	1.68
8	150	75	4.5	6	15.21	11.94	565.38	75.38	6.1	42.29	11.28	1.67
9	150	100	3.2	4.5	13.51	10.61	551.24	73.5	6.39	75.04	15.01	2.36
10	150	100	4.5	6	18.21	14.29	720.99	96.13	6.29	100.1	20.02	2.34
11	150	150	4.5	6	24.21	19.00	1 032.21	137.63	6.53	337.6	45.01	3.73
12	150	150	6.0	6	32.04	25.15	1 331.43	177.52	6.45	450.24	60.03	3.75
13	200	100	3.0	3	11.82	9.28	764.71	76.47	8.04	50.01	10.01	2.06
14	200	100	3.2	4.5	15.11	11.86	1 045.92	104.59	8.32	75.05	15.01	2.23
15	200	100	4.5	6	20.46	16.06	1 378.62	137.86	8.21	100.14	20.03	2.21
16	200	100	6.0	8	27.04	21.23	1 786.89	178.69	8.13	133.66	26.73	2.22
17	200	150	3.2	4.5	19.61	15.4	1 475.97	147.6	8.68	253.18	33.76	3.59
18	200	150	4.5	6	26.46	20.77	1 943.34	194.33	8.57	337.64	45.02	3.57
19	200	150	6.0	8	35.04	27.51	2 524.6	252.46	8.49	450.33	60.04	3.58
20	200	200	6.0	8	43.04	33.79	3 262.3	326.23	8.71	1 067	106.7	4.98
21	250	125	3.0	3	14.82	11.63	1 507.14	120.57	10.08	97.71	15.63	2.57
22	250	125	3.2	4.5	18.96	14.89	2 068.56	165.48	10.44	146.55	23.45	2.78
23	250	125	4.5	6	25.71	20.18	2 738.6	219.09	10.32	195.49	31.28	2.76
24	250	125	4.5	8	30.53	23.97	3 409.75	272.78	10.57	260.59	41.7	2.92
25	250	125	6.0	8	34.04	26.72	3 569.91	285.59	10.24	260.84	41.73	2.77
26	250	150	3.2	4.5	21.21	16.65	2 407.62	192.61	10.65	253.19	33.76	3.45
27	250	150	4.5	6	28.71	22.54	3 185.21	254.82	10.53	337.68	45.02	3.43
28	250	150	4.5	8	34.53	27.11	3 995.6	319.65	10.76	450.18	60.02	3.61
29	250	150	6.0	8	38.04	29.86	4 155.77	332.46	10.45	450.42	60.06	3.44
30	250	200	6.0	8	46.04	36.14	5 327.47	426.2	10.76	1 067.09	106.71	4.81
31	300	150	3.2	4.5	22.81	17.91	3 604.41	240.29	12.57	253.2	33.76	3.33
32	300	150	4.5	6	30.96	24.3	4 785.96	319.06	12.43	337.72	45.03	3.3
33	300	150	4.5	8	36.78	28.87	5 976.11	398.41	12.75	450.22	60.03	3.5
34	300	150	6	8	41.04	32.22	6 262.44	417.5	12.35	450.51	60.07	3.31
35	300	200	6	8	49.04	38.5	7 968.14	531.21	12.75	1 067.18	106.72	4.66
36	350	150	3.2	4.5	24.41	19.16	5 086.36	290.65	14.43	253.22	33.76	3.22
37	350	150	4.5	6	33.21	26.07	6 773.7	387.07	14.28	337.76	45.03	3.19
38	350	150	6	8	44.04	34.57	8 882.11	507.55	14.2	450.6	60.08	3.2
39	350	175	4.5	6	36.21	28.42	7 661.31	437.79	14.55	536.19	61.28	3.85

序号	产品规格/mm				截面面积 /cm²	每米质量 /(kg/m)	I_x /cm⁴	W_x /cm³	i_x /cm	I_y /cm⁴	W_y /cm³	i_y /cm
	H	B	t_w	t_f								
40	350	175	4.5	8	43.03	33.78	9 586.21	547.78	14.93	714.84	81.7	4.08
41	350	175	6	8	48.04	37.71	10 051.96	574.4	14.47	715.18	81.74	3.86
42	350	200	6	8	52.04	40.85	11 221.81	641.25	14.68	1 067.27	106.73	4.53
43	400	150	4.5	8	41.28	32.4	11 344.49	567.22	16.58	450.29	60.04	3.3
44	400	200	6	8	55.04	43.21	15 125.98	756.3	16.58	1 067.36	106.74	4.4
45	400	200	4.5	9	53.19	41.75	15 852.08	792.6	17.26	1 200.29	120.03	4.75

参 考 文 献

[1] 中华人民共和国建设部. GB 50017—2003 钢结构设计规范[S]. 北京:中国计划出版社,2003.

[2] 中华人民共和国住房和城乡建设部,中华人民共和国国家质量监督检验检疫总局. GB 50011—2010 建筑抗震设计规范[S]. 北京:中国建筑工业出版社,2010.

[3] 中华人民共和国住房和城乡建设部,中华人民共和国国家质量监督检验检疫总局. GB 50009—2012 建筑结构荷载规范[S]. 北京:中国建筑工业出版社,2012.

[4] 中华人民共和国住房和城乡建设部,中华人民共和国国家质量监督检验检疫总局. GB 50010—2010 混凝土结构设计规范[S]. 北京:中国建筑工业出版社,2010.

[5] 国家技术监督局. GB/T 16939—1997 钢网架螺栓球节点用高强度螺栓[S]. 北京:中国标准出版社, 2004.

[6] 中华人民共和国住房和城乡建设部,中华人民共和国国家质量监督检验检疫总局. GB 50661—2011 钢结构焊接规范[S]. 北京:中国建筑工业出版社,2011.

[7] 中华人民共和国住房和城乡建设部. JG/T 10—2009 钢网架螺栓球节点[S]. 北京:中国标准出版社, 2010.

[8] 中华人民共和国住房和城乡建设部. JGJ 7—2010 空间网格结构技术规程[S]. 北京:中国建筑工业出版社,2011.

[9] 中国工程建设协会. CECS 280:2010 钢管结构技术规程[S]. 北京:中国计划出版社,2010.

[10] 中国工程建设标准化协会. CECS 212:2006 预应力钢结构技术规程[S]. 北京:中国计划出版社, 2006.

[11] 中国工程建设标准化协会. CECS 158:2004 膜结构技术规程[S]. 北京:中国计划出版社,2004.

[12] 天津市城乡建设和交通委员会. DB 29—140—2005 天津市空间网格结构技术规程[S]. 天津,2005.

[13] 中华人民共和国建设部,中华人民共和国国家质量监督检验检疫总局. GB/T 8162—2008 结构用无缝钢管[S]. 北京:中国标准出版社,2008.

[14] 中华人民共和国建设部,中华人民共和国国家质量监督检验检疫总局. GB 50205—2001 钢结构工程施工质量验收规范[S]. 北京:中国计划出版社,2001.

[15] U. S. General Services Administration. Progressive collapse analysis and design guidelines for new federal office buildings and major modernization projects[S]. Washington DC:Central Office of the GSA,2005.

[16] U. S. Department of Defense. UFC 4—023—03 Design of buildings to resist progressive collapse[S]. Washington DC,2005.

[17] ASCE 7—05. Minimum design loads for buildings and other structures[S]. Washington DC:American Society of Civil Engineers,2005.

[18] Japanese Society of Steel Construction Council on Tall Buildings and Urban Habitat. Guidelines for collapse control design, I design[S]. Tokyo,2005.

[19] Japanese Society of Steel Construction Council on Tall Buildings and Urban Habitat. Guidelines for collapse control design, II research[S]. Tokyo,2005.

[20] 刘锡良,韩庆华. 网格结构设计与施工[M]. 天津:天津大学出版社,2004.

[21] 刘锡良. 现代空间结构[M]. 天津:天津大学出版社,2003.

[22] 刘锡良,刘毅轩. 平板网架设计[M]. 北京:中国建筑工业出版社,1979.

[23] 刘锡良,尹越,韩庆华,等. 平板网架设计与施工图集[M]. 天津:天津大学出版社,2000.

[24] 沈祖炎,陈扬骥. 网架与网壳[M]. 上海:同济大学出版社,1997.

[25] 杜文风,张慧,董石麟. 空间结构[M]. 北京:中国电力出版社,2008.

[26] 罗永峰,韩庆华,李海旺. 建筑钢结构稳定理论与应用[M]. 北京:人民交通出版社,2010.

[27] 董石麟,罗尧治,赵阳. 新型空间结构分析、设计与施工[M]. 北京:人民交通出版社,2006.

312　　　　　　　　　　　　大跨建筑结构

[28]杨庆山,姜忆南.张拉索-膜结构分析与设计[M].北京:科学出版社,2004.

[29]高新京,吴明超.膜结构工程技术与应用[M].北京:机械工业出版社,2010.

[30]张其林.索和膜结构[M].上海:同济大学出版社,2002.

[31]中国钢结构协会.建筑钢结构施工手册[M].北京:中国计划出版社,2002.

[32]MAKOWSKI Z S. Analysis,design and construction of braced domes[M]. Britain:Granada Publishing,1984.

[33]MAKOWSKI Z S. Analysis,design and construction of double-layer grids[M]. London:Applied Science Publishers Ltd. ,1981.

[34]刘锡良,朱海涛.一种新型空间结构——折叠结构体系[J].工程力学,1996:497-500.

[35]季慧.建筑玻璃结构的抗震性能研究现状与进展[J].结构工程师,2011,27(6):141-146.

[36]包雯蕾.大跨度钢管桁架结构施工过程有限元模拟及方案优选[D].兰州:兰州理工大学,2011.

[37]周世武.大跨度钢管桁架屋盖整体提升施工技术[D].重庆:重庆大学,2007.

[38]王小安,郭彦林,王昆,等.某体育场巨型钢管桁架拱整体旋转起扳及滑移施工技术[J].施工技术,2009,38(11):11-17.

[39]杨文伟,江磊.复杂大跨度钢管桁架结构施工关键技术[J].四川建筑科学研究,2010,36(6):275-279.

[40]朱奕锋,李策,吴向东.大跨度空间钢管桁架拱施工技术[J].施工技术,2007,36(6):25-27.

[41]白正仙,刘锡良,李义生.新型空间结构形式——张弦梁结构[J].空间结构,2001,7(2):33-38.

[42]董石麟,袁行飞,郭佳民,等.济南奥体中心体育馆弦支穹顶结构分析与试验研究[C]//第九届全国现代结构工程学术研讨会论文集.天津,2009:11-16.

[43]刘冬元,李雪飞,张煜.平面张弦结构的整体稳定性能研究[J].河北建筑工程学院学报,2006,24(4):18-19.

[44]冯强.张弦梁结构稳定性分析[D].北京:北京工业大学,2004.

[45]艾军.平面张弦结构的静力稳定性研究[D].天津:天津大学,2005.

[46]尹越.弦支穹顶结构的应用研究及面对对象的设计软件开发[D].哈尔滨:中国地震局工程力学研究所,2001.

[47]刘金姣.张弦梁结构优化设计与地震反应分析[D].天津:天津大学,2007.

[48]窦开亮.凯威特弦支穹顶结构的稳定性分析及弦支穹顶的静力试验研究[D].天津:天津大学,2003.

[49]左晨然.弦支穹顶结构的静力与稳定性分析[D].天津:天津大学,2002.

[50]史杰.弦支穹顶结构力学性能分析和实物静动力试验研究[D].天津:天津大学,2004.

[51]赵建波.连续折线索单元的理论分析及张拉整体塔结构试验研究[D].天津:天津大学,2005.

[52]周树路,叶继红.膜结构找形方法——改进力密度法[J].应用力学学报,2008,25(3):421-425.

[53]延伟涛,张海滨.索穹顶膜结构找形分析[J].钢结构,2008,23(4):1-3.

[54]刘吉敏,欧阳龙.索膜结构找形分析方法研究[J].山西建筑,2007,33(26):116-117.

[55]周臻,吴京,孟少平,等.大跨单层折面空间网格结构施工全过程分析[J].土木建筑与环境工程,2012,34(5):85-91.

[56]王剑波,张捷.空间网格结构施工技术与管理中的若干问题[J].空间结构,2000,6(2):50-55.

[57]曾强.巨型桁架——核心筒结构施工技术研究与施工过程力学模拟分析[D].重庆:重庆大学,2009.

[58]HAN QINGHUA, ZHOU QUANZHI, CHEN YUE. Ultimate bearing capacity of hollow spherical joints welded with circular pipes under eccentric loads[J]. Transactions of Tianjin University,2007,13(1):28-34.

[59]张微敬,胡帅领,张毅刚.大跨空间结构抗连续倒塌研究综述[C]//第九届全国现代结构工程学术研讨会.工业建筑:增刊,2009:334-338.

[60]SMITH M. Alternate path analysis of space trusses for progressive collapse[J]. Journal of Structural Engineering,1988,114(9):1978-1999.

[61]江晓峰,陈以一.建筑结构连续性倒塌及其控制设计的研究现状[J].土木工程学报,2008,41(6):

1 - 8.

[62]高峰,杨大彬,靳卫恒. K6 型单层网壳极限承载力对杆件失效的灵敏度分析[J]. 建筑与结构设计,2009:16 - 19.

[63]蔡建国,王蜂岚,冯健,等. 大跨空间结构连续倒塌分析若干问题探讨[J]. 工程力学,2012,29(3):143 - 149.

[64]丁阳,葛金刚,李忠献. 空间网格结构连续倒塌分析的瞬时移除构件法[J]. 天津大学学报,2011,44(6):471 - 476.

[65]徐公勇. 单层球面网壳抗连续倒塌分析[D]. 成都:西南交通大学,2011.

[66]沈世钊,支旭东. 球面网壳结构在强震下的失效机理[J]. 土木工程学报,2005,38(1):11 - 20.

[67]杜文风,高博青,董石麟. 单层球面网壳结构动力强度破坏的双控准则[J]. 浙江大学学报:工学版,2007,41(11):1916 - 1920.

[68]尹越,韩庆华,刘锡良,等. 北京 2008 奥运会老山自行车赛馆网壳结构分析与设计[J].天津大学学报,2008,41(5):522 - 528.

[69]韩庆华,曾沁敏,金辉,等. 北京奥运会老山自行车馆屋盖节点数值分析[J].建筑结构学报,2006,7(6):101 - 107.

[70]傅学怡,黄俊海. 结构抗连续倒塌设计分析方法探讨[C]// 第二十届全国高层建筑结构学术会议,2008:477 - 482.